Dreamweaver CS6

网页设计与网站组建 标准教程

□ 孙膺 郝军启 等编著

清华大学出版社
北 京

内 容 简 介

Dreamweaver 是集网页制作和管理网站于一身的所见即所得网页编辑器。虽然 Dreamweaver CS6 版本在界面上与之前版本相比并没有较大的改变，但在细节上加强了代码编写、移动设备页面开发、CSS 3.0 样式等功能。本书全面介绍使用 Dreamweaver CS6 设计网页、组建网站和移动设备网页设计与制作等内容，包括 Dreamweaver 软件操作和网页设计流程、站点管理、添加网页对象、网页中的链接、使用表格设计网页、样式布局与样式美化、网页模板与网页框架、应用交互特效、创建动态网页、移动产品页面基础、移动产品页面交互等相关内容。本书最后还介绍了 3 种不同风格、不同应用的实例制作。

全书结构编排合理，实例丰富，突出 Dreamweaver CS6 的基础知识和操作，可作为高等院校相关专业和网页制作培训班的教材，也可作为学习 Dreamweaver CS6 网页制作的参考资料。

图书在版编目（CIP）数据

Dreamweaver CS6 网页设计与网站组建标准教程/孙膺等编著. —北京：清华大学出版社，2014（2016.8 重印）
（清华电脑学堂）

ISBN 978-7-302-34291-5

Ⅰ. ①D…　Ⅱ. ①孙…　Ⅲ. ①网页制作工具-教材　Ⅳ. ①TP393.092

中国版本图书馆 CIP 数据核字（2013）第 252796 号

责任编辑：冯志强
封面设计：吕单单
责任校对：胡伟民
责任印制：李红英

出版发行：清华大学出版社
网　　址：http://www.tup.com.cn，http://www.wqbook.com
地　　址：北京清华大学学研大厦 A 座　　**邮　　编**：100084
社 总 机：010-62770175　　**邮　　购**：010-62786544
投稿与读者服务：010-62776969，c-service@tup.tsinghua.edu.cn
质 量 反 馈：010-62772015，zhiliang@tup.tsinghua.edu.cn
印 装 者：清华大学印刷厂
经　　销：全国新华书店
开　　本：185mm×260mm　**印　张**：19.5　**插　页**：2　**字　数**：490 千字
附光盘 1 张
版　　次：2014 年 5 月第 1 版　　**印　　次**：2016 年 8 月第 4 次印刷
印　　数：6001～7500
定　　价：44.50 元

产品编号：055139-01

前　言

虽然静态页面已经成为非主流网页，但网页的前台美工还需要通过静态页面来查看网页的布局效果。在静态网页开发过程中，选择优秀的开发工具，可以起到事半功倍的效果。比较流行的 Dreamweaver 软件，就是一个不错的网页开发工具。

随着 Dreamweaver 软件不断优化和升级，该软件不仅仅能开发 XHTML 类型的文件和定义 CSS 样式等功能，同时软件包含了对 ASP、JSP、PHP、XML 等一些动态网站所需要创建和设计的开发功能。在最新的 Dreamweaver CS6 版本中，还包含了 jQuery Mobile 移动网页的设计与开发等功能。

本书主要内容：

本书通过大量的实例全面介绍了网页设计与制作过程中使用的各种专业技术，以及用户可能遇到的各种问题。全书共分为 12 章，各章的内容概括如下：

第 1 章初识 Dreamweaver CS6，包括了解 Dreamweaver CS6、Dreamweaver 工作区、了解文档视图、【编码】工具栏、网页设计流程、创建网页文档、网页的构成等内容。

第 2 章介绍创建与管理站点，包括了解站点及站点结构、创建本地站点、使用【文件】面板、站点文件及文件夹、远程文件操作等内容。

第 3 章介绍了插入网页元素，包括插入网页文本、插入网页图像、编辑网页图像、插入多媒体元素等内容。

第 4 章介绍了插入网页超链接，包括了解链接与路径、创建超级链接、添加热链接、特殊链接等内容。

第 5 章介绍了插入网页表格，包括表格的建立、编辑表格、单元格操作等内容。

第 6 章介绍了 Div 标签与 CSS 样式表，包括插入 Div 标签布局、CSS 样式的基础知识、创建 CSS 样式、CSS 语法与选择器等内容。

第 7 章介绍了网页模板与框架，包括创建框架页、编辑框架属性、模板网页等内容。

第 8 章介绍了创建网页表单，包括网页中的表单、插入文本域、复选框和单选按钮、列表和菜单选项、跳转菜单的使用、使用按钮激活表单、使用隐藏域和文件域等内容。

第 9 章介绍了应用网页交互，包括标签检查器、网页行为、应用网页行为、使用 Spry 框架等内容。

第 10 章介绍了 Web 动态开发，包括创建 Access 数据库、连接数据库、创建动态页和记录集、绑定数据源等内容。

第 11 章介绍了移动产品页面基础，包括了解 jQuery Mobile、创建移动设备网页、页面基础、对话框与页面样式、创建工具栏、创建网页按钮等内容。

第 12 章介绍了移动产品页面交互，包括内容布局、添加表单元素、添加列表内容等内容。

本书特色：

本书结合办公用户的需求，详细介绍了网页设计与网站制作的应用知识，具有以下特色。

- ❑ **丰富实例** 本书每章以实例形式演示网页设计与网站制作的操作应用知识，便于读者模仿学习操作，同时方便教师组织授课。
- ❑ **彩色插图** 本书提供了大量精美的实例，在彩色插图中读者可以感受逼真的实例效果，从而迅速掌握网页设计与网站制作的操作知识。
- ❑ **思考与练习** 扩展练习测试读者对本章所介绍内容的掌握程度；上机练习理论结合实际，引导学生提高上机操作能力。
- ❑ **配书光盘** 本书作者精心制作了功能完善的配书光盘。在光盘中完整地提供了本书实例效果和大量全程配音视频文件，便于读者学习使用。

适合读者对象：

本书结构编排合理，图文并茂，实例丰富，配书光盘提供多媒体语音视频教程，可以作为高等院校相关专业和社会培训班网页制作培训教材，也可以作为读者自学网页设计制作的参考资料。

参与本书编写的除了封面署名人员外，还有常征、刘凌霞、王海峰、张瑞萍、吴东伟、王健、倪宝童、温玲娟、石玉慧、李志国、唐有明、王咏梅、李乃文、陶丽、连采霞、毕小君、王兰兰、牛红惠、李卫平、宋俊昌、谭广柱、王中行、张东平、刘艳春等人。由于时间仓促，水平有限，疏漏之处在所难免，欢迎读者朋友登录清华大学出版社的网站 www.tup.com.cn 与我们联系，以帮助我们改进提高。

编　者

2013.8

目　　录

第1章

初识 Dreamweaver CS6

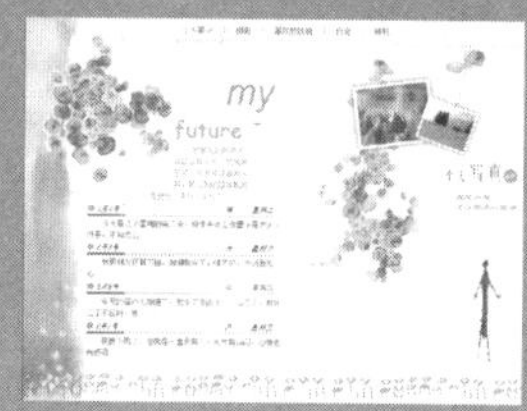

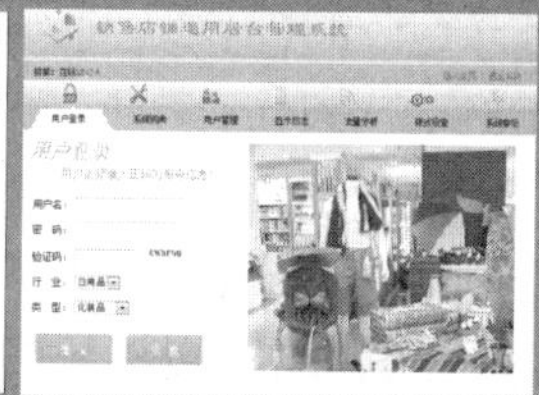

Dreamweaver 已经成为业界最流行的静态网页制作与网站开发工具，其不仅支持“所见即所得”的设计方式，同时还辅以强大的程序开发功能，可以帮助不同层次的用户快速设计网页。本章帮助用户快速了解 Dreamweaver CS6 版本的新增功能，以及 Dreamweaver 的工作环境，等等。

本章学习要点：

- 了解 Dreamweaver CS6
- Dreamweaver 工作区
- 了解文档视图
- 【编码】工具栏
- 网页设计流程
- 创建网页文档
- 网页的构成

1.1 了解 Dreamweaver CS6

Dreamweaver CS6 是此软件的最新版本，快速了解 Dreamweaver 的作用，以及开发环境的一些基础组成部分，对日后学习及工作非常有帮助。

1.1.1 Dreamweaver 概述

Dreamweaver 主要包含两方面的功能，即设计网站前台页面和开发网站后台程序。在设计网站前台页面时，Dreamweaver 允许用户通过“所见即所得”的界面操作方式添加和编辑网页中的各种元素；而在开发网站后台程序时，Dreamweaver 除了允许用户以可视化的方式开发程序外，还提供了丰富的代码提示功能，帮助用户编写网站程序的代码。

Dreamweaver 支持多种类型的语言。在标记语言方面，支持 HTML 4.0、XHTML 1.0、XML 和最新的 HTML 5.0 等标准化的结构语言。在编程语言方面，支持 JavaScript、VBScript、C#、Visual Basic、ColdFusion、Java 以及 PHP 等常用编程语言。除此之外，Dreamweaver 还提供了 CSS、ActionScript、EDML、WML 等语言的支持，允许用户开发各种常见的 Web 应用。

Dreamweaver 不仅是一种网页设计与网站开发软件，其还附带有资源管理功能，可将站点目录中的图像、视频、音频、色彩、链接和一些特殊的 Dreamweaver 对象集中管理，帮助用户快速建立索引、收藏以及应用到网页中。

使用 Dreamweaver，用户既可以快速创建基于 Web 标准化的网页，也可以便捷地开发各种大型网站项目。

1.1.2 Dreamweaver CS6 新增功能

Dreamweaver CS6 是由 Adobe 最新推出的版本，具有自适应网格版面创建行业标准的 HTML 5 和 CSS 3 编码。jQuery 移动和 Phone Gap 框架的扩展支持可协助用户为各种屏幕、手机和平板电脑建立项目。下面来介绍一下它的新增功能。

1. 新站点管理器

在窗口中，执行【站点】|【新建站点】命令，打开【站点设置对象】对话框，如图 1-1 所示。

在该对话框中，从左侧可以看到包含有 4 项内容：站点、服务器、版本控制和高级设置。

用户还可以执行【站点】|【新建 Business Catalyst 站点】命令，并新建 Business Catalyst 站点。

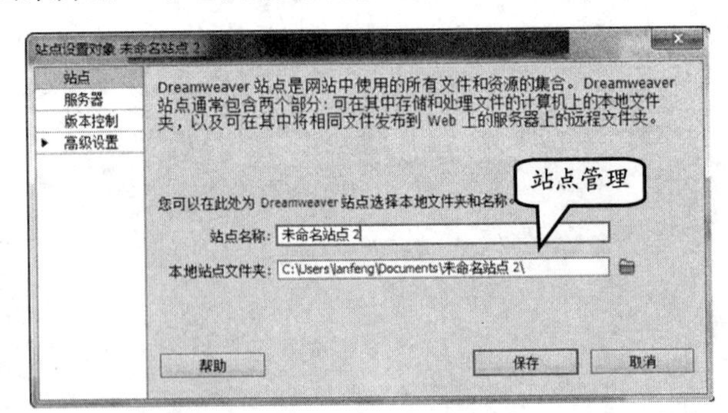

图 1-1 站点管理

2. 基于流体网格的 CSS 布局

在 Dreamweaver 中使用新增的强健流体网格布局来创建能应对不同屏幕尺寸的最合适 CSS 布局。例如，执行【文件】|【新建流体网格布局】命令，打开【新建文档】对话框，如图 1-2 所示。

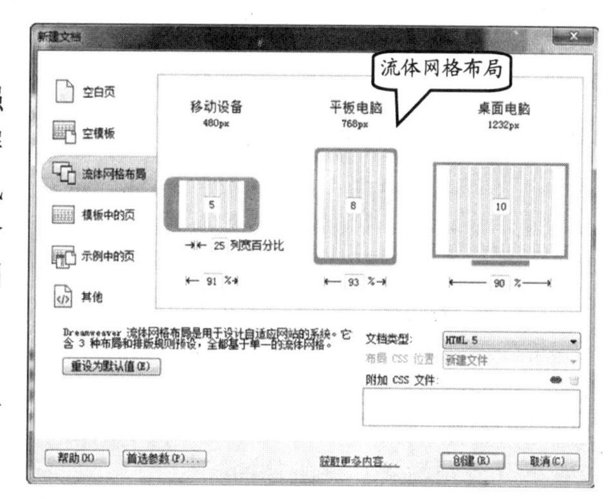

图 1-2 流体网格的 CSS 布局

在使用流体网格生成 Web 页时，布局及其内容会自动适应用户的查看装置（无论是台式机还是绘图板或智能手机）。

3. CSS 3 过渡效果

使用新增的“CSS 过渡效果”面板，可将平滑属性变化更改应用于基于 CSS 的页面元素，以响应触发器事件，如悬停、单击和聚焦。

例如，可以执行【窗口】|【CSS 过渡效果】命令，打开【CSS 过渡效果】面板，如图 1-3 所示。

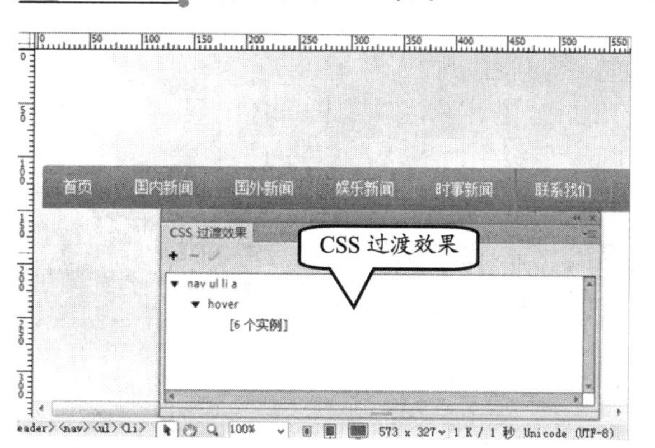

图 1-3 查看 CSS 3 过渡效果

4. 多 CSS 类选区

现在可以将多个 CSS 类应用于单个元素。例如，选择一个元素，打开【多类选区】对话框，然后选择所需类，如图 1-4 所示。在应用多个类之后，Dreamweaver 会根据用户选择来创建新的多类。

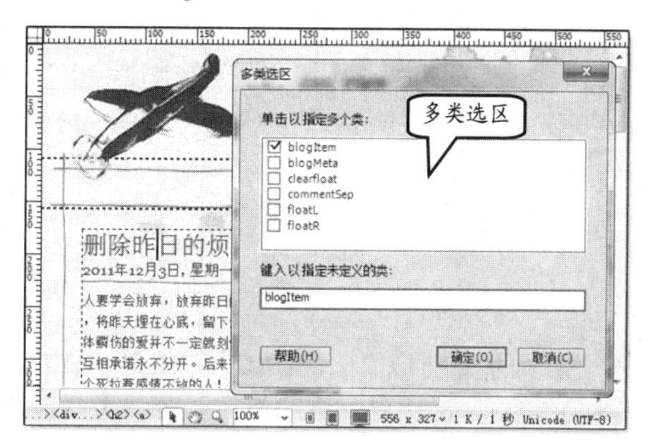

图 1-4 查看多个 CSS 类选区

5. PhoneGap Build 集成

通过新增的 PhoneGap Build 服务的直接集成，可以使用其现有的 HTML、CSS 和 JavaScript 技能，来生成适用于移动设备的本机应用程序。

PhoneGap Build 服务管理的项目，并允许为大多数流行的移动平台生成本机应用程序，包括 Android、iOS、Blackberry、Symbian 和 webOS。

6. jQuery Mobile 1.0

Dreamweaver CS6 附带 jQuery 1.6.4 和 jQuery Mobile 1.0 文件。例如，执行【文件】|【新建】命令，并在【新建文档】对话框中，选择【示例中的页】选项，如图 1-5 所示。

现在，创建 jQuery Mobile 页时，还可以在两种 CSS 文件之间进行选择：完全 CSS 文件或被拆分成结构和主题组件的 CSS 文件。

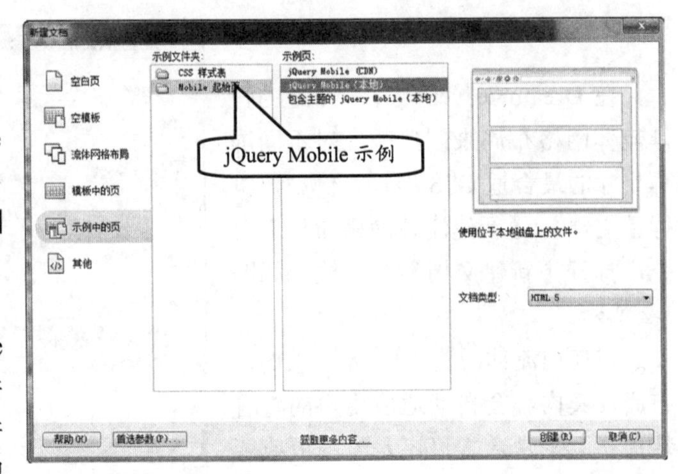

图 1-5 创建示例页

7. jQuery Mobile 色板

通过使用新的【jQuery Mobile 色板】面板，在 jQuery Mobile CSS 文件中预览所有主题内容。当创建手机页面后，用户可以在【jQuery Mobile 色板】面板中，选择元素主题，即页面的主题颜色，如图 1-6 所示。

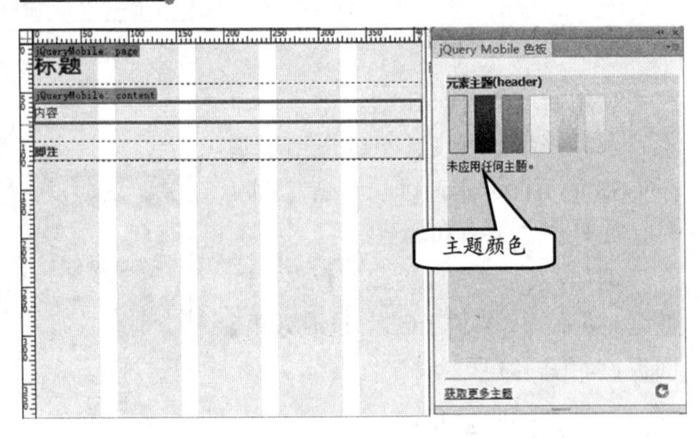

图 1-6 设置主题颜色

8. Web 字体

在 Dreamweaver 中，可以使用具有创造性的字体。但是，用户必须使用【Web 字体管理器】对话框，将 Web 字体导入到 Dreamweaver 站点中，如图 1-7 所示。

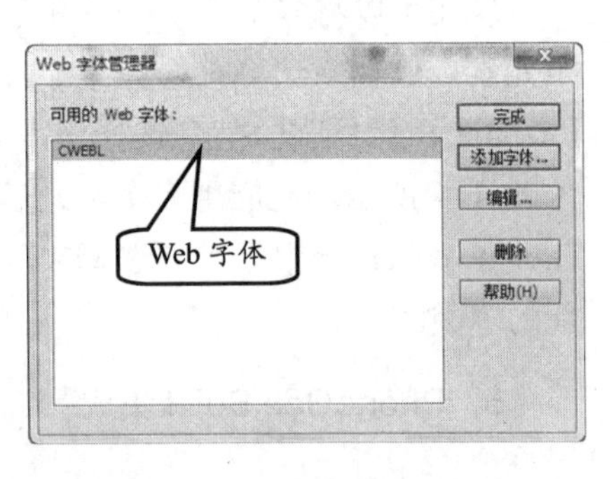

图 1-7 管理字体

9. 简化的 PSD 优化

在 Dreamweaver CS 5 时，一般叫做“图像预览”对话框，而现在叫做“图像优化”对话框。例如，在【文档】窗口中，选择一个图像，并单击【属性检查器】中的【编辑图像设置】按钮，如图 1-8 所示。

10. 支持 CSS 3 和 HTML 5 代码

在【文档】的【设计】视图中，支持媒体查询，可根据屏幕大小应用不同的样式。在【CSS 样式】面板中，可以设置 CSS 3 样式，如图 1-9 所示。

图 1-8 优化图像

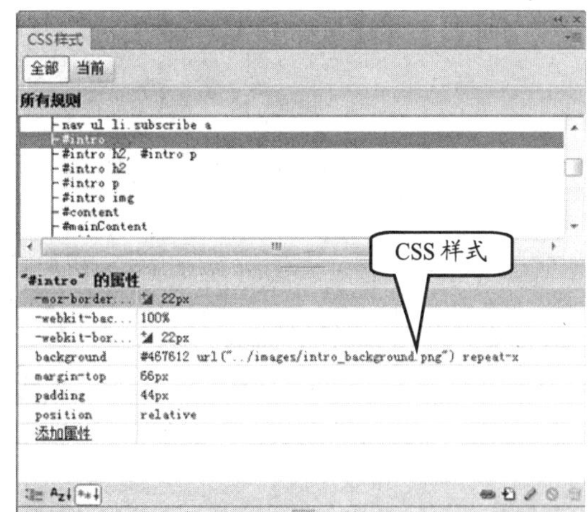

图 1-9 设置 CSS3 样式

1.2 Dreamweaver 工作区

在首次启动 Dreamweaver CS6 时，将显示【欢迎屏幕】界面，用于打开最近使用过的文档或创建新文档。

1.2.1 Dreamweaver 窗口

用户还可以从【欢迎屏幕】界面中，了解产品介绍或教程，以及有关 Dreamweaver 的更多信息。帮助用户快速创建常用的项目文档，如图 1-10 所示。

创建及打开文档时，即可打开 Dreamweaver 工作区。用户在该工作区中，可以查看文档和对象属性，通过工具栏中的操作，快速编辑文档内容，如图 1-11 所示。

图 1-10 【欢迎屏幕】界面

1.2.2 窗口组成

在窗口中，包含了许多面板、工具按钮，以及对不同网页元素进行设置的【属性】检查器等。下面来详细了解一下窗口中的主要组成部分。

1. 窗口的组成部分

在窗口中，主要包含以下内容。

❑ 【应用程序】栏

Dreamweaver 的基本工具栏，包含各种操作命令，以及切换按钮、【最小化】、【最大化】、【还原】和【关闭】等按钮。

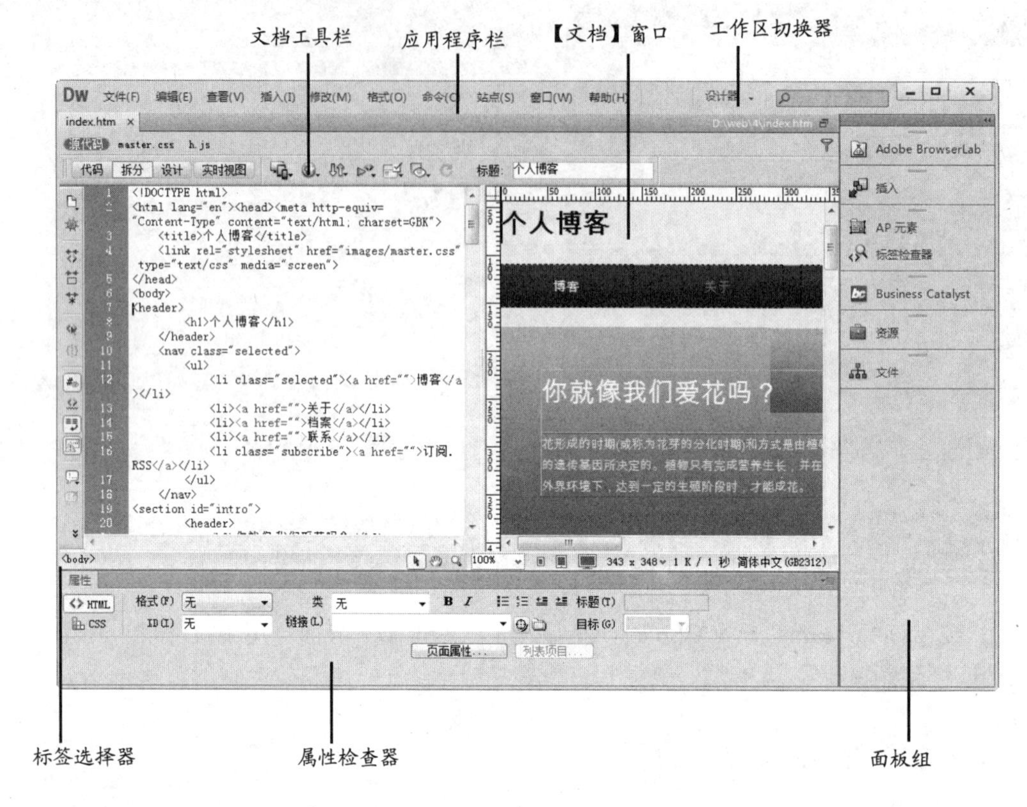

图 1-11　Dreamweaver 工作区

在默认状态下，【应用程序】栏中还将显示【CS Live】命令，允许用户访问 Dreamweaver 在线资源。

❑ 【工作区】切换器

允许用户切换多种工作区，以适应面向不同方向的用户需求。在默认状态下，Dreamweaver 将使用名为“设计器”的工作区。

提　示

用户可以单击【工作区】切换器，切换至【经典】工作区，使用传统的 Dreamweaver 界面风格进行工作。

❑ 【相关文件】工具栏

打开的网页文档嵌入了多种文档，如嵌入了 CSS 样式表文档、JavaScript 脚本文档等，会在【相关文件】工具栏中显示这些文档的名称。用户可以单击任意相关文件的名称，在【文档】窗口中显示文件内容。

❑ 【文档】工具栏

为用户提供视图切换、文档预览、多屏幕预览等功能，同时还允许用户测试网页并设置网页的标题。

❑ 【文档】窗口

用于显示当前创建和编辑的文档。用户可在此设置和编排网页文档的内容，也可编写文档的代码。

❑ 【标签】选择器

位于【文档】窗口底部的状态栏中，用于显示环绕当前选定内容的标签，以及该标签的父标签等，可体现出这些标签的层次结构。

提 示

在【标签】选择器中，用户可以单击标签的名称，然后再对该标签进行各种编辑操作。

❑ 【属性】检查器

用于查看和更改当前选择对象或文本的各种属性，其会根据用户选择的内容而显示不同的属性。

❑ 【面板】组

显示Dreamweaver提供的各种面板。在【设计器】工作区风格中，默认显示【Adobe BrowserLab】、【插入】、【CSS 样式】、【AP 元素】、【文件】和【资源】等面板。

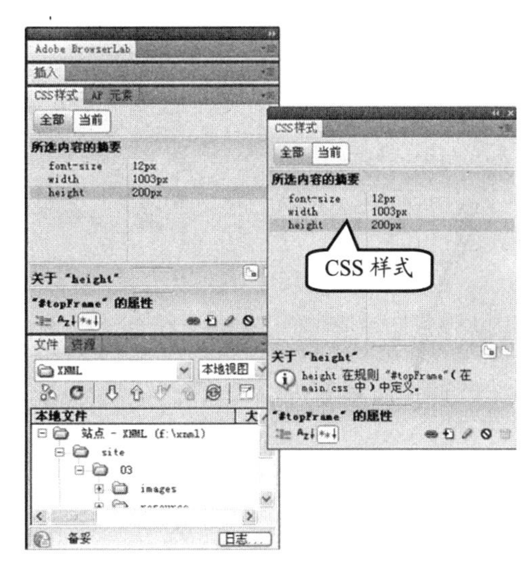

图 1-12 拖曳面板

2. 操作面板和检查器

面板是Dreamweaver中的重要工作区域，许多重要的可视化操作都需要借助Dreamweaver的面板来实现。合理地分配各种面板，可以最大限度提高用户工作的效率。

Dreamweaver 的面板通常以组的方式显示。例如，在【设计器】工作区布局下，【CSS 样式】面板和【AP 元素】面板就位于同一组中，【插入】面板独自占用一个面板组位置。按住面板的标签后，可将面板向任意方向拖曳，将面板转换为浮动模式，脱离原面板组，如图 1-12 所示。

面板组通常由【面板标签】栏和面板内容等两部分组成，当面板组处于折叠状态时，用户可以双击面板的【面板标签】栏，将其展开。同理，用户也可以双击已展开面板组的【面板标签】栏，将其折叠，如图 1-13 所示。

在右击面板组的【面板标签】栏后，用户还可以执行【折叠为图标】命令，将面板转换为折叠图标状态，如图 1-14 所示。

除了默认显示的面板外，Dreamweaver 还提供了其他的一些面板。在 Dreamweaver 中执行【窗口】命令后，即可在弹出的菜单中选择面板，将其添加到面板组中，如图 1-15 所示。

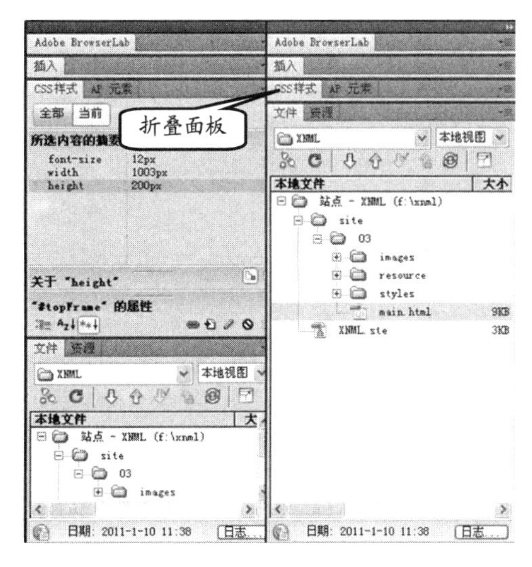

图 1-13 折叠面板

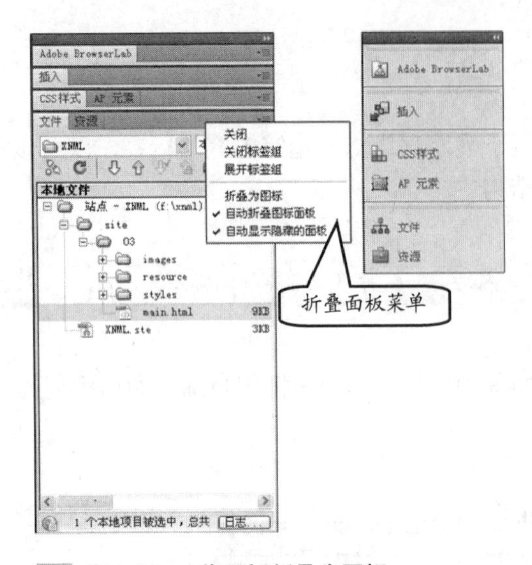

图 1-14　将面板折叠为图标

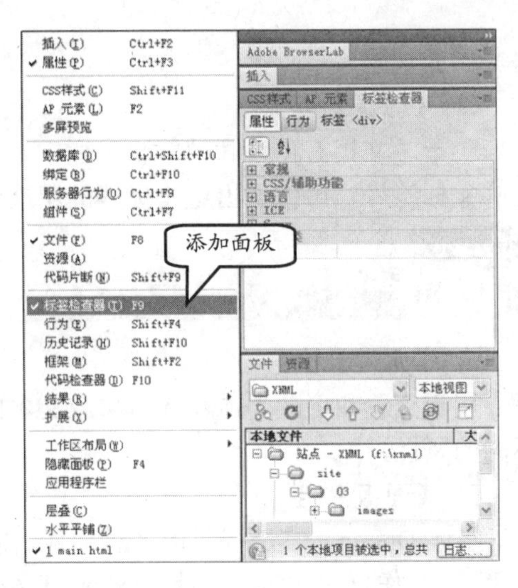

图 1-15　添加新面板

1.3　了解文档视图

在【文档】窗口中，为方便编辑网页内容，提供了多种视图方式。

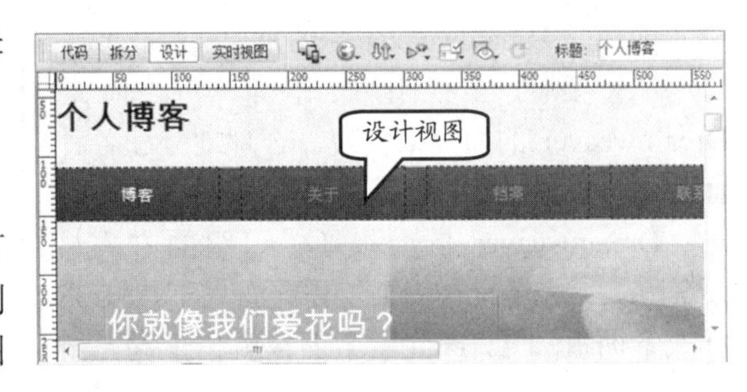

图 1-16　【设计】视图

1.【设计】视图

在此视图中，显示文档的完全可编辑的可视化表示形式，类似于在浏览器中查看页面时看到的内容，如图 1-16 所示。

2.【代码】视图

一个用于编写和编辑 HTML、JavaScript、PHP 或 ColdFusion 标记语言，以及任何其他类型代码的手工编码环境，如图 1-17 所示。

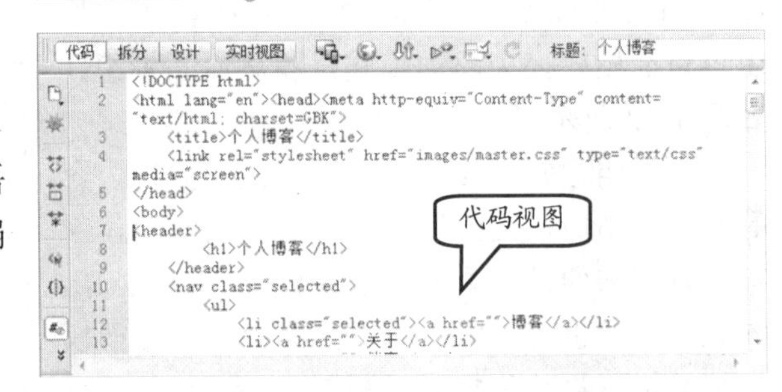

图 1-17　【代码】视图

3.【拆分代码】视图

【代码】视图的一种拆分版本，可以通过滚动方式，同时对文档的不同部分进行操作。例如，用户可以执行【查看】|【拆分代码】命令，即可将【代码】视图拆分成两部分，如图 1-18 所示。

4.【代码】视图和【设计】视图

在一个窗口中看到同一文档的【代码】视图和【设计】视图，如图 1-19 所示。

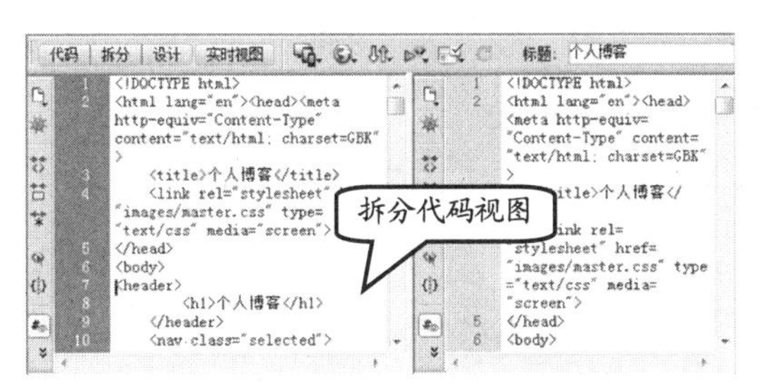

图 1-18 【拆分代码】视图

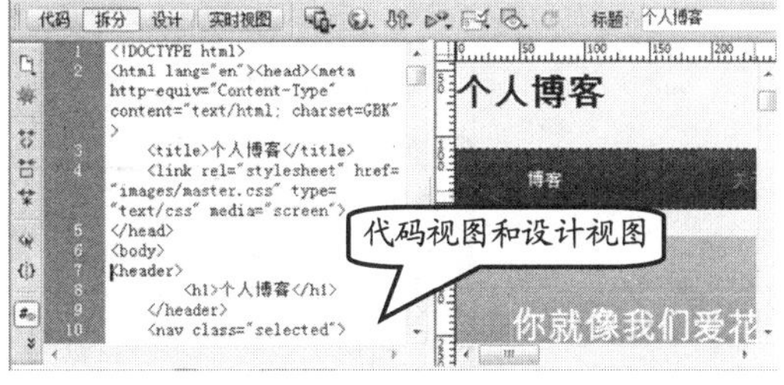

图 1-19 【代码】视图和【设计】视图

5.【实时】视图

类似于【设计】视图，但【实时】视图更逼真地显示文档在浏览器中的表示形式，并能够像在浏览器中那样与文档进行交互，如图 1-20 所示。

图 1-20 【实时】视图

提 示

【实时】视图不可编辑。但可以在【代码】视图中进行编辑，然后刷新操作，即可在【实时】视图来查看所做的更改。

6.【实时代码】视图

仅当在【实时】视图中，查看文档时可用。【实时代码】视图显示浏览器用于执行该页面的实际代码，当在【实时】视图中与该页面进行交互时，它可以动态变化。而【实时代码】视图不可编辑，如图 1-21 所示。

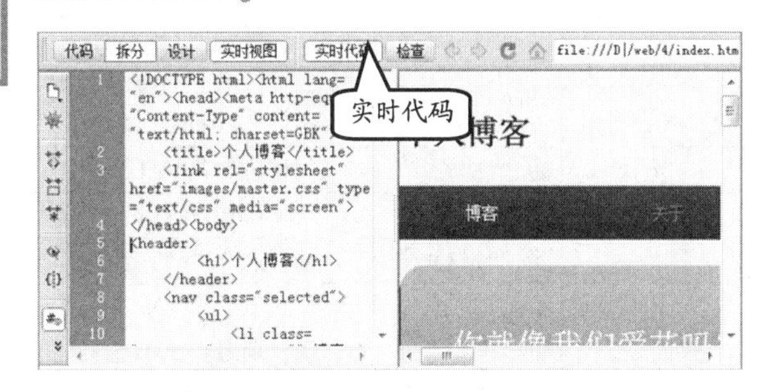

图 1-21 【实时代码】视图

1.4 【编码】工具栏

在前面已经介绍过【代码】视图，并可以在该视图中直接输入代码内容。而在【编码】工具栏中，包含可用于执行多种标准编码操作的按钮。

1.4.1 查看【编码】工具栏

【编码】工具栏显示在【文档】窗口的左侧，仅在【代码】视图时才可见，如图 1-22 所示。

要想了解和使用每个按钮的功能，可以将鼠标指针定位于按钮上将出现工具提示。在默认情况下，编码工具栏中将显示按钮，如表 1-1 所示。

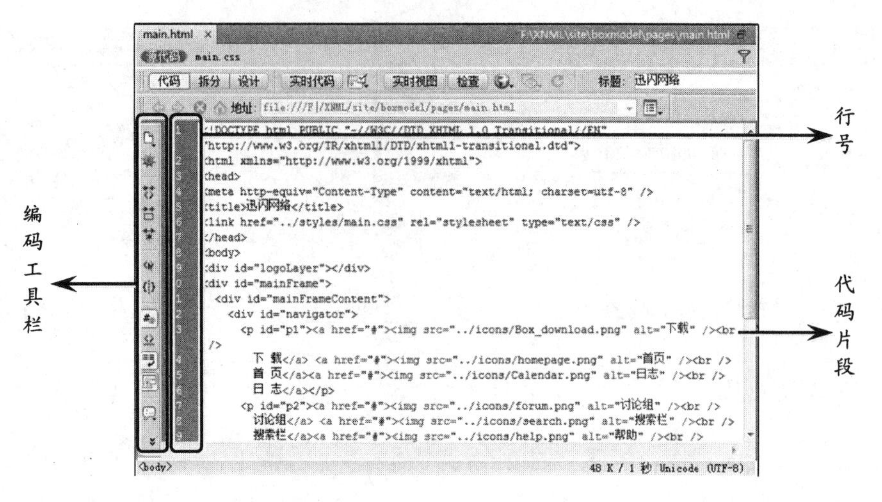

图 1-22 【编码】工具栏

表 1-1 【编码】工具栏按钮

按钮图标	按 钮 名 称	含 义
	打开文档	列出打开的文档。选择了一个文档后，它将显示在【文档】窗口中
	显示代码导航器	显示代码导航器
	折叠整个标签	折叠一组开始和结束标签之间的内容（如位于<table>和</table>之间的内容）
	折叠所选	折叠所选代码
	扩展全部	还原所有折叠的代码
	选择父标签	插入点的内容及其两侧的开始和结束标签
	平衡大括弧	放置插入点的那一行的内容及其两侧的圆括号、大括号或方括号
	行号	使可以在每个代码行的行首隐藏或显示数字
	高亮显示无效代码	用黄色高亮显示无效的代码
	自动换行	单击该按钮，一行中较长的代码，将自动换行
	信息栏中的语法错误警告	启用或禁用页面顶部提示语法错误的信息栏。当检测到语法错误时，语法错误信息栏会指定代码中发生错误的那一行
	应用注释	在所选代码两侧添加注释标签或打开新的注释标签
	删除注释	如果所选内容包含嵌套注释，则只会删除外部注释标签
	环绕标签	在所选代码两侧添加选自【快速标签编辑器】的标签
	最近的代码片断	从【代码片断】面板中插入最近使用过的代码片断
	移动或转换 CSS	将 CSS 移动到另一位置，或将内联 CSS 转换为 CSS 规则
	缩进代码	将选定内容向右移动
	凸出代码	将选定内容向左移动
	格式化源代码	将先前指定的代码格式应用于所选代码。如果未选择代码，应用于整个页面

1.4.2 应用【编码】工具栏

通过对【编码】工具栏的认识，可以使用工具栏中的按钮来快速编写比较规范的代码。

1. 多文档之间切换

在【编码】工具栏中，单击【打开文档】按钮，并在文件列表中，选择需要打开的文档，如图 1-23 所示。

图 1-23 切换文档

> **提 示**
>
> 在单击【打开文档】按钮后，则弹出文档列表。而所弹出的文档内容,都是在 Dreamweaver 窗口的【文档】窗口中所打开的文档。

2. 使用代码导航器

将光标定位于引用其他代码或者文件的语句，并单击【显示代码浏览器】按钮，即可在光标附近显示所引用的代码内容，如图 1-24 所示。

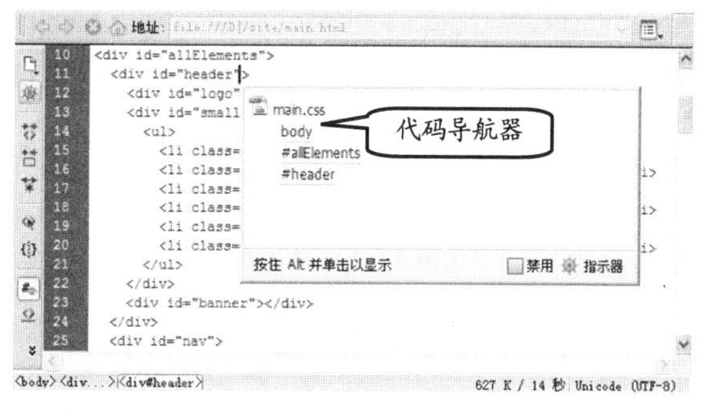

图 1-24 代码导航器

3. 折叠标签

在【代码】文档中，选择一组标签，如选择<Div> </ Div >标签，单击【折叠所选】按钮，如图 1-25 所示。

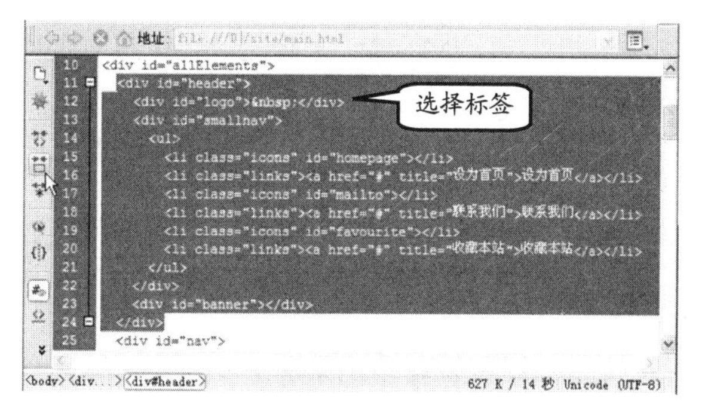

图 1-25 折叠标签

当折叠标签后，在该标签组的第一行行号后面将显示一个“加号”(⊞)和标签名称，以及标签名称后面跟省略号，如图 1-26 所示。

如果需要再显示所折叠标签的内容，则可以单击工具栏中的【扩展全部】按钮，即可将所有折叠的标签内容显示出来，如图 1-27 所示。

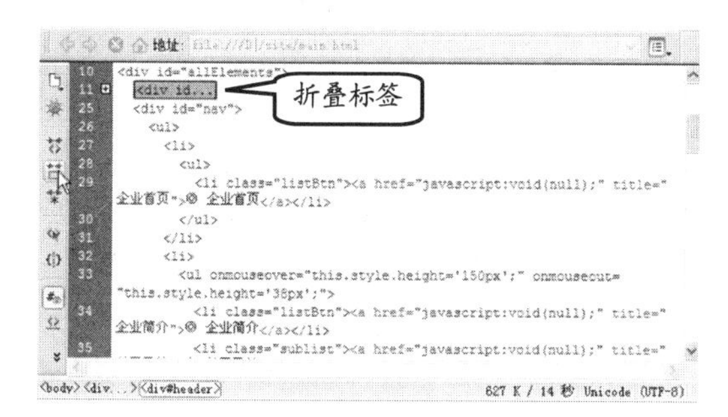

图 1-26 展开标签

图 1-27 全部展开标签

4. 代码格式化

用户可以单击工具栏中的【格式化源代码】按钮，并在弹出的列表中，执行【应用源格式】命令，如图 1-28 所示。

提 示

当用户在编写程序代码时，一般会按照文本的录入方式，逐行逐段地录入代码内容。但录入的内容比较凌乱，以及代码标签之间、段落与行之间并不清晰。

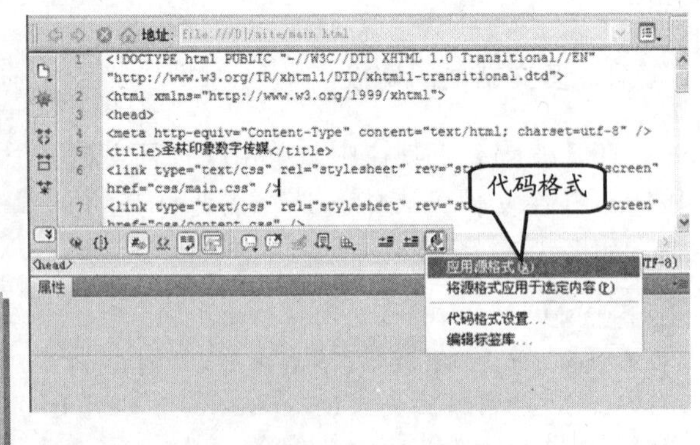

图 1-28 应用代码格式

1.5 网页设计流程

在一个完整的站点创建过程中，用户需要使用多种方法、多种工具来创建 Web 中的内容。下面简单介绍 Dreamweaver 大致的工作过程。

1. 规划和设置站点

在建立网站之前，应通过各种调查活动，确定网站的整体规划，并对网站所要展示的内容进行基本的归纳。

在调查活动完成后，企业还需要对调查的结果进行数据整合与分析，整理所获得的数据，将数据转换为实际的结果，从而定位网站的内容、划分网站的栏目等，如图 1-29 所示。

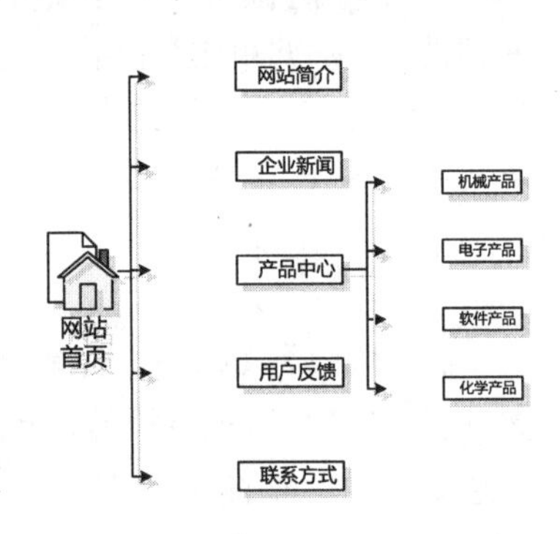

图 1-29 规则网站内容

在组织好信息并确定结构后，用户就可以开始创建站点。

2. 组织和管理站点文件

在【文件】面板中，可以方便地添加、删除和重命名文件及文件夹，以便根据需要更改组织结构，如图 1-30 所示。

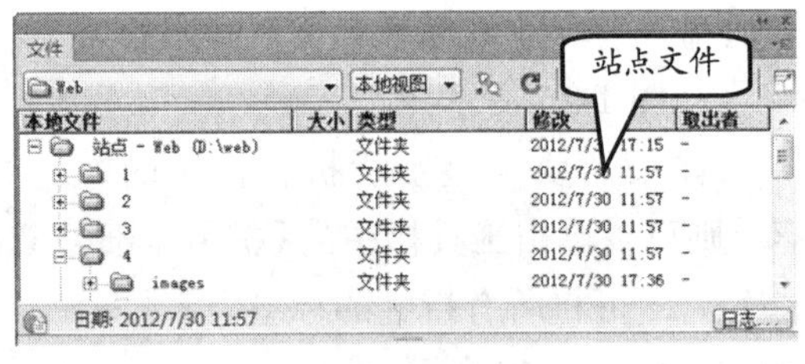

图 1-30 设置本地站点

而使用【资源】面板，可以方便地组织站点中的资源，如将资源直接拖到文档中，如图 1-31 所示。

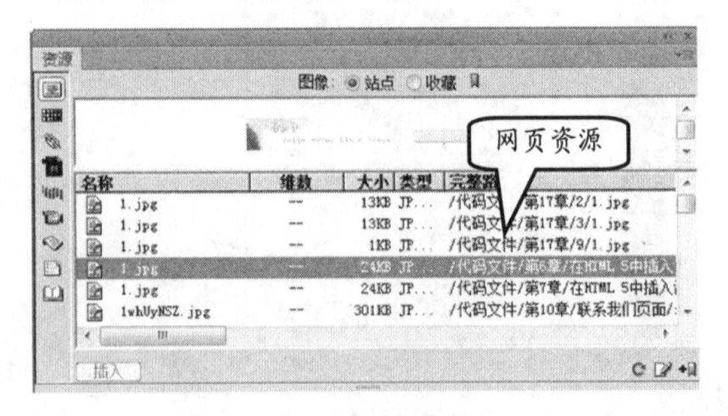

图 1-31 设置网页资源

3. 设计网页布局

选择要使用的布局技术，来创建站点外观。例如，用户可以使用 AP 元素、CSS 样式等技术。

4. 向页面添加内容

添加资源和设计元素，如文本、图像、颜色、多媒体、链接、跳转菜单等。

5. 手动编码创建页面

手动编写网页面的代码是创建页面的另一种方法。Dreamweaver 提供了易于使用的可视化编辑工具，但同时也提供了高级的编码环境，如图 1-32 所示。

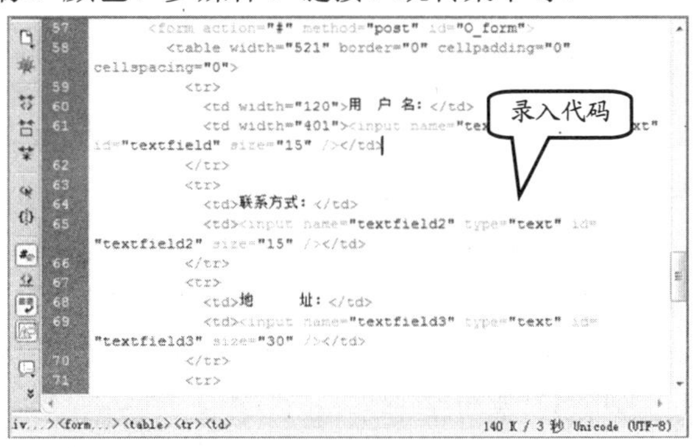

图 1-32 手动编写代码

6. 创建动态内容应用程序

许多 Web 站点都包含了动态页，动态页使用户能够查看存储在数据库中的信息，并且一般会允许某些访问者在数据库中添加新信息或编辑信息，如图 1-33 所示。

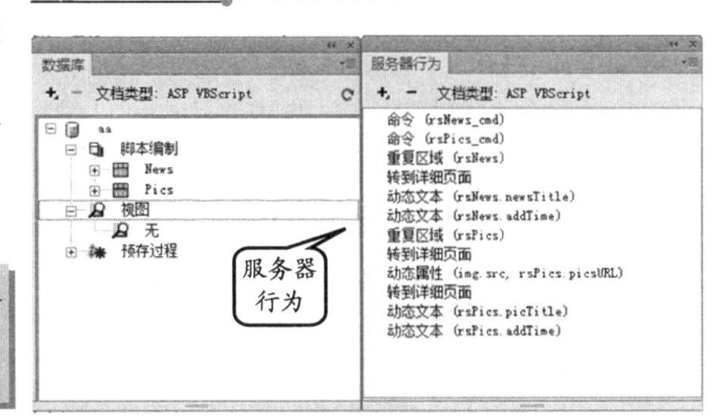

图 1-33 创建动态页面

提 示

若要创建此类页面，则必须先设置 Web 服务器和应用程序服务器，创建或修改站点，然后连接到数据库。

在 Dreamweaver 中，可以定义动态内容的多种来源，其中包括从数据库提取的记录集、表单参数和 JavaBeans 组件，如图 1-34 所示。

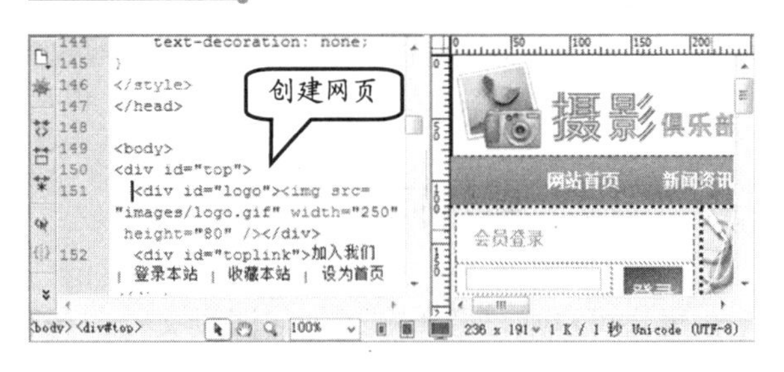

图 1-34 创建网页

程序开发技术发展十分迅速，要求企业在建设网站时，须具有多种技术方案可供选择。例如 Windows Server 操作系统+SQL Server 数据库+ASP.Net 技术，或 Linux 操作系统+MySQL 数据库+PHP 技术等。常用的动态编程语言主要包括 VBScript、C#、JAVA、Perl、PHP 等 5 种。

- VBScript 脚本语言主要用于微软公司 Windows 服务器系统的 ASP 后台程序；
- C#语言主要用于微软公司 Windows 服务器系统的 ASP.Net 后台程序；
- JAVA 可用于多种服务器操作系统的 JSP 后台程序；
- Perl 可用于多种服务器操作系统的 CGI 以及 fast CGI（CGI 的改编版本）后台程序；
- PHP 可用于多种服务器操作系统的 PHP 后台程序中。

提 示

若要在页面上添加动态内容，只需将该内容拖动到页面上即可。

7. 测试和发布

在完成网站的设计之后，需要再对程序进行测试、发布和维护等工作，以便进一步地完善网站的内容。

❑ 网站测试

尽可能地避免网站在运营时出现种种问题。这些测试包括测试网站页面链接的有效性，网站文档的完整性、正确性以及后台程序和数据库的稳定性等项目。

❑ 网站发布

即可通过 FTP、SFTP 或 SSH 等文件传输方式，将制作完成的网站上传到服务器中，并开通服务器的网络，使其能够进行各种对外服务。

❑ 网站维护

网站的维护包括对服务器的软件、硬件维护，系统升级，数据库优化和更新网站内容等。

用户往往不希望访问更新缓慢的网站。因此，网站的内容要不断地更新。定期对网站界面进行改版也是一种维系用户忠诚度的办法。让用户看到网站的新内容，可以吸引用户继续对网站保持信任和关注。

1.6 创建网页文档

在创建站点之后，用户可使用 Dreamweaver 来创建网页文档，将其保存到站点中，并对网页文档进行浏览。

1.6.1 新建网页文档

用户可以通过两种方式创建网页文档：一种是通过【Dreamweaver 起始页】，另一种则需要使用【新建文档】对话框。除此之外，Dreamweaver CS5 还允许用户设置文档的默认属性。

1. 快速创建网页文档

在启动 Dreamweaver CS6 之后，在默认打开的【Dreamweaver 起始页】中，用户可以在【新建】栏中单击选择需要创建的网页文档类型，快速创建空白网页文档，如图 1-35 所示。

图 1-35 新建 HTML 网页文档

2. 创建空白网页文档

除此之外，用户也可在 Dreamweaver 窗口中，执行【文件】|【新建】命令。在弹出的【新建文档】对话框中，选择【空白页】选项卡。然后，在【页面类型】列表和【布局】列表中，选择文档类型，并选择【文档类型】中的选项，单击【创建】按钮，如图 1-36 所示。

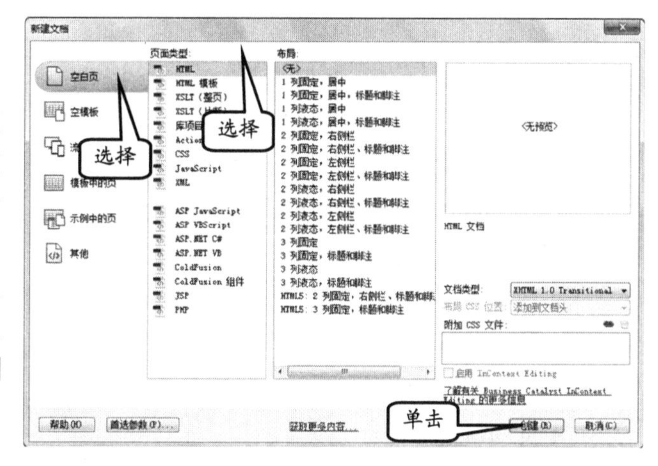

图 1-36 新建空白页

3. 设置网页文档属性

在【新建文档】对话框中，用户可以单击【首选参数】按钮，在弹出的【首选参数】对话框中，设置网页文档的属性。

除此之外，用户也可以执行【编辑】|【首选参数】命令，在弹出的【首选参数】对话框中，选择【新建文档】列表项，同样可以设置网页文档的属性，如图 1-37 所示。

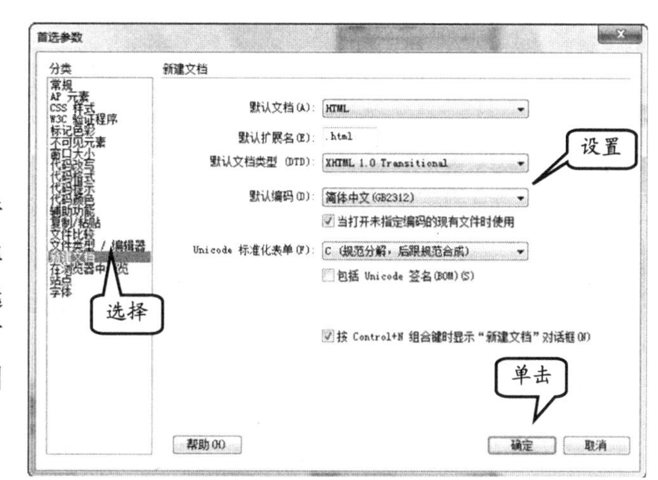

图 1-37 新建文档属性设置

在【新建文档】选项卡中，主要包括 8 种属性设置，如表 1-2 所示。

表 1-2 新建文档属性

属　性	作　用
默认文档	设置使用 Dreamweaver CS6 创建网页文档的默认文档格式
默认扩展名	设置默认文档格式的扩展名
默认文档类型	设置网页文档所使用的文档 XHTML 或 HTML 语义规则
默认编码	设置网页文档中字符的编码方式
当打开未指定编码的现有文件时使用	选中该选项后，当打开未定义编码方式的网页文档时，将使用以上选择的编码方式
Unicode 标准化表单	其作用是当用户选择 Unicode(UTF-8)编码后，指定一些特殊的字符显示的方式
包括 Unicode 签名	如选择 Unicode(UTF-8)编码，则可以选择该选项，以将 Unicode 标准化表单的信息写入到文档开头
按 Control+N 组合键时显示“新建文档”对话框	选中该选项后，当用户按 Control+N 组合键时将打开【新建文档】对话框。否则，将直接创建一个默认的文档，并使用默认的文档类型和编码

1.6.2 设置页面属性

在创建网页文档后，用户还可针对该网页文档，设置页面的基本属性，对网页文档中的内容进行简单定义。在网页文档任意空白处右击鼠标，然后即可执行【页面属性】命令，打开【页面属性】对话框，如图 1-38 所示。

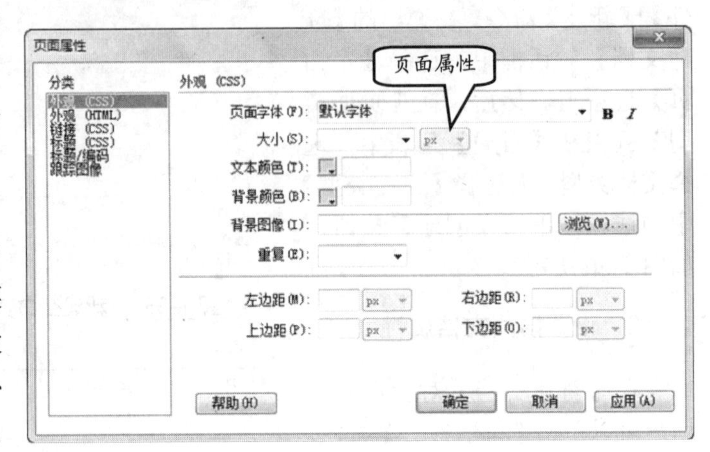

图 1-38 【页面属性】对话框

在【页面属性】对话框中提供了名为【分类】的列表菜单，允许用户选择 6 类属性设置，包括【外观（CSS）】、【外观（HTML）】、【链接（CSS）】、【标题（CSS）】、【标题/编码】和【跟踪图像】等。

1. 设置外观（CSS）属性

【外观（CSS）】属性的作用是根据用户设置的值自行编写 CSS 样式表代码，设置网页文档的一些基本对象样式，主要包括以下属性，如表 1-3 所示。

表 1-3 【外观（CSS）】的属性

属性		作用
页面字体		设置网页文档中所有文本的默认字体样式，例如宋体、黑体、微软雅黑等
加粗 B		为网页文档中的文本默认加粗
倾斜 I		使网页文档中的文本默认倾斜
大小		设置网页文档中所有文本的默认尺寸，其单位可以为 px（像素）、pt（点）、in（英寸）、cm（厘米）等
文本颜色		设置网页文档中所有文本的默认前景色
背景颜色		设置网页文档中所有文本的默认背景色
背景图像		为网页文档添加背景图像
重复	no-repeat	设置网页文档的背景图像不重复显示
	repeat	设置网页文档的背景图像重复显示
	repeat-x	设置网页文档的背景图像仅在水平方向重复显示
	repeat-y	设置网页文档的背景图像仅在垂直方向重复显示
左边距		设置网页文档中内容到浏览器左侧边框的距离
右边距		设置网页文档中内容到浏览器右侧边框的距离
上边距		设置网页文档中内容到浏览器顶部边框的距离
下边距		设置网页文档中内容到浏览器底部边框的距离

2. 设置外观（HTML）属性

【外观（HTML）】属性的作用是以HTML或XHTML标签的属性方式定义网页文档中一些基本对象的样式，如图1-39所示。

【外观(HTML)】属性的作用与【外观（CSS)】属性类似，但其实现的方式不同，只能在文档类型为“HTML 4.01 Transitional”和“XHTML 1.0 Transitional”时使用，其各属性作用如表1-4所示。

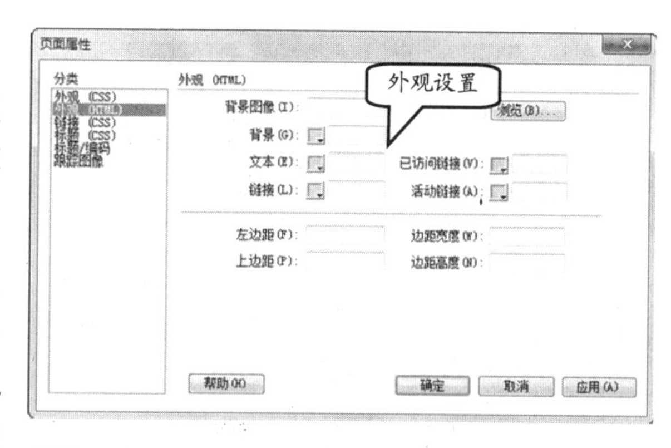

图1-39 【外观（HTML)】设置

表1-4 【外观（HTML)】属性

属　性	作　用
背景图像	为网页文档添加背景图像
背景	为网页文档添加背景颜色
文本	设置网页文档中默认文本的颜色
已访问链接	设置网页文档中已访问链接的文本颜色
链接	设置网页文档中普通链接的文本颜色
活动链接	设置网页文档中普通链接在鼠标滑过时的文本颜色
左边距	设置网页文档中内容到浏览器左侧边框的距离
上边距	设置网页文档中内容到浏览器顶部边框的距离
边距宽度	设置网页文档中内容到浏览器右侧边框的距离
边距高度	设置网页文档中内容到浏览器底部边框的距离

3. 设置链接（CSS）属性

【链接(CSS)】属性的作用是使用CSS样式表设置网页中超链接的样式属性，如图1-40所示。

在【链接（CSS)】栏中，提供了两类设置，即链接文本设置和链接修饰设置等，如表1-5所示。

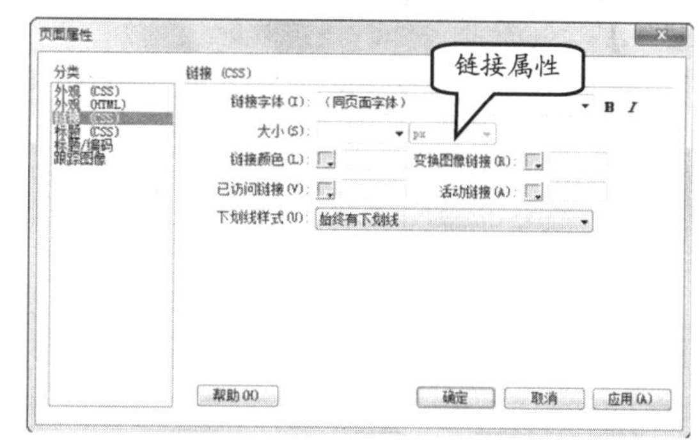

图1-40 设置链接样式

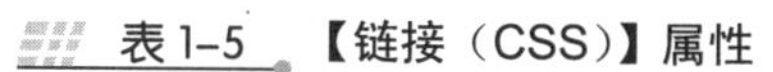
表1-5 【链接（CSS)】属性

属　性	作　用
链接字体	设置网页文档中所有超链接的默认字体样式，例如宋体、黑体等
加粗 B	为网页文档中的超链接文本默认加粗
倾斜 I	使网页文档中的超链接文本默认倾斜
大小	设置网页文档中所有超链接文本的默认尺寸，其单位可以为px（像素）、pt（点）、in（英寸）、cm（厘米）等
链接颜色	设置网页文档中所有超链接文本的默认前景色

续表

属　　性		作　　用
变换图像链接		设置网页文档中所有超链接文本在鼠标滑过时的默认前景色
已访问链接		设置网页文档中所有已访问过的超链接文本的默认前景色
活动链接		设置网页文档中所有超链接文本在被单击时显示的默认前景色
下划线样式	始终有下划线	为网页文档中所有超链接文本添加始终存在的下划线
	始终无下划线	禁用网页文档中所有超链接文本的下划线
	仅在变换图像时显示下划线	仅为鼠标滑过的超链接文本添加下划线
	变换图像时隐藏下划线	仅禁用网页文档中被鼠标滑过的超链接文本下划线

4. 设置标题（CSS）属性

【标题（CSS）】属性的作用是定义网页文档中 H1～H6 等 6 种标题标签的 CSS 样式，如图 1-41 所示。

在【标题（CSS）】属性中，用户可为这 6 种标题标签设置统一的字体样式、加粗和倾斜属性，同时分别定义这 6 种标题标签的字体尺寸和颜色。

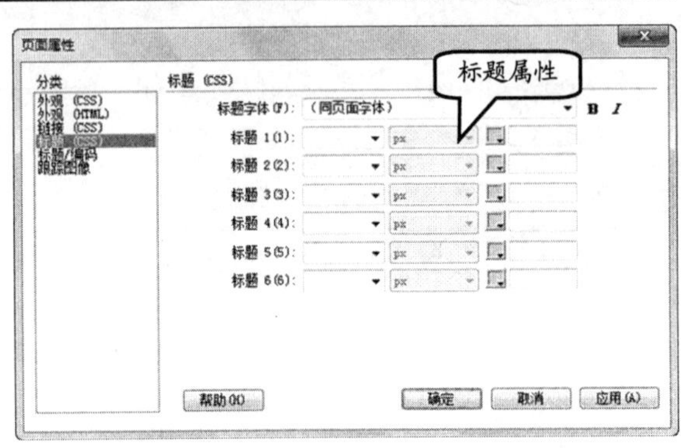

图 1-41　【标题（CSS）】属性

5. 设置标题/编码属性

【标题/编码】属性的作用是更改当前网页文档的文档属性，包括【标题】、【文档类型】、【编码】、【Unicode 标准化表单】等。除此之外，还可显示当前网页文档所存放的目录和站点的目录，如图 1-42 所示。

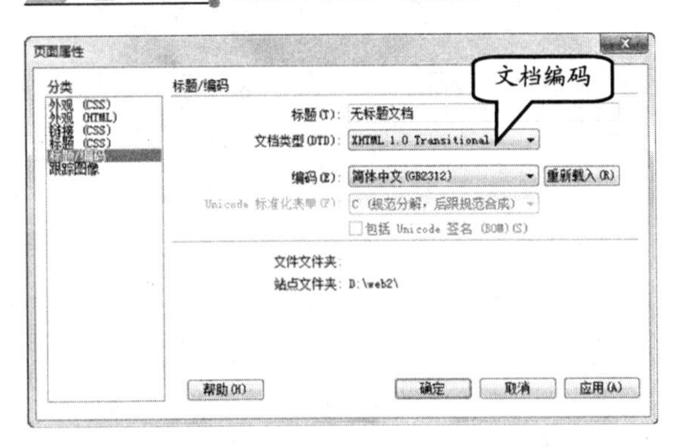

图 1-42　【标题/编码】属性

6. 设置跟踪图像属性

跟踪图像是一种辅助网页设计的图像。在制作网页之前，如果已经使用 Photoshop、Fireworks 等图像设计软件设计好了网页的效果图，则可将效果图作为跟踪图像，通过【跟踪图像】属性添加到网页文档中，并设置跟踪图像的透明度，如图 1-43 所示。

在添加跟踪图像后，Dreamweaver 会自动把半透明的预览图添加到网页背景中，此时，用户即可借助该背景对齐网页中的各种元素。

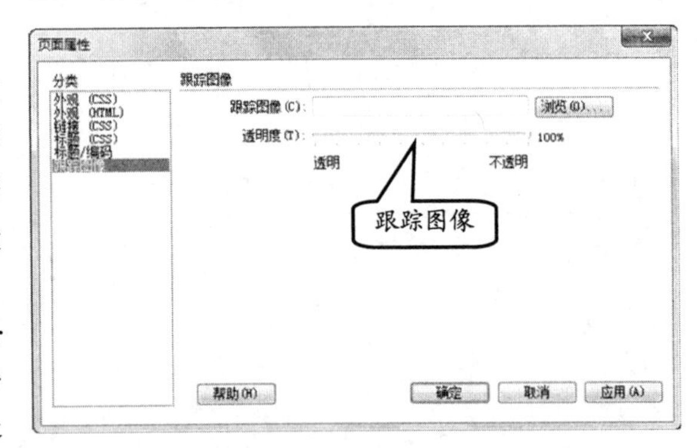

图 1-43　添加跟踪图像并设置透明度

提 示

跟踪图像是一种仅Dreamweaver可识别的标签属性，因此其并不会被Web浏览器解析。但为保持网页代码的简洁以及内容的优化，在网页制作完成后，用户还是应将跟踪图像删除。

1.7 网页的构成

网页是由各种版块构成的。Internet中的网页内容各异。然而多数网页都是由一些基本的版块组成的，包括Logo、导航条、Banner、内容版块、版尾和版权等。

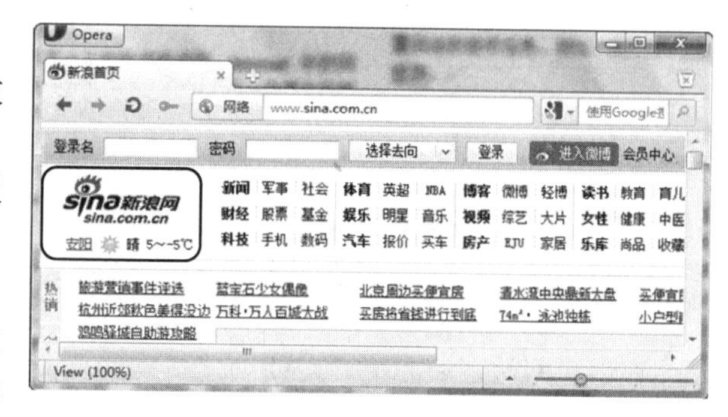

图1-44 Logo图标

- **Logo图标**

Logo是企业或网站的标志，是徽标或者商标的英文说法，起到对徽标拥有公司的识别和推广的作用，通过形象的logo可以让消费者记住公司主体和品牌文化。网络中的logo徽标主要是各个网站用来与其他网站链接的图形标志，代表一个网站或网站的一个版块。例如，新浪网的Logo图标，如图1-44所示。

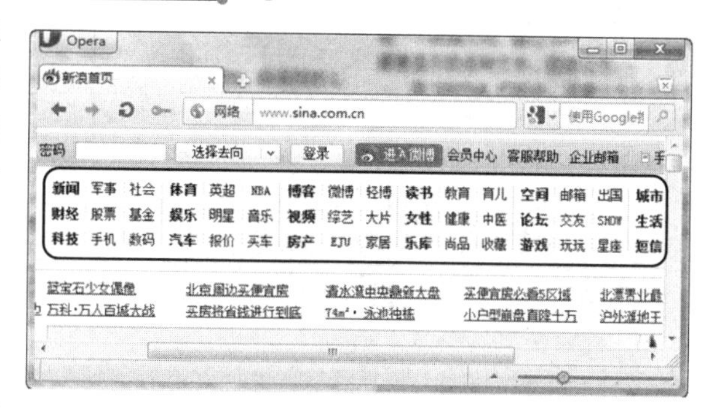

图1-45 导航条

- **导航条**

导航条是网站的重要组成标签。合理安排导航条可以帮助浏览者迅速查找需要的信息。例如，新浪网的导航条如图1-45所示。

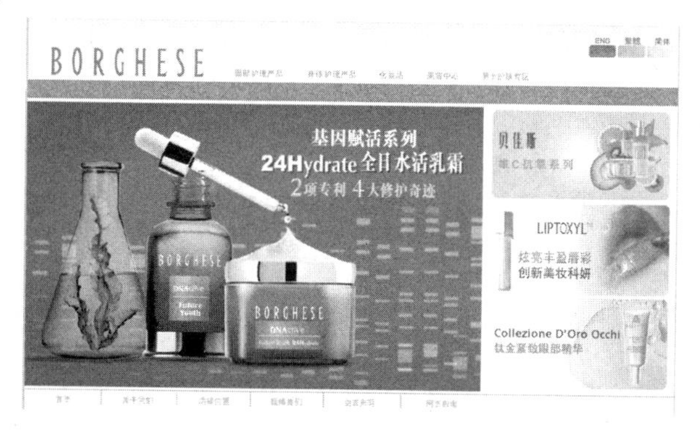

图1-46 Banner

- **Banner**

Banner的中文直译为旗帜、网幅或横幅，意译则为网页中的广告。多数Banner都以JavaScript技术或Flash技术制作，通过一些动画效果，展示更多的内容，并吸引用户观看，如图1-46所示。

- **内容版块**

网页的内容版块通常是网页的主体部分。这一版块可以包含各种文本、图像、动画、超链接等，如图1-47所示。

- **版尾版块**

版尾是网页页面最底端版块，通常放置网站的联系方式、友情链接和版权信息等内容，如图1-48所示。

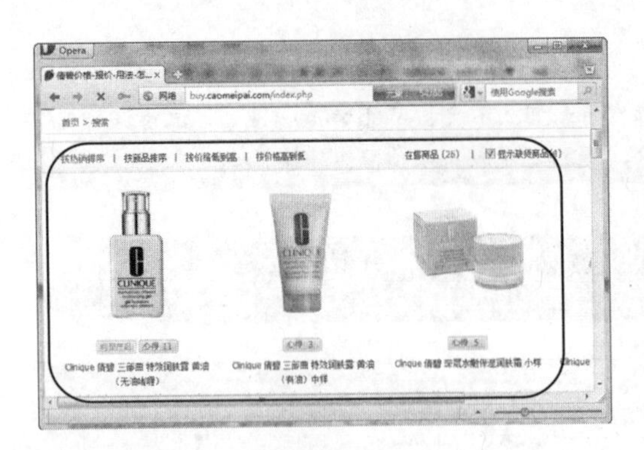

图 1-47 内容版块

图 1-48 版尾

1.8 课程练习：创建普通网页

在创建网站之后，用户需要创建不同的页面，用于显示网站相关的信息。在创建网页时，最简单的创建方法，莫过于创建静态网页。

操作步骤：

1 启动 Dreamweaver 软件，并在【欢迎屏幕】中，单击【新建】列表中的 HTML 选项，如图 1-49 所示。

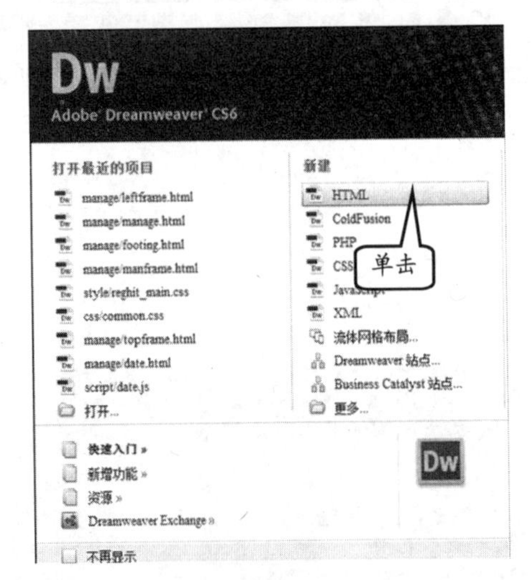

图 1-49 选择 HTML 选项

2 弹出【Untitled-1】文档，并显示空白的文档内容，如图 1-50 所示。

提 示

用户在创建文档时，默认为“Untitled-1”文件名，并且再次创建时，将延续该文档名称为“Untitled-2”的文件名，以此类推。

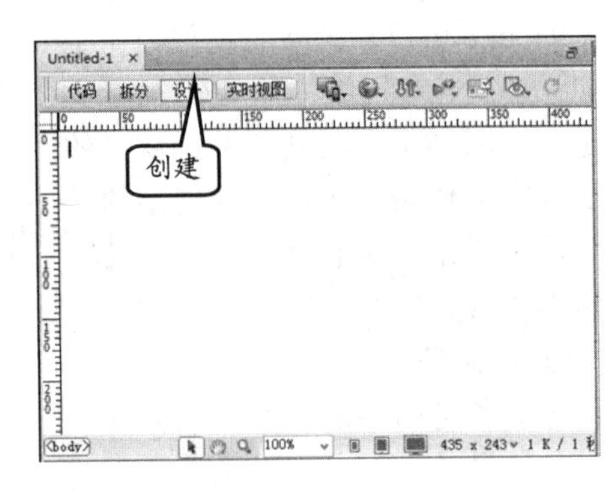

图 1-50 创建空白文档

3 在空白网页文档中，输入文本内容。然后，用户可以看到文档的标题名称后面出现一个“星号”（*），表示该文档内容已经改变，如图 1-51 所示。

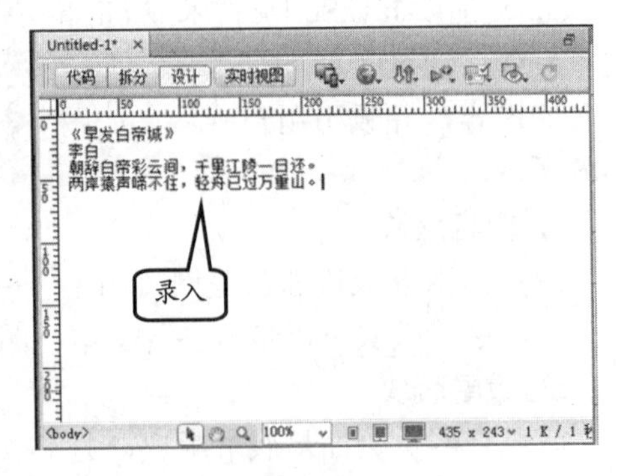

图 1-51 输入内容

4 如果用户想保存当前的文档内容为网页文件，则执行【文件】|【保存】命令，如图1-52所示。

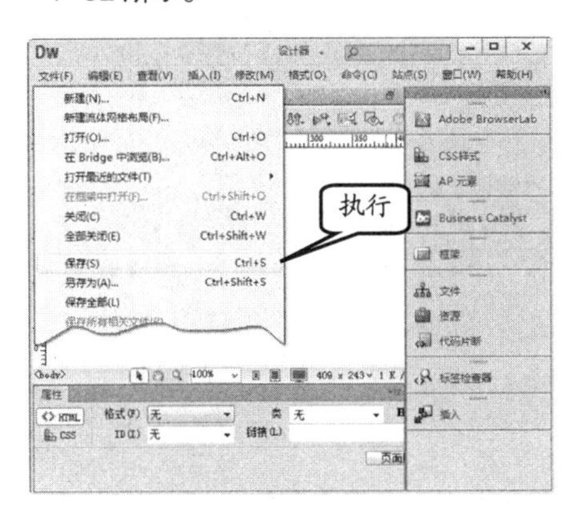

图 1-52 保存文档

5 在弹出的【另存为】对话框中，用户可以更改文档的默认名称，并单击【保存】按钮，如图1-53所示。

6 保存完当前的文档后，则在Dreamweaver软件的标题栏中，显示所保存的文件名称，并且在文件名后面显示文件保存的路径，如图1-54所示。

图 1-53 保存当前文档

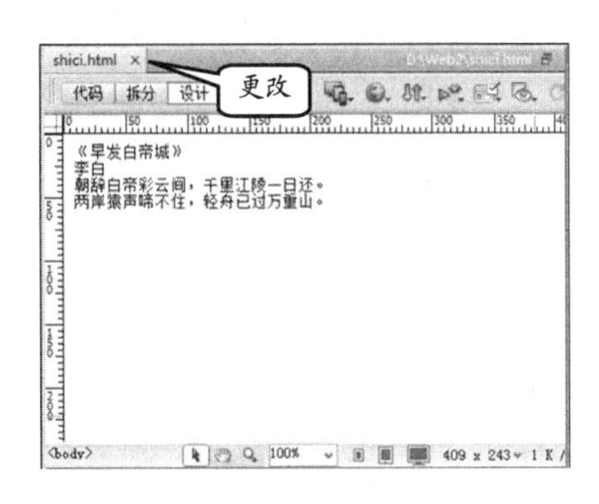

图 1-54 更改文档名称

1.9 课堂练习：创建HTML 5网页

HTML 5是用于取代1999年所制定的HTML 4.01和XHTML 1.0标准的HTML标准版本。现在仍处于发展阶段，但大部分浏览器已经支持某些HTML5技术。用户在创建HTML 5与其他HTML文档时，其方法大致相同。只是用户在创建过程中，需要设置文档类型。

操作步骤：

1 启动Dreamweaver软件，在显示【欢迎屏幕】界面后，执行【文件】|【新建】命令，如图1-55所示。

2 在弹出的【新建文档】对话框中，选择左侧的【空白页】选项，并在【页面类型】列中选择HTML选项。然后，在最右侧设置【文档类型】为HTML 5选项，如图1-56所示。

3 单击【创建】按钮之后，即可弹出【Untitled-3】文档，如图1-57所示。从文档内容来看与HTML 4.01没有较大区别，但是在【代码】视图中，可以看到HTML 5与HTML 4.01命名空间上有一定的区别。

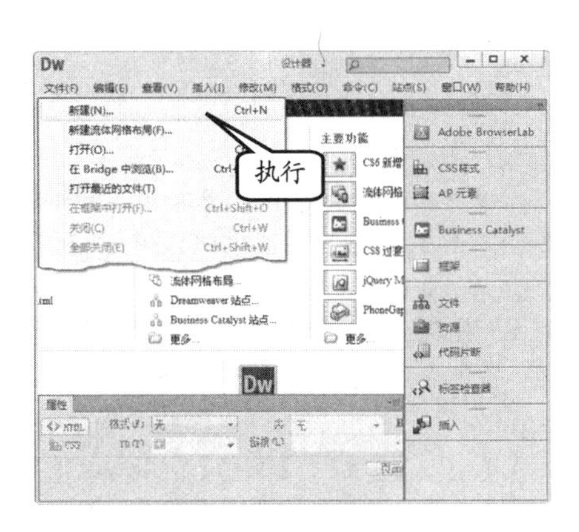

图 1-55 新建文档

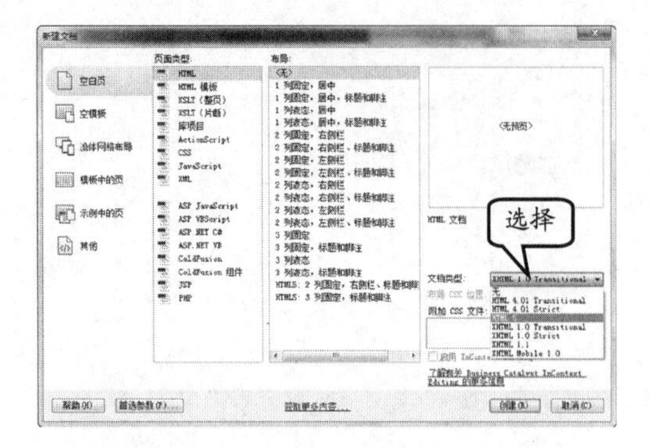

图 1-56　设置文档类型

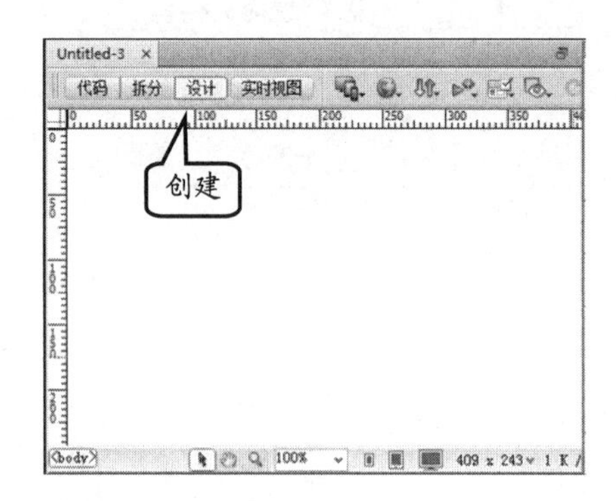

图 1-57　创建空白文档

4　如果用户想保存当前的文档内容为网页文件，则执行【文件】|【保存】命令，如图 1-58 所示。

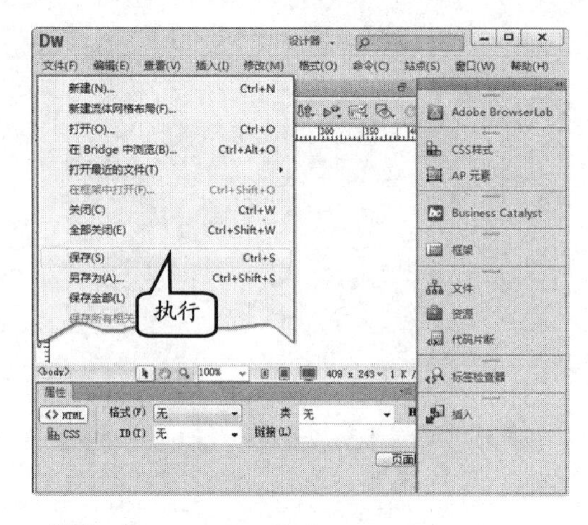

图 1-58　保存文档

5　在弹出的【另存为】对话框中，用户可以更改文件名，并单击【保存】按钮，如图 1-59 所示。

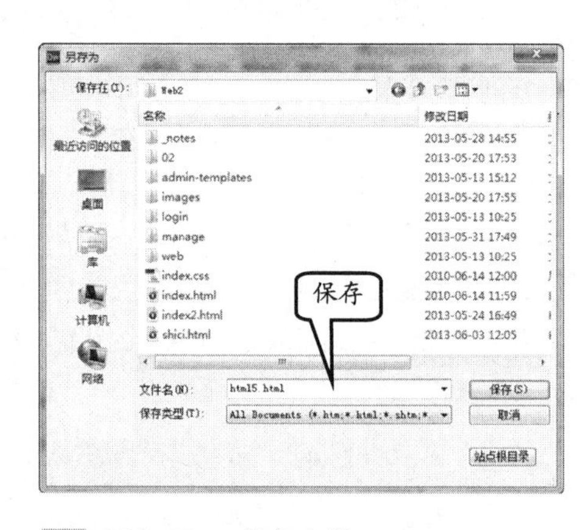

图 1-59　保存文档

1.10　思考与练习

一、填空题

1. Dreamweaver 主要包含两方面的功能，即__________和__________。

2. Dreamweaver CS6 由 Adobe 最新推出的版本，具有自适应网格版面创建行业标准的__________和__________编码。

3. 用户还可以从【__________】界面中，了解产品介绍或教程，以及有关 Dreamweaver 的更多信息。

4. __________位于【文档】窗口底部的状态栏中，用于显示环绕当前选定内容的标签，以及该标签的父标签等，可体现出这些标签的层次结构。

5. 在【__________】面板中，可以方便地添加、删除和重命名文件及文件夹，以便根据需要更改组织结构。

6. 在建立网站之前，应通过各种__________，确定网站的整体规划，并对网站所要展示的内容进行基本的归纳。

二、选择题

1. 在 HTML 标记语言中，不支持以下__________标准化的结构语言。

A. HTML 4.0

B. XHTML 1.0

C. JavaScript

D. HTML 5.0

2. 在网页布局和外观设计中，常用__________技术。

A. 表格和 CSS

B. Div 和 CSS

C. HTML 和 CSS

D. HTML 和表格

3. 在新文档中，下面_________方法执行错误。

A. 执行【文件】|【新建】命令

B. 在【欢迎屏幕】界面，单击 HTML 选项

C. 右击文档标题栏，执行【新建】命令

D. 在【页面属性】对话框中，单击【创建】按钮

4. 在操作文档中的内容时，用户除了执行命令外，还可以通过_________进行操作。

A. 【文件】面板

B. 【服务器】面板

C. 【插入】面板

D. 【框架】面板

5. 在【代码】视图中，为方便代码查找及调试，用户可以_________操作。

A. 折叠代码

B. 应用源格式

C. 显示代码浏览器

D. 显示行号

三、简答题

1. 描述 Dreamweaver CS6 新增功能。

2. Dreamweaver 包含几种文档视图？

3. Dreamweaver 包含多少面板组，分别是什么？

4. 简述网页设计流程？

四、上机练习

1. 关闭当前文档

如果用户不想关闭 Dreamweaver 软件，而只想关闭当前所打开的文档时，可以右击文档标题栏，并执行【关闭】命令，如图 1-60 所示。

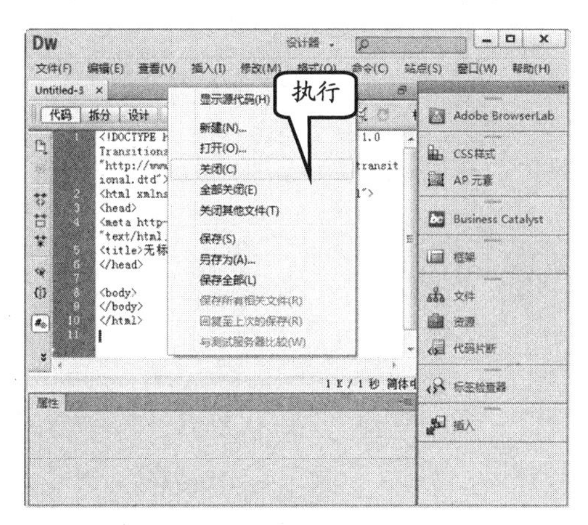

图 1-60 关闭文档

提 示

另外，用户也可以执行【文件】|【关闭】命令，关闭当前所显示的文档。如果文档已经添加或者修改内容，则关闭文件时将提示用户是否保存当前文档。

2. 打开面板组

用户可以在 Dreamweaver 软件中，执行【窗口】中的相关命令，即可打开相应的面板组，并处理展开状态，如图 1-61 所示。

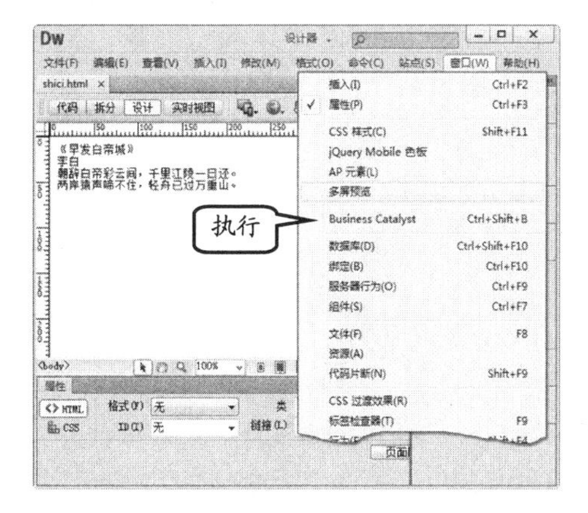

图 1-61 打开面板组

第 2 章

创建与管理站点

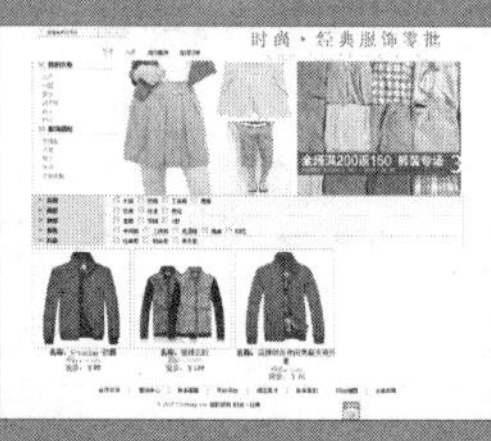

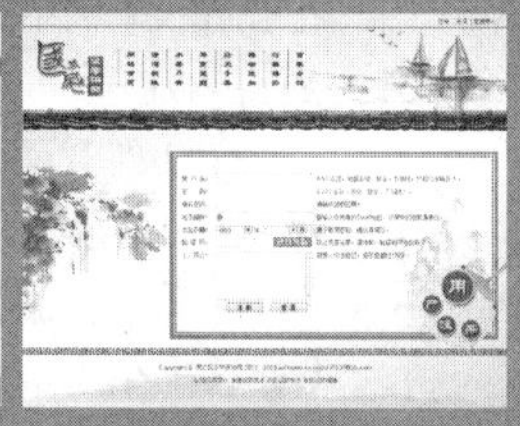

在网页设计中，站点用于存储和管理网站中的各种网页文档，以及相关的资源等数据。站点主要分为两种：一种是基于 Web 发布系统的发布站点；另一种则是基于网页设计软件的本地调试站点。创建站点是网页设计之前必须的准备工作。

本章学习要点：

- 了解站点及站点结构
- 创建本地站点
- 使用【文件】面板
- 站点文件及文件夹
- 远程文件操作

2.1 了解站点及站点结构

若要定义 Dreamweaver 站点，需要先创建一个本地文件夹。然后，再通过向导或者面板，设置站点属性选项。若要向 Web 服务器传输文件或开发 Web 应用程序，还必须添加远程站点和测试服务器信息。

2.1.1 什么是站点

Dreamweaver 站点提供了一种方法，使用户可以组织和管理所有的 Web 文档，将站点上传到 Web 服务器，跟踪和维护站点的链接，以及管理和共享文件。

1. 站点组成

站点由 3 部分（或文件夹）组成，具体取决于开发环境和所开发的 Web 站点类型。

❑ **本地根文件夹**

该文件夹用于存储正在处理的文件，Dreamweaver 将此文件夹称为“本地站点”。此文件夹通常位于本地计算机上，但也可能位于网络服务器上。

❑ **远程文件夹**

存储用于测试、生产和协作等用途的文件。Dreamweaver 在【文件】面板中将此文件夹称为“远程站点”。远程文件夹通常位于运行 Web 服务器的计算机上。远程文件夹包含用户从 Internet 访问的文件。

通过本地文件夹和远程文件夹的结合使用，用户可以在本地硬盘和 Web 服务器之间传输文件，这将帮助用户轻松地管理 Dreamweaver 站点中的文件。

用户可以在本地文件夹中处理文件，希望其他人查看时，再将它们发布到远程文件夹。

❑ **测试服务器文件夹**

Dreamweaver 在其中处理动态页的文件夹。

提 示

若要定义 Dreamweaver 站点，只需设置一个本地文件夹。若要向 Web 服务器传输文件或开发 Web 应用程序，还必须添加远程站点和测试服务器信息。

2. Business Catalyst 站点

Business Catalyst 是用于构建和管理在线企业的托管应用程序。通过这个统一的平台，无须任何后端编码操作，用户即可构建一切所需：无论是一般的网站，还是功能强大的在线商店。

Dreamweaver 与 Business Catalyst 集成后，用户可以创建 Business Catalyst 站点并在 Dreamweaver 中更新 Business Catalyst 站点。在创建 Business Catalyst 站点之后，可以连接到 Business Catalyst 服务器。服务器为用户提供可用来构建站点的文件和模板。

2.1.2 站点结构

如果用户希望使用 Dreamweaver 连接到某个远程文件夹，可在【站点设置对象】对话框的【服务器】类别中指定该远程文件夹，如图 2-1 所示。

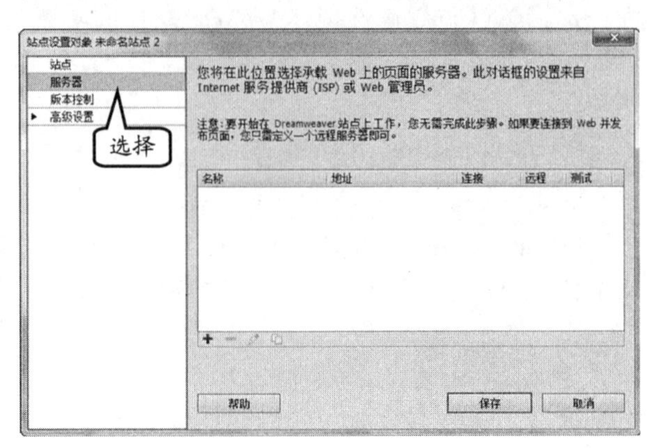

图 2-1　设置服务器

在【服务器】类别中指定的远程文件夹（也称为“主机目录”）应该对应于 Dreamweaver 站点的本地根文件夹（本地根文件夹是 Dreamweaver 站点的顶级文件夹）。

与本地文件夹一样，远程文件夹可以具有任何名称，但 Internet 服务提供商（ISP）通常会将各个用户账户的顶级远程文件夹命名为 public_html、pub_html 或者与此类似的其他名称。

如果用户亲自管理自己的远程服务器，并且可以将远程文件夹命名为所需的任意名称，则最好使本地根文件夹与远程文件夹同名。

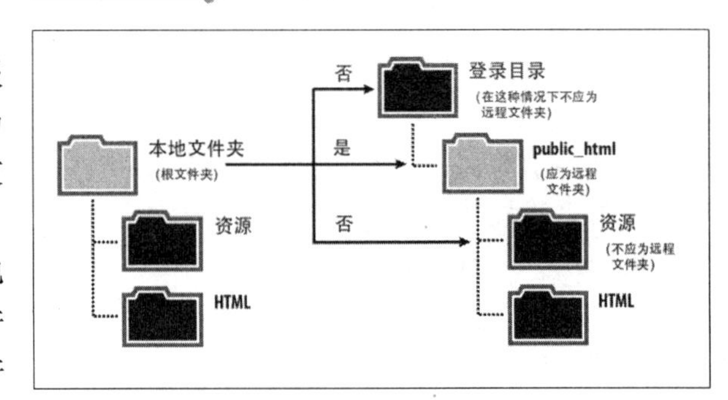

图 2-2　本地根文件夹示例图

例如，图 2-2 中左侧为一个本地根文件夹示例，右侧为一个远程文件夹示例。本地计算机上的本地根文件夹直接映射到 Web 服务器上的远程文件夹，而不是映射到远程文件夹的任何子文件夹或目录结构中位于远程文件夹之上的文件夹。

远程文件夹应始终与本地根文件夹具有相同的目录结构。如果远程文件夹的结构与本地根文件夹的结构不匹配，会将文件上传到错误的位置，站点访问者可能无法看到这些文件。

2.1.3 【管理站点】对话框

【管理站点】对话框是进入许多 Dreamweaver 站点功能的通路。从这个对话框中，可以启动创建新站点、编辑现有站点、复制站点、删除站点和导入或导出站点设置的过程。

例如，执行【站点】|【管理站点】命令，即可在对话框中显示一个站点列表，如图 2-3 所示。但是，如果用户还没有创建任何站点，站点列表将是空白的。

提　示

【管理站点】对话框不让用户连接到远程服务器或向其发布文件。

在该对话框中，用户可以执行下列操作：

❑ **新建站点**

单击【新建站点】按钮创建新的站点。在【站点设置】对话框中，指定新站点的名称和位置。

❑ **导入站点**

单击【导入站点】按钮，导入站点。

注 意

导入功能仅导入以前从 Dreamweaver 导出的站点设置。它不会导入站点文件以创建新的 Dreamweaver 站点。

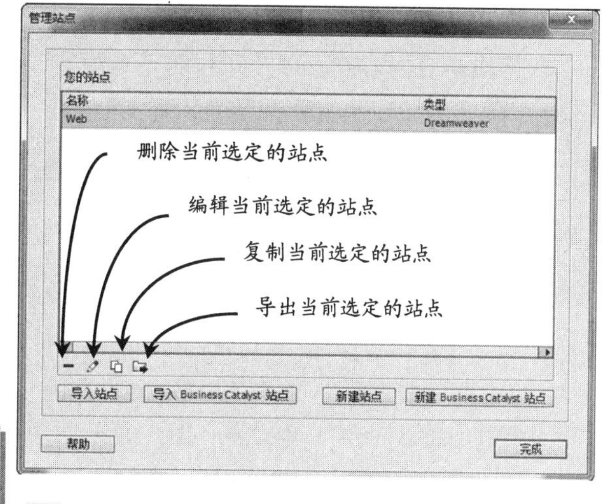

图 2-3 【管理站点】对话框

❑ **新建 Business Catalyst 站点**

单击【新建 Business Catalyst 站点】按钮，创建新的 Business Catalyst 站点。

❑ **导入 Business Catalyst 站点**

单击【导入 Business Catalyst 站点】按钮，导入现有的 Business Catalyst 站点。

而对于现有站点，用户可以通过下列选项进行如下操作。

❑ **【删除】按钮**

从 Dreamweaver 站点列表中，删除选定的站点及其所有设置信息，这并不会删除实际站点文件。

提 示

如果用户希望将站点文件从计算机中删除，则需要手动删除。

若要从 Dreamweaver 中删除站点，在站点列表中选择该站点。然后，单击【删除】按钮图标。而当执行该操作后，则无法进行撤销。

❑ **【编辑】按钮**

该按钮可以让用户编辑用户名、口令等信息，以及现有 Dreamweaver 站点的服务器信息。

在站点列表中选择现有站点，然后单击【编辑】按钮图，并对该网站进行编辑操作。

提 示

一旦用户选定站点，并单击【编辑】按钮图标后，将弹出【站点设置】对话框。

❑ **【复制】按钮**

单击该按钮，即可创建现有站点的副本。例如，在站点列表中选择该站点，然后单击【复制】按钮图标。复制的站点将会显示在站点列表中，站点名称后面会附加 copy 字样。

若要更改复制站点的名称，可以选中该站点，然后单击【编辑】按钮图标，即可更改站点的名称。

❑ 【导出】按钮

在导出站点内容时，用户可以将选定站点的设置导出为 XML 文件 (*.ste)。

注 意

导入功能仅导入以前导出的站点设置。它不会导入站点文件以创建新的 Dreamweaver 站点。

2.2 创建本地站点

站点是 Dreamweaver 内置的一项功能，其可以与 IIS 服务器进行连接，实现 Dreamweaver 与服务器的集成。在建立本地站点后，用户可在设计网页时随时通过 Dreamweaver 调用本地计算机的 Web 浏览器，浏览设计效果。

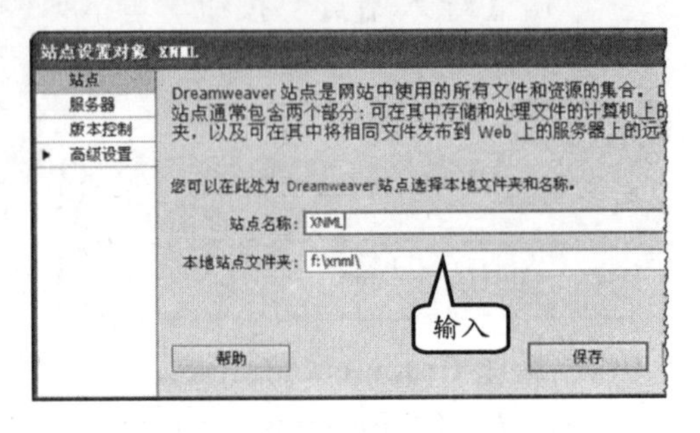

图 2-4 设置站点名称与路径

1. 创建站点

在 Dreamweaver 中，执行【站点】|【新建站点】命令，打开【站点设置对象 XNML】对话框。在该对话框中，输入站点的名称为 XNML，并设置【本地站点文件夹】为“F:\xnml”，如图 2-4 所示。

在左侧的列表中，选择【服务器】项目，单击【添加新服务器】 按钮，如图 2-5 所示。

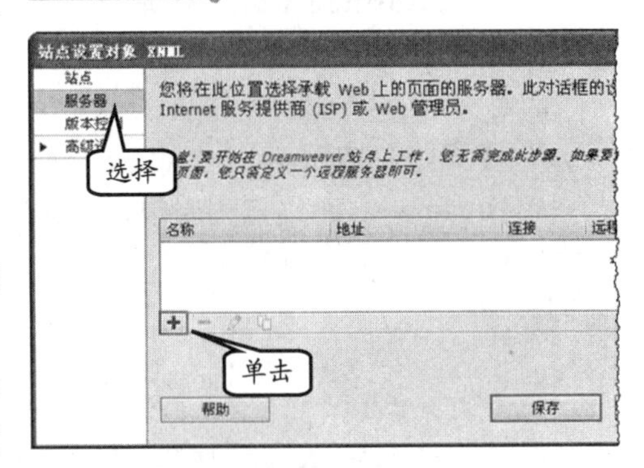

图 2-5 添加新服务器

在弹出的对话框中，选择【连接方法】为“本地/网络”选项。然后，在【Web URL】文本框中，输入为“http://127.0.0.1/xnml/”，再单击【高级】选项卡，如图 2-6 所示。

在更新的对话框中，设置【测试服务器】的【服务器模型】为“ASP VBScript”。然后，单击【保存】按钮，保存服务器，并返回【站点设置对象 XNML】对话框，如图 2-7 所示。

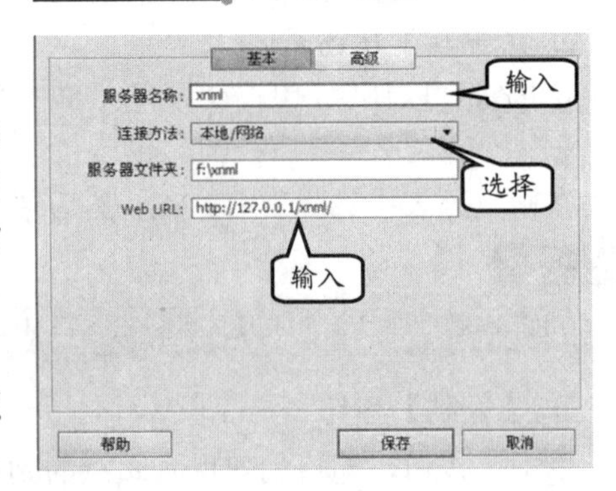

图 2-6 设置连接方法与站点 URL

在【站点设置对象 XNML】对话框中，单击【保存】按钮，即可将 Dreamweaver 站点保存起来。执行【站点】|【管理站点】命令后，即可查看已创建的站点，对其进行编辑、复制、删除等操作，如图 2-8 所示。

2. 编辑和删除站点

编辑站点是将已经创建的站点信息，重新修改其相关的参数设置，如修改站点的名称。例如，在【站点设置对象 XNML】对话框中，选择需要修改的站点选项，单击【编辑现有服务器】按钮，如图 2-9 所示。

然后，在弹出的对话框中，用户可以修改服务器名称、连接方法、服务器文件夹、Web URL 等内容，如图 2-10 所示。

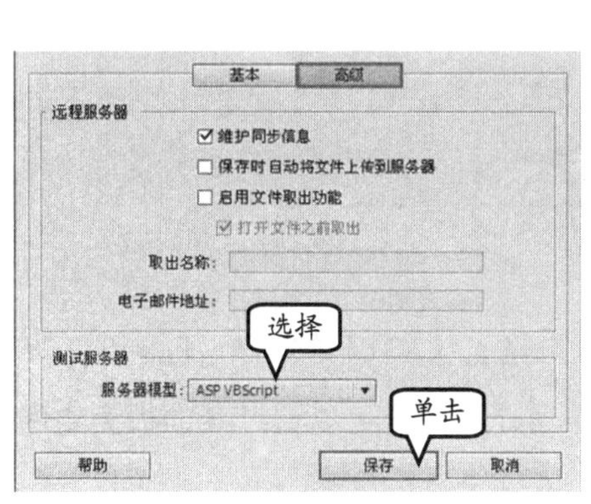

图 2-7 设置服务器模型并保存

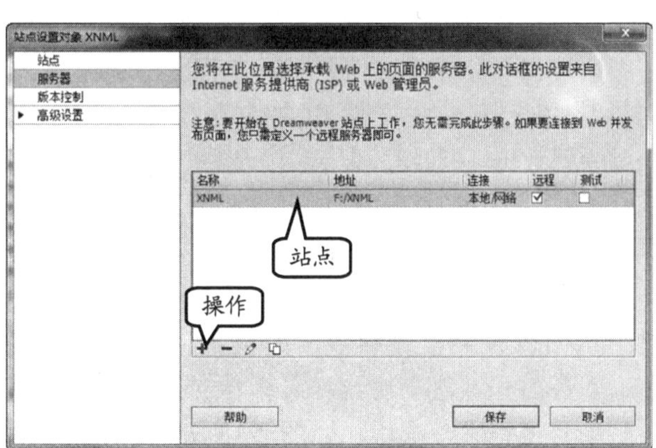

图 2-8 管理站点

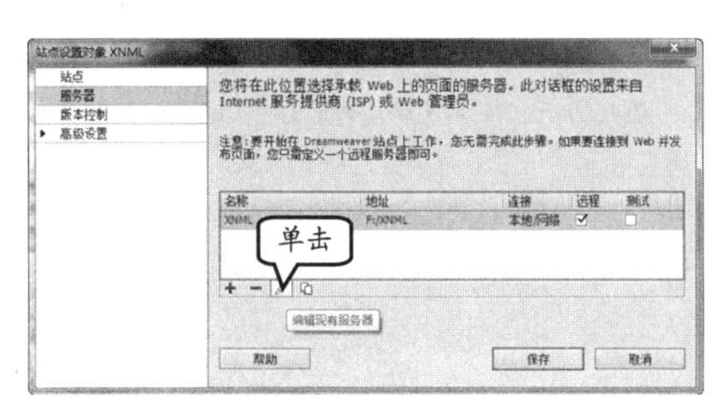

图 2-9 编辑站点

图 2-10 编辑站点内容

而若用户对已经创建站点不再使用，或者需要重新创建新的站点类型时，可以将原有不再使用的站点删除掉。

例如，执行【站点】|【管理站点】命令，并在弹出的【管理站点】对话框中，选择需要删除的站点，单击【删除当前选定的站点】按钮，如图 2-11 所示。然后，在弹出的提示信息框中，单击【是】按钮。

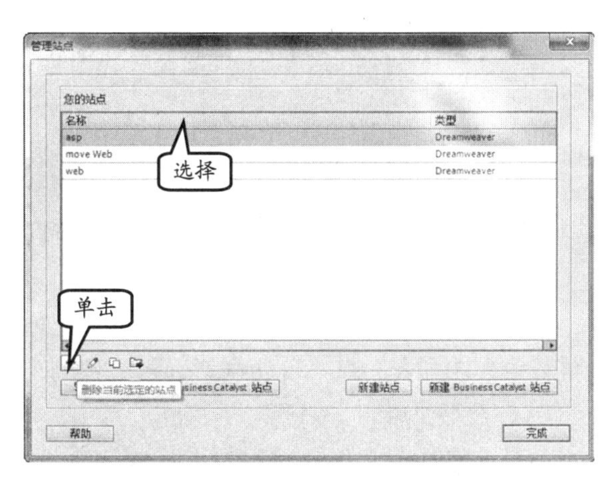

图 2-11 删除站点

2.3 使用【文件】面板

Dreamweaver 包含【文件】面板，

可帮助用户管理文件并在本地和远程服务器之间传输文件。

当用户在本地和远程站点之间传输文件时，会在这两种站点之间维持平行的文件和文件夹结构。

用户可以使用【文件】面板查看文件和文件夹（无论这些文件和文件夹是否与 Dreamweaver 站点相关联），以及执行标准文件维护操作（如打开和移动文件），如图 2-12 所示。

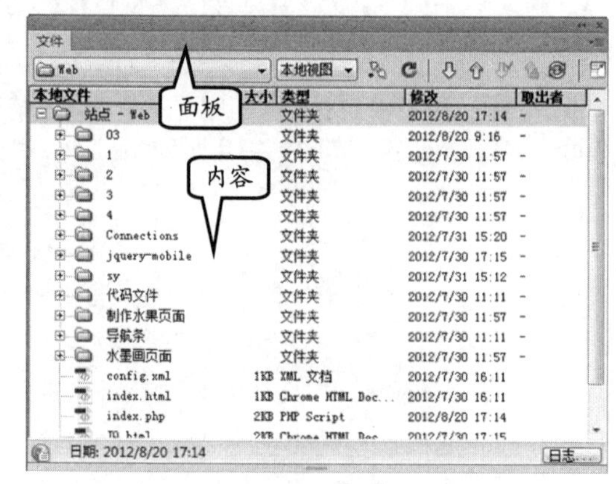

图 2-12 【文件】面板

用户可以根据需要移动【文件】面板，并为该面板设置首选参数，如设置访问站点、服务器和本地驱动器，来查看文件和文件夹等。另外，用户可以通过【面板】中的一些工具按钮进行操作，如图 2-13 所示。

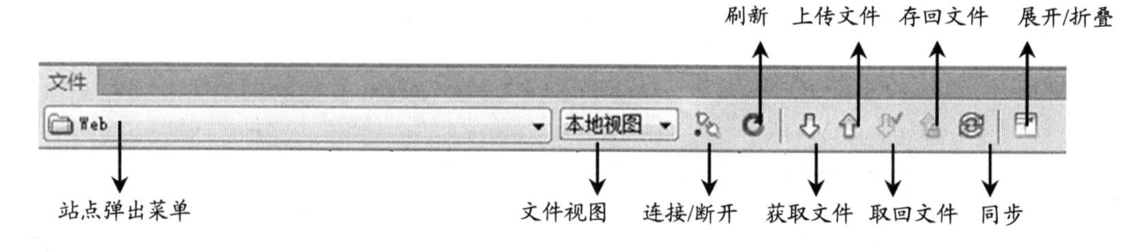

图 2-13 面板工具按钮

在【文件】面板中，工具栏中各按钮的含义如下。

❑ **站点弹出菜单**

用于显示该站点的文件，还可以使用【站点弹出】菜单访问本地磁盘上的全部文件，非常类似于 Windows 资源管理器。

❑ **站点文件视图**

在【文件】面板的窗格中，显示远程和本地站点的文件结构。“本地视图”是【文件】面板的默认视图。

❑ **连接/断开**

用于连接到远程站点或断开与远程站点的连接。默认情况下，如果已空闲 30 分钟以上，则将断开与远程站点的连接（仅限 FTP）。

❑ **刷新**

用于刷新本地和远程目录列表。如果已取消选择【站点定义】对话框中的“自动刷新本地文件列表”或“自动刷新远程文件列表”，则可以使用此按钮手动刷新目录列表。

❑ **获取文件**

用于将选定文件从远程站点复制到本地站点（如果该文件有本地副本，则将其覆盖）。如果已启用“启用存回和取出”，则本地副本为只读，文件仍将留在远程站点上，可供其他小组成员取出。如果已禁用“启用存回和取出”，则文件副本将具有读写权限。

- **上传文件**

将选定的文件从本地站点复制到远程站点。

注 意

所复制的文件是在【文件】面板的活动窗格中选择的文件。如果【本地】窗格处于活动状态，则选定的本地文件将复制到远程站点或测试服务器；如果【远程】窗格处于活动状态，则会将选定的远程服务器文件的本地版本复制到远程站点。

注 意

如果所上传的文件在远程站点上尚不存在，并且“启用存回和取出”已打开，则会以“取出”状态将该文件添加到远程站点。如果要不以取出状态添加文件，则单击【存回文件】按钮。

- **取出文件**

用于将文件从远程服务器传输到本地站点，并在本地站点中创建副本（如果该文件有本地副本，则将其覆盖）。而在服务器上将该文件标记为取出。如果对当前站点禁用了【站点定义】对话框中的“启用存回和取出”，则此选项不可用。

- **存回文件**

用于将本地文件的副本传输到远程服务器，并且使该文件可供他人编辑。本地文件变为只读。如果对当前站点禁用了“启用存回和取出”，则此选项不可用。

- **同步**

可以同步本地和远程文件夹之间的文件。

- **扩展/折叠按钮**

展开或折叠【文件】面板以显示一个和两个窗格。

2.4 站点文件及文件夹

用户也可以在本地和远程站点之间同步文件，站点管理会根据需要在两个方向上复制文件，并且在适当的情况下删除不需要的文件。

2.4.1 文件操作

在【文件】面板中，用户可以打开本地文件夹中的文件、对文件进行更名操作，还可以添加或删除文件。

1. 打开文件

在【文件】面板（可执行【窗口】|【文件】命令）中，从【站点弹出】菜单（其中显示当前站点、服务器或驱动器）中选择站点、服务器或驱动器，如图 2-14 所示。

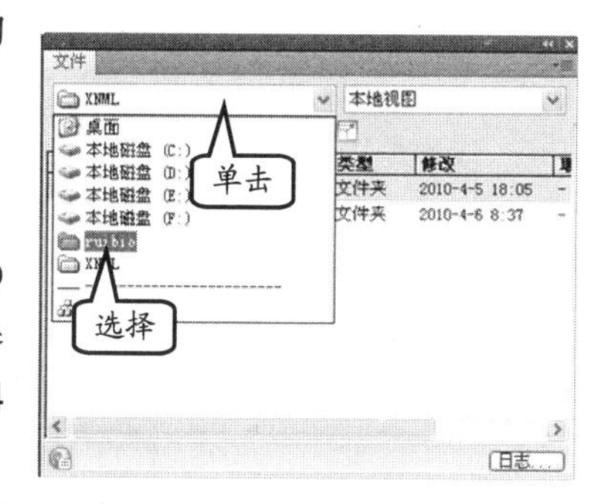

图 2-14 选择站点

然后，在显示的站点文件结构列表中，双击需要打开的文件，如图 2-15 所示。因此，文件将在 Dreamweaver

打开。

技 巧

用户也可以右击需要打开的文件，并执行【打开】命令。

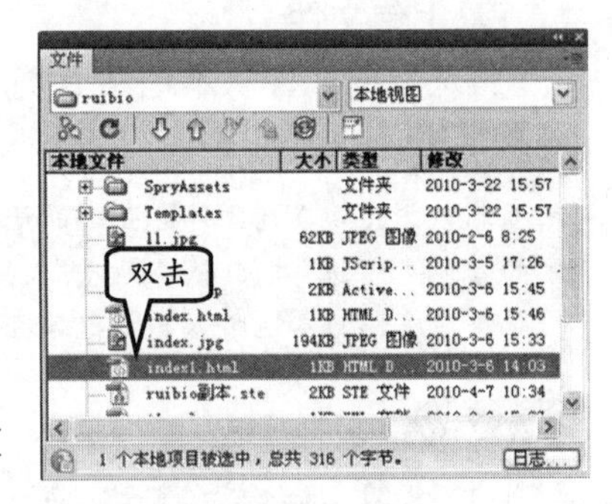

图 2-15 打开文件

2．创建文件或文件夹

在【文件】面板中，选择一个文件或文件夹。然后，右击所要选择的文件，并执行【新建文件】或【新建文件夹】命令，如图 2-16 所示。

在当前选定的文件夹中（或者在与当前选定文件所在的同一个文件夹中）新建文件或文件夹。此时，再输入新文件或新文件夹的名称即可，如图 2-17 所示。

图 2-16 新建文件

图 2-17 创建新文件

3．删除文件或文件夹

右击所要删除的文件或文件夹，并执行【编辑】|【删除】命令，如图 2-18 所示。然后，在弹出的对话框中，单击【是】按钮。

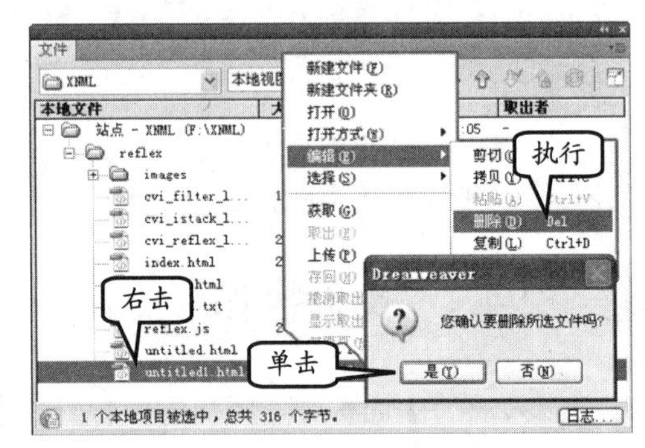

图 2-18 删除文件

4．重命名文件或文件夹

选择要重命名的文件或文件夹，右击该文件的图标，然后执行【编辑】|【重命名】命令，并按【回车】键，如图 2-19 所示。或者，在选择文件后，稍停片刻，然后再次单击，修改文件名即可。

5．移动文件或文件夹

选择要移动的文件或文件夹，将该文件或文件夹拖到新位置，然后在弹出的【更新文件】对话框中，单击【更新】按钮，如图 2-20 所示。

或者，右击需要复制该文件或文件夹，并执行【编辑】|【拷贝】命令，如图 2-21 所示。

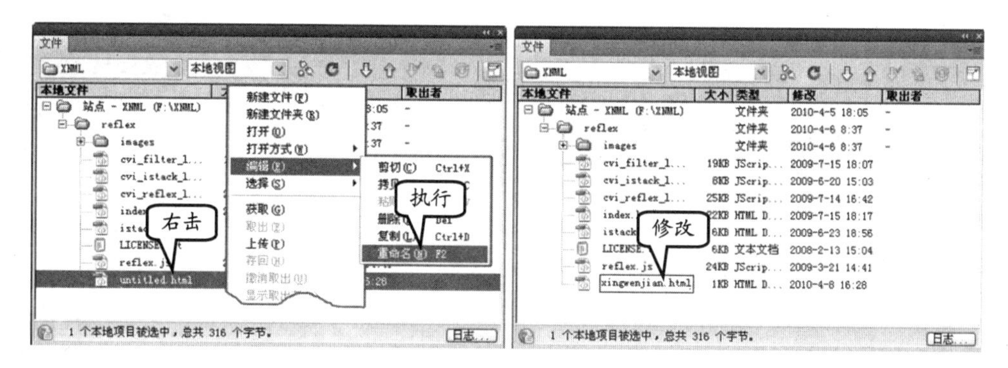

图 2-19 重命名文件

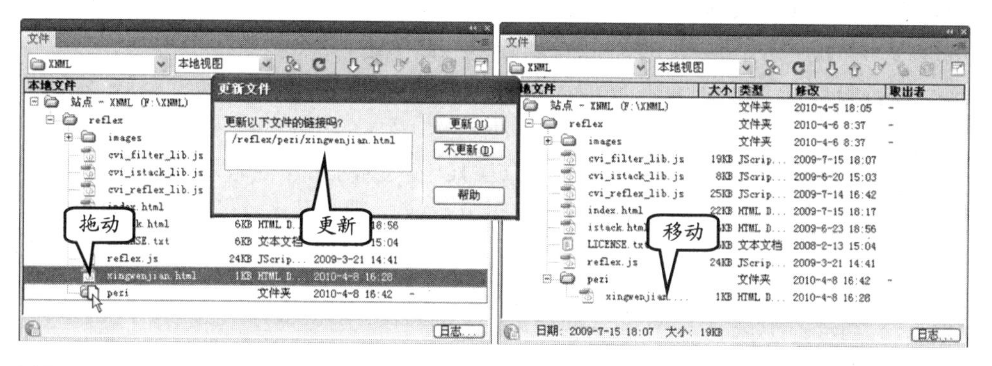

图 2-20 拖动方式移动文件

然后，右击该文件夹执行【编辑】|【粘贴】命令，即可将文件或者文件夹移动到该文件位置或者文件夹中，如图 2-22 所示。而原位置的文件或者文件夹不变。

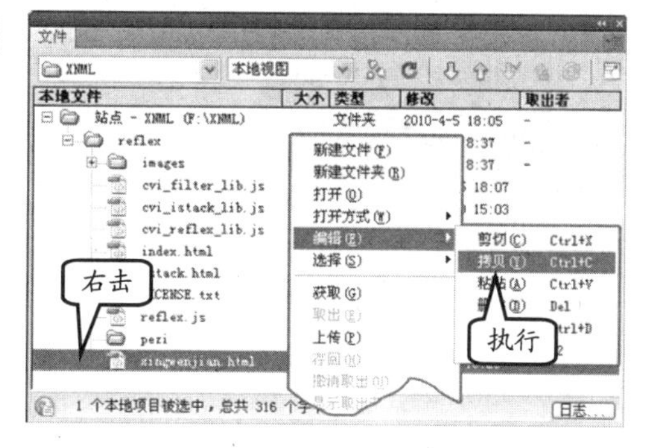

图 2-21 复制文件

6. 刷新文件面板

右击任意文件或文件夹，然后执行【刷新本地文件】命令，如图 2-23 所示。也可以，单击【文件】面板工具栏上的【刷新】按钮。

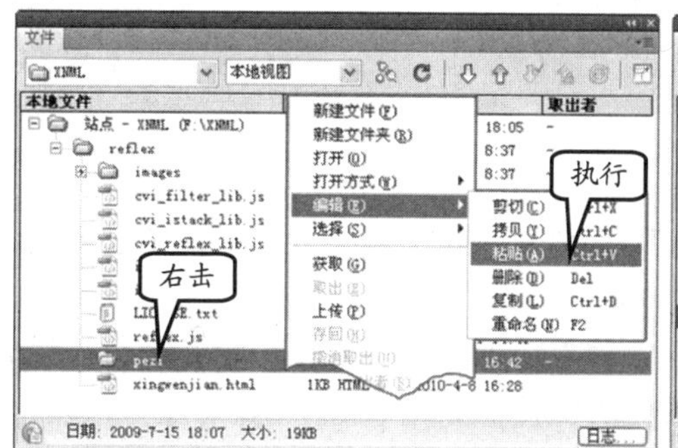

图 2-22 粘贴文件

注　意

在刷新【文件】面板中的文件列表时，在列表中的文件将以文件名的第 1 个字母进行重新排列，而文件夹则排列在文件的前面。

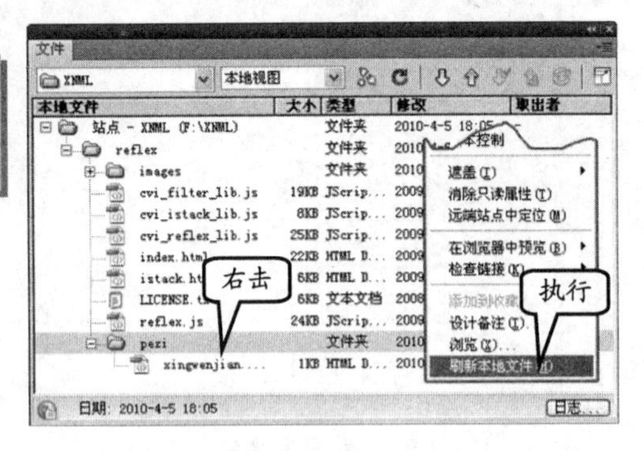

图 2-23　刷新列表

2.4.2　查找和定位文件

在站点中查找选定、打开、取出或最近修改过的文件非常容易。但是，如果要在本地站点或远程站点中查找较新的文件，则比较费时、费力。因为，用户可以通过站点管理的一些命令进行操作。

1．查找并定位文件

对于一个较小的网站（几个文件），查找其中一个网站文件较容易。而对于一个大型的网站（几十个文件），尤其包含有较多的文件夹，则查找一个文件较困难。

因此，用户可以通过打开的文件来定位这个文件，即定位该文件在文件结构列表中的位置。例如，在【文档】窗口中，选择需要定位的文件，并执行【站点】|【在站点定位】命令，如图 2-24 所示。

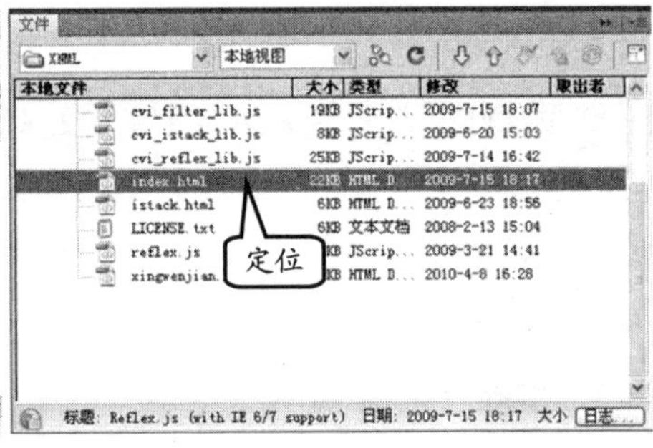

图 2-24　定位文件

注　意

如果【文档】窗口中打开的文件不属于【文件】面板中的当前站点，则将尝试确定该文件所属的站点；如果当前文件仅属于一个本地站点，则将在【文件】面板中打开该站点，然后高亮显示该文件。

2．查找最近修改的文件

在【文件】面板中，单击右上角的【选项】菜单，然后执行【编辑】|【选择最近修改日期】命令，如图 2-25 所示。

在弹出的【选择最近修改日期】对话框中输入 2 天，并单击【确定】按钮。然后，在【文件】面板中，将以深灰色显示满足条件的文件，如图 2-26 所示。

在【选择最近修改日期】对话框中，将显示两个选项并用于设置查找的条件。而选择的含义如下所示：

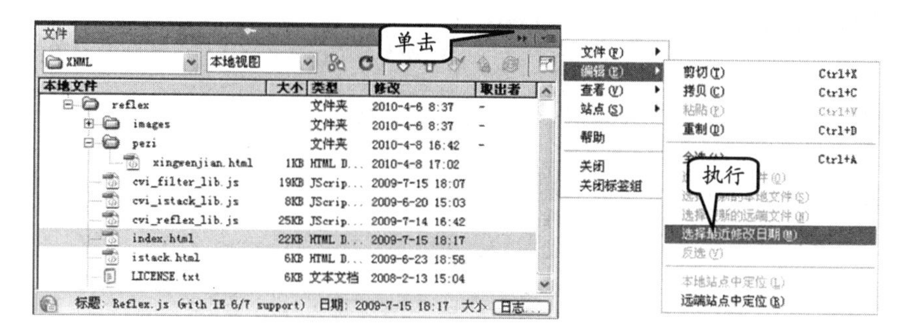

图 2-25　查找文件

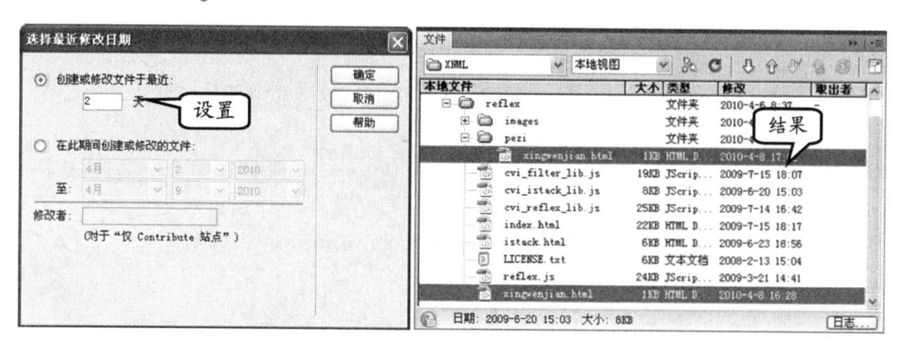

图 2-26　查找满足条件的文件

❑ **创建或修改文件于最近**

在该选项中，输入要查找文件，离当日的天数。例如，要找到昨天和今天所修改过的文件，则可以输入 2 天。

❑ **在此期间创建或修改的文件**

该选项需要用户指定一个日期范围。

2.5　远程文件操作

用户除对本地站点进行操作以外，还可以对远程站点文件进行操作。例如，可以将远程文件取出到本地站点中，也可将本地站点存回到远程的站点；可以将远程和本地站点之间的文件进行同步操作。

2.5.1　存回和取出文件

Dreamweaver 为用户提供协作工作的环境，即存回和取出文件。如果要对远程服务器中的站点文件进行存回和取出操作，则必须先将本地站点与远程服务器相关联，然后才能使用存回/取出系统。

例如，执行【站点】|【管理站点】命令，选择一个站点，并单击【编辑】按钮，如图 2-27 所示。

然后，从左侧的【分类】列表中，选择【服务器】选项，并在列表中查看已经创建的服务器列表。

如果没有连接服务器，则列表中将显示空白。此时，可以单击【添加新服务器】按钮图标[+]，并添加服务器，如图 2-28 所示。

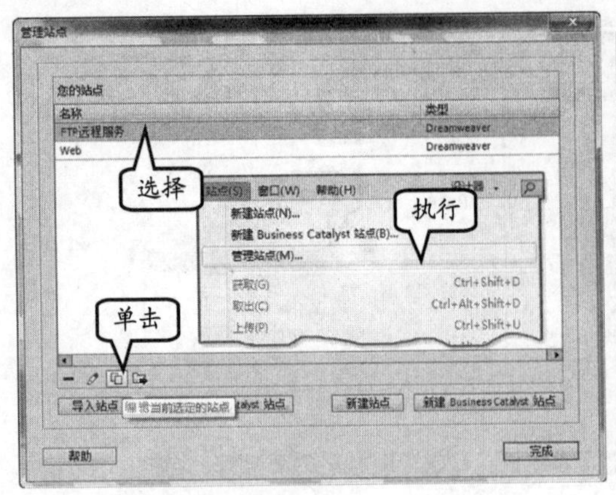

图 2-27 编辑网站

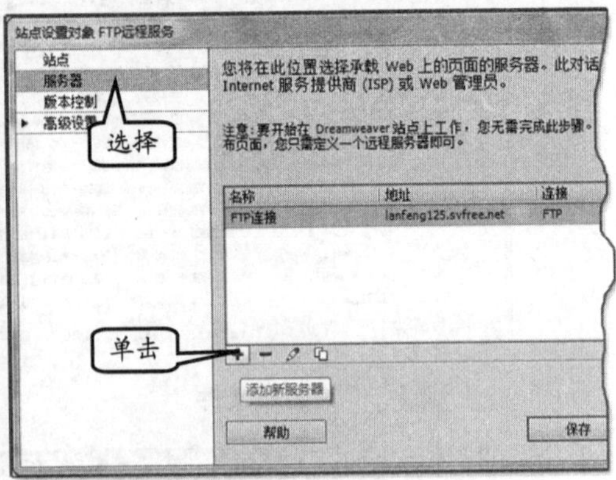

图 2-28 添加新服务器

在弹出的对话框中，用户可以输入【服务器名称】、【FTP 地址】、【用户名】、【密码】等内容，单击【保存】按钮，如图 2-29 所示。

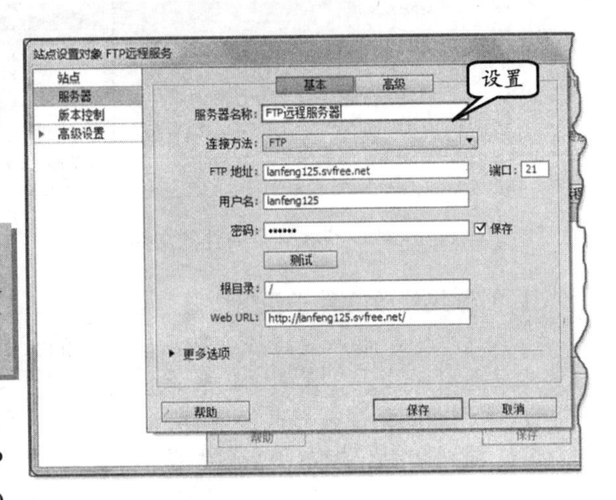

图 2-29 添加服务器信息

提 示

当用户输入【FTP 地址】、【用户名】和【密码】内容后，为确保远程服务器可以正常使用，可以单击【测试】按钮，并尝试与当前服务器进行链接所显示的状况。

另外，用户还可以选择【高级】选项卡，并在显示的面板中，设置 FTP 远程连接服务的相关参数，如图 2-30 所示。

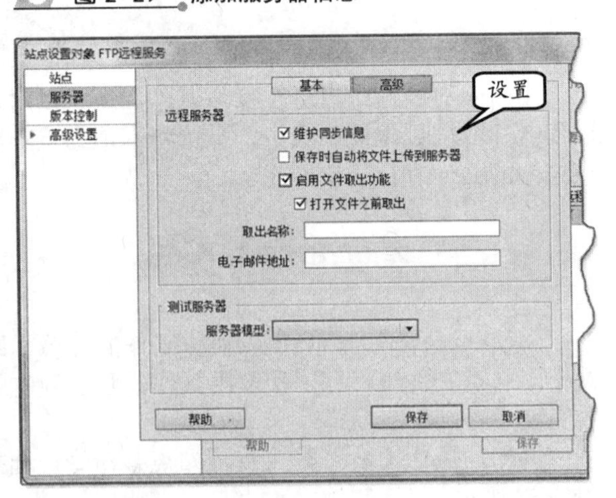

图 2-30 设置 FTP 相关参数

在该对话框的面板中，用户可以设置“远程服务器”相关内容，还可以设置【测试服务器】相关内容。其中，当用户启用【启用文件取出功能】复选框后，即可激活下面的选项及文本框。其含义如下。

❑ 打开文件之前取出

当用户打开该站点文件时，即启动取出功能，并将远程服务器连接的网站内容取回到本地文本夹中。

❑ 取出名称

取出名称显示在【文件】面板中已取出文件的旁边；这使开发人员在其需要的文件已被取出时可以和相关的人员联系。

提　示

如果用户在多台不同的计算机上独自工作，则在每台计算机上使用不同的取出名称（如AmyR-HomeMac 和 AmyR-OfficePC)。这样，当用户忘记存回文件时，就可以知道文件最新版本的位置。

❑ **电子邮件地址**

如果用户取出文件时，输入电子邮件地址，则姓名会以链接（蓝色并且带下划线）形式出现在【文件】面板中的该文件旁边。

如果开发人员单击该链接，则其默认电子邮件程序将打开一个新邮件，该邮件使用该用户的电子邮件地址以及与该文件和站点名称对应的主题。

提　示

如果只有用户一个人在远程服务器上工作，则可以使用“上传”和“获取”命令，而不用存回或取出文件。用户可以将“获取”和“上传”功能用于测试服务器，但不能将存回/取出系统用于测试服务器。

2.5.2 同步文件

单击【文件】面板右上角的【选项】菜单，然后执行【站点】|【同步】命令。或者，在【文件】面板顶部，单击【同步】按钮来同步文件，如图 2-31 所示。

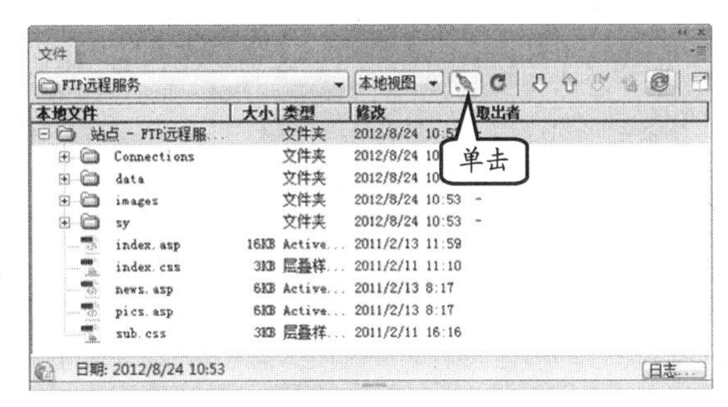

图 2-31 同步文件

在弹出的【与远程服务器同步】对话框中，若要同步整个站点，用户可以选择【同步】下拉列表中的“整个站点名称站点”选项；若要只同步选定的文件，可以选择“仅选中的本地文件”选项，如图 2-32 所示。

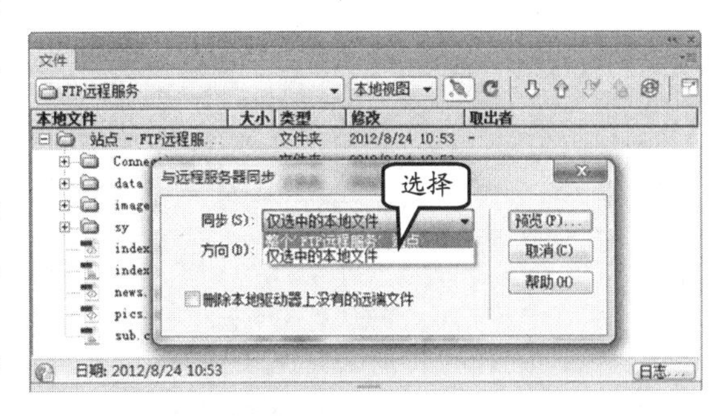

图 2-32 设置同步参数

在【同步】下拉列表中，包含有“整个 FTP 远程服务站点”和“仅选中的本地文件”两个选项。其中，各选项含义如下。

❑ **整个 FTP 远程服务站点**

这是将本地站点中的内容与服务器中的站点内容，以及全部文件进行同步操作。

❑ **仅选中的本地文件**

这是将本地站中已经选择的文件与远程服务器的文件进行同步操作。

另外，用户还可以设置同步的方向内容。其中，单击【方向】下拉按钮，并选择相关选项，如图 2-33 所示。

选择复制文件的方向，其选项包含如下：

❑ **放置较新的文件到远程**

上传在远程服务器上不存在或自从上次上传以来已更改的所有本地文件。

❑ **从远程获得较新的文件**

下载本地不存在或自从上次下载以来已更改的所有远程文件。

❑ **获得和放置较新的文件**

将所有文件的最新版本放置在本地和远程站点上。

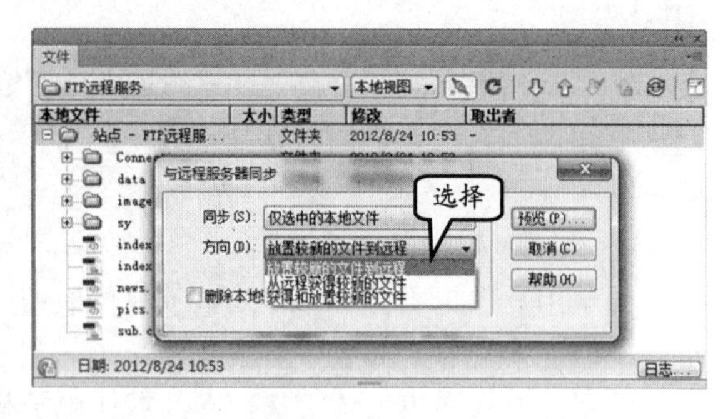

图 2-33 设置同步方向

用户还可以在该对话框中，启用【删除本地驱动器上没有的远端文件】复选框，即可在目的地站点上删除在原始站点上没有对应文件的文件。

注 意

在【方向】列表中，选择“获取和上传”选项时，该选项不可用。

2.6 课堂练习：本地虚拟服务器

如果用户在创建动态网站时，则必须创建一个本地的虚拟服务器。而动态网页文件，若通过浏览器直接访问，则无法编译网页代码内容。例如，在 Windows 环境中，常见的本地虚拟服务器为 IIS 服务器。

操作步骤：

1 在 Windows 7 操作系统中，打开【控制面板】窗口。然后，单击【程序和功能】图标，如图 2-34 所示。

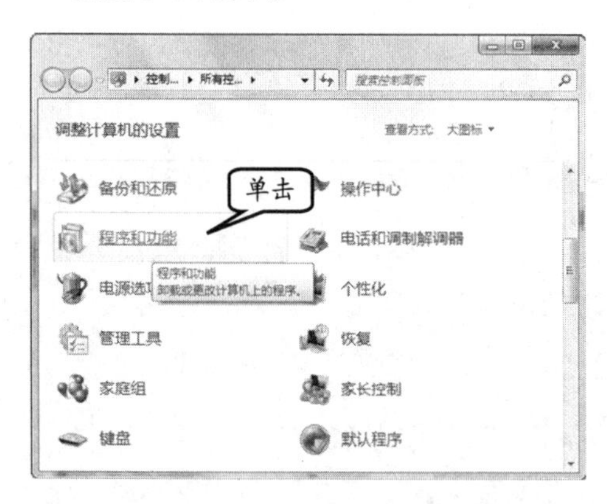

图 2-34 单击【程序和功能】图标

2 在弹出的【程序和功能】窗口中，单击左侧的【打开或关闭 Windows 功能】链接，如图 2-35 所示。

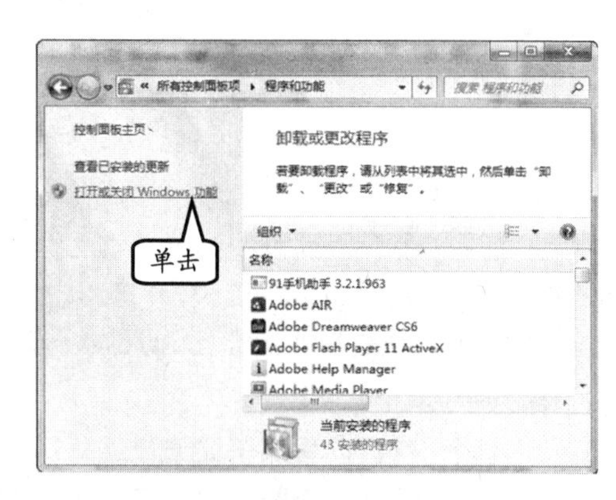

图 2-35 单击【打开或关闭 Windows 功能】链接

3 在弹出的【Windows 功能】对话框的列表中，展开【Internet 信息服务】选项，并启用【Web 管理工具】选项，如图 2-36 所示。

4 再展开【Web 管理工具】选项的树形列表，启用【IIS 管理服务】、【IIS 管理脚本和工具】和【IIS 管理控制台】等 3 个项目，如图 2-37 所示。

图 2-36　选择选项

5 依次展开【万维网服务】|【安全性】选项的树形列表，启用【请求筛选】选项。用同样的方式，启用【常见 HTTP 功能】选项及其下面的所有选项，如图 2-38 所示。

图 2-37　启用选项

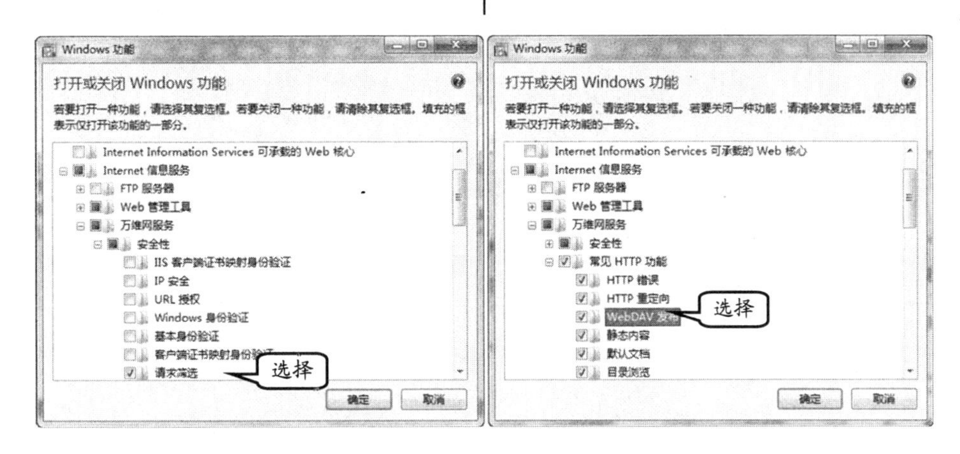

图 2-38　启用安全和 **HTTP** 选项

6 添加网络性能和所支持的程序。再启用【万维网服务】|【性能功能】选项下面的所有选项，如图 2-39 所示。

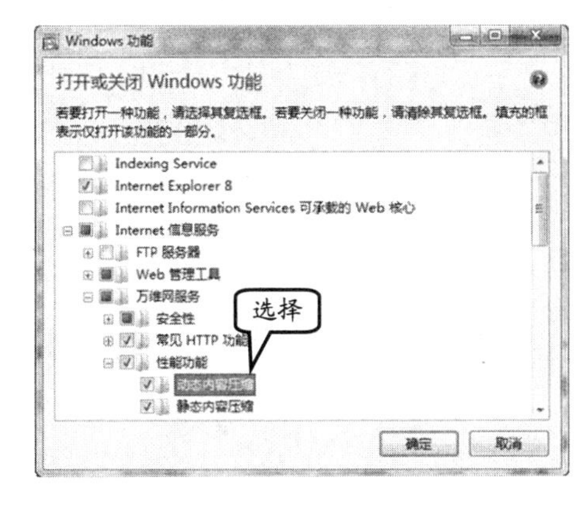

图 2-39　设置性能选项

7 展开【应用程序开发功能】选项的树形列表，并启用除【CGI】和【服务器端包含】选项之外的所有选项，如图 2-40 所示。

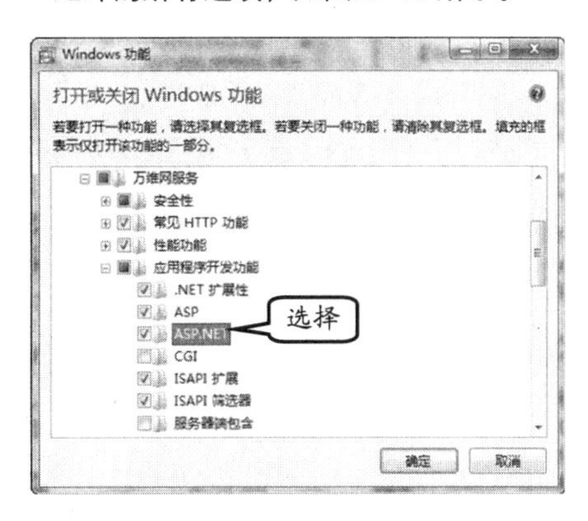

图 2-40　启用应用程序

8 展开【运行状况和诊断】选项的树形列表，启用【HTTP 日志】、【ODBC 日志记录】和【跟踪】选项，如图 2-41 所示。

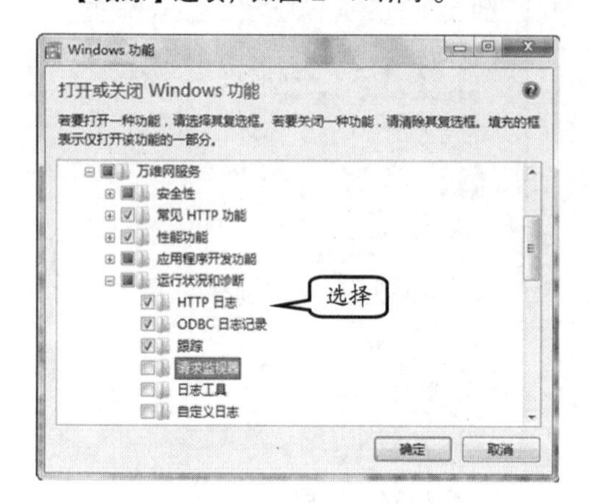

图 2-41 设置运行状态和诊断

9 再展开【Microsoft .NET Framework 3.5.1】选项的树形列表，启用其中的所有选项，如图 2-42 所示。

10 单击【确定】按钮，即可开始安装 IIS 服务器。安装完成后，用户通过【管理工具】窗口，可以查看到“Internet 信息服务（IIS）管理器”选项，表示已经安装成功，如图 2-43 所示。

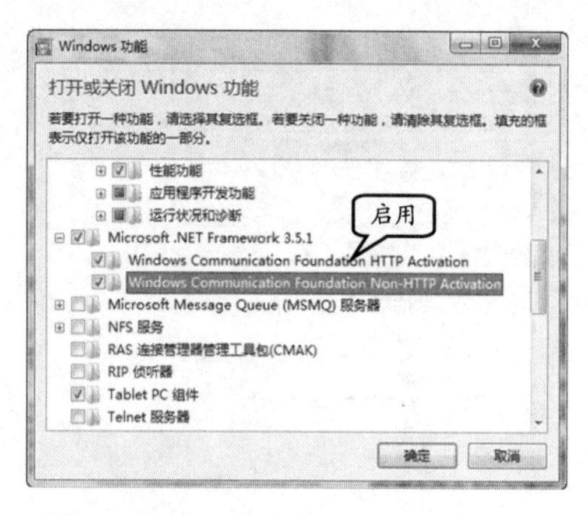

图 2-42 启用 Microsoft.NET Framework3.5.1 选项

图 2-43 完成安装

2.7 课堂练习：配置 IIS 服务器

当安装 IIS 服务器之后，用户不可以直接浏览站点中的动态文件，而需配置 IIS 服务器，这样才可以使用。本练习将介绍在 IIS 服务器中，如何配置服务器地址，以及相关的设置。

操作步骤：

1 在【管理工具】窗口中，双击【Internet 信息服务（IIS）管理器】图标，如图 2-44 所示。

2 在弹出的【Internet 信息服务（IIS）管理器】窗口中，依次展开【WHF（whf\lanfeng）】|【网站】目录选项，并右击该选项，执行【添加网站】命令，如图 2-45 所示。

3 在弹出的【添加网站】对话框中，输入【网站名称】为 Web，如图 2-46 所示。

图 2-44 双击图标

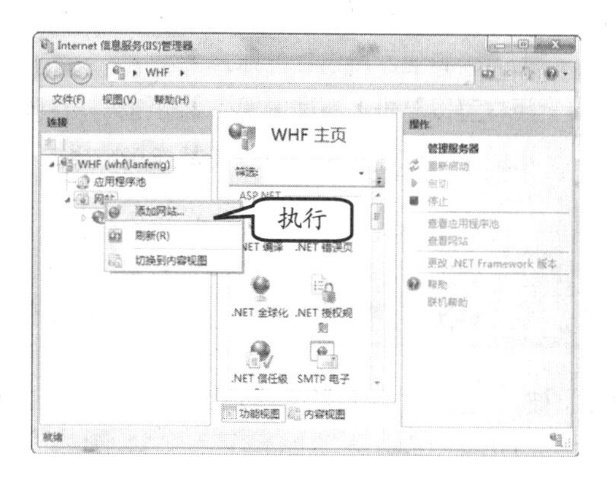

图 2-45　添加网站

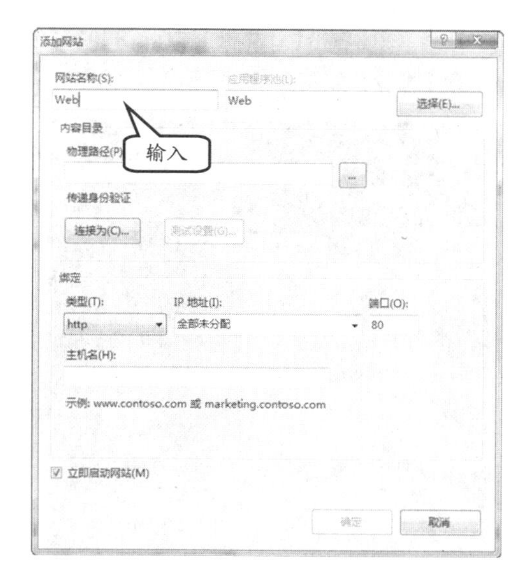

图 2-46　输入网站名称

4　单击【物理路径】文本框后面的【浏览】按钮，并在弹出的【浏览文件夹】对话框中，选择指定的站点文件夹，单击【确定】按钮，如图 2-47 所示。

5　再单击【测试设置...】按钮，并在【测试连接】对话框中，查看结果信息，如在“授权”前边显示一个“感叹号”图标，如图 2-48 所示。

6　由于 Windows 使用了账户和密码保护，所以用户需要单击【连接为...】按钮，并在弹出的【连接为】对话框中，选择【特定用户】选项，并单击【设置】按钮。此时，在弹出的【设置凭据】对话框中，输入【用户名】和【密码】信息，并再次输入【确认密码】信息，单击【确定】按钮，如图 2-49 所示。

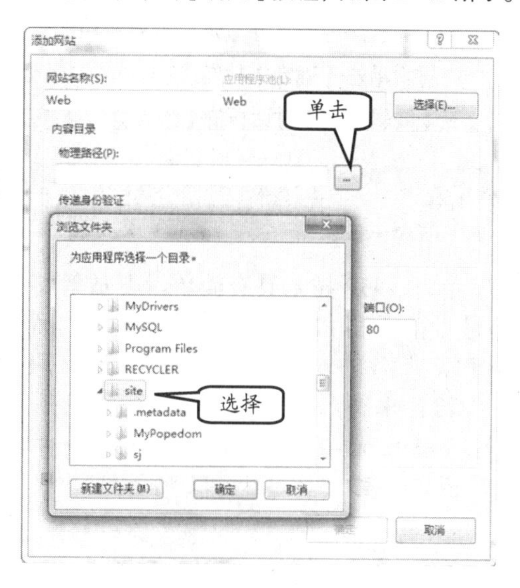

图 2-47　添加物理地址

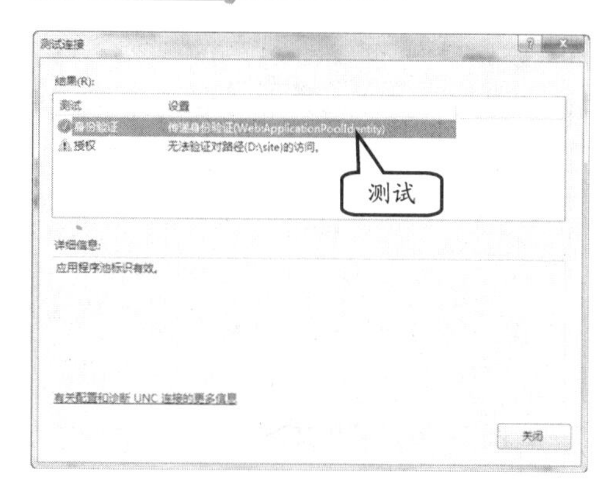

图 2-48　显示测试连接

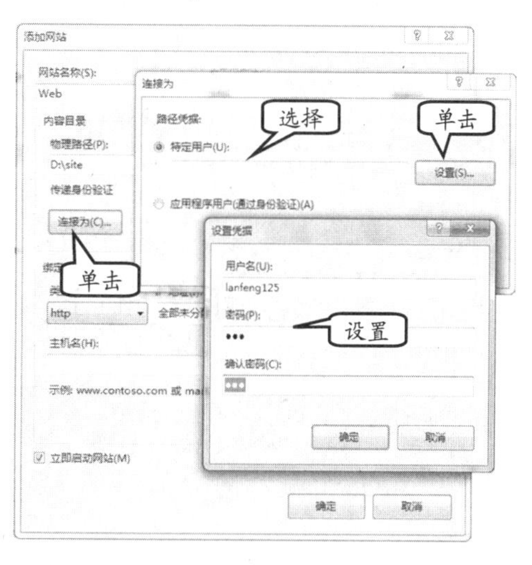

图 2-49　添加用户

7 再次打开【连接为】对话框中，用户可以看到【物理路径】下面显示设置的账户名称，并再次单击【确定】按钮。

8 在【编辑网站】对话框的【连接为…】按钮上方，将显示所设置的账户名。

9 用户可以单击【测试设置…】按钮，并在弹出的【测试连接】中，查看其连接结果。

2.8 课堂练习：配置 PHP 服务器

由于 PHP 技术具有简单、开放等特点，已经被广泛应用于动态网页设计与开发中。但是，在开发 PHP 类型的网站之前，而配置本地 PHP 测试服务器比较复杂。本例将介绍 PHP 服务的安装，以及 IIS 与 PHP 服务进行合并配置过程。

操作步骤：

1 下载"php-5.2.5-Win32"压缩文件，并解压该压缩文件，如图 2-50 所示。

图 2-50 解压文件

2 将解压的文件复制到磁盘目录，如复制到"本地磁盘（D:）"，并重命名该文件夹为 php，如图 2-51 所示。

图 2-51 修改文件夹名称

3 在桌面中，右击【计算机】图标，并执行【管理】命令，如图 2-52 所示。

图 2-52 执行【管理】命令

4 在弹出的【计算机管理】对话框中，展开左侧【服务和应用程序】目录选项，并选择【Internet 信息服务（IIS）管理器】选项，如图 2-53 所示。

图 2-53 选择 IIS 服务

5 在右侧选择【WHF(whf\lanfeng)】服务器，并在【WHF 主页】列表中，双击【ISAPI 筛选器】图标，如图 2-54 所示。

图 2-54　双击【ISAPI 筛选器】图标

6 打开【ISAPI 筛选器】功能，单击右侧的【添加】链接，如图 2-55 所示。

图 2-55　添加 ISAPI 筛选器

提　示

ISAPI（Internet Server Application Programming Interface）作为一种可用来替代 CGI 的方法，是由微软和 Process 软件公司联合提出的 Web 服务器上的 API 标准。

7 在弹出的【添加 ISAPI 筛选器】对话框中，输入【筛选器名称】为 PHP；【可执行文件】为“D:\php\php5isapi.dll”，单击【确定】按钮，如图 2-56 所示。

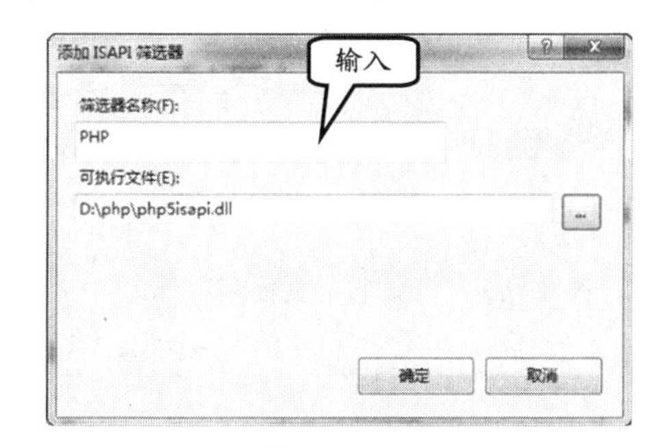

图 2-56　添加 PHP 筛选器

8 在【WHF 主页】中，双击【处理程序映射】图标，如图 2-57 所示。

图 2-57　双击【处理程序映射】图标

9 在打开的【处理程序映射】功能中，单击右侧的【添加脚本映射】链接，如图 2-58 所示。

图 2-58　单击【添加脚本映射】链接

10 在弹出的【编辑脚本映射】对话框中，输入【请求路径】为“*.php”；【可执行文件】为“D:\php\php5isapi.dll”；【名称】为 php，单击【确定】按钮，如图 2-59 所示。

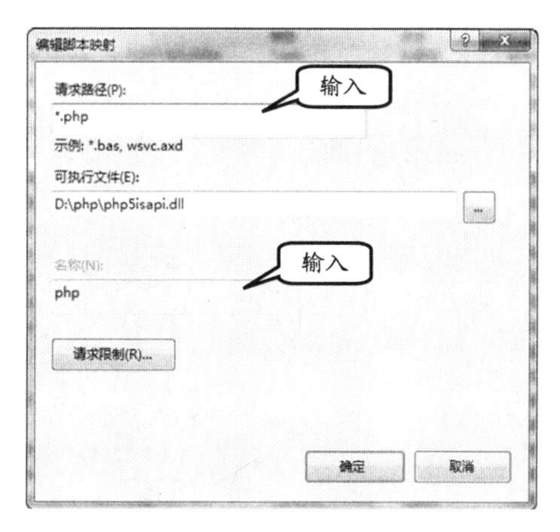

图 2-59　设置脚本映射

11 选择左侧的【应用程序池】目录选项，并单击右侧的【添加应用程序池】链接，如图2-60所示。

图 2-60　单击【添加应用程序池】链接

12 在弹出的【添加应用程序池】对话框中，输入【名称】为 php；设置【.NET Framework 版本】为“无托管代码”；设置【托管管道模式】为“经典”，单击【确定】按钮，如图 2-61 所示。

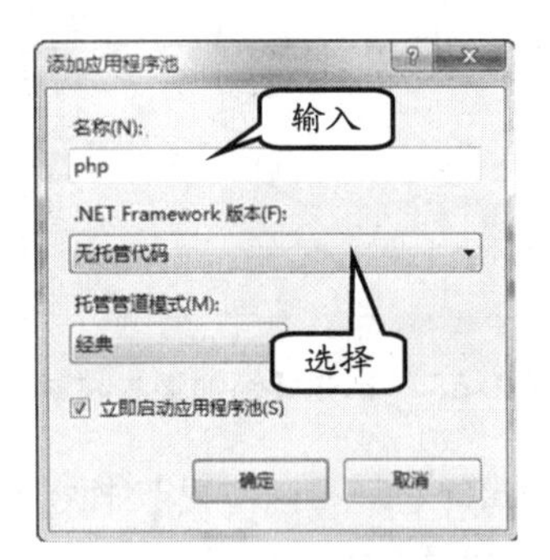

图 2-61　设置应用程序池

13 在【连接】列表中，选择【Default Web Site】目录选项（当前站点），并在【Default Web Site 主页】列表中，选择【应用程序设置】图标。然后，再单击右侧的【基本设置】链接，如图 2-62 所示。

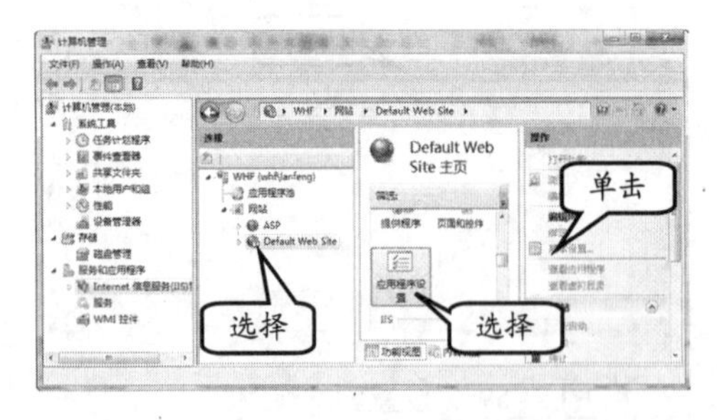

图 2-62　单击【基本设置】链接

14 在弹出的【编辑网站】对话框中，单击【选择】按钮。其次，在弹出的【选择应用程序池】对话框中，单击【应用程序池】下拉列表按钮，并选择 PHP 选项，单击【确定】按钮。返回到【编辑网站】对话框中，单击【确定】按钮，如图 2-63 所示。

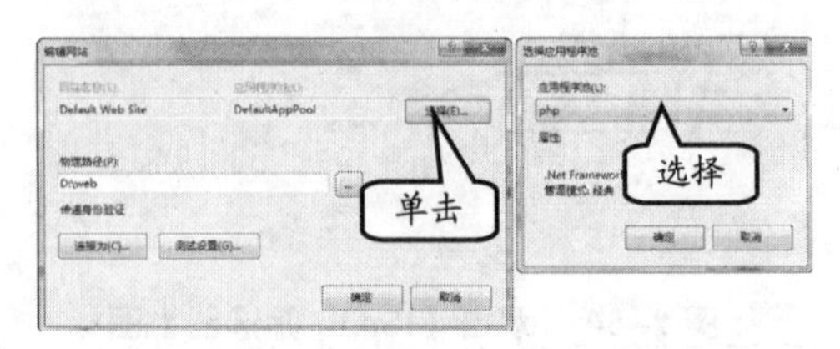

图 2-63　编辑网站

15 选择【WHF（whf\lanfeng）】选项，并双击【WHF 主页】列表中的【默认文件】图标，如图 2-64 所示。

图 2-64　双击【默认文档】图标

16 在【默认文档】功能页面中，单击【添加】链接，并分别在【添加默认文档】对话框中，输入“index.php”和“Default.php”主页名称，单击【确定】按钮，如图 2-65 所示。

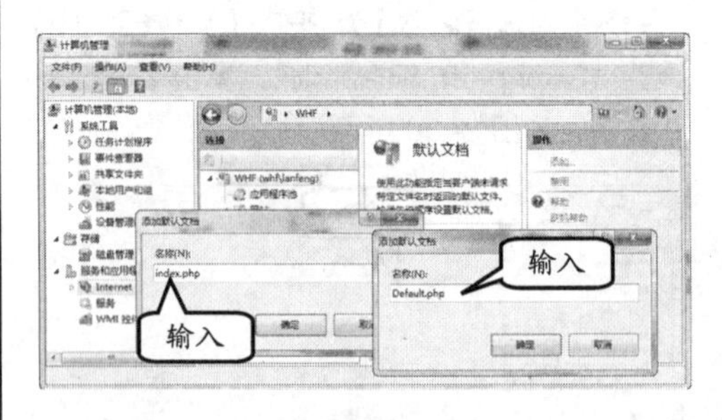

图 2-65　添加默认文档名称

17 在“D:\php”目录中，将“php.ini-dist”文件名修改为“php.ini”，如图 2-66 所示。

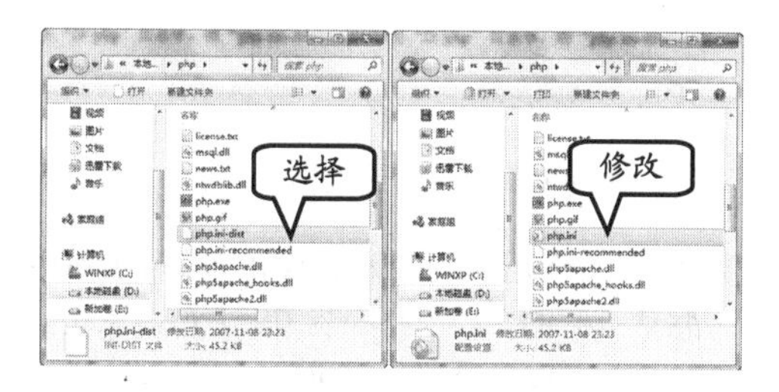

图 2-66　修改文件名

18 通过记事本打开该文件，并修改 PHP 配置，如图 2-67 所示。最后，将“php.ini”文件复制到“C:\windows”目录中。

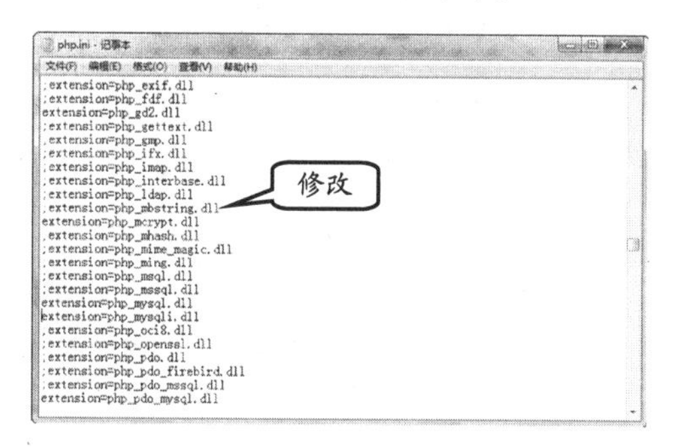

图 2-67　修改配置文件

提　示

在修改“PHP.ini”配置文件内容时，可以把 php_gd2.dll、php_mcrypt.dll、php_mysql.dll、php_pdo_mysql.dll、php_mysqli.dl 前面的分号去掉。然后，再修改 extension_dir = "d:\php" 语句，这样 php 才可以支持更多的扩展功能。

19 在文档中，执行【文件】|【新建】命令，并弹出【新建文档】对话框。然后，选择【空白页】选项，并在【页面类型】列表中选择 PHP 选项，再单击【创建】按钮，如图 2-68 所示。

20 在创建的新文档中，修改<title></title>标签中标题名称，并在<body></body>标签中输入测试 PHP 的代码，如图 2-69 所示。

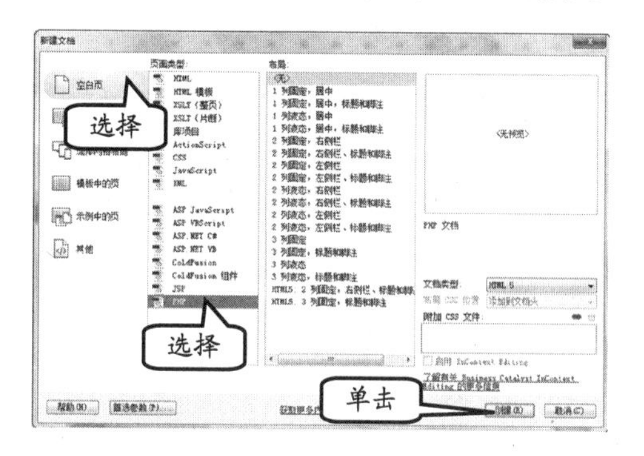

图 2-68　创建 PHP 文档

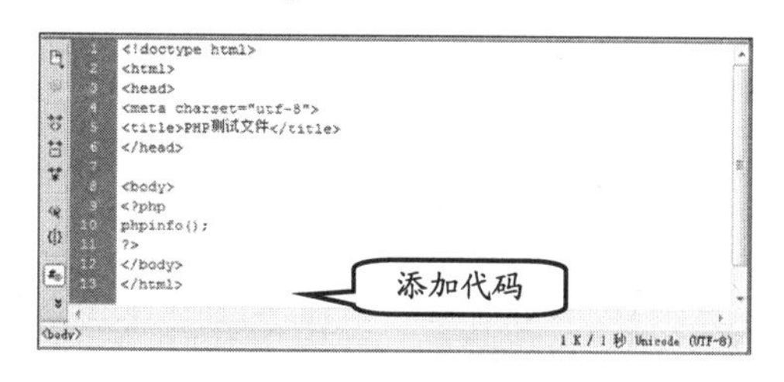

图 2-69　输入测试代码

21 此时，通过配置好的 IIS 服务器，来浏览当前所创建的测试页面，并查看 PHP 的配置信息，如图 2-70 所示。

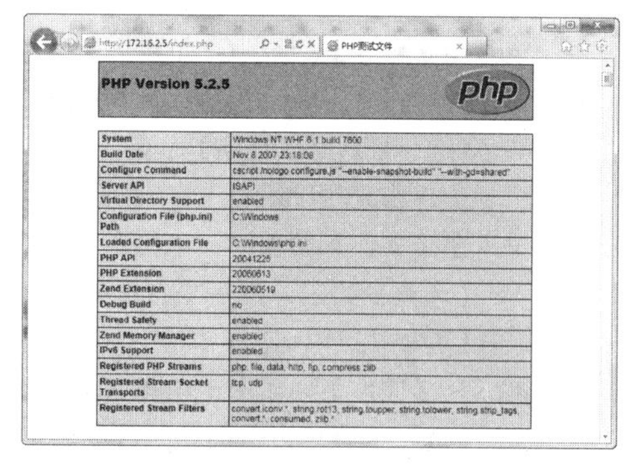

System	Windows NT WHF 6.1 build 7600
Build Date	Nov 8 2007 23:18:08
Configure Command	cscript /nologo configure.js "--enable-snapshot-build" "--with-gd=shared"
Server API	ISAPI
Virtual Directory Support	enabled
Configuration File (php.ini) Path	C:\Windows
Loaded Configuration File	C:\Windows\php.ini
PHP API	20041225
PHP Extension	20060613
Zend Extension	220060519
Debug Build	no
Thread Safety	enabled
Zend Memory Manager	enabled
IPv6 Support	enabled
Registered PHP Streams	php, file, data, http, ftp, compress.zlib
Registered Stream Socket Transports	tcp, udp
Registered Stream Filters	convert.iconv.*, string.rot13, string.toupper, string.tolower, string.strip_tags, convert.*, consumed, zlib.*

图 2-70　查看测试内容

2.9　思考与练习

一、填空题

1．远程文件夹是__________。

2．用户可以使用【__________】面板查看文件和文件夹，以及执行标准文件维护操作。

3．在弹出的【与远程服务器同步】对话框中，若要同步整个站点，用户可以选择【同步】下拉列表中的__________选项。

4. 如果远程文件夹的结构与__________的结构不匹配，会将文件上传到错误的位置，站点访问者可能无法看到这些文件。

二、选择题

1. 站点由 3 个部分（或文件夹）组成，具体取决于开发环境和所开发的 Web 站点类型。下列不属于这三部分的选项是__________。

A. 服务器文件夹

B. 本地根文件夹

C. 远程文件夹

D. 测试服务器文件夹

2. 以下不属于应用程序服务器的是__________。

A. 网页服务器

B. 数据库服务器

C. FTP 服务器

D. 代理服务器

3. 以下不属于相对路径的是__________。

A. file://C|/inetpub/wwwroot/index.asp

B. http://192.168.0.1/page.html

C. ftp://mypub:wwwroot@localhost/ftpfolder/

D. ../default.php

4. 快速、准确地查找最近修改的文件，则下列描述正确的是__________。

A. 在【文件】面板中，单击右上角的【选项】菜单，然后执行【编辑】|【选择最近修改日期】命令，并设置文件修改的日期

B. 在【文件】面板中，单击右上角的【选项】菜单，然后执行【编辑】|【远程站点中定位】命令

C. 在【文件】面板中，单击右上角的【选项】菜单，然后执行【编辑】|【本地站点中定位】命令

D. 在【文档】窗口中，执行【站点】|【在站点定位】命令

三、简答题

1. 什么是本地根文件夹？

2. 什么是远程文件夹？

3. 什么是测试服务器文件夹？

4. 描述存回和同步的含义？

四、上机练习

1. 添加 IIS 目录默认文档

默认文档是用户在浏览器中输入目录路径后，默认打开的文档。在安装 IIS 之后，系统会默认设置“default.htm”“default.asp”、“index.html”和“iisstart.asp”等 4 种默认文档。

当用户使用浏览器访问某级目录时，IIS 系统就会依次检测该目录中是否有这 4 个文档，如有则允许用户的浏览器打开文档。

例如，在【Internet 信息服务（IIS）管理器】窗口中，双击【默认文档】图标，如图 2-71 所示。

图 2-71 选择功能

然后，在弹出的【默认文档】界面中，单击右侧的【添加】按钮，如图 2-72 所示。

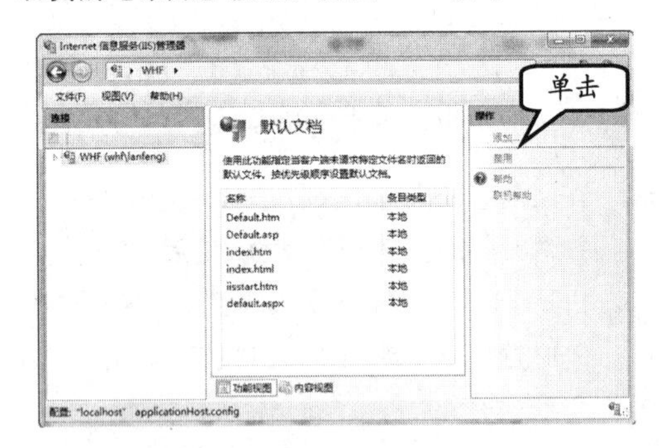

图 2-72 添加默认文档

最后，在弹出的【添加默认文档】对话框中，输入文档的名称和扩展名，并单击【确定】按钮，如图 2-73 所示。

2. 查看虚拟目录

在 IIS 中，用户可以添加多个虚拟目录，方便多个站点之间切换访问。例如，在【Internet

信息服务（IIS）管理器】窗口中，可以单击右侧的【查看虚拟目录】链接，如图 2-74 所示。

图 2-73　添加文档名称

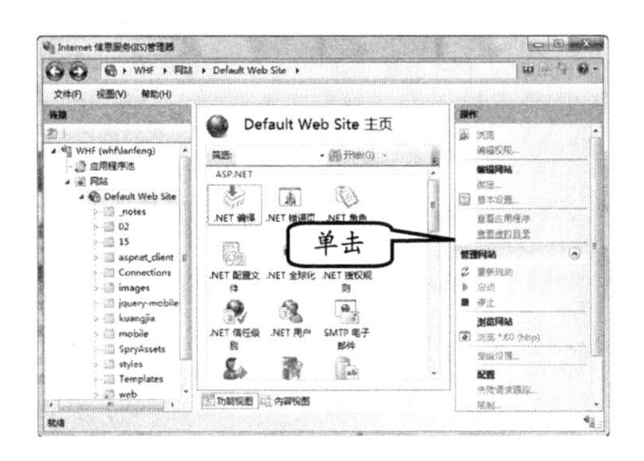

图 2-74　查看虚拟目录

然后，在【虚拟目录】界面中，再单击右侧的【添加虚拟目录】链接，如图 2-75 所示。

图 2-75　添加虚拟目录

最后，在弹出的【添加虚拟目录】对话框中，可以再次设置别名、物理路径、传递身份验证等内容，单击【确定】按钮，如图 2-76 所示。

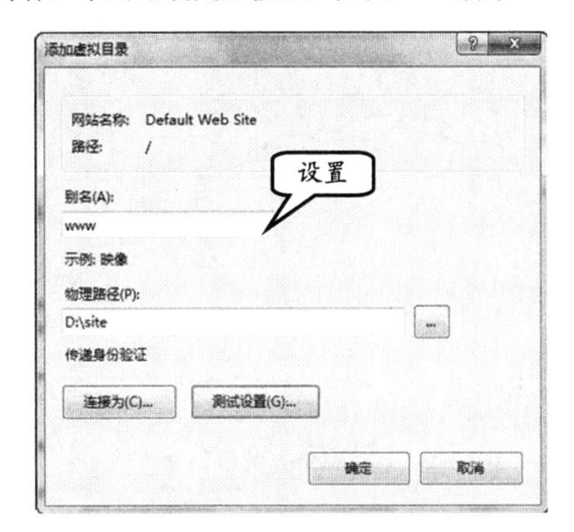

图 2-76　设置虚拟目录

第3章

插入网页元素

网页中最基本的对象莫过于文本、图像和动画，通过这几种对象可以构成最简单的网页。要想使网页的视觉效果更加丰富，那么多媒体元素的加入必不可少。

其中，文本能够直接在Dreamweaver中创建与编辑，而图像和多媒体元素则需要通过插入的方式显示在其中。

本章主要介绍创建和插入各种网页对象的方法，包括文本、特殊符号、图像、Flash动画、Flash视频、音频等，让用户可以制作简单但内容丰富的网页。

本章学习要点：

- 插入网页文本
- 插入网页图像
- 编辑网页图像
- 插入多媒体元素

3.1 插入网页文本

在网页中的文本一般以普通文字、段落或者各种项目符号等形式显示。文本是网页中不可缺少的内容之一，是网页中最基本的对象。由于其存储空间非常小，所以在一些大型网站中，文字占有不可替代的主要地位。

3.1.1 输入文本内容

在 Dreamweaver 中提供了 3 种插入文本的方式，包括直接输入、从外部文件中粘贴，以及从外部文件中导入等。

1. 直接输入文本

直接输入是最常用的插入文本的方式。在 Dreamweaver 中，创建一个网页文档，即可直接在【设计视图】中输入英文字母。或者，切换到中文输入法，输入中文字符，如图 3-1 所示。

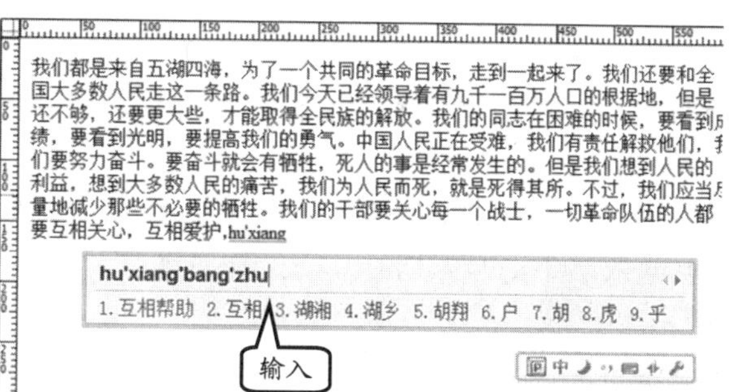

图 3-1 录入文本

提 示

除此之外，用户也可以在【代码视图】中相关的 XHTML 标签中输入字符，同样可以将其添加到网页中。

2. 从外部文件中粘贴

用户还可以从其他软件或文档中，将文本内容进行复制操作或按 Ctrl+C 组合键。然后，在 Dreamweaver 文档中，再执行【粘贴】命令或按 Ctrl+V 组合键，将文本粘贴到网页文档中，如图 3-2 所示。

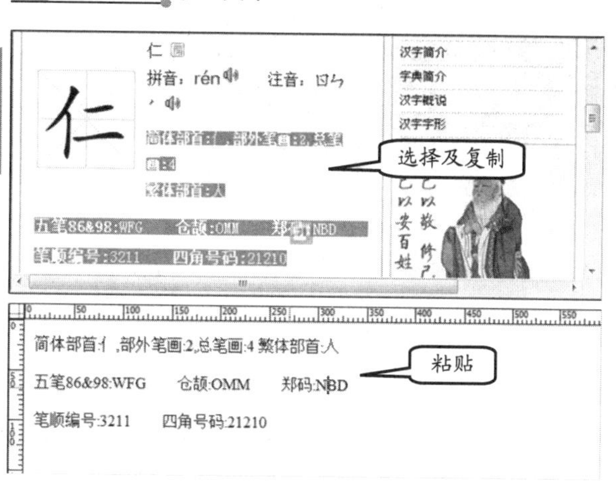

图 3-2 粘贴文本

而在 Dreamweaver 粘贴过程中，用户还可以选择粘贴类型。例如，在 Dreamweaver 打开的网页文档中，右击鼠标，执行【选择性粘贴】命令，打开【选择性粘贴】对话框，如图 3-3 所示。

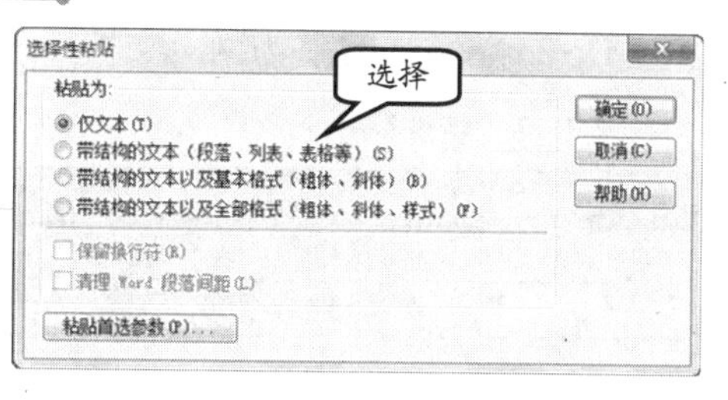

图 3-3 选择粘贴方式

在弹出的【选择性粘贴】对话框中，用户可对多种属性进行设置，如表 3-1 所示。

表 3-1　选择性粘贴参数

属　　性	作　　用
仅文本	仅粘贴文本字符，不保留任何格式
带结构的文本	包含段落、列表和表格等结构的文本
带结构的文本以及基本格式	包含段落、列表、表格以及粗体和斜体的文本
带结构的文本以及全部格式	包含段落、列表、表格以及粗体、斜体和色彩等所有样式的文本
保留换行符	选中该选项后，在粘贴文本时将自动添加换行符号
清理 Word 段落间距	选中该选项后，在复制 Word 文本后将自动清除段落间距
粘贴首选参数	更改选择性粘贴的默认设置

3. 从外部文件中导入

在 Dreamweaver 中，将光标定位到导入文本的位置，然后执行【文件】|【导入】|【Word 文档】命令，选择要导入的 Word 文档，即可将文档中的内容导入到网页文档中，如图 3-4 所示。

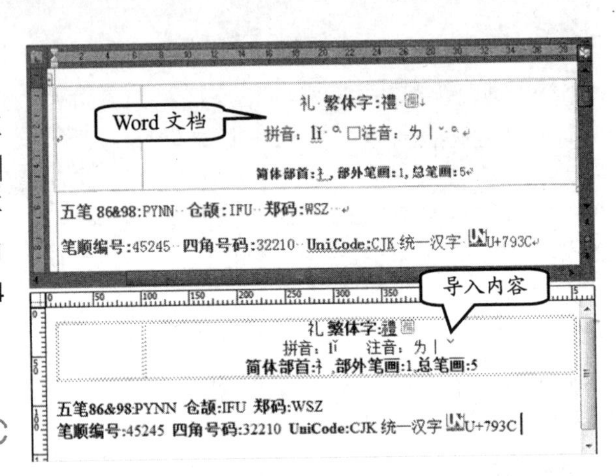

图 3-4　导入文本

3.1.2　插入特殊符号

使用 Dreamweaver 文档中，用户除了可以插入键盘允许输入的符号外，还可以插入一些特殊的符号。

1. 插入符号

在 Dreamweaver 中，执行【插入】|【特殊字符】命令，即可在弹出的菜单中选择各种特殊符号，如图 3-5 所示。或者，在【插入】面板中，在列表菜单中选择【文本】选项，并在【字符】下拉按钮中，选择需要插入的符号。

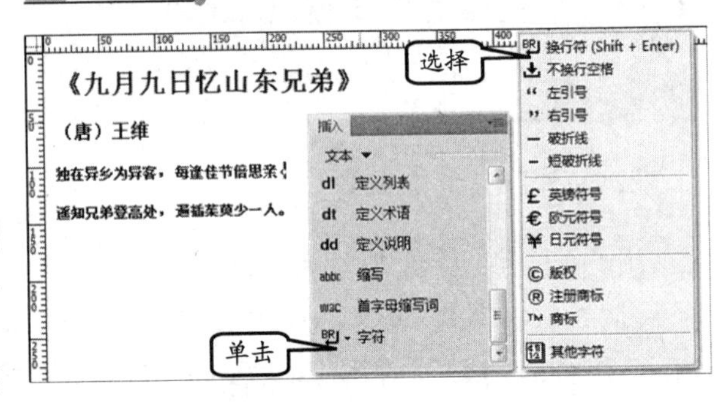

图 3-5　插入符号

Dreamweaver 允许为网页文档插入 12 种基本的特殊符号，如表 3-2 所示。

表 3-2　特殊符号

图　　标	名　　称	显示（作用）
BR	换行符	两段间距较小
⊥	不换行空格	非间断空格
“	左引号	“
”	右引号	”
—	破折线	—

续表

图　标	名　称	显示（作用）
-	短破折线	_
£	英镑符号	£
€	欧元符号	€
¥	日元符号	¥
©	版权	©
®	注册商标	®
™	商标	™
	其他字符	插入其他字符

除了以上 12 种符号以外，用户还可选择【其他字符】选项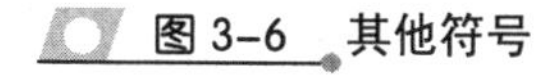

，在弹出的【插入其他字符】对话框中，选择更多的字符，如图 3-6 所示。

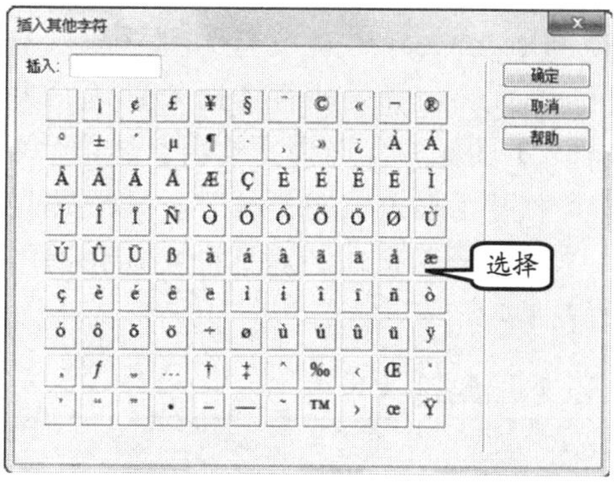

提　示

在选中相关的特殊符号后，即可单击按钮将这些特殊符号插入到网页中。

图 3-6　其他符号

2. 插入水平线

在 Dreamweaver 中，也可方便地插入水平线。例如，执行【插入】|【HTML】|【水平线】命令，在光标所在的位置插入水平线，如图 3-7 所示。

用户也可以在【插入】面板中，选择【常用】选项，并单击列表中的【水平线】按钮。在选中水平线后，即可在【属性】面板中，设置水平线的各种属性，如图 3-8 所示。

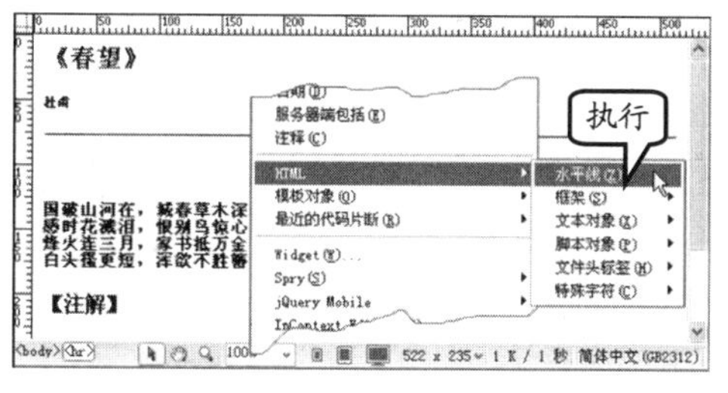

图 3-7　插入水平线

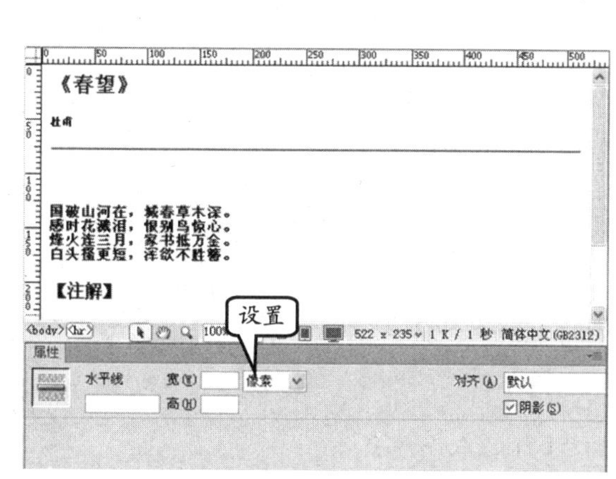

图 3-8　水平线属性

水平线的属性并不复杂，主要包括以下一些种类，如表 3-3 所示。

表 3-3　水平线属性

属 性 名	作　用
水平线	设置水平线的 ID
宽和高	设置水平线的宽度和高度，单位可以是像素或百分比
对齐	指定水平线的对齐方式，包括默认、左对齐、居中对齐和右对齐
阴影	可为水平线添加投影

提 示

设置水平线的宽度为 1，然后设置其高度为较大的值，可得到垂直线。

3. 插入日期

Dreamweaver 还支持为网页插入本地计算机当前的时间和日期。例如，执行【插入】|【日期】命令。或者，在【插入】面板中，选择【常用】选项，单击【日期】按钮，即可打开【插入日期】对话框，如图 3-9 所示。

在【插入日期】对话框中，允许用户设置各种格式，如表 3-4 所示。

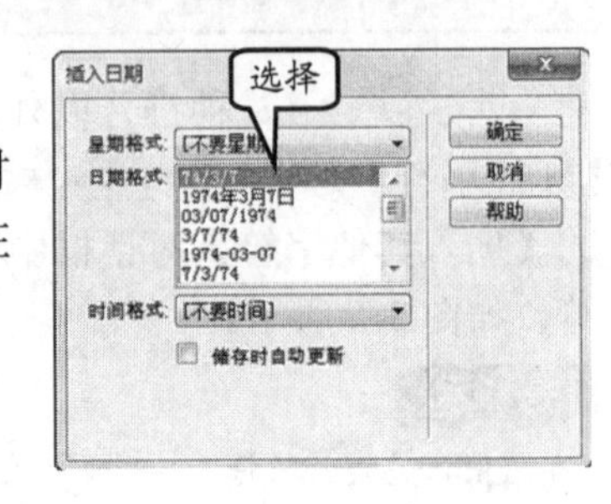

图 3-9　选择日期格式

表 3-4　日期格式

选 项 名 称	作　用
星期格式	在选项的下拉列表中可选择中文或英文的星期格式，也可选择不要星期
日期格式	在选项框中可选择要插入的日期格式
时间格式	在该项的下拉列表中可选择时间格式或者不要时间
储存时自动更新	如选中该复选框，则每次保存网页文档时都会自动更新插入的日期时间

4. 插入注释

在网页的源代码中，加入一些注释信息可以方便以后对网页进行维护。在【设计】视图中，执行【插入】|【注释】命令，即可弹出【注释】对话框。然后，在【注释】文本框中，输入注释信息，并单击【确定】按钮，如图 3-10 所示。

图 3-10　添加注释

如果在【代码】视图中执行该命令，则将直接在代码行显示注释符号，并添加注释内容，如图 3-11 所示。

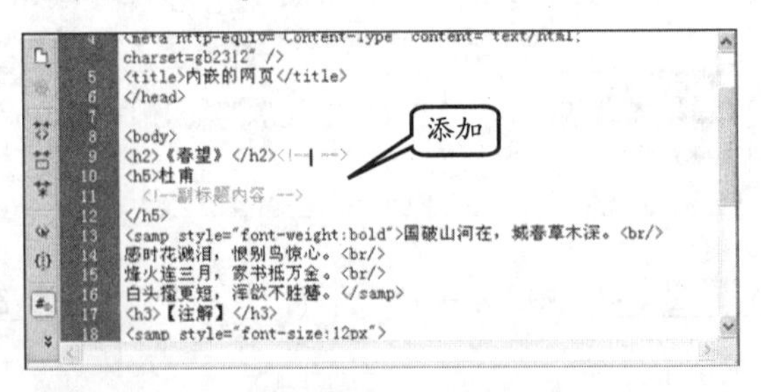

图 3-11　在代码中显示注释内容

5. 插入关键字

许多流行的搜索引擎都会自动读取页面文档的关键字，并将这些信息加入到搜索引擎的数据库索引中。

例如，执行【插入】|【HTML】|【文

件头标签】|【关键字】命令。或者，在【插入】面板的【常用】选项中，单击【文件头】下拉按钮，执行【关键字】命令，如图 3-12 所示。

在弹出的【关键字】对话框中，用户可以输入关键字内容，并单击【确定】按钮，如图 3-13 所示。

此时，在文档的【代码】视图中，将看到所添加的关键字内容，如图 3-14 所示。

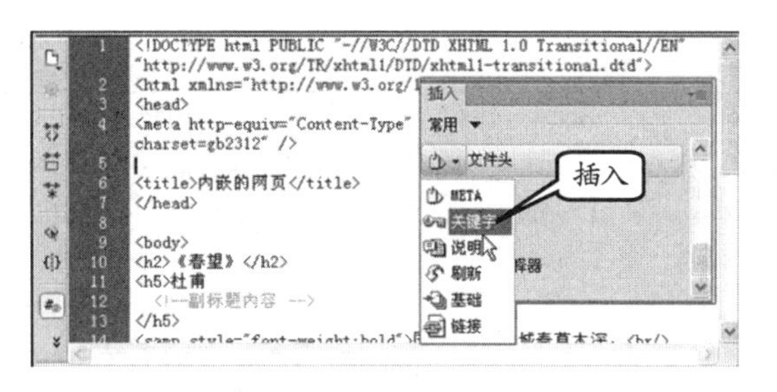

图 3-12 插入关键字

图 3-13 添加关键字内容

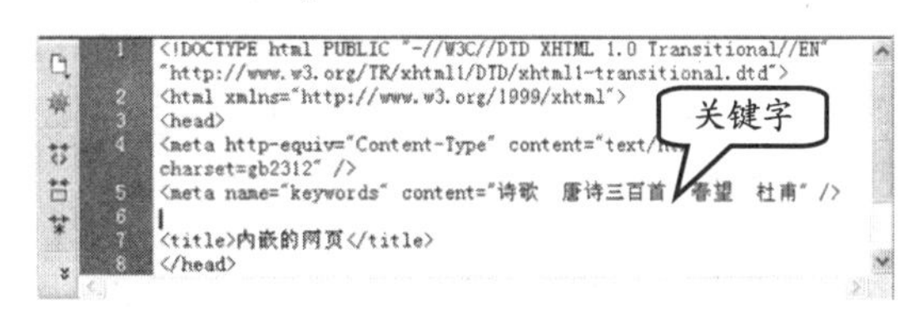

图 3-14 关键字内容

3.1.3 格式化文本

无论是输入文本还是导入文本，或者是新建的空白文档，【属性】检查器中的选项均为文本的基本属性，如图 3-15 所示。

通过【属性】检查器，可以方便地修改文本的各种属性。其中，相关的按钮都具有不同的功能，如表 3-5 所示。

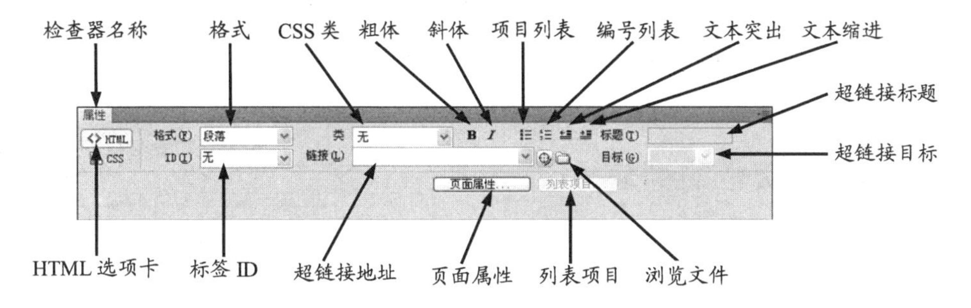

图 3-15 文本的【属性】检查器

表 3-5 【属性】检查器中的文本属性

名　　称	作　　用
格式	用于设置文本的基本格式，可选择无格式文本、段落或各种标题文本
CSS 类	定义当前文档所应用的 CSS 类名称
粗体	定义以 HTML 的方式将文本加粗
斜体	定义以 HTML 的方式使文本倾斜
项目列表	为普通文本或标题、段落文本应用项目列表
编号列表	为普通文本或标题、段落文本应用编号列表
文本突出	将选择的文本向左侧推移一个制表位
文本缩进	将选择的文本向右侧推移一个制表位
超链接标题	当选择的文本为超链接时，定义当鼠标滑过该段文本时显示的工具提示信息

续表

名称		作用
超链接目标	_blank	当选择的文本为超链接时，定义将链接的文档以新窗口的方式打开
	_parent	当选择的文本为超链接时，定义将链接文档加载到包含该链接的父框架集或窗口中。如果包含链接的框架不是嵌套的，则链接文档加载到整个浏览器窗口中
	_self	当选择的文本为超链接时，定义在当前的窗口中打开链接的文档
	_top	当选择的文本为超链接时，定义将链接的文档加载到整个浏览器窗口中，并删除所有框架
浏览文件		单击该按钮，将允许用户通过弹出的对话框选择链接的文档
列表项目		当选择的文本为项目列表或编号列表时，可通过该按钮定义列表的样式
页面属性		单击该按钮，可打开【页面属性】对话框，定义整个文档的属性
超链接地址		在该输入文本域中，可直接输入文档的 URL 地址供链接使用
标签 ID		定义当前选择的文本所属的标签 ID 属性，从而通过脚本或 CSS 样式表对其进行调用，添加行为或定义样式
HTML/CSS 选项卡		单击相应的选项卡，可以定义通过 HTML 或 CSS 定义文本的样式

在【属性】检查器中，可以方便地设置文本的基本属性，主要包括粗体和斜体。单击【粗体】按钮 **B**，即可将文本加粗；而单击【斜体】按钮 *I*，则可以使文本倾斜，如图 3-16 所示。

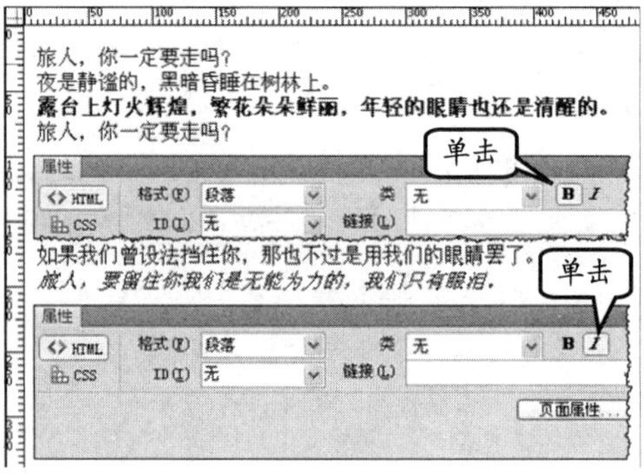

图 3-16　文本加粗和斜体

通过【格式】下拉列表中的选项，可以格式化文本的显示效果。方法是选中文本后，单击【属性】检查器【格式】下拉三角按钮，选择列表中的某个选项，即可为文本添加效果，如图 3-17 所示。

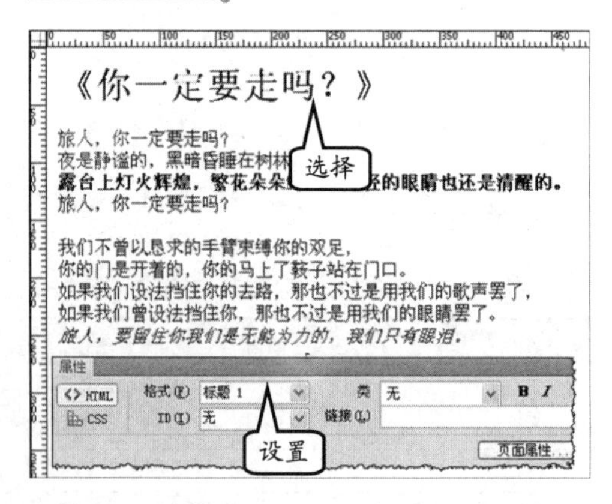

图 3-17　设置文本格式

3.1.4　网页中的列表

列表是网页中常见的一种文本排列方式。在前面的 XHTML 标签中，已经介绍过列表相关内容。而在本节将介绍在 Dreamweaver 中如何创建列表，并设置列表的样式。

1. 创建列表

如果不通过 XHTML 标签的方式创建，则在 Dreamweaver 中有两种创建方法。

❑ **通过【插入】面板**

在文档中，选择定义好的段落内容。在【插入】面板中，选择【文本】选项，并在该列表中，单击【项目列表】按钮，如图 3-18 所示。

在文档中，选择定义好的段落内容。在【插入】面板中，选择【文本】选项，并在该列表中，单击【编号列表】按钮，如图3-19所示。

提　示

用户也可以先单击【项目列表】或者【编号列表】按钮，在输入完一个列表项后，按【回车】键，即可再输入下一个列表项。如已完成列表项的输入，则可连续按两次【回车】键，结束列表的输入。

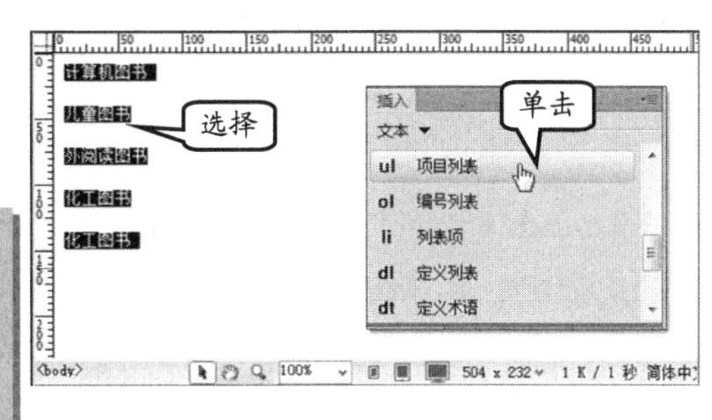

图 3-18　插入项目列表

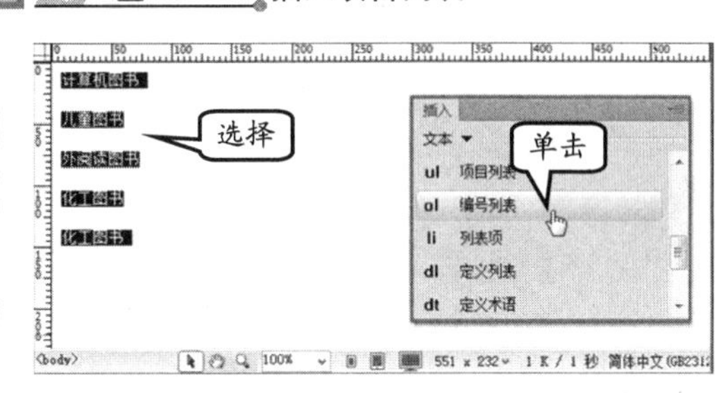

图 3-19　插入编号

❑ **通过【属性】面板**

在 Dreamweaver 中，输入文本作为列表的项目，再在【属性】面板中单击【项目列表】按钮或【编号列表】按钮，将段落内容转换为项目列表或编号列表的列表项目，如图3-20所示。

注　意

Dreamweaver 只能以段落文本转换列表。在一个段落中的多行内容在转换列表时只会转换到同一个列表项目中。

2. 设置列表属性

在创建列表之后，Dreamweaver 还可以设置列表的一些简单属性。对于项目列表，Dreamweaver 允许用户设置其整个列表的项目符号，或某个列表项的项目符号。

选中列表的某个项目，在【属性】面板中，单击【列表项目】按钮，即可在弹出的【列表属性】对话框中，单击【列表类型】下拉按钮，并选择列表类型，如图3-21所示。

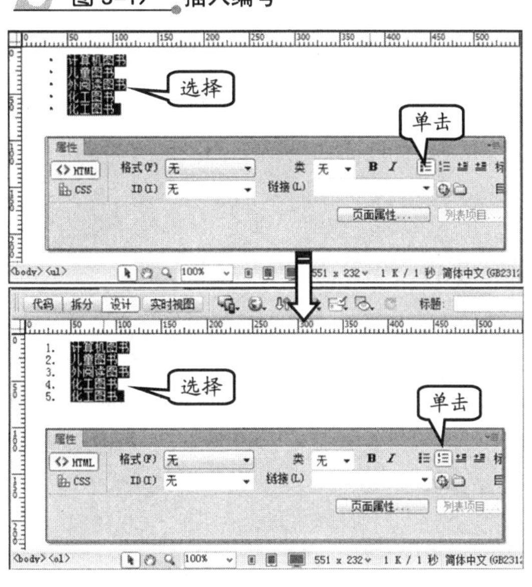

图 3-20　插入列表或者编号

除修改【列表类型】外，Dreamweaver 还允许用户修改列表的样式，将项目符号改为正方形等。

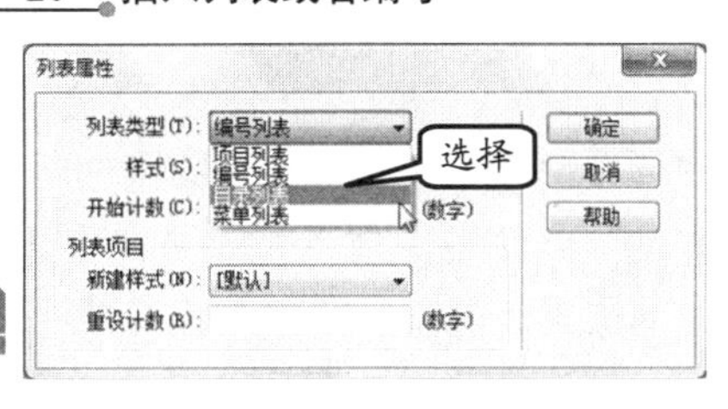

图 3-21　设置列表类型

3.2　插入网页图像

在网页中插入图像，不但可以将内容表现得更加形象、生动，还能够跨越语言、编码标准、人种、地域和年龄的差异。但是，过多的图像会影响网页的下载速度，所以在设计网页时要整体考虑图像的数目和大小。

3.2.1 插入普通图像

在 Dreamweaver 中，将光标放置到文档的空白位置，即进行插入图像。然后，执行【插入】|【图像】命令，或按 Ctrl+Alt+I 组合键。

在弹出的【选择图像源文件】对话框中，选择图像，单击【确定】按钮即可插入到网页文档中，如图 3-22 所示。

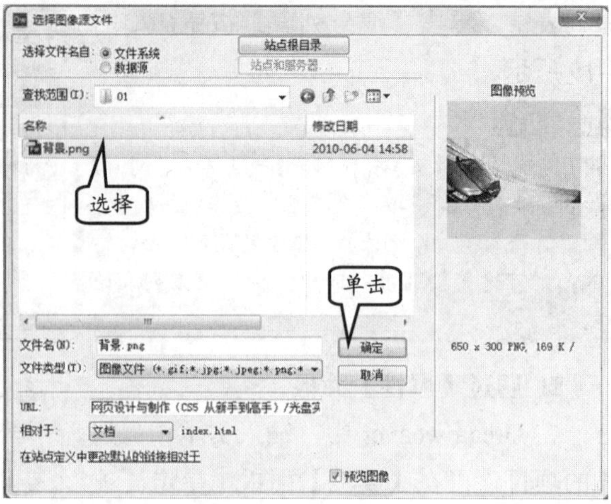

图 3-22 选择需要插入的图像

用户可以在鼠标所在文档的位置，查看到已经插入图像内容，如图 3-23 所示。

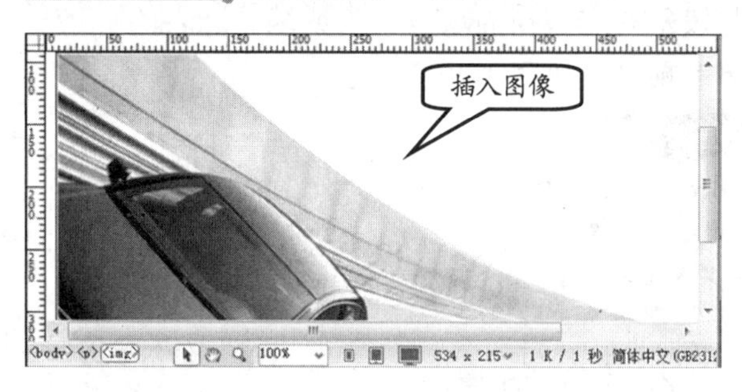

图 3-23 显示插入的图像

另外，用户还可以在【插入】面板中选择【常用】选项，并单击【图像】按钮，如图 3-24 所示。

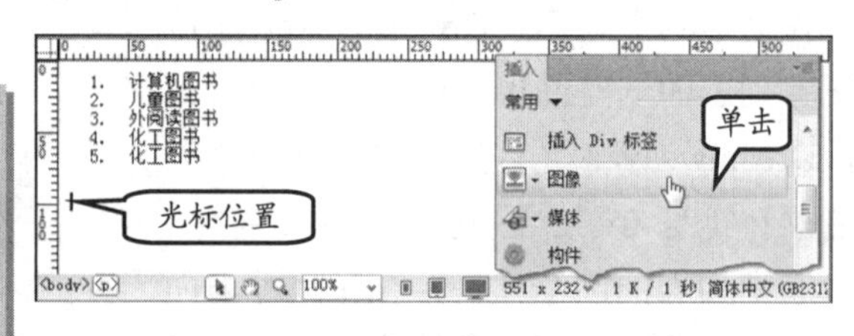

图 3-24 通过面板插入图像

在弹出的【选择图像源文件】对话框中，选择需要插入的图像，并将其插入到文档中。

提 示

如果在插入图像之前未将文档保存到站点中，则 Dreamweaver 会生成一个对图像文件的 file://绝对路径引用，而并非相对路径。只有将文档保存到站点中，Dreamweaver 才会将该绝对路径转换为相对路径。

3.2.2 插入图像占位符

在设计网页过程中，经常会遇到网页的整体布局时，但是图像还没有准备好。这时候就可以使用图像占位符插入到需要插入图像的位置，等以后图像制作完成再插入图像。

将光标置于要插入占位图像的位置，然后在【插入】面板的【常用】选项卡上单击【图像：图像占位符】按钮，打开如图 3-25 所示对话框设置插入占位图像。其中，对话

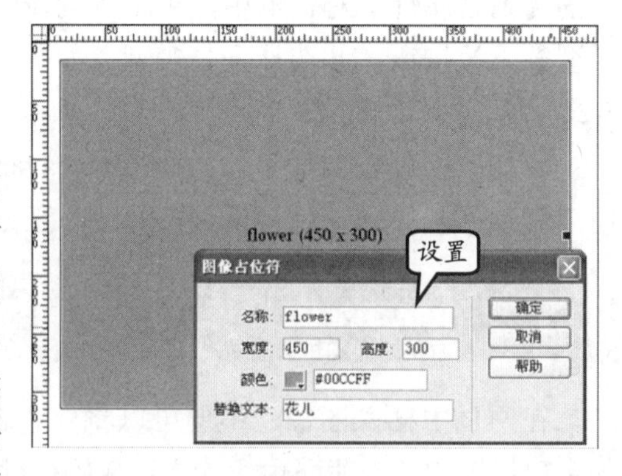

图 3-25 图像占位符

框中的各个选项及作用如表 3-6 所示。

表 3-6 图像占位符

选项名称	作　　用
名称	设置占位图像的名称，在 Dreamweaver 中显示，并且只能是字母或者数字
宽度	设置占位图像的宽度，默认为 32 像素
高度	设置占位图像的高度，默认为 32 像素
颜色	设置占位图像的颜色，该选项可以不用设置，显示效果为背景颜色
替换文本	设置占位图像的替换文字，该选项可以不用设置，显示没有任何提示的图像

图像占位符不是在浏览器中显示的图形图像。在发布站点之前，应该适用于 Web 的图像文件（例如 GIF 或者 JPEG）替换所有添加的图像占位符。方法是在文档中双击图像占位符，选择要替换的图像即可，如图 3-26 所示。

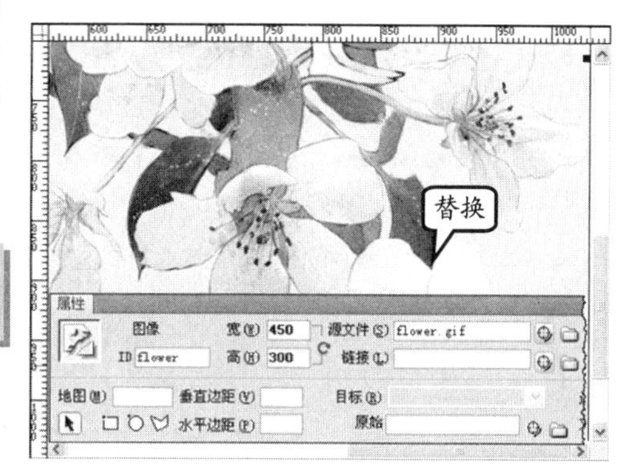

图 3-26 将图像占位符替换为图像

注　意

在用图片替换图像占位符之前，必须确定该图片与占位符图像是相同的大小。

3.2.3 插入背景图像

在网页中，是不允许在普通图像上输入文本或插入其他类型文件的。要想在图像上输入文本，必须将图像插入为背景图像。

在网页文档中，单击【属性】面板中的【页面属性】按钮，即可打开【页面属性】对话框。

在【页面属性】对话框中，选择【外观（CSS）】类别，并在右侧的【背景图像】文本框后面，单击【浏览】按钮，如图 3-27 所示。

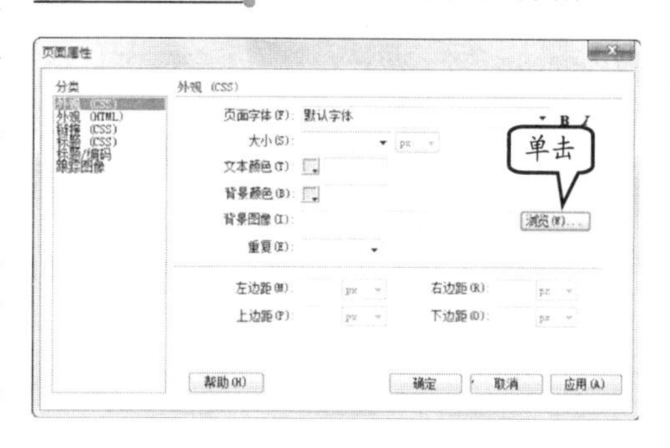

图 3-27 单击【浏览】按钮

然后，在弹出的【选择图像源文件】对话框中，选择需要作为网页背景的图像，并单击【确定】按钮，如图 3-28 所示。

当添加背景图像后，则在文本内容的下面显示所添加的图像，如图 3-29 所示。

图 3-28 选择背景图像

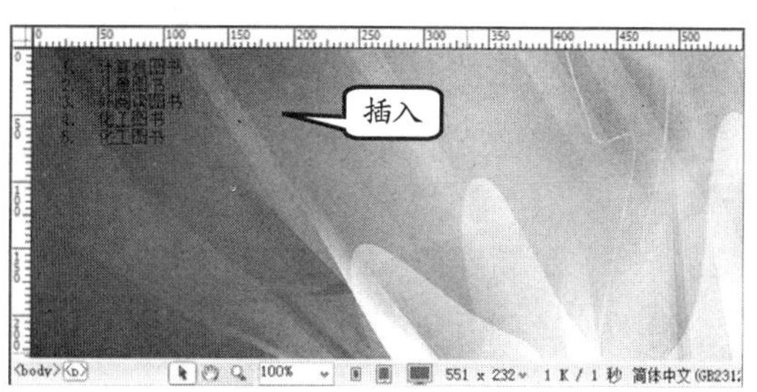

图 3-29 添加背景图像

在默认状态下，网页的背景图像大小如小于网页，则会自动重复显示。用户可以设置【背景图像】下方的【重复】选项，如表 3-7 所示。

表 3-7 【重复】选项内容

选 项 名	作 用
no-repeat	背景图像不重复
repeat	背景图像重复
repeat-x	背景图像只在水平方向重复
repeat-y	背景图像只在垂直方向重复

分别设置图像参数为上述选项时，则图像在网页效果如图 3-30 所示。

3.2.4 应用鼠标经过图像

在 Dreamweaver 中，执行【插入】|【图像对象】|【鼠标经过图像】命令，即可打开【插入鼠标经过图像】对话框，如图 3-31 所示。

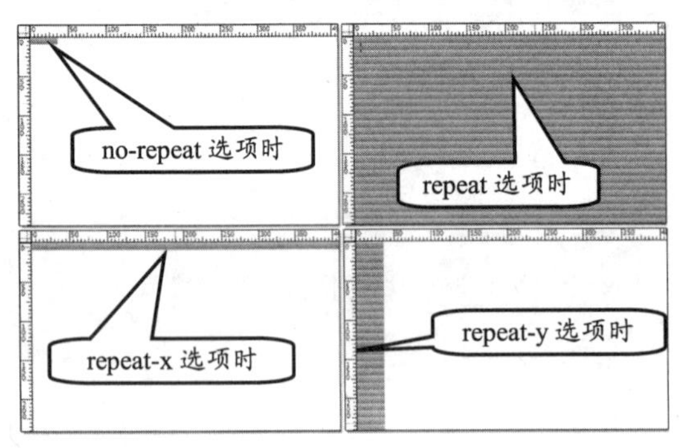

图 3-30 不同选项效果

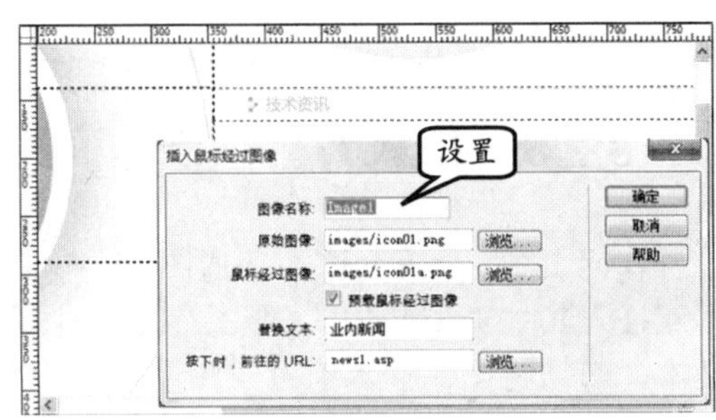

图 3-31 设置鼠标经过参数

在该对话框中，包含多种选项，可设置鼠标经过图像的各种属性，如表 3-8 所示。

表 3-8 鼠标经过设置参数

选 项 名 称	作 用
图像名称	鼠标经过图像的名称，不能与同页面其他网页对象的名称相同
原始图像	页面加载时显示的图像
鼠标经过图像	鼠标经过时显示的图像
预载鼠标经过图像	浏览网页时原始图像和鼠标经过图像都将被显示出来
替换文本	文本注释
前往的 URL	鼠标单击该图像后转向的目标

提 示

虽然在 Dreamweaver 中，并未将【按下时，前往的 URL】选项设置为必须的选项，但如用户不设置该选项，Dreamweaver 将自动将该选项设置为井号"#"。

3.2.5 插入 Photoshop 智能对象

除了 Fireworks 外，Dreamweaver 还可以跟 Photoshop 进行紧密的结合。在以往的

Dreamweaver 版本中，也可插入 Photoshop 图像，但是需要将其转换为可用于网页的各种图像，例如，JPEG、JPG、GIF 和 PNG 等。

已插入网页的各种图像将与源 PSD 图像完全断开联系。修改源 PSD 图像后，用户还需要将 PSD 图像转换为 JPEG、JPG、GIF 或 PNG 图像，并重新替换网页中的图像。

在 Dreamweaver CS6 中，借鉴了 Photoshop 中的智能对象概念，即允许用户插入智能的 PSD 图像，并维护网页图像与其源 PSD 图像之间的实时连接。

在 Dreamweaver 中，执行【插入】|【图像】命令，在弹出的【选择图像源文件】对话框中，选择 PSD 源文件，即可单击【确定】按钮，如图 3-32 所示。

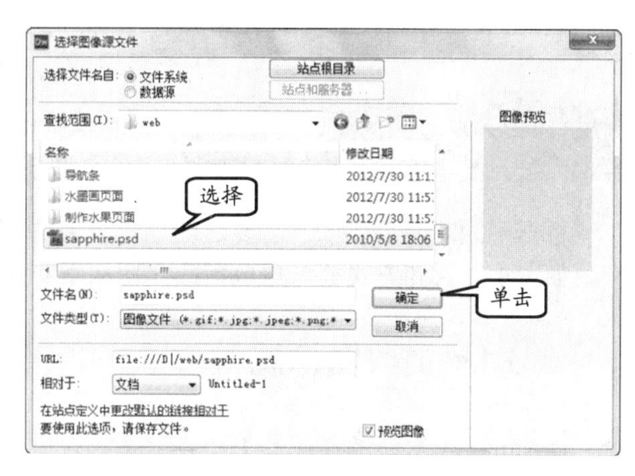

图 3-32 选择 PSD 文件

此时，将弹出【图像优化】对话框，并显示图像优化的默认参数，单击【确定】按钮，如图 3-33 所示。

在弹出的【保存 Web 图像】对话框中，将自动以 Photoshop 图像的名称命名为 JPG 格式的文件，单击【保存】按钮，如图 3-34 所示。

图 3-33 优化图像

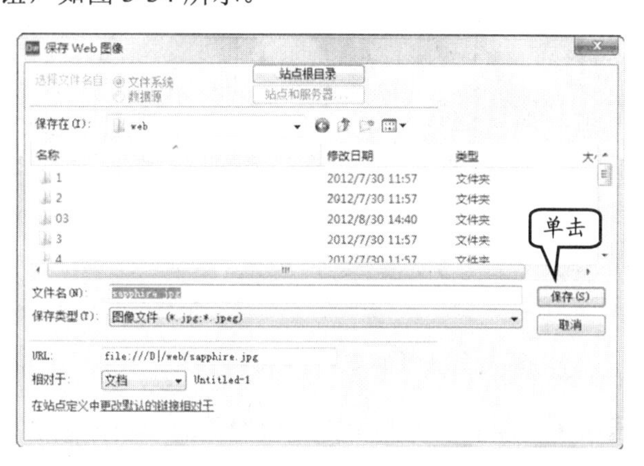

图 3-34 将图像文件重新命名

现在，将在文档中看到已经插入的图像，并在图像的左上角显示【图像已同步】图标，如图 3-35 所示。

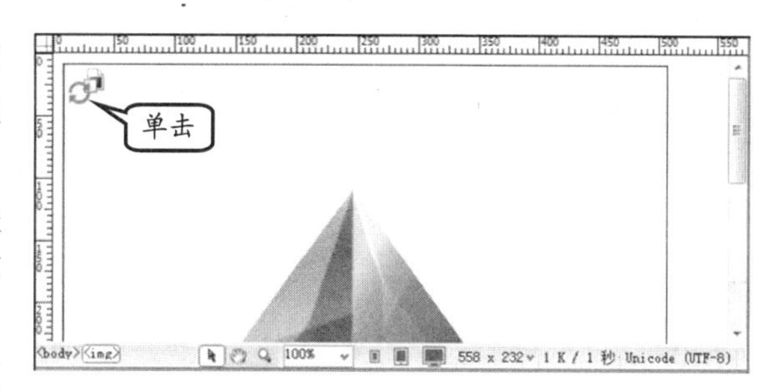

图 3-35 同步两个文件

当用户在 Photoshop 中对该图像进行处理后，则在“环型”图标中，下环箭头将变成红色，如图 3-36 所示。

另外，用户可以单击左上角的“同步”图标，即可将编辑后的图像更新为当前文档中的图像。

提 示

用户除了在 Photoshop 中对图像处理并保存，然后再进行更新外，还可以直接在【属性】面板中，单击【编辑】按钮（Photoshop 图标），即可直接编辑网中的 PSD 格式的图像。

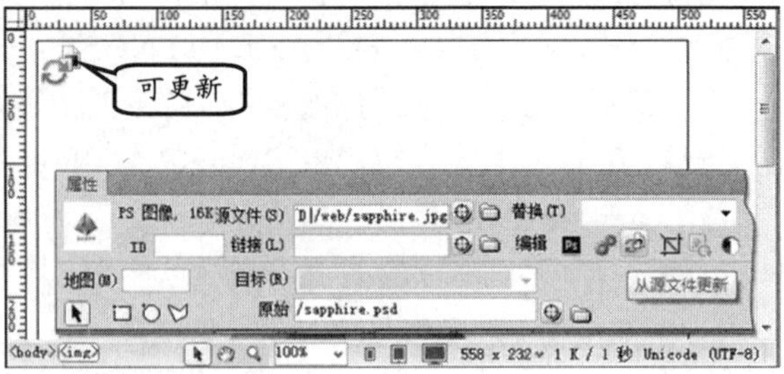

图 3-36 调整图像

3.3 编辑网页图像

根据不同的网页要求，需要适当地重新调整图像的属性。图像属性中既包括基本属性，如大小、对齐方式等，也包括改变图像本身的属性，比如亮度/对比度、锐化等。

3.3.1 更改图像属性

Dreamweaver 中的【属性】检查器是相对应的，选中不同的元素会显示相应的属性参数。

例如，先选中图片后，并在【属性】检查器中显示该图片的各个属性参数，如图 3-37 所示。

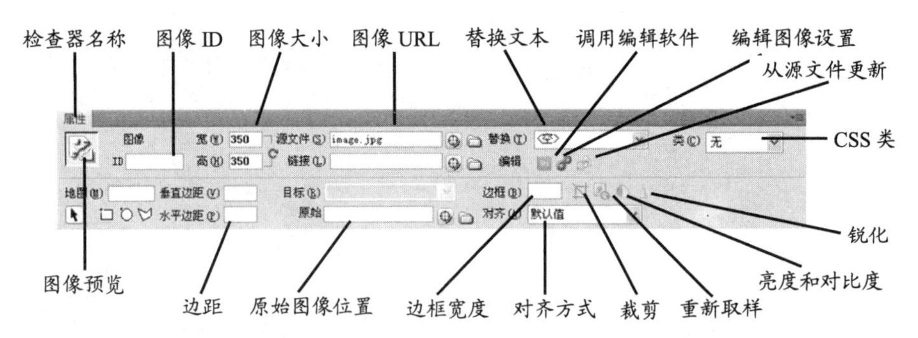

图 3-37 图像【属性】检查器

在图像【属性】检查器中，各项参数的作用如表 3-9 所示。

表 3-9 图像属性

属性			作用
图像 ID			图像在网页中唯一的标识
宽和高			图像在水平方向（宽）和垂直方向（高）的尺寸
源文件			图像在本地计算机或互联网中的 URL 路径
链接			图像所应用的超链接 URL 地址
替换文本			当鼠标滑过图像时显示的工具提示信息
编辑按钮组	编辑		调用相关的图像处理软件编辑图像（例如，PSD 使用 Photoshop，PNG 使用 Fireworks）
	编辑图像设置		在使用相关的图像处理软件编辑图像时所采用的设置项目
	从源文件更新		如使用的是 PSD 文档输出的图像文件，可将图像与源 PSD 关联，单击此按钮进行动态更新

属性			作用
类			图像在网页中可应用的CSS样式
地图	指针热点工具		选择图像上方的热点链接，并进行移动或其他操作
	矩形热点工具		在图像上方绘制一个矩形的热点链接区域
	圆形热点工具		在图像上方绘制一个圆形的热点链接区域
	多边形热点工具		在图像上方绘制一个多边形的热点链接区域
边距	垂直边距		定义图像与其上方或下方各种网页元素之间的距离
	水平边距		定义图像与其左侧或右侧各种网页元素之间的距离
目标			定义图像所应用的超链接的打开方式
原始			如使用的是PSD文档输出的图像文件，此处将显示PSD文档的URL路径
边框			定义图像外部的边框宽度
编辑按钮组	裁剪		对图像进行裁剪操作，删除被裁剪掉的区域
	重新取样		对已经调整大小的图像重新取样
	亮度和对比度		调整图像的亮度和对比度
	锐化		消除图像的模糊效果
对齐	默认值		指定图像与基线对齐
	基线和底部		将文本或者同一段落中的其他元素的基线与选定对象的底部对齐
	顶端		将图像的顶端与当前行中最高项（图像或文本）的顶端对齐
	居中		将图像的中部与当前行的基线对齐
	文本上方		将图像的顶端与文本行中最高字符的顶端对齐
	绝对居中		将图像的中部与当前行中文本的中部对齐
	绝对底部		将图像的底部与文本行的底部对齐
	左对齐		将所选图像放置在左侧，文本在图像的右侧换行。如果左对齐文本在行上处于对象之前，它通常强制左对齐对象换到一个新行
	右对齐		将图像放置在右边，文本在对象的左侧换行。如果右对齐文本在行上处于对象之前，它通常强制右对齐对象换到一个新行

1. 调整图像大小

图像插入网页后，显示的是原始尺寸。重新调整图像尺寸的方法是通过单击图像后的调节边框拖动图像来改变图像大小，如图3-38所示。

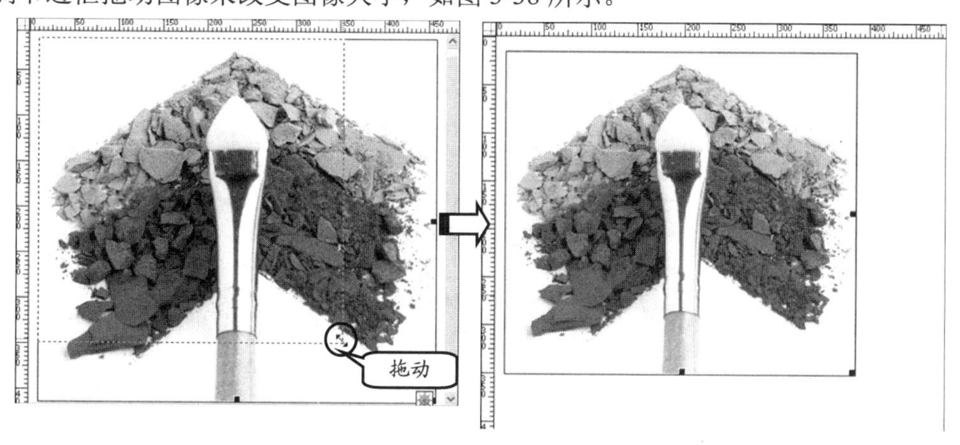

图3-38 缩小图像尺寸

注 意

可以更改这些值来缩放该图像实例的显示大小，但这不会缩短下载时间，因为浏览器在缩放图像前会下载所有图像数据。若要缩短下载时间并确保所有图像实例以相同大小显示，应使用图像编辑应用程序缩放图像。

在【属性】面板中，直接设置图像的【宽】和【高】值，通过输入数值来精确地改变图像的大小，如图3-39所示。

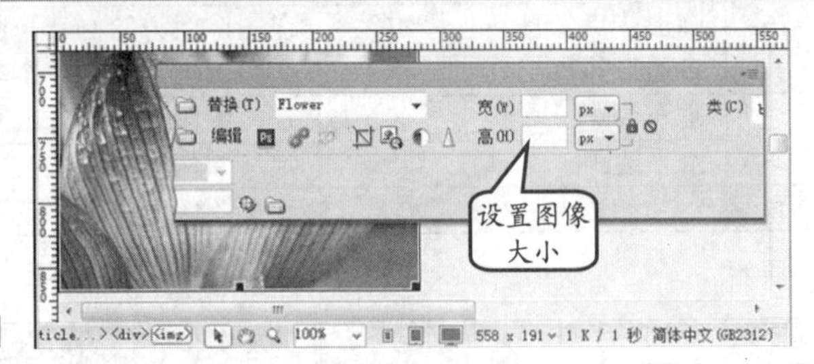

图 3-39 设置精确尺寸大小

通过上述两种方法调整图像大小时，则在【属性】面板的【宽】和【高】文本框后，都将出现【锁】和【重置为原始大小】按钮图标，如图 3-40所示。

图 3-40 设置属性大小

另外，如果用户拖动改变图像的大小，则在上述两种图标后面，显示【提交图像大小】按钮图标。

2. 使用外部软件编辑图像

选择要编辑的图像，单击【属性】面板中的【编辑】按钮，该图像将会在 Photoshop 软件中打开，并可进行编辑。编辑完成后，Dreamweaver 中的图像被更新，如图 3-41 所示。

提 示

将 Dreamweaver 中的图像在 Photoshop 中打开并且编辑，还可以通过其他方法，那就是按住 Ctrl 键双击图像即可。

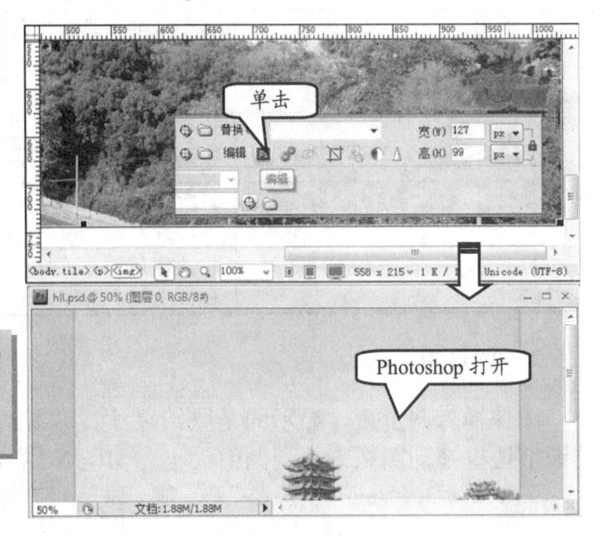

图 3-41 编辑图像

3. 裁剪图像

在文档中，选中要裁剪的图像，单击【属性】检查器中的【裁剪】按钮，如图 3-42 所示。

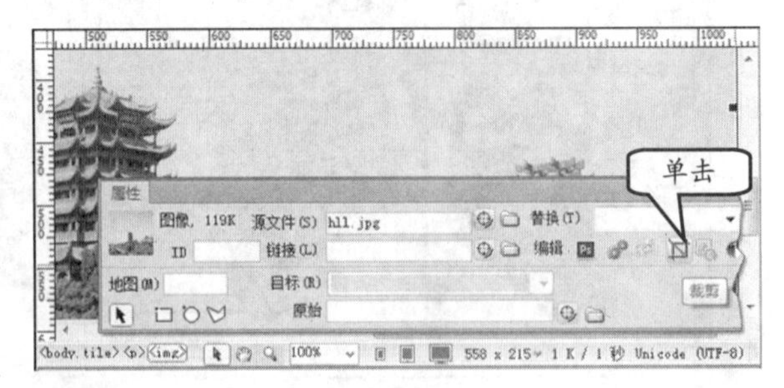

图 3-42 单击【裁剪】按钮

此时，弹出提示信息框，并提示“必须先分离智能对象，然后才能编辑 Web 图像，是否继续？”内容，单击【是】按钮，如图 3-43 所示。

这时在文档的图像中，将显示一个可以调整的区域，并且四周显示控制点，如图 3-44 所示。

用户拖动黑色方块调整大小，在图像中移动图像显示区域，调整完成后双击鼠标或者按【回车】键完成操作，如图 3-45 所示。

3.3.2 修饰图像操作

在 Dreamweaver 中，又提供了对图像进行修饰的操作，如亮度和对比度、锐化图像，以及图像重新取样等。

1. 调整图像亮度和对比度

修改图像中像素的对比度或亮度。这将影响图像的高亮显示、阴影和中间色调。修正过暗或过亮的图像时通常使用“亮度/对比度”。

首先，选择图像，单击【属性】面板中的【亮度和对比度】按钮，通过拖动亮度和对比度滑动块调整参数，如图 3-46 所示。

2. 锐化图像

锐化可以通过增加图像边缘的对比度来调整图像的焦点。大多数图像捕获软件的默认操作是柔化图像中各对象的边缘，这可以防止特别精细的细节从组成数码图像的像素中丢失。

不过，要显示数码图像文件中的细节，经常需要锐化图像，从而提高边缘的对比度，使图像更清晰。

首先，选中要锐化的图像，单击【属性】面板中的【锐化】按钮，通过拖动滑块控件来指定应用于图像的锐化程度，如图 3-47 所示。

3. 重新取样

在 Dreamweaver 中调整图像大小时，用户可以对图像进行重新取样，以适应其新尺寸。

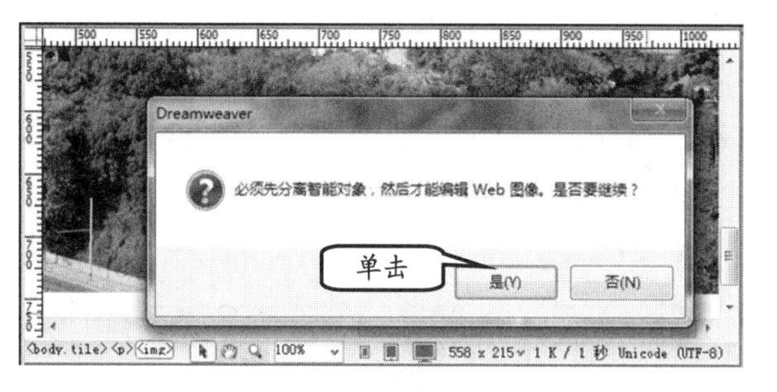

图 3-43 分离智能对象

图 3-44 调整裁剪区域

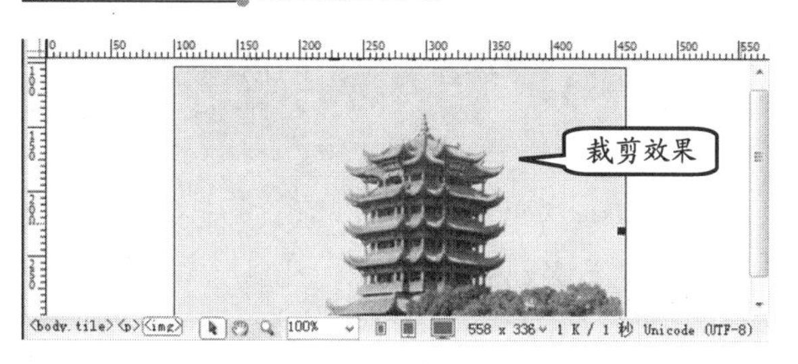

图 3-45 裁剪后的图像

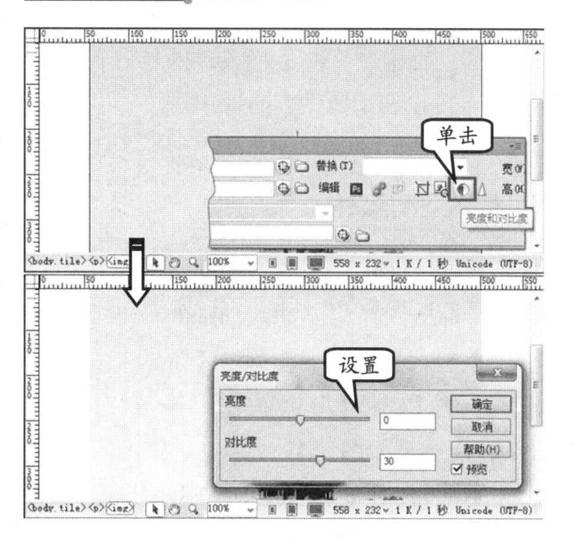

图 3-46 调整图像颜色

第 3 章 插入网页元素

对位图对象进行重新取样时，会在图像中添加或删除像素，以使其变大或变小。

对图像进行重新取样以取得更高的分辨率一般不会导致品质下降。但重新取样以取得较低的分辨率总会导致数据丢失，并且通常会使品质下降。

例如，在文档中，调整图像大小，并单击【属性】面板中的【重新取样】按钮，如图 3-48 所示。

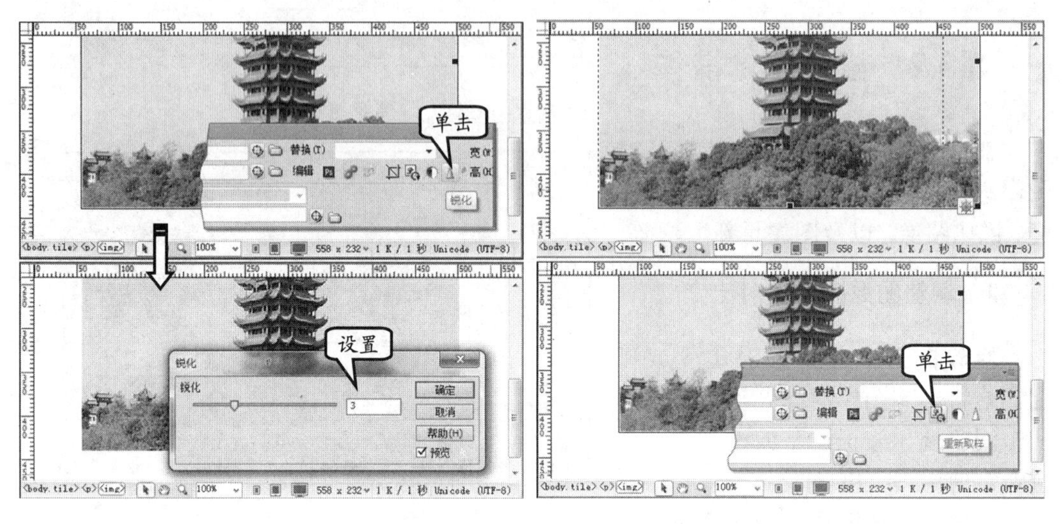

图 3-47 锐化图像　　图 3-48 对图像取样

3.4 插入多媒体元素

在网页中适当地添加一些多媒体元素，可以给浏览者的听觉或视觉带来强烈的震撼，从而留下深刻的印象。

3.4.1 插入 Flash 动画

用户可以直接在文档中插入 Flash 动画，即 SWF 格式的文件。并且，对于插入的 SWF 文件，可以在【属性】面板中进行设置。

1. 插入 SWF 文件

插入普通 Flash 动画的方法非常简单，将光标放置在将要插入动画的位置，在【插入】面板中，单击【常用】选项中的【媒体】下拉按钮，并执行 SWF 命令，如图 3-49 所示。

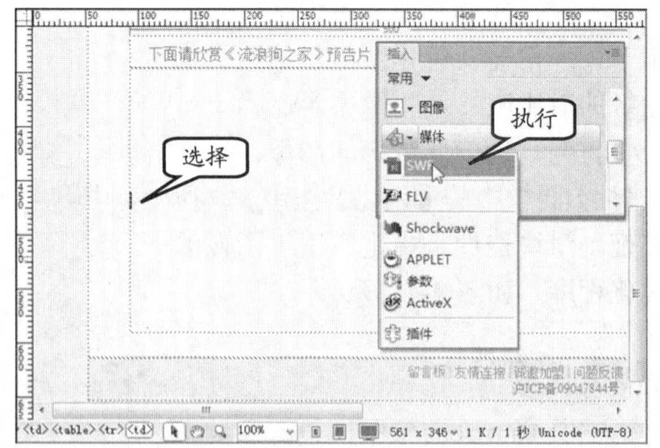

图 3-49 插入 SWF 文件

在弹出的【选择 SWF】对话框中，选择文档中将要插入的 SWF 文件，单击【确定】按钮，如图 3-50 所示。

在插入 SWF 文件后，即可在该区域中显示一个灰色的图块，并且添加有 Flash 图标。

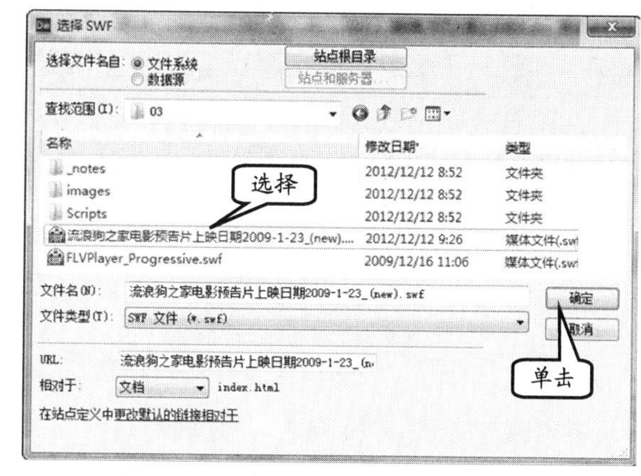

图 3-50 选择 SWF 文件

2. SWF 文件属性

用户可以选择所插入的 Flash 动画文件，并在【属性】面板中设置其选项，如图 3-51 所示。

在该动画的【属性】面板中，各选项含义如表 3-10 所示。

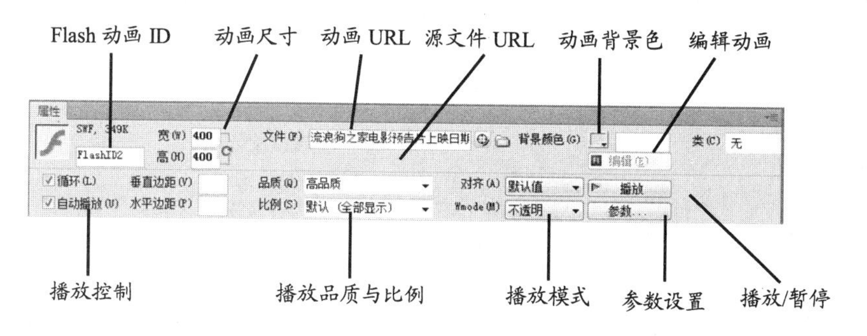

图 3-51 SWF 文件属性

表 3-10 SWF 文件属性参数

属 性		作 用
动画尺寸		定义插入的 Flash 动画垂直（高）和水平（宽）大小
文件		定义 Flash 文件的 URL 路径
源文件		定义 Flash 文件可编辑的 FLA 源文件 URL 路径
背景颜色		如 Flash 文件为纯色背景，则可在此修改其背景颜色
编辑		启动 Flash 修改对象文件。如果没有安装 Flash，则此按钮被禁用
循环		启用此复选框，Flash 对象在浏览页面时将连续播放，如果没有启用该项，则在播放一次后就停止播放
自动播放		启用该复选框，则在浏览页面时将自动播放影片
品质	低品质	自动以最低品质播放 Flash 动画以节省资源
	自动低品质	检测用户计算机，尽量以较低品质播放 Flash 动画以节省资源
	自动高品质	检测用户计算机，尽量以较高品质播放 Flash 动画以节省资源
	高品质	自动以最高品质播放 Flash 动画
比例	默认	显示整个 Flash 动画
	无边框	使影片适合设定的尺寸，因此无边框显示并维持原始的纵横比
	严格匹配	对影片进行缩放以适合设定的尺寸，而不管纵横比例如何

续表

属性		作用
Wmode	窗口	默认方式显示 Flash 动画，定义 Flash 动画在 DHTML 内容上方
	不透明	定义 Flash 动画不透明显示，并位于 DHTML 元素下方
	透明	定义 Flash 动画透明显示，并位于 DHTML 元素上方
播放/停止		控制工作区中的 Flash 动画播放或停止
参数		定义传递给 Flash 影片的各种参数

1. 播放动画

要想在文档中直接查看动画效果，可以在【属性】面板中单击【播放】按钮，如图 3-52 所示。当然也可以保存文档后，在 IE 浏览器窗口中查看效果。

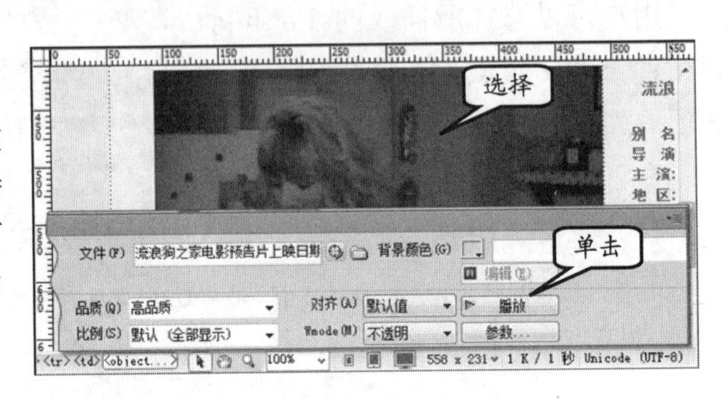

图 3-52 播放动画

2. 透明动画

如果 Flash 动画没有背景图像，则可以在【属性】面板中的【参数】选项将其设置为透明动画。例如，插入一个没有透明背景 Flash 文件的方法与插入普通 Flash 相同，如图 3-53 所示。

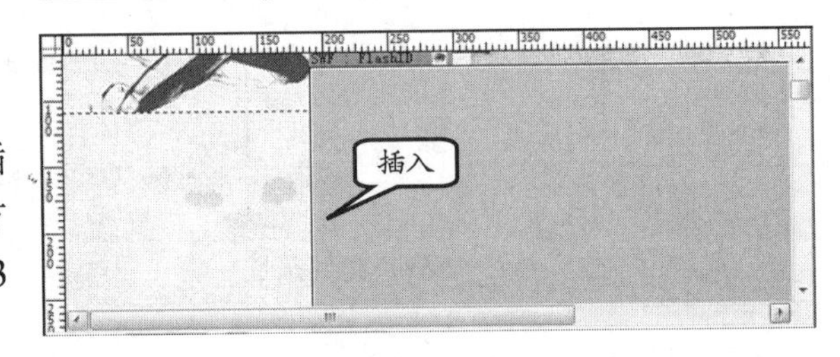

图 3-53 插入 Flash 动画

此时，保存文档内容后，在 IE 浏览器中，浏览网页中 Flash 动画的效果，如图 3-54 所示。用户可以发现该动画为黑色背景，并且覆盖了背景图像。

图 3-54 浏览 Flash 动画

然后，在 Dreamweaver 文档中，选中该 Flash 动画后，并在【属性】面板中，设置 Wmode 选项为“透明”，如图 3-55 所示。

设置完成后，再次保存该文档。并通过 IE 浏览器浏览网页中的动画效果。此时，可以发现 Flash 动画的黑色背景被隐藏，网页背景图像完全显示，如图 3-56 所示。

3.4.2 插入 Flash 视频

FLV 是一种新的视频格式，全称为 Flash Video。用户可以向网页中轻松添加 FLV 视频，而无须使用 Flash 创作工具。

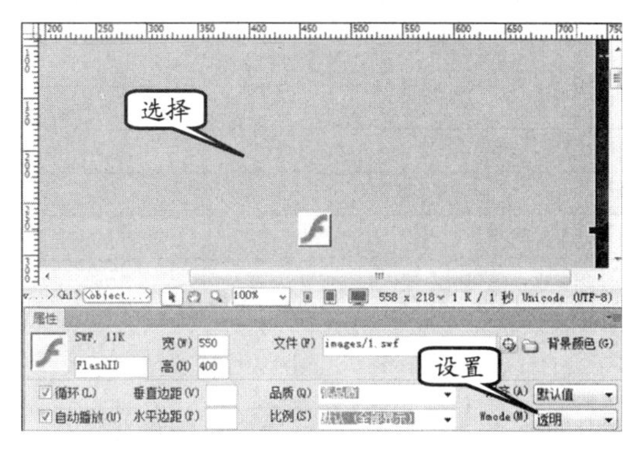

图 3-55 设置参数

图 3-56 浏览透明背景的动画

1. 累进式下载视频

在文档中，将光标置于需要添加动画的位置，并在【插入】面板的【常用】选项中，单击【媒体】下拉按钮，并执行【FLV】命令，如图 3-57 所示。

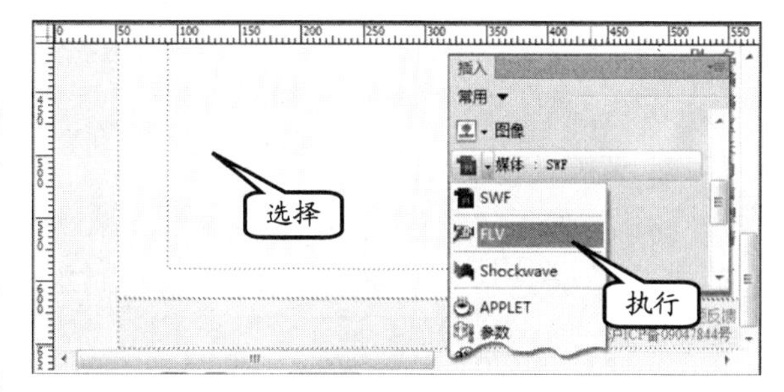

图 3-57 插入 FLV 文件

在弹出的【插入 FLV】对话框中，单击【浏览】按钮，在弹出的【选择 FLV】对话框中，选择动画文件，如图 3-58 所示。

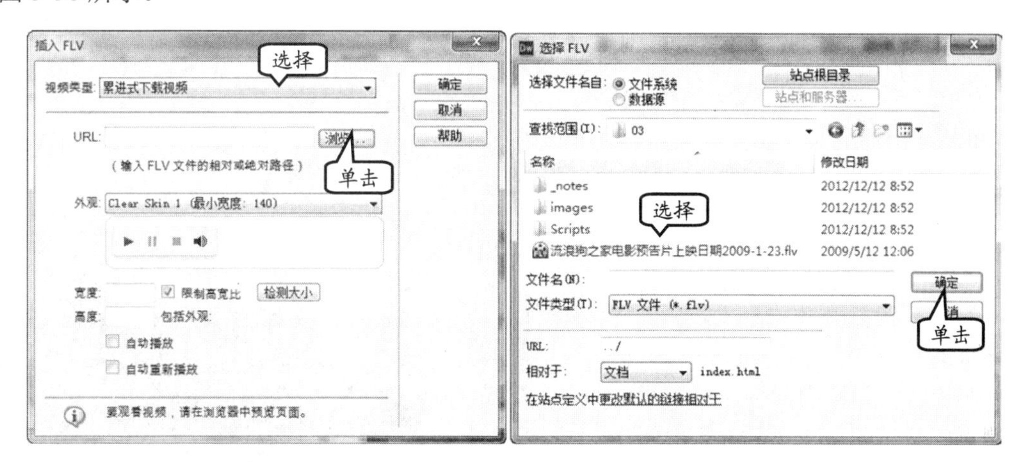

图 3-58 选择 FLV 文件

"累进式下载视频"类型的各个选项名称及作用详细介绍如表 3-11 所示。

表 3-11 累进式下载视频属性

选项名称	作　用
URL	指定 FLV 文件的相对路径或绝对路径
外观	指定视频组件的外观

续表

选项名称	作　用
宽度	以像素为单位指定 FLV 文件的宽度
高度	以像素为单位指定 FLV 文件的高度
限制高宽比	保持视频组件的宽度和高度之间的比例不变
检测大小	返回所选文件的宽和高尺寸
自动播放	指定在 Web 页面打开时是否播放视频
自动重新播放	指定播放控件在视频播放完之后是否返回起始位置

设置完成后，单击【确定】按钮，文档中将会出现一个带有 Flash Video 图标的灰色方框，如图 3-59 所示。

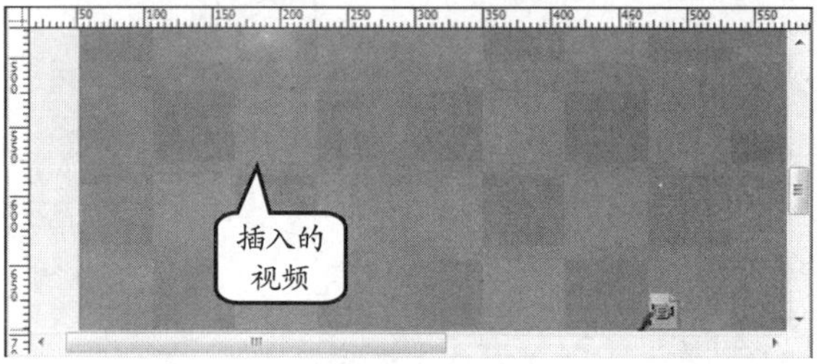

图 3-59　显示添加的视图

此时，还可以在【属性】面板中，重新设置 FLV 视频的尺寸、文件 URL 地址、外观等参数，如图 3-60 所示。

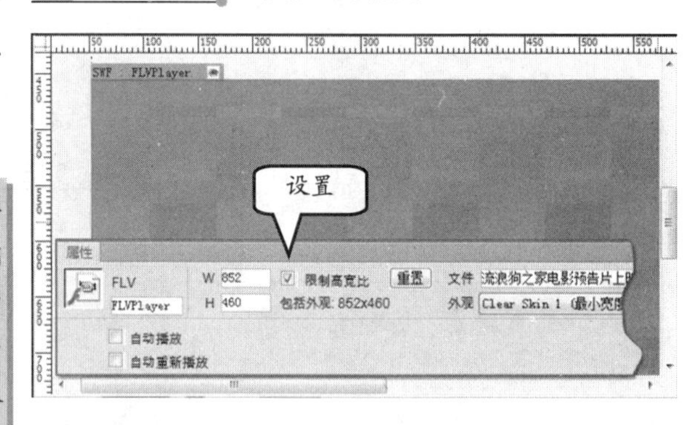

图 3-60　设置 FLV 属性

保存该文档并预览效果，可以发现一个生动的多媒体视频显示在网页中。当鼠标经过该视频时，将显示播放控制条；反之离开该视频，则隐藏播放控制条，如图 3-61 所示。

提　示

与常规 Flash 文件一样，在插入 FLV 文件时，Dreamweaver 将插入检测用户是否拥有可查看视频的正确 Flash Player 版本的代码。如果用户没有正确的版本，则页面将显示替代内容，提示用户下载最新版本的 Flash Player。

图 3-61　浏览视频内容

2. 流视频

对视频内容进行流式处理，确保流畅播放的视频，并自动缓冲播放内容。例如，在文档中，将光标置于放置视频的位置，单击【插入】面板中的【媒体：FLV】按钮，如图 3-62 所示。

在弹出的【插入 FLV】对话框中，选择【视频类型】为“流视频”，然后将在该对话框的下面显示相应的选项，如图 3-63 所示。

“流视频”类型的各个选项名称及作用详细介绍如表 3-12 所示。

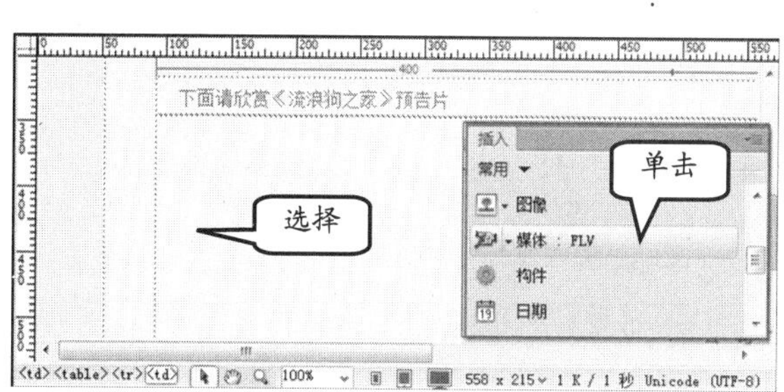

图 3-62 插入视频

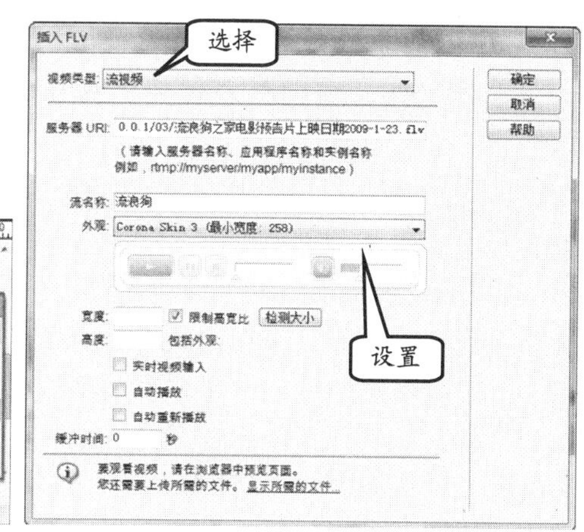

图 3-63 设置流视频参数

表 3-12 流视频各参数

选项名称	作用
服务器 URI	指定服务器名称、应用程序名称和实例名称
流名称	指定想要播放的 FLV 文件的名称。扩展名为“.flv”是可选的
外观	指定视频组件的外观。所选外观的预览会显示在【外观】弹出菜单的下方
宽度	以像素为单位指定 FLV 文件的宽度
高度	以像素为单位指定 FLV 文件的高度
限制高宽比	保持视频组件的宽度和高度之间的比例不变。默认情况下会选择此选项
实时视频输入	指定视频内容是否是实时的
自动播放	指定在 Web 页面打开时是否播放视频
自动重新播放	指定播放控件在视频播放完之后是否返回起始位置
缓冲时间	指定在视频开始播放之前进行缓冲处理所需的时间（以秒为单位）

提 示

如果选择了【实时视频输入】选项，组件的外观上只会显示音量控件，因此用户无法操纵实时视频。此外，【自动播放】和【自动重新播放】选项也不起作用。

设置完成后，文档中同样会出现一个带有 Flash Video 图标的灰色方框。此时，用户还可以在【属性】面板中，重新设置 FLV 视频的尺寸、服务器 URI、外观等参数，如图 3-64 所示。

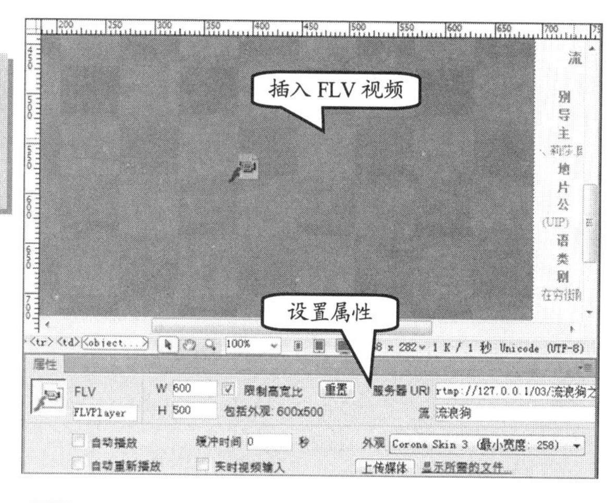

图 3-64 设置流视频属性

3.4.3 插入其他媒体

除了可以在网页中插入 Flash 动画、Flash 视频等 Flash 媒体元素外，还可以利用

Dreamweaver 提供的插件插入多种格式的音频和视频文件，使网页表现的内容更加多样化。

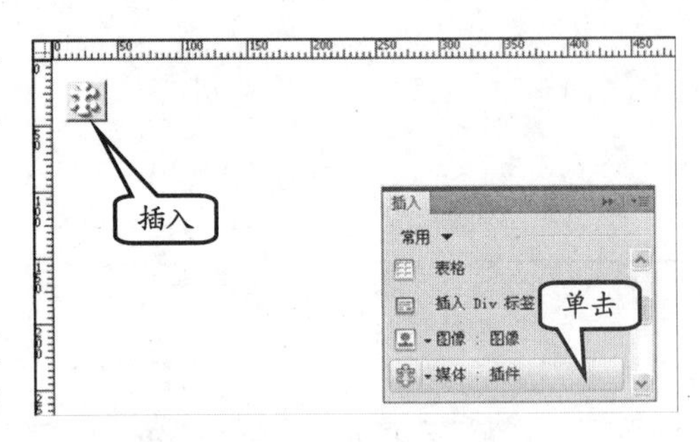

图 3-65 插入音频文件

1. 插入音频文件

在 Dreamweaver 中，可以将音频文件直接插入到网页，但只有在访问者具有所选声音文件的适当插件后，声音才可以播放。

将光标放置在要插入音频文件的位置，在【常用】选项卡中单击【媒体】下拉箭头，选择【插件】选项。然后，在弹出的对话框中选择音频文件，即可将其插入到网页文档中，如图 3-65 所示。

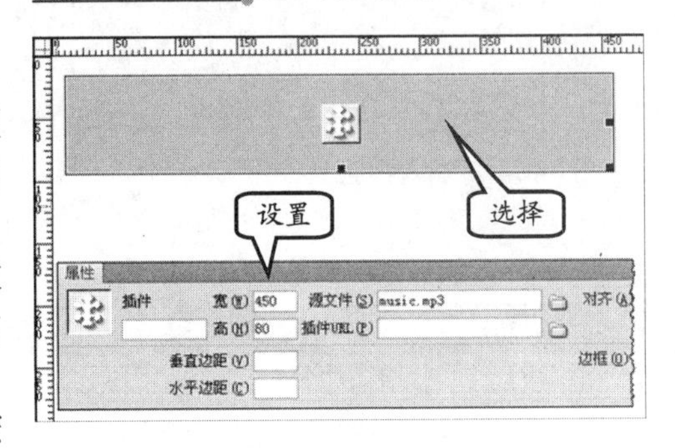

图 3-66 更改音频插件的尺寸

选择该插件，在【属性】检查器中通过输入【宽】和【高】数值，可以更改插件的尺寸，如图 3-66 所示。

完成所有参数设置后，保存该文档，按 F12 预览效果，如图 3-67 所示。网页中显示音乐的播放器，随时单击【暂停】按钮将音乐暂停。

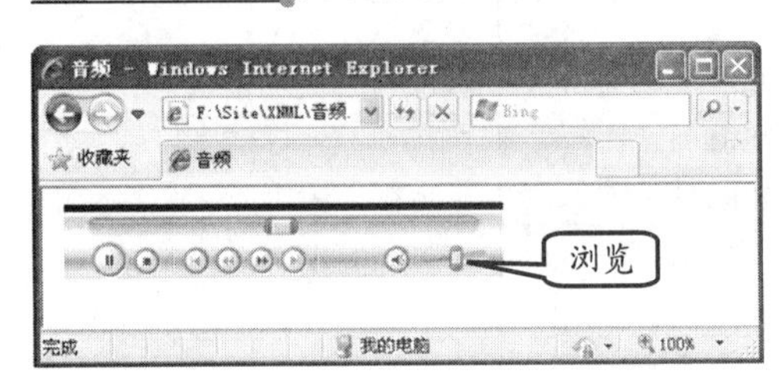

图 3-67 在网页中显示音频播放器

2. 插入视频文件

Shockwave 影片是网上交互多媒体的标准，是一种允许用 Director 软件创建的媒体文件，能够快速下载并能被大多数流行的浏览器播放的压缩格式。

将光标放置在想要插入 Shockwave 影片的位置，然后在【常用】选项卡中单击【Shockwave】按钮，选择一个影片文件，这里选择的是 MPG 格式的视频，完成后出现一个 Shockwave 图标，如图 3-68 所示。

选择该图标后，在【属性】检查器中设置【高】和【宽】选项，保存文档后预览效果，如图 3-69 所示。

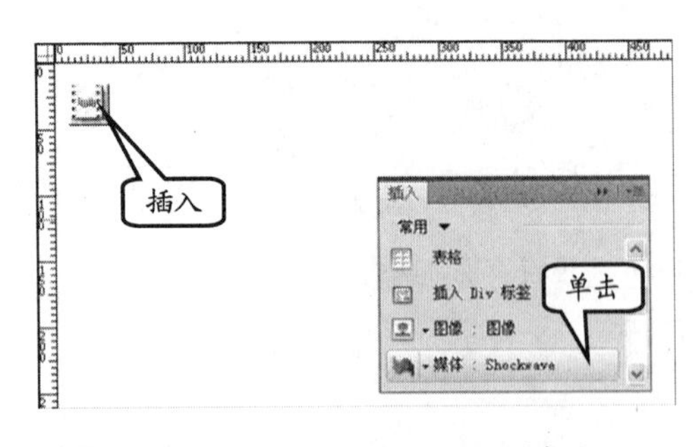

图 3-68 插入 Shockwave 对象

图 3-69 预览视频

提 示

使用 Shockwave 影片还可以播放 Flash 动画、WMV 和 RM 格式的视频文件等。

3.5 课堂练习：制作个人日记

用户可以制作一个简单而个性的页面来展示自己相关信息。例如，个人简介、相片、自己喜欢的歌曲，以及记录自己的日记内容等。个人日记主要突出日记内容，而其他内容与个人网站别无区别，如图 3-70 所示。

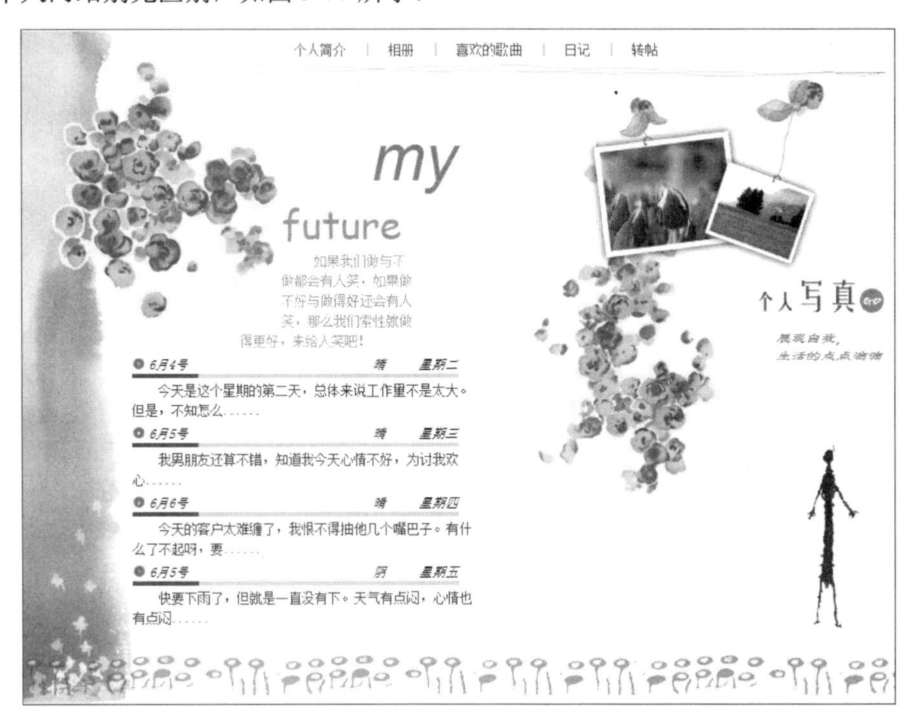

图 3-70 个人日记网页

操作步骤：

1 创建一个 index.html 文件，并在【代码】视图中，修改网页标题为“个人日记”，再在<body></body>标签之间，添加<Div>标签，并设置 class 属性为 page，如图 3-71 所示。

2 创建 CSS 文件名为 main.css，并保存到所创建的 style 文件夹中。然后，在<head></head>标签中，添加“<link href="style/main.css" rel="stylesheet" type="text/css" />”链接标签，如图 3-72 所示。

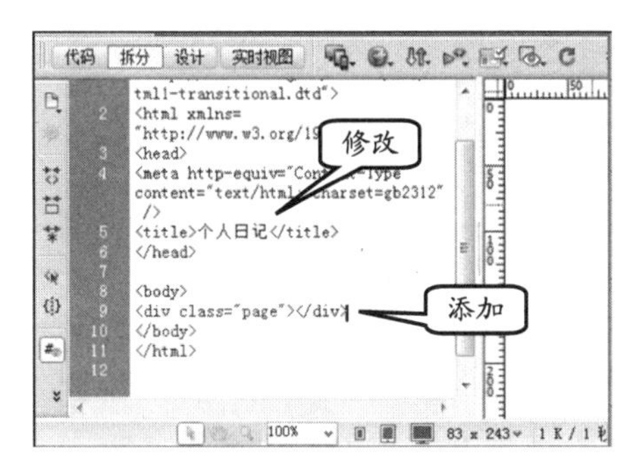

图 3-71 添加代码

3 在 class 类为 page 的< Div >标签中，分别

添加 class 为 left 和 right 名的<Div>标签，用于将页面布局为两栏内容，如图 3-73 所示。

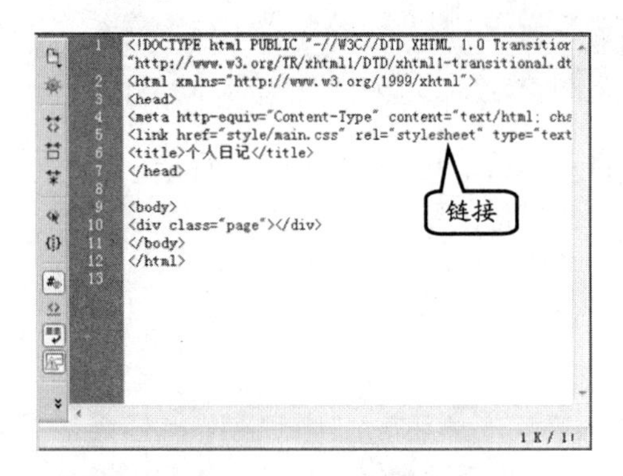

图 3-72 添加 CSS 链接

图 3-73 布局页面

4 由于页面布局为不规则性，所以需要用户定义每个网页元素在网页中的位置。例如，先定义左侧花束的位置，所以添加 class 为 flower1 的<Div>标签，并在标签中添加图像，如图 3-74 所示。

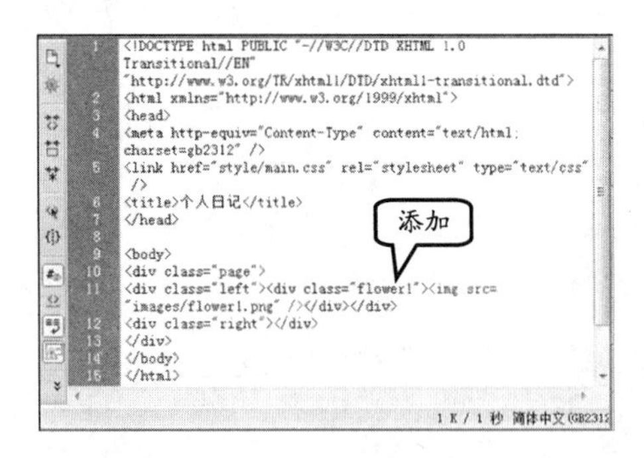

图 3-74 定义花束位置

5 此时，用户可以在 main.css 文件中，分别定义 body、page、left 和 flower1 的样式。代码如下：

```
body{
    margin:0px;
    padding:0px;
    font-family:"宋体";
    font-size:12px;
}
.page{
    margin-left:auto;
    margin-right:auto;
    width:800px;
    height:604px;
    background-image:url(../ima
    ges/left_bg.jpg);
    background-repeat:no-repeat;
    border:1px #333333 solid;
}
.page .left{
    width:430px;
    float:left;
    height:560px;

}
.page .left .flower1{
    margin-top:25px;
    margin-left:25px;
    width:213px;
    height:236px;
    float:left;
}
```

6 在添加图像后，用户可以添加网页的导航栏内容，如图 3-75 所示。由于用户自定义网页元素显示的位置，所以不必严格要求网页元素和插入的先后顺序。

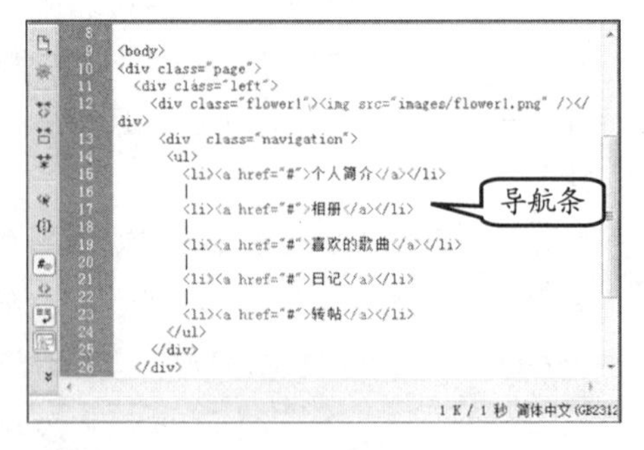

图 3-75 添加导航栏

7 用户再切换到 CSS 文件中，并添加对导航栏所定义显示的样式代码，如下所示。

```
.page .left .navigation{
    width:600px;
    height:30px;
    background-image:url(../
    images/navigation_bg.jpg)
    !important;
    margin-left:200px;
    background-repeat:no-repeat;
    background-position:bottom;
}
.page .left .navigation ul{
    list-style:none;
}
.page .left .navigation ul li{
    display:inline;
}
.page .left .navigation ul li a{
    padding:10px;
    font-family:"宋体";
    font-size:12px;
    text-decoration:none;
}
```

8 再在导航栏下面，添加花束旁边的艺术文字，以及格言文本等内容，如分别添加 motto_title1、motto_title2 和 text 类标签，如图 3-76 所示。

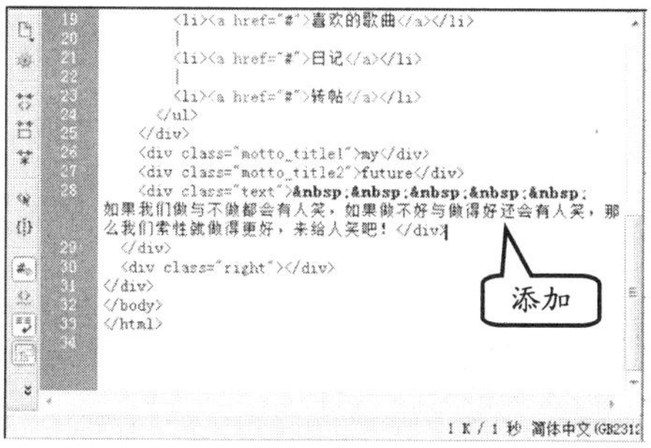

```
19            <li><a href="#">喜欢的歌曲</a></li>
20            |
21            <li><a href="#">日记</a></li>
22            |
23            <li><a href="#">转帖</a></li>
24          </ul>
25        </div>
26        <div class="motto_title1">my</div>
27        <div class="motto_title2">future</div>
28        <div class="text">     
如果我们做与不做都会有人笑，如果做不好与做得好还会有人笑，那
么我们索性就做得更好，来给人笑吧！</div>
29      </div>
30      <div class="right"></div>
31    </div>
32    </body>
33    </html>
34
```

添加

图 3-76 添加艺术文本

9 在 CSS 文件中，定义艺术文本的样式。

```
.page .left .motto_title1{
    margin-top:40px;
    width:160px;
    text-align:right;
    font-family:Arial,
    Helvetica, sans-serif;
    font-size:58px;
    color:#53a709;
    float:left;
    font-style:italic;
}
.page .left .motto_title2{
    width:160px;
    text-align:left;
    font-family:"Comic Sans MS",
    cursive;
    font-size:36px;
    color:#86a931;
    float:left;
}
.page .left .text{
    margin-left:200px;
    color:#999;
    line-height:1.5em;
    width:160px;
}
```

10 在 right 类标签中，添加右侧的一些图片和文本内容，如图 3-77 所示。

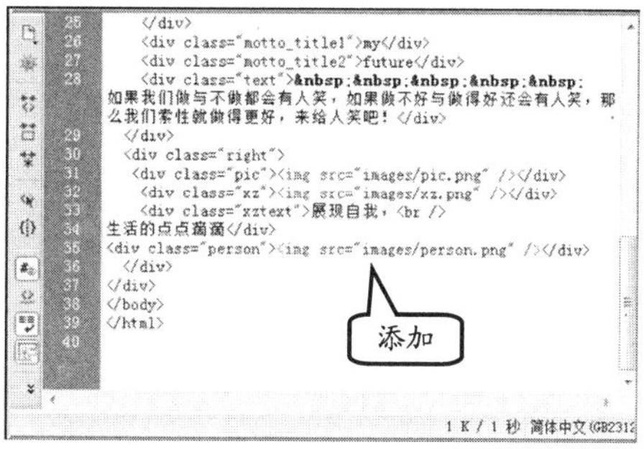

```
25        </div>
26        <div class="motto_title1">my</div>
27        <div class="motto_title2">future</div>
28        <div class="text">     
如果我们做与不做都会有人笑，如果做不好与做得好还会有人笑，那
么我们索性就做得更好，来给人笑吧！</div>
29      </div>
30      <div class="right">
31       <div class="pic"><img src="images/pic.png" /></div>
32        <div class="xz"><img src="images/xz.png" /></div>
33        <div class="xztext">展现自我，<br />
34    生活的点点滴滴</div>
35    <div class="person"><img src="images/person.png" /></div>
36      </div>
37    </div>
38    </body>
39    </html>
40
```

添加

图 3-77 添加右侧内容

11 用户再切换到 CSS 文件中，并定义右侧相关文本和图像的样式。代码如下：

```
.page .right{
    margin-top:45px;
    margin-left:450px;
    width:340px;
    height:510px;
    background-image:url(../
    images/flower2.jpg)
```

```
        !important;
        background-repeat:no-repeat;
}
.page .right .pic{
    text-align:center;
}
.page .right .xz{
    text-align:right;
}
.page .right .xztext{
    margin-top:15px;
    width:100px;
    float:right;
    font-family:"隶书";
    font-size:14px;
    font-style:oblique;
    color:#999;
}
.page .right .person{
    margin-top:100px;
    margin-left:270px;
}
```

12 再在左侧添加日记标题内容，如图 3-78 所示。代码如下：

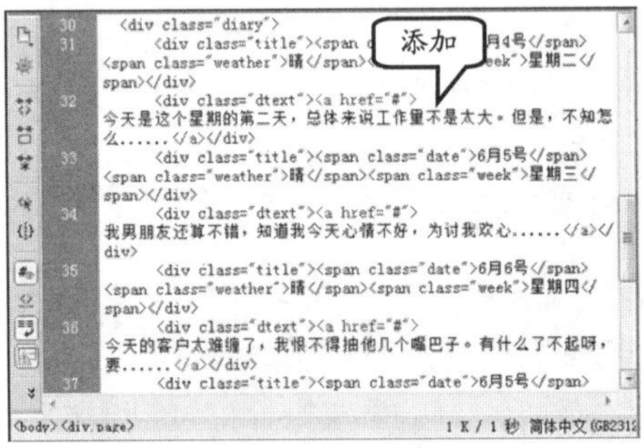

```
30    <div class="diary">
31        <div class="title"><span c                月4号</span>
<span class="weather">晴</span><                eek">星期二</
span></div>
32        <div class="dtext"><a href="#">
今天是这个星期的第二天，总体来说工作量不是太大。但是，不知怎
么......</a></div>
33        <div class="title"><span class="date">6月5号</span>
<span class="weather">晴</span><span class="week">星期三</
span></div>
34        <div class="dtext"><a href="#">
我男朋友还算不错，知道我今天心情不好，为讨我欢心......</a></
div>
35        <div class="title"><span class="date">6月6号</span>
<span class="weather">晴</span><span class="week">星期四</
span></div>
36        <div class="dtext"><a href="#">
今天的客户太难缠了，我恨不得抽他几个嘴巴子。有什么了不起呀，
要......</a></div>
37        <div class="title"><span class="date">6月5号</span>
<body><div.page>                              1 K / 1 秒 简体中文(GB2312
```


图 3-78 添加日记信息

13 再切换到 CSS 文件，并添加对日记内容的样式定义。代码如下所示：

```
.page .left .diary{
    margin-left:100px;
    height:250px;
    width:320px;
}
.page .left .diary .title{
    margin-top:5px;
    height:18px;
    background-image:url(../
    images/diary_bg.jpg)
    !important;
    background-repeat:no-repeat;
    font-style:oblique;
}
.page .left .diary .title .date{
    margin-left:15px;
}
.page .left .diary .title
.weather{
    margin-left:170px;
}
.page .left .diary .title .week{
    margin-left:30px;
}
.page .left .diary .dtext{
    margin-top:3px;
    width:320px;
    text-indent:2em;
    line-height:1.5em;


}
.page .left .diary .dtext a{
    text-decoration:none;
    color:#333;
}
```

14 在 page 类的标签最后，添加一张图像，用于增强页尾的显示效果，更为美观，如图 3-79 所示。

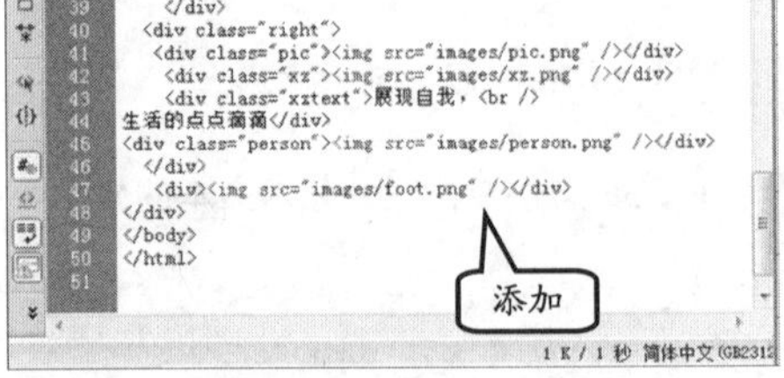

```
37        <div class="title"><span class="date">6月5号</span>
<span class="weather">阴</span><span class="week">星期五</
span></div>
38        <div class="dtext"><a href="#">
快要下雨了，但就是一直没有下。天气有点闷，心情也有点闷......
</a></div>
39      </div>
40    <div class="right">
41     <div class="pic"><img src="images/pic.png" /></div>
42      <div class="xz"><img src="images/xz.png" /></div>
43      <div class="xztext">展现自我，<br />
44 生活的点点滴滴</div>
45 <div class="person"><img src="images/person.png" /></div>
46    </div>
47    <div><img src="images/foot.png" /></div>
48 </div>
49 </body>
50 </html>
51
                                              1 K / 1 秒 简体中文(GB2312
```


图 3-79 添加页尾图像

3.6 课堂练习：制作网页导航条

导航条是网页设计中不可缺少的部分，为网站的访问者提供一定的途径，使其可以方便地访问到所需的内容，在浏览网站时可以快速从一个页面转到另一个页面的快速通道。本练习就通过 Dreamweaver 的鼠标经过图像功能制作一个网页导航条，如图 3-80 所示。

图 3-80 网页导航条

操作步骤：

1. 新建 HTML 网页文档，在【标题栏】中输入“网页导航条”文本，并保存文件为 daohang.html。
2. 单击【属性】查检器中的【页面属性】按钮。在弹出的对话框中，设置背景图像为“bg.jpg”，并设置【重复】为“no-repeat”选项，如图 3-81 所示。

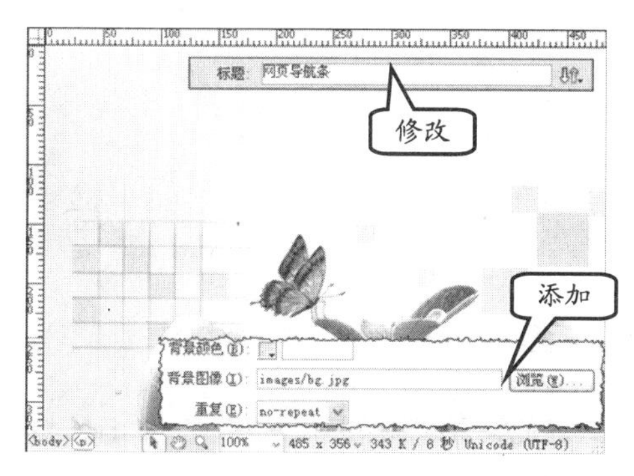

图 3-81 插入背景图像

3. 在【页面属性】对话框中，输入【左边距】、【右边距】、【上边距】和【下边距】均为“0px”，如图 3-82 所示。

图 3-82 设置页面边距

4. 将光标放置在文档窗口中，在【插入】面板中单击【图像：鼠标经过图像】按钮，如图 3-83 所示。

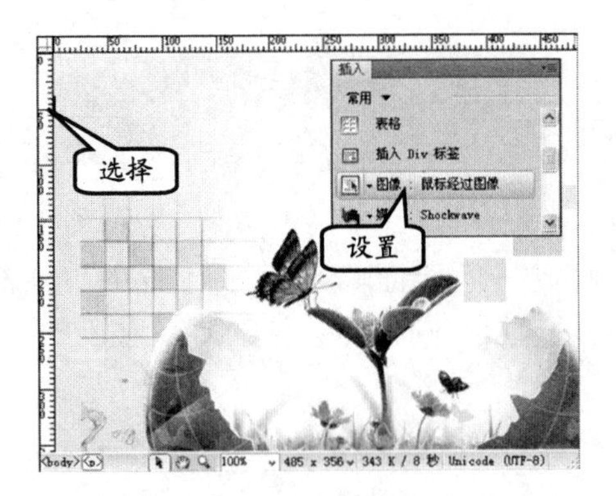

图 3-83　插入鼠标经过图像

5　在【插入鼠标经过图像】对话框中，设置图像名称、原始图像和鼠标经过图像，如图 3-84 所示。

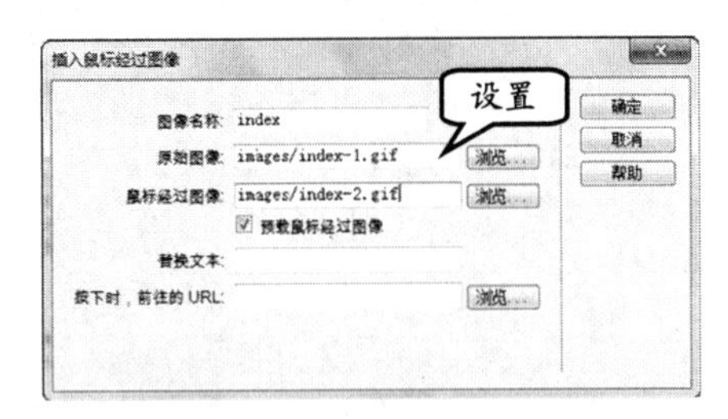

图 3-84　选择图像

6　在【替换文本】文本框中输入“网站首页”文本，并在【按下时，前往的 URL】文本框中，输入指向的 URL 地址，如图 3-85 所示。

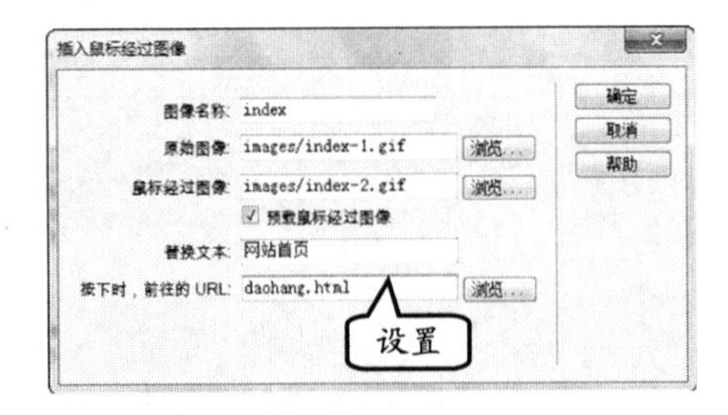

图 3-85　输入替换文本

7　单击【确定】按钮，即可在文档窗口中插入了原始图像和鼠标经过图像。然后，将光标放置在图像的前面，按 Enter 键换行，如图 3-86 所示。

8　将光标放置在导航图像的后侧，使用相同的方法，打开【插入鼠标经过图像】对话框，选择原始图像和鼠标经过图像，如图 3-87 所示。

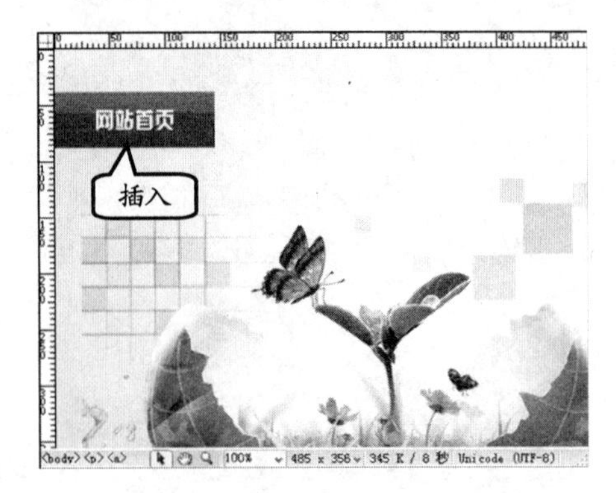

图 3-86　显示导航图像

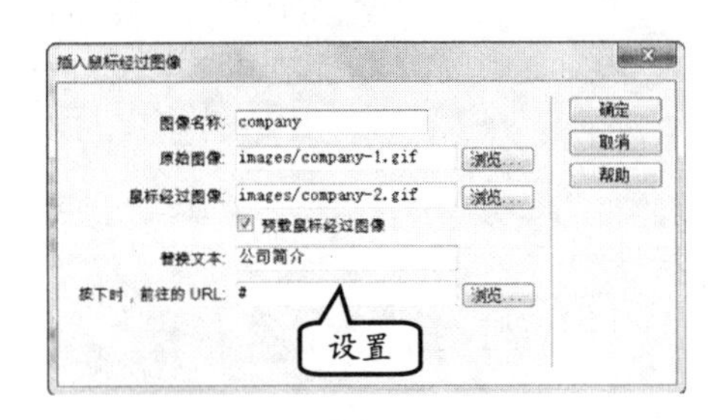

图 3-87　选择原始图像和鼠标经过图像

9　根据上述方法，继续插入“公司新闻”、“产品展示”、“技术支持”、“客户留言”和“关于我们”等原始图像和鼠标经过图像，如图 3-88 所示。

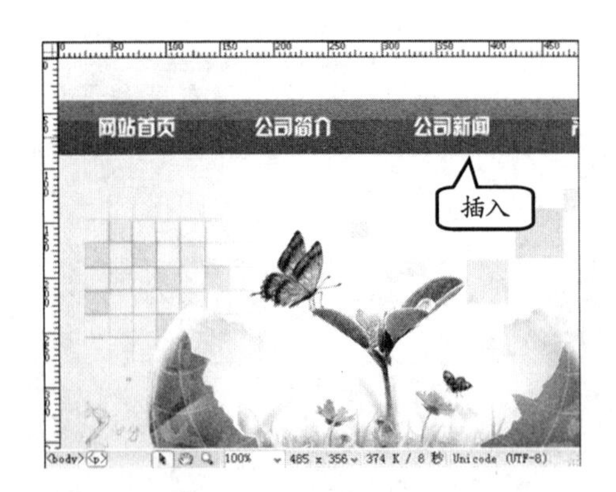

图 3-88　插入其他导航项目

10　至此网页导航条制作完成，按 Ctrl+S 组合键再次保存文档。然后，按 F12 快捷键即可预览页面效果。

3.7 思考与练习

一、填空题

1. 在网页中输入文本有三种方法：直接输入法、__________和导入文档法。

2. __________是一种在浏览器中查看并使用鼠标指针经过它时发生变化的图像。

3. 在 Dreamweaver 中，执行【插入】|【__________】命令，即可在弹出的菜单中选择各种特殊符号。

4. 如果在插入图像之前未将文档保存到站点中，则 Dreamweaver 会生成一个对图像文件的__________引用。

5. 在【属性】检查器中，通过__________和__________选项可以更改图像的尺寸。

6. Flash 动画的扩展名为__________。

二、选择题

1. 在网页中连续输入空格的方法是__________。

A. 连续按空格键

B. 按下 Ctrl 键再连续按空格键

C. 转换到中文的全角状态下连续按空格键

D. 按下 Shift 键再连续按空格键

2. 如果不想在段落间留有空行，可以按__________组合键。

A. Enter

B. Ctrl＋Enter

C. Alt＋Enter

D. Shift＋Enter

3. __________能够制作出包含两种状态的按钮。

A. 背景图像

B. 鼠标经过图像

C. 图像

D. 占位图像

4. 在【属性】检查器中，单击__________按钮可以裁切网页文档中的图像。

A.【裁剪】按钮

B.【重新取样】按钮

C.【亮度和对比度】按钮

D.【锐化】按钮

5. 在创建 FLV 流媒体视频时，其优势描述错误的是__________。

A. 启动延时大幅度地缩短，浏览速度快

B. 对系统缓存容量的需求降低

C. 流式传输的实现有特定的实时传输

D. 允许在下载完成之前就开始播放视频文件

三、简答题

1. 文本在添加到网页文档时，可以通过几种方法？

2. 格式化文本包含哪些操作？

3. 用户可以在文档中，插入图像分为哪些？

4. 如何插入 Flash 媒体文件？

四、上机练习

1. 制作简单的列表

在网页中，很多位置需要插入一些列表样式的内容，而列表的方法包含多种。例如，通过文本换行操作，直接制作成列表格式；通过<ul>和<li>标签制作；也可以通过表格来制作。

下面用户可以通过表格，制作一个简单的列表内容，如图 3-89 所示。

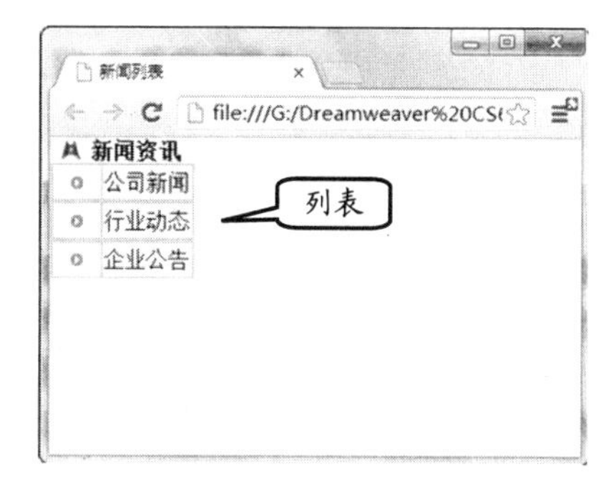

图 3-89 制作简单的列表

2. 制作古诗网页

在制作与古诗有关的网页时，可以将诗歌内容与具有古典特色的背景图像相搭配，这样无论从文本内容还是背景图像上来说，都可以表现页面的主题内容，如图 3-90 所示。

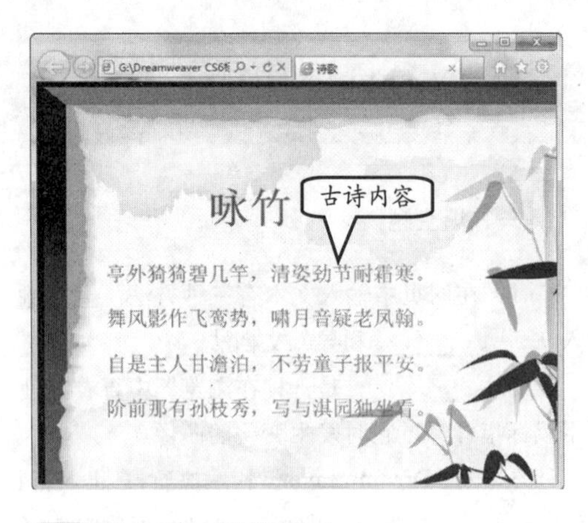

图 3-90 古诗网页

第 4 章

插入网页超链接

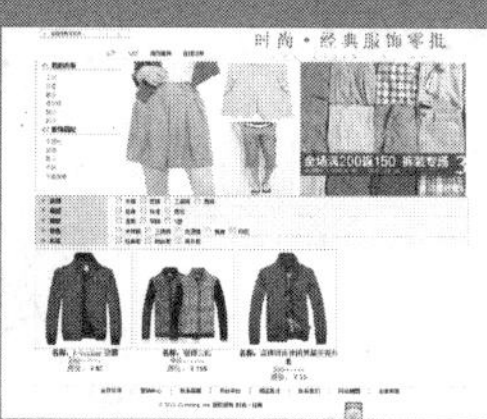

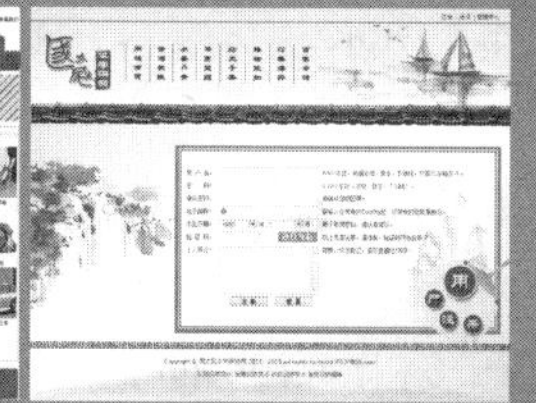

超级链接可以将网页与其他内容连接在一起，如网页、文档、应用程序、音频、视频等。使内容融入网络，为网页与浏览者之间构建一个互动的纽带。

当然，在网页中，超链接最常用于帮助用户从一个页面跳转到另一个页面，也可以帮助用户跳转到当前页面指定的标记位置。

本章学习要点：

- 了解链接与路径
- 创建超级链接
- 添加热链接
- 特殊链接

4.1 链接与路径

在制作网页过程中，用户需要对部分进行链接。而链接过程中，需要注意其正确的路径，否则无法实现页面跳转或者内容切换的效果。下面来了解一下网页中的内部链接和外部链接，以及链接过程中的路径问题。

4.1.1 网页中的链接

Dreamweaver 提供多种创建链接的方法，可创建到文档、图像、多媒体文件或可下载软件的链接。用户可以建立到文档内任意位置的任何文本或图像的链接，包括标题、列表、表、绝对定位的元素（AP 元素）或框架中的文本或图像，如图 4-1 所示。

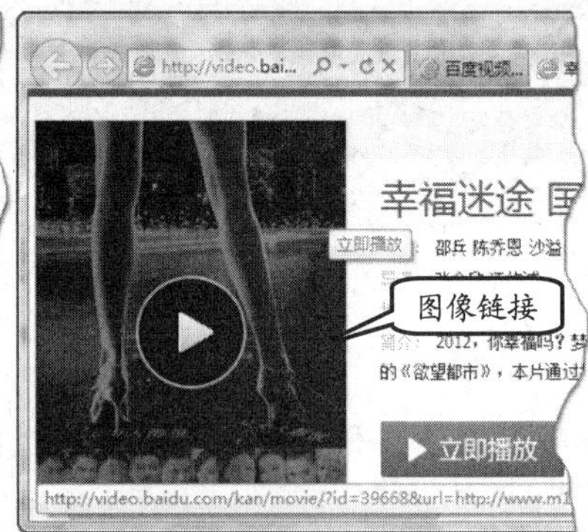

图 4-1 文本与图像链接

有些设计人员喜欢在工作时创建一些指向尚未建立的页面或文件的链接。而另一些设计人员则倾向于首先创建所有的文件和页面，然后再添加相应的链接。

此外，还有一些设计人员，先创建占位符页面，在完成所有站点页面之前，可在这些页面中添加和测试链接，如图 4-2 所示。

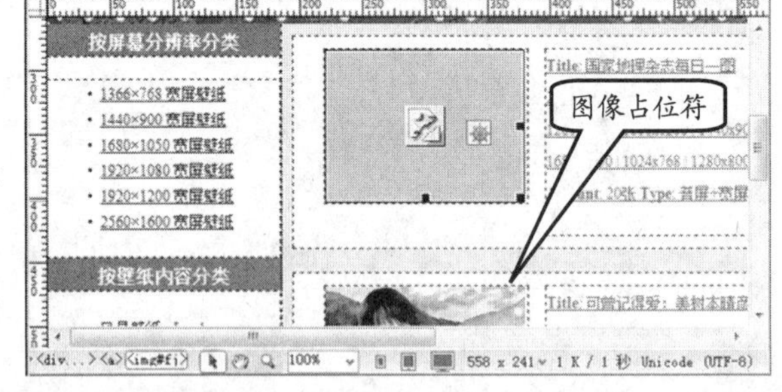

图 4-2 先创建链接

4.1.2 网页中的路径

了解从作为链接起点的文档到作为链接目标的文档或资产之间的文件路径对于创建链接至关重要。

每个网页面都有一个唯一地址，称作统一资源定位器（URL）。不过，在创建本地链接（即从一个文档到同一站点上另一个文档的链接）时，通常不指定作为链接目标的文档的完整 URL，而是指定一个始于当前文档或站点根文件夹的相对路径。

1. 绝对路径

绝对路径提供所链接文档的完整 URL，其中包括所使用的协议（如对于网页面，通常为 http://）。

例如，网页的完整路径，可以为 http://www.baidu.com。对于百度的Logo图像，完整的 URL 为“http://www.baidu.com/img/baidu_sylogo1.gif”，如图 4-3 所示。

提 示

对本地链接（即到同一站点内文档的链接）也可以使用绝对路径链接，但不建议采用这种方式，因为一旦将此站点移动到其他域，则所有本地绝对路径链接都将断开。通过对本地链接使用相对路径，还可在站点内移动文件时提高灵活性。

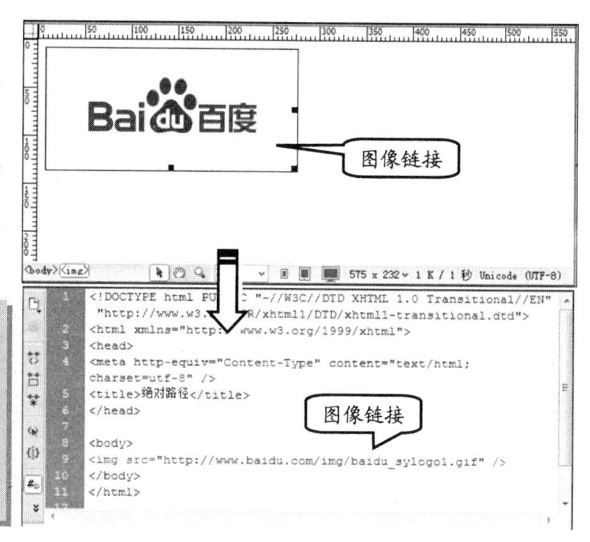

图 4-3 绝对路径

2. 文档相对路径

对于大多数 Web 站点的本地链接来说，文档中通常使用相对路径。文档相对路径的基本思想是省略掉对于当前文档和所链接的文档都相同的绝对路径部分，而只提供不同的路径部分，如图 4-4 所示。

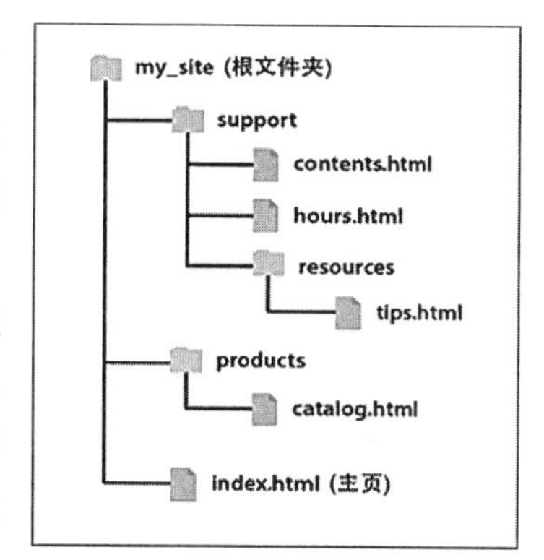

图 4-4 路径结构

例如，若要从 contents.html 链接到 hours.html（两个文件位于同一文件夹中），可使用相对路径，则直接输入 hours.html 名称即可。若要从 contents.html 链接到 tips.html（在 resources 子文件夹中），使用相对路径 resources/tips.html。其中，斜杠 (/)表示在文件夹层次结构中向下移动一个级别。这种应用非常普通，如在文档中插入同级文件夹中的图像文件，如图 4-5 所示。

图 4-5 链接图像文件

若要从 contents.html 链接到 index.html（位于父文件夹中 contents.html 的上一级），则使用“../index.html”相对路径。两个点和一个斜杠(../)可使文件夹层次结构中向上移动一个级别。

若要从 contents.html 链接到 catalog.html（位于父文件夹的不同子文件夹中），则使用“../products/catalog.html”相对路径。其中，两个点和斜杠“../”，使路径向上移至父文件夹，而“products/”使路径向下移至 products 子文件夹中。

如果用户对于使用路径不是太熟悉，则可以在设计网页之前，先创建站点。

例如，在进行文本或者图像链接时，可以单击【源文件】或者【链接】文本框后面的【浏览文件】图标按钮，如图 4-6 所示。

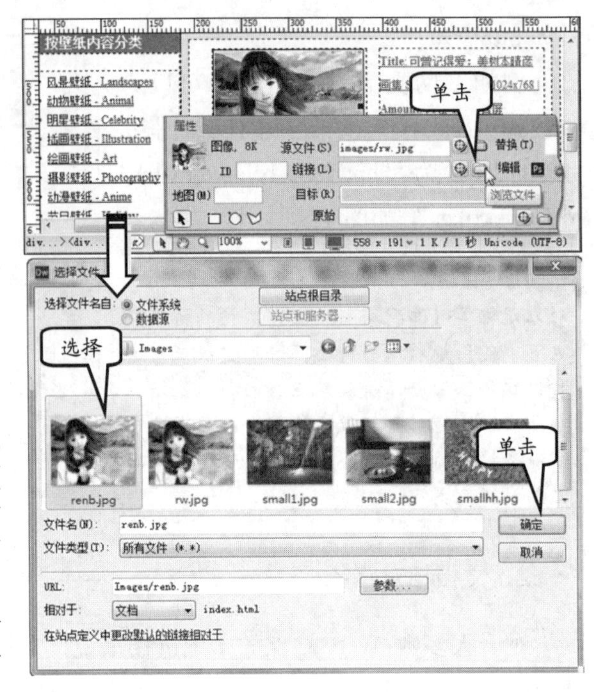

图 4-6　添加图像链接

3．站点根目录相对路径

站点根目录相对路径，即从站点的根文件夹到文档的路径。如果在处理使用多个服务器的 Web 站点，或者在使用承载多个站点的服务器，则可能需要使用这些路径。

不过，如果用户不熟悉此类型的路径，最好坚持使用文档的相对路径。站点根目录相对路径以一个正斜杠开始，表示站点根文件夹。例如，“/support/tips.html”是文件（tips.html）的站点根目录相对路径，该文件位于站点根文件夹的 support 子文件夹中。

4.2　创建超级链接

所谓链接，就是当鼠标移动到某些文字或者图片上时，单击就会跳转到其他的页面。这些文字或者图片称为热点，跳转到的页面称为链接目标，热点与链接目标相联系的就是链接路径。

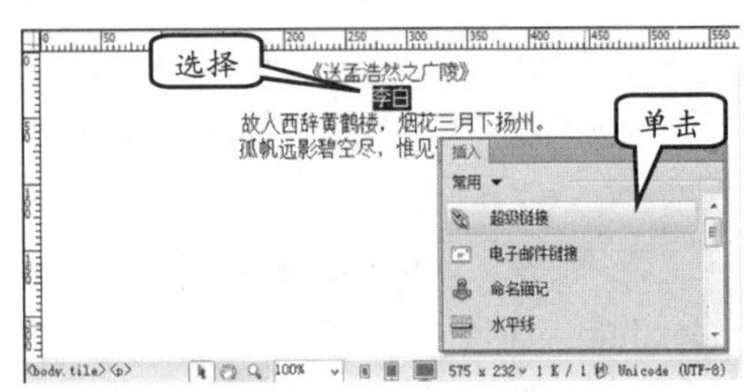

图 4-7　单击【超级链接】按钮

4.2.1　文本链接

创建文本链接时，首先应选中文本。然后，在【插入】面板中，选择【常用】选项，单击【超级链接】按钮，如图 4-7 所示。

在弹出的【超级链接】对话框中，分别设置链接、目标、标题等参数内容，如图 4-8 所示。

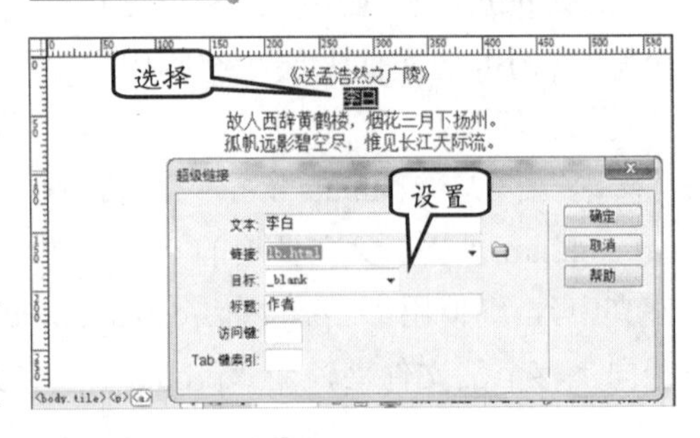

图 4-8　设置链接参数

单击右侧的【确定】按钮，被选中的文本将由原本的颜色和样式转变为默认的带下划线的蓝色样式。在【超级链接】对话框中，包含 6 种参数设置，如表 4-1 所示。

表 4-1 【超级链接】对话框参数

参数名		作用
文本		显示在设置超链接时选择的文本，是要设置的超链接文本内容
链接		显示链接的文件路径。如单击文本框后面【浏览】图标按钮，可以从打开的对话框中选择要链接的文件
目标		单击下拉按钮，在下拉列表中，以选择链接到的目标框架
	_blank	将链接文件载入到新的未命名浏览器中
	_parent	将链接文件载入到父框架集或包含该链接的框架窗口中。如果包含该链接的框架不是嵌套的，则链接文件将载入到整个浏览器窗口中
	_self	将链接文件作为链接载入同一框架或窗口中。本目标是默认的，所以通常无须指定
	_top	将链接文件载入到整个浏览器窗口并删除所有框架
标题		显示鼠标经过链接文本所显示的文字信息
访问键		在其中设置键盘快捷键以便在浏览器中选择该超级链接
Tab 键索引		设置 Tab 键顺序的编号

在为文本添加超级链接后，用户还可在【属性】面板中选择【HTML】选项卡。然后，在【链接】右侧的输入文本框中输入超级链接的地址或修改超级链接，以及设置【标题】和【目标】等属性，如图 4-9 所示。

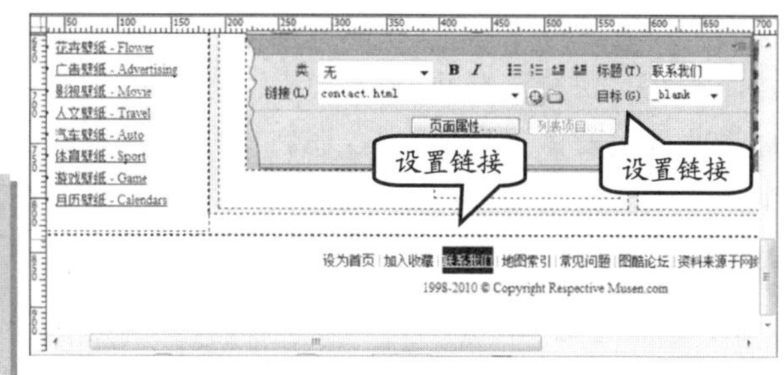

图 4-9 设置文本链接属性

提 示

单击【属性】面板的【页面属性】按钮或在网页的【设计】视图右击空白区域，并执行【页面属性】命令，可以改变网页中超级链接的样式。除此之外，使用 CSS 也可以改变超级链接的样式。

在创建的文本链接中，包含有 4 种状态，其详细内容如下：

- **普通**

在打开的网页中，其为超链接最基本的状态。在 IE 浏览器中，默认显示为蓝色带下划线。

- **鼠标滑过**

当鼠标滑过超链接文本时的状态。虽然多数浏览器不会为鼠标滑过的超链接添加样式，但用户可以对其进行修改，使之变为新的样式。

- **鼠标单击**

当鼠标在超链接文本上按下时，超链接文本的状态。在 IE 浏览器中，默认为无下划线的橙色。

- **已访问**

当鼠标已单击访问过超链接，且在浏览器的历史记录中可找到访问记录时的状态。在 IE 浏览器中，默认为紫红色带下划线。

提　示

创建链接后，会发现黑色文本变成带有下划线的蓝色文本，保存文档后按F12快捷键预览。用户可以发现添加链接后的文本颜色变成蓝色，并且加有下划线，当单击链接文本后，除了可以打开链接目标外，还可将链接文本的颜色变成紫色。

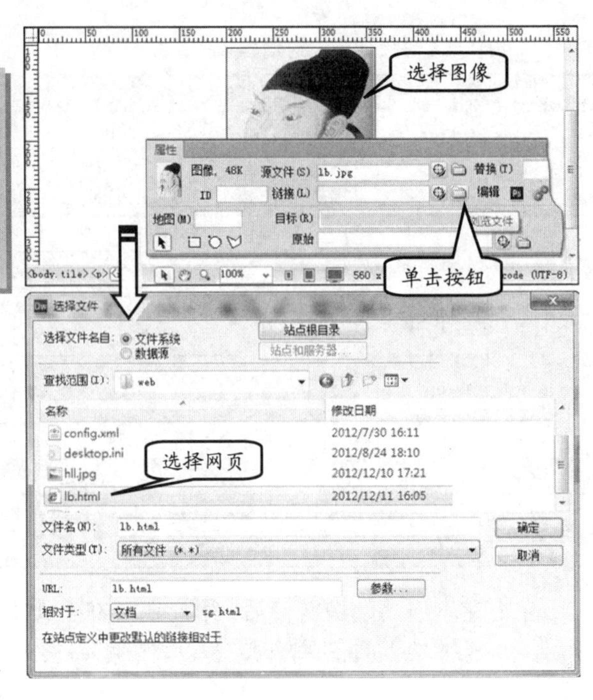

图 4-10　选择图像文件

4.2.2　图像链接

选择插入的图像后，在【属性】面板中，单击【链接】文本框右侧的【浏览文件】按钮。在弹出的【选择文件】对话框中，选择要链接的图像文件，并单击【确定】按钮，如图4-10所示。

在为图像添加超级链接后，图像将会添加蓝色边框。设置完成后保存文档，按F12快捷键打开IE窗口，当鼠标指向链接图像并且单击后，在新窗口中打开所链接的文件，如图4-11所示。

图 4-11　浏览添加链接的图像

提　示

在为图像添加超级链接时，同样可以为其设置链接文件的打开方式，这里设置【目标】为_blank，是在新窗口中打开链接文件。

4.2.3　锚记的链接

锚记的链接常常被用来实现到特定的主题或者文档顶部的跳转链接，使浏览者能够快速浏览到选定的位置，加快信息检索速度。

在文档中，创建一个命名锚记，作为超链接的目标。将光标放置在网页文档中选定的位置后，即可在【插入】面板中选择【常用】选项卡，单击【命名锚记】按钮，如图4-12所示。

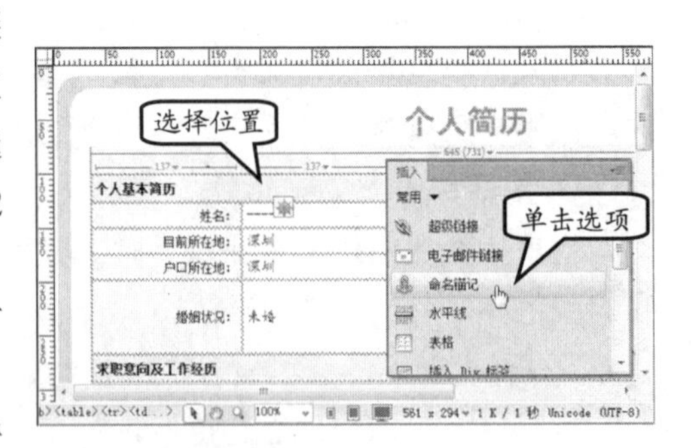

图 4-12　命名锚记

在弹出的【命名锚记】对话框中，用户可以设置一个锚记的名称，如图4-13所示。

此时，单击【确定】按钮，即可在该位置插入锚记的标记，如图4-14所示。

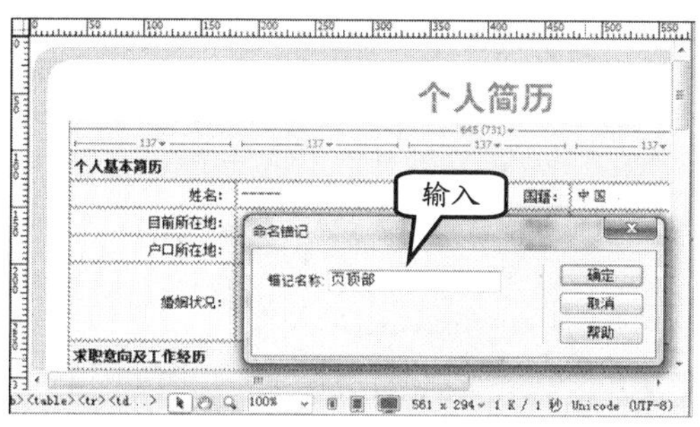

图 4-13 添加锚记名称

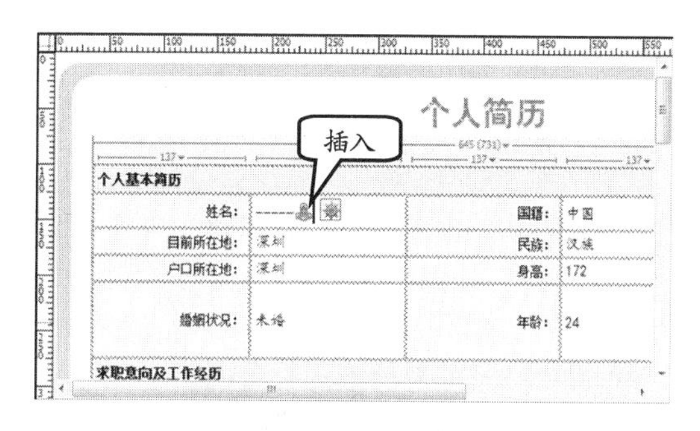

图 4-14 插入锚记标记

除了从【插入】面板中插入命名锚记外，用户还可以执行【插入】|【命名锚记】命令，同样可以打开【命名锚记】对话框，为网页文档插入命名锚记。

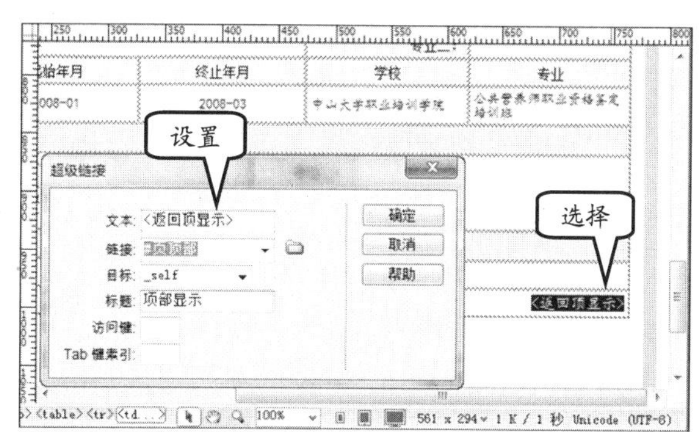

图 4-15 添加目标链接位置

在创建命名锚记之后，即可为网页文档添加锚记链接。添加锚记链接的方式与插入文本链接类似，执行【插入】|【超级链接】命令，打开【超级链接】对话框，即可在对话框中设置其【链接】为以“井”号（#）加锚记名称，如图 4-15 所示。

由于创建的锚记链接属于当前文档内部，因此可以将链接的目标设置为“_self”。

提　示

若要链接到同一文件夹内其他文档中的锚记，则需要先输入网页的文件名，再输入“#”（井号），后跟锚记名称。锚记名称区分大小写。

使用指向文件方法链接到命名锚记，如选择要从其创建链接的文本或图像。如单击【链接】文本框右侧的【指向文件】图标（目标图标），然后将它拖到要链接到的锚记上，如图 4-16 所示。

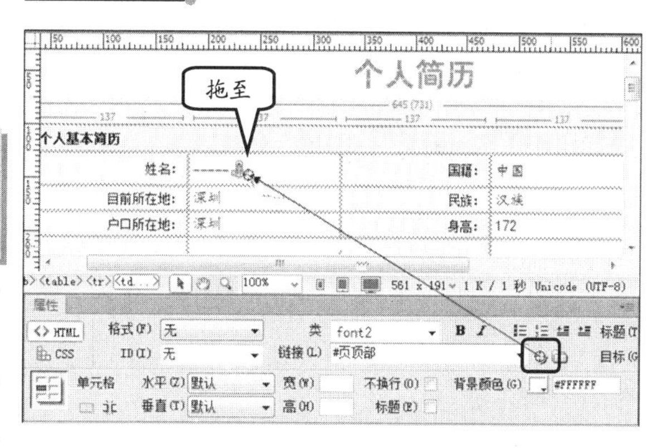

图 4-16 创建链接

4.3 添加热链接

热点链接是另一种超链接形式，又被称作热区链接、图像地图等。用户尤其在创建不规则的图像链接时，该链接方式非常适用。

4.3.1 创建热点链接

Dreamweaver 也提供了便捷的插入热点链接的方式，包括插入矩形热点链接、椭圆形热点链接以及多边形热点链接等。

1. 矩形热点链接

选择图像，在【属性】面板中，单击【矩形热点工具】按钮□。当鼠标光标变为“十”（十字形）形状时，即可在图像上绘制热点区域，如图 4-17 所示。

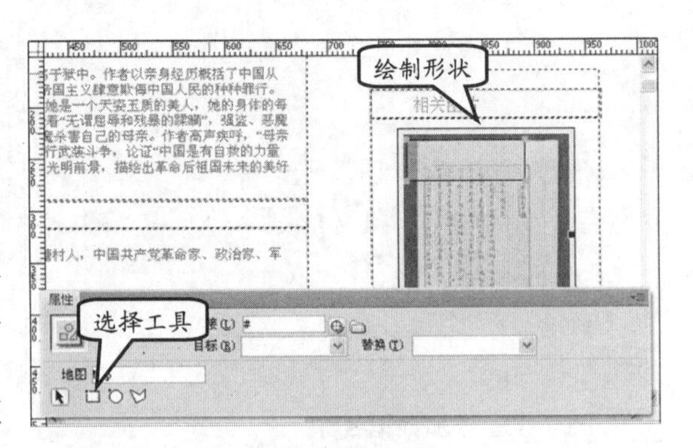

图 4-17 创建矩形热点链接

在绘制完成热点区域后，用户即可在【属性】面板中设置热点区域的各种属性，包括【链接】、【目标】、【替换】和【地图】等。其中，【地图】参数的作用是为热区设置一个唯一的 ID，以供脚本调用。

2. 圆形热点链接

选中图像，然后在【属性】面板中，单击【圆形热点工具】按钮○。当鼠标光标转变“十”（十字形）形状时，即可绘制圆形热点链接，如图 4-18 所示。

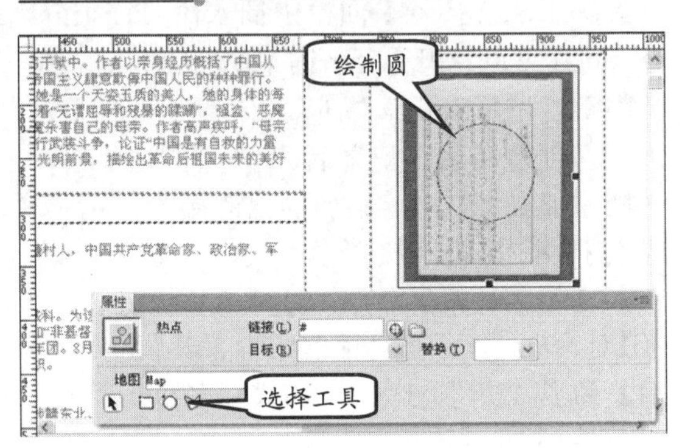

图 4-18 创建圆形热点链接

3. 多边形热点链接

选择图像，然后在【属性】面板中单击【多边形热点工具】按钮▽。当鼠标光标变为“十”（十字形）形状时，在图像上绘制不规则形状的热点链接。如先单击鼠标，在图像中绘制第一个调节点，如图 4-19 所示。

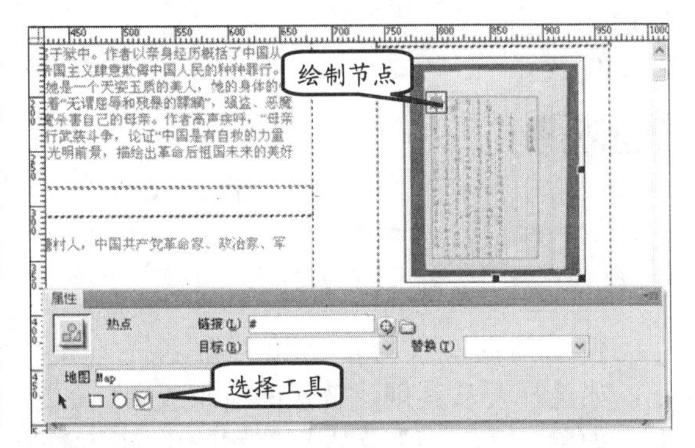

图 4-19 创建起始位置

然后，继续在图像上绘制第 2 个、第 3 个调节点，将这些调节点连接成一个闭合的图形，如图 4-20 所示。

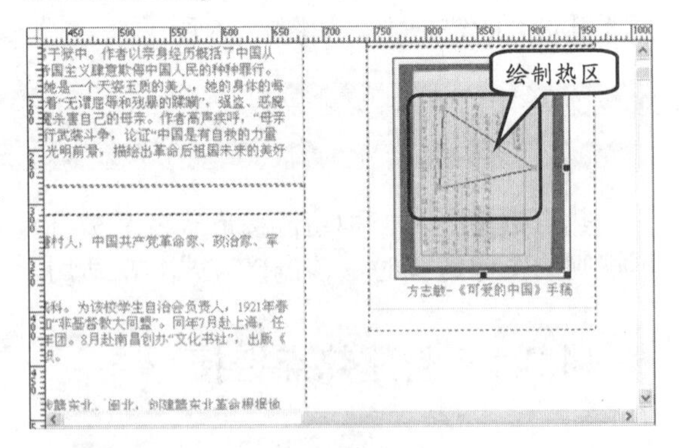

图 4-20 创建其他多边节点

用户可以继续在图像中添加新的调节点，直到不再需要绘制调节点时，用户可右击鼠标，退出多边形热点绘制状态。此时，鼠标光标将返回普通的样式。

用户也可以在【属性】面板中，单击【指针热点工具】按钮↖，同样可以退出多边形热点区域的绘制。

4.3.2 编辑热点链接

在绘制热点区域之后，用户可以对其

进行编辑，以使之更符合网页的需要。

1. 移动热点区域位置

图像中的热点区域，其位置并非固定不可变的。用户可方便地更改热点区域在图像中的位置。

在 Dreamweaver 中，选中图像后，单击【属性】面板的【指针热点工具】按钮，即可使用鼠标选中热点区域，对其进行拖动。或者在选中热点区域后，使用键盘上的向左、向上、向下、向右等方向键，同样可以方便地移动其位置。

注 意

热点区域是图像的一种标签，因此，其只能存在于网页图像之上。无论如何拖动热点区域的位置，都不能将其拖到图像范围之外。

2. 对齐热点区域

Dreamweaver 提供了一些简单的命令，可以对某个图像中两个或更多的热点区域进行对齐。

在 Dreamweaver 中选中图像，然后在【属性】面板中单击【指针热点工具】按钮，按住 Shift 键后连续选中图像中需要对齐的热点区域，如图 4-21 所示。

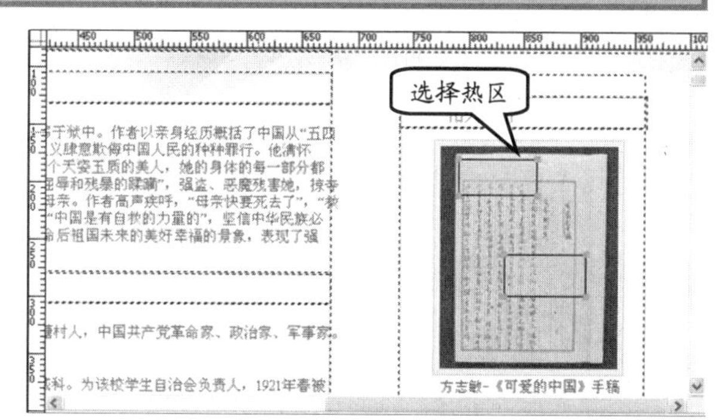

图 4-21 选择多个热点区域

右击图像上方，即可执行 4 种对齐命令，如表 4-2 所示。

表 4-2 热点对齐方式

命　令	作　用
左对齐	将两个或更多的热区以左侧的调节点为准，进行对齐
右对齐	将两个或更多的热区以右侧的调节点为准，进行对齐
顶对齐	将两个或更多的热区以顶部的调节点为准，进行对齐
对齐下缘	将两个或更多的热区以底部的调节点为准，进行对齐

用户通过执行不同的命令，即可对热点进行排序，如图 4-22 所示。

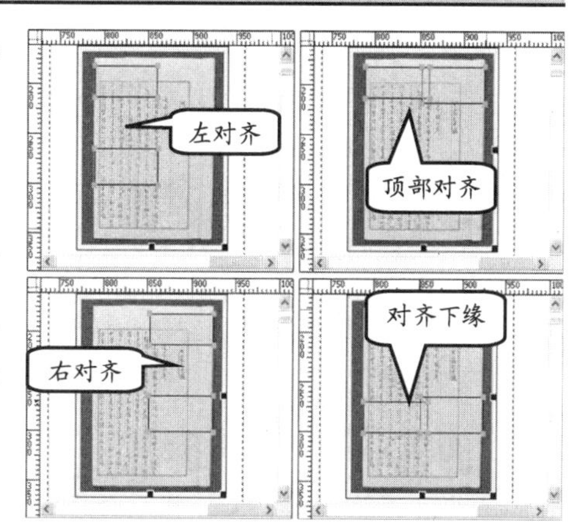

图 4-22 热点排列效果

3. 调节热点区域大小

在 Dreamweaver 中选择图像，在【属性】面板中单击【指针热点工具】按钮。然后，将鼠标光标放置在热点区域的调节点上方，当鼠标光标转换为“黑色”箭头时，即可按住鼠标左键，改变热点区域的大小，如图 4-23 所示。

除此之外，当图像中有两个或两个以上的热点区域时，还可以右击热点区域，执行【设成宽度相同】或【设成高度相同】等命令，将其宽度或高度设置为大小。

4. 设置重叠热点区域层次

Dreamweaver 允许用户为重叠的热点区域设置简单的层次。选中图像，在【属性】面板中单击【指针热点工具】按钮。然后，右击热点区域，执行【移到最上层】或【移到最下层】等命令，修改热点区域的层次。

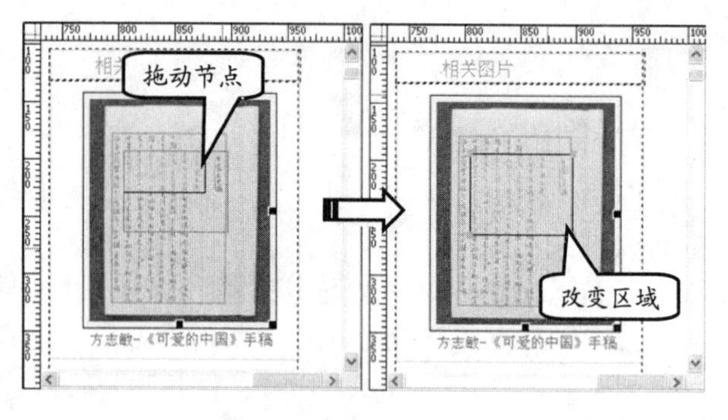

图 4-23 调整热点区域大小

4.4 特殊链接

在网页中，除了上述的一些文本、图像、锚点和热点链接外，还可以创建像电子邮件、脚本或者空链接。

4.4.1 电子邮件链接

无论是文本还是图像都可以作为电子邮件链接的载体，其创建方法相同。方法是选择载体后，在【属性】检查器的【链接】文本框中输入 E-mail 地址，其输入格式为 mailto:name@server.com。其中，name@server.com 替换为要填写的 E-mail 地址。这里是为图像添加邮件链接，如图 4-24 所示。

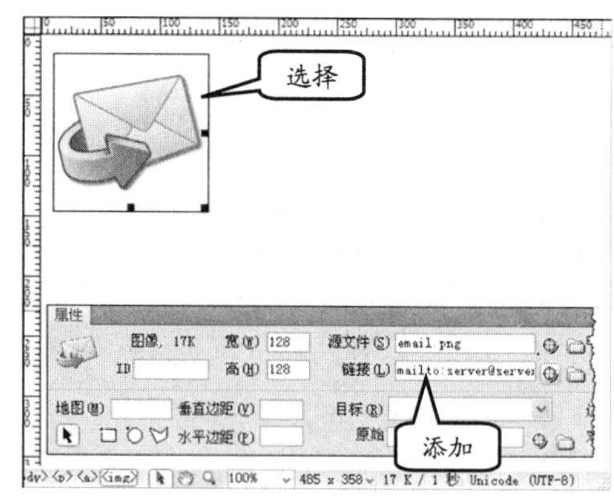

图 4-24 为图像添加邮件链接

为文本添加邮件链接除了使用上述方法外，还有另一种方法。如将光标放置在空白区域，单击【常用】选项卡中的【电子邮件链接】按钮，设置【文本】与【E-mail】选项后即可，如图 4-25 所示。

图 4-25 为文本添加邮件链接

完成设置后保存文档，按 F12 快捷键打开 IE 窗口，如图 4-26 所示。无论是在网页中单击图像链接还是文本链接，都可以打开【新邮件】对话框进行书写并且发送邮件。

4.4.2 脚本链接

脚本链接即执行 JavaScript 代码或调用 JavaScript 函数。例如，在【属性】面板的【链接】框中，输入“javascript:”内容，并且后跟 JavaScript 代码或一个函数调用，如图 4-27 所示。

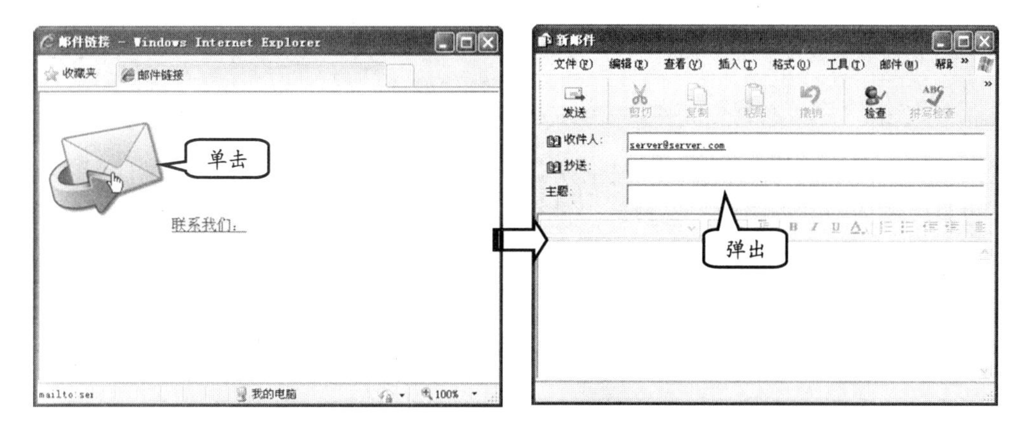

图 4-26　电子邮件链接预览

4.4.3　空链接

空链接是未指派的链接。空链接用于向页面上的对象或文本附加行为。例如，可向空链接附加一个行为，以便在指针滑过该链接时会交换图像或显示绝对定位的元素（AP 元素）。

在文档窗口中，选择文本、图像或对象。在【属性】面板的【链接】文本框中输入“#”（井号），如图 4-28 所示。

用户也可以在【链接】文本框中输入“javascript:;”（javascript 后面依次接一个冒号和一个分号），如图 4-29 所示。

提　示

在使用“Javascript:;”实现空链接时，则 Internet Explorer 将提示，“已限制此网页运行可以访问计算机的脚本或 ActiveX 控件”等内容。

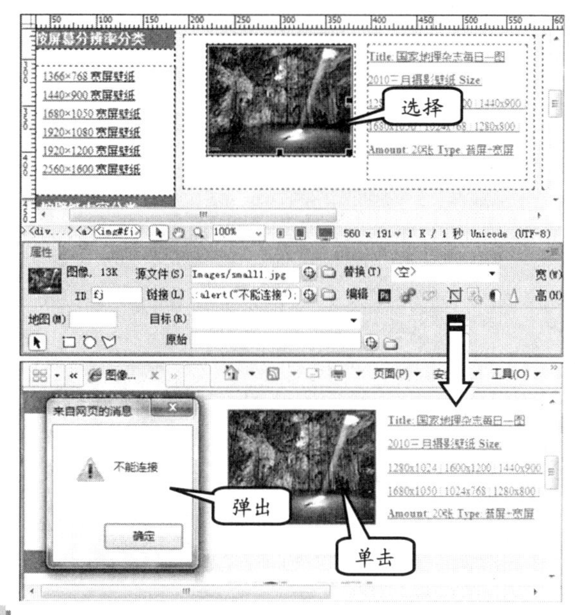

图 4-27　创建代码链接

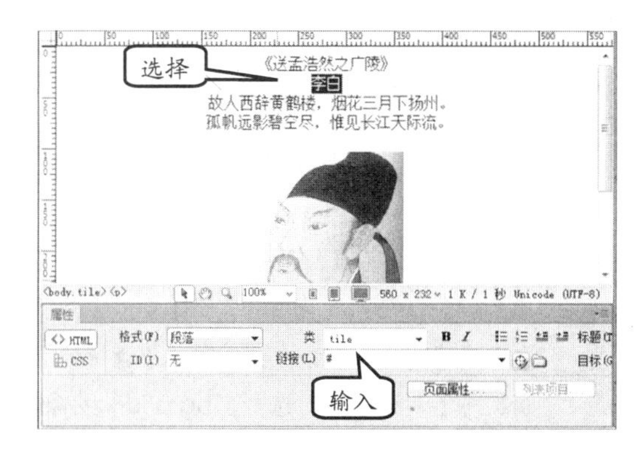

图 4-28　创建空链接

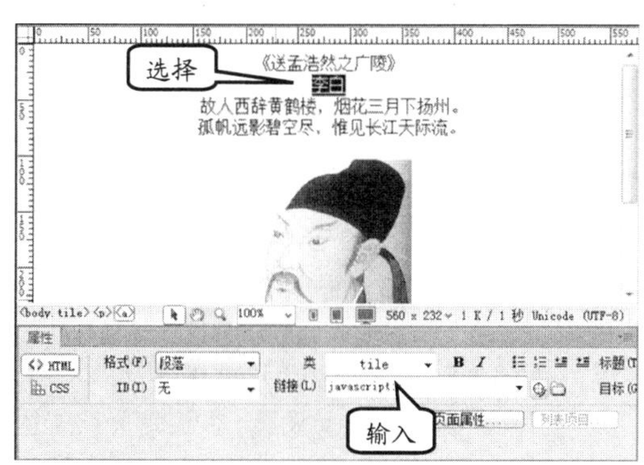

图 4-29　代码空链接

4.5 课堂练习：网站引导页

网站引导页是访问者刚刚打开网站时所显示的页面，可以是文字、图片和 Flash 等。引导页也可以称为网站的脸面，其设计得是否好，关系到整个网站的精神面貌和主题思想。下面导入 PSD 分层图像制作网站引导页，如图 4-30 所示。

图 4-30　网站引导页

操作步骤：

1　新建网页文档，修改<title></title>标签中的文本为“网站引导页”，保存为 yindaoye.html，如图 4-31 所示。

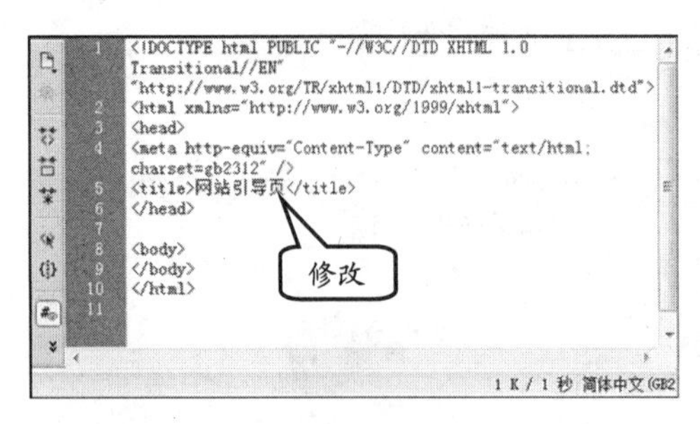

图 4-31　修改标题并保存

2　单击【属性】检查器中的【页面属性】按钮。在弹出的对话框中，设置【左边距】、【右边距】、【上边距】和【下边距】等参数，如图 4-32 所示。

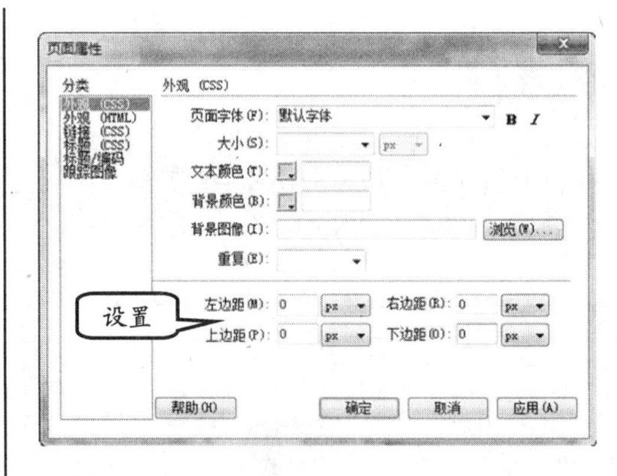

图 4-32　设置页面

3　将光标放置在文档窗口中，在【插入】面板中单击【图像】按钮。在弹出的【选择图像源文件】对话框中，选择“bg.psd”图像，如图 4-33 所示。

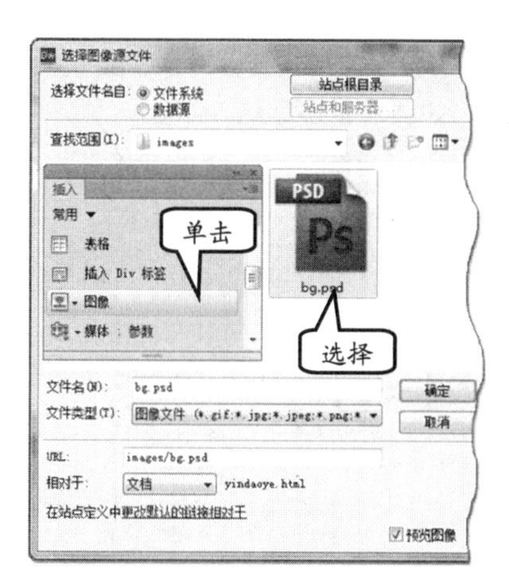

图 4-33 选择 PSD 图像

4 在打开的【图像优化】对话框中，可以设置图像的格式、品质等参数，单击【确定】按钮，如图 4-34 所示。

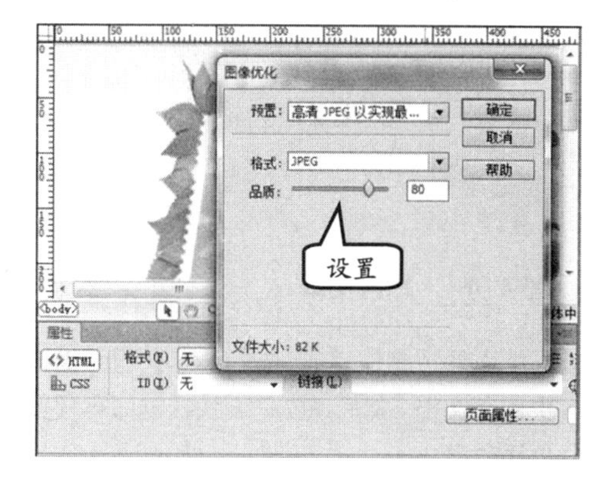

图 4-34 设置 PSD 图像

5 在弹出的【保存 Web 图像】对话框中，保存图像为 bg.jpg，如图 4-35 所示。

图 4-35 保存图像

6 在文档中，插入了“bg.jpg”图像，可以发现图像的左上角可以看到【图像已同步】图标，如图 4-36 所示。

图 4-36 插入 JPG 图像

7 选择图像，在【属性】检查器中，单击【矩形热点工具】按钮，在图像上“进入网站”处绘制一个矩形，如图 4-37 所示。

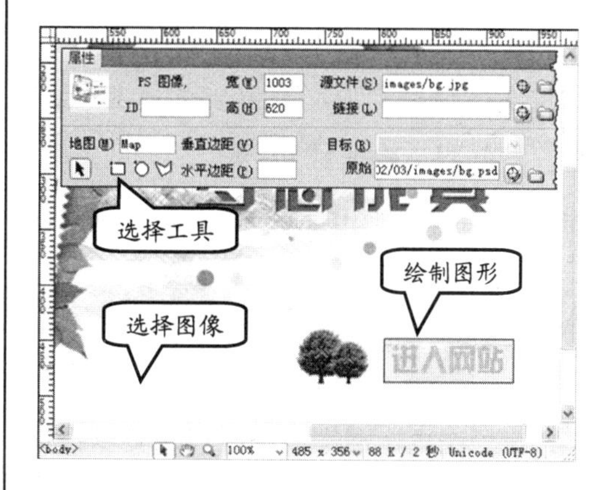

图 4-37 绘制热点区域

8 选择该矩形热点区域，在【属性】检查器中，设置【链接】为“yindaoye.html”；【目标】为“_self”；【替换】为“进入网站”，如图 4-38 所示。

9 打开【插入】面板，切换到【布局】选项卡，单击【绘制 AP Div】按钮，在图像底部的灰色区域绘制一个 AP Div，如图 4-39 所示。

10 单击【属性】检查器中的【页面属性】按钮，

在弹出的对话框中设置【页面字体】为“宋体”;【大小】为“12px”;【文本颜色】为“灰色”(#666),如图 4-40 所示。

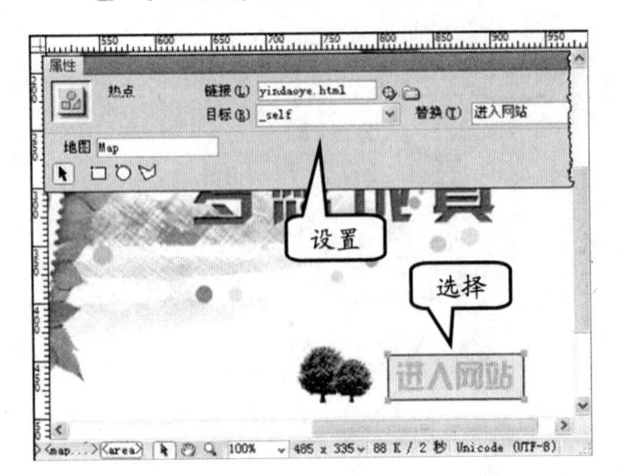

图 4-38 设置热点区域

图 4-39 绘制 AP Div 层

11 将光标放置在 AP Div 层中,输入声明、快速链接、版权信息等内容,并通过按 Enter 键换行,如图 4-41 所示。

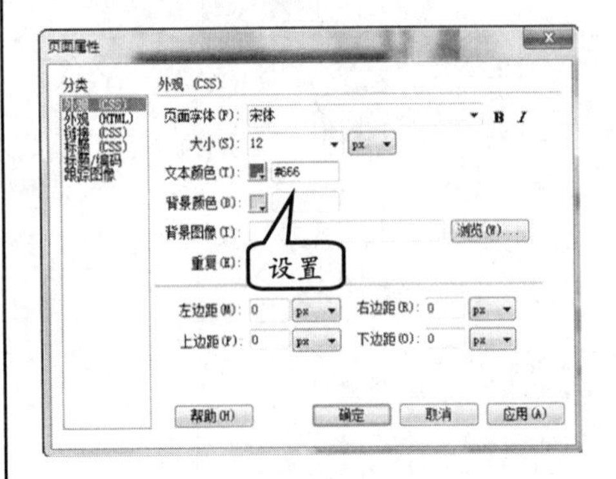

图 4-40 设置网页文本

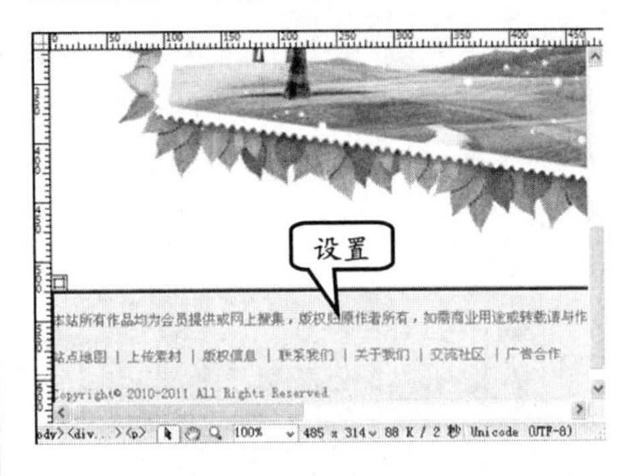

图 4-41 输入文本

12 网站引导页制作完成,按 Ctrl+S 组合键再次保存文档。然后,按 F12 快捷键即可预览页面效果。

4.6 课堂练习:音乐购买栏

在一些音乐网站中,用户还可以添加用于销售的购买栏内容。该栏中包含了唱片封面、名称、购买按钮以及歌曲分类等,如图 4-42 所示。

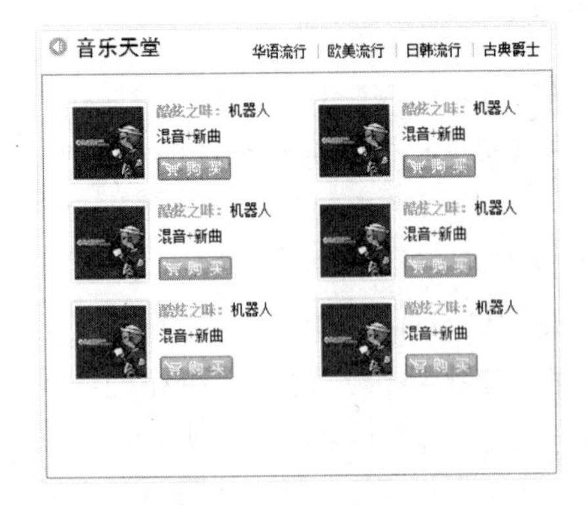

图 4-42 音乐购买栏

操作步骤：

1. 创建文档，并保存为 index.html 文件。然后，在文档中，修改标题名称，以及添加链接外部的 CSS 文件，如图 4-43 所示。
2. 在文档【代码】视图中，通过<div>标签进行布局，如图 4-44 所示。
3. 在 page 类的<div>标签中，再插入 buy 类的<div>标签，用于存放网页内容。然后，再在 buy 类的<div>标签中，添加标题内容，如图 4-45 所示。

```
<!DOCTYPE html PUBLIC "-//W3C//DTD XHTML 1.0
Transitional//EN"
"http://www.w3.org/TR/xhtml1/DTD/xhtml1-transitional.dtd">
<html xmlns="http://www.w3.org/1999/xhtml">
<head>
<meta http-equiv="Content-Type" content="text/html;
charset=gb2312" />
<title>音乐购买栏</title>
<link href="style/main.css" type="text/css" rel=
"stylesheet" />
</head>

<body>
</body>
</html>
```

添加链接

图 4-43 创建文档

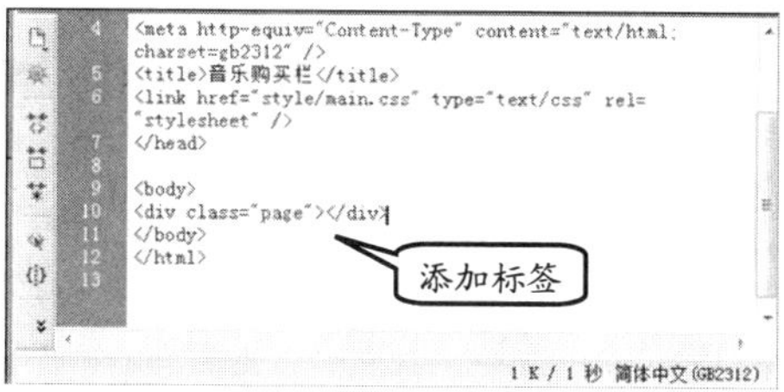

```
<meta http-equiv="Content-Type" content="text/html;
charset=gb2312" />
<title>音乐购买栏</title>
<link href="style/main.css" type="text/css" rel=
"stylesheet" />
</head>

<body>
<div class="page"></div>
</body>
</html>
```

添加标签

图 4-44 添加 **page** 类标签

```
  <div class="buy">
    <div class="title"><img src="images/tb1.jpg" /><span>
音乐天堂</span></div>
    <div class="list">
      <ul>
        <li>华语流行</li>
        |
        <li> 欧美流行</li>
        |
        <li>日韩流行</li>
        |
        <li>古典爵士</li>
      </ul>
    </div>
```

添加标题

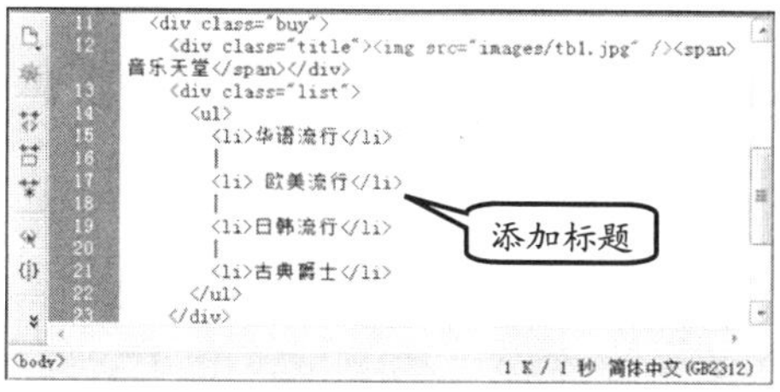

图 4-45 添加栏目标题

4. 在 CSS 文件中，分别对<body>标签以及标题栏的相关内容进行样式定义。其代码如下：

```
body{
    margin:0px;
    padding:0px;
}
.page{
    margin:auto;
    width:800px;
    height:500px;
}
.page .buy{
    width:444px;
    height:377px;
    background-image:url(../ima
    ges/bg.jpg) !important;
    float:left;
}
.page .buy .title img{
    margin-left:10px;
    margin-top:8px;
    float:left;
}
.page .buy .title span{
    margin-left:5px;
    margin-top:10px;
    font-family:"黑体";
    font-size:18px;
    width:80px;
    height:25px;
    float:left;
}
.page .buy .list{
    margin-top:5px;
    width:300px;
    height:25px;
    float:right;
    font-family:"宋体";
    font-size:12px;
}
.page .buy .list ul{
    list-style:none;
}
.page .buy .list ul li{
    display:inline;
}
.page .buy .nr{
    margin-top:40px;
    margin-left:5px;
    width:433px;
    height:330px;
    border:#666 solid 1px;
}
```

5 在栏目内容下面，添加 rn 类的<div>标签。在该标签中，再分别添加 left 类的<div>标签和 right 类的<div>标签，如图 4-46 所示。

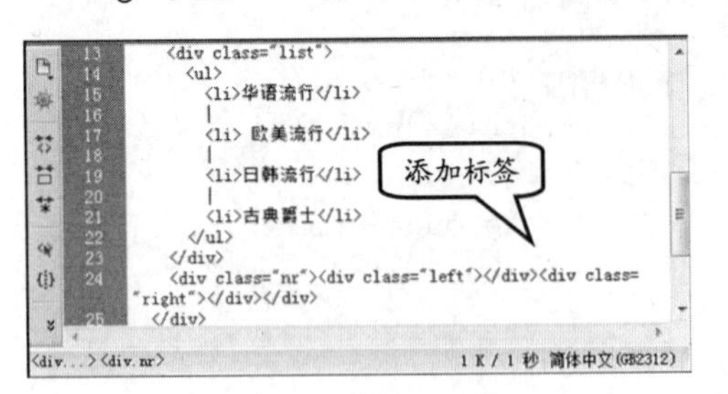

图 4-46 添加栏目内容标签

6 在 left 类的<div>标签中，添加 nr_p 类的<div>标签，并插入表格，以添加唱片图片和描述文本内容，如图 4-47 所示。

7 通过复制 nr_p 类的<div>标签，以及标签中的内容，分别粘贴多个相同的标签内容。然后，在 right 类的<div>标签中，添加该内容，如图 4-48 所示。

8 用户可以在 CSS 中对这些标签及内容进行样式定义，代码如下：

```
<div class="left">
  <div class="nr_p">
    <table width="142" border="0" cellpadding="0"
cellspacing="0">
      <tr>
        <td width="83" rowspan="4" align="center"><img
src="images/pic1.jpg"/></td>
        <td width="133"></td>
      </tr>
      <tr>
        <td><span class="title">酷炫之味：</span><span
>机器人</span></td>
      </tr>
      <tr>
        <td height="14">混音+新曲</td>
      </tr>
      <tr>
        <td><img src="images/buy_button.jpg" /></td>
      </tr>
    </table>
  </div>
</div>
<div class="right"></div>
</div>
```

添加内容

图 4-47 添加内容

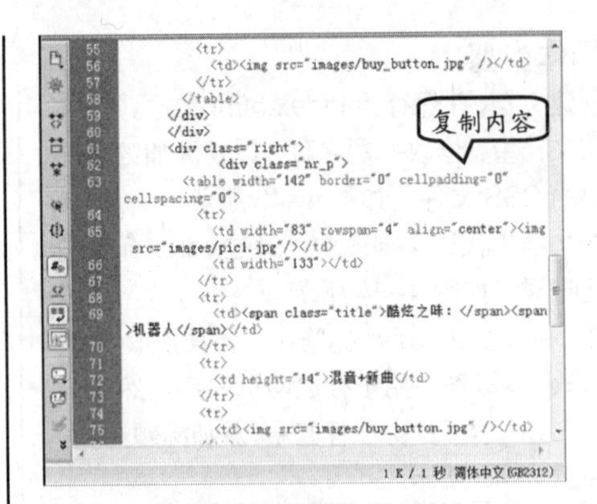

图 4-48 复制标签内容

```
.page .buy .nr .left{
    margin-left:10px;
    margin-top:15px;
    width:200px;
    float:left;
}
.page .buy .nr .right{
    margin-left:10px;
    margin-top:15px;
    width:200px;
    float:left;
}
.page .buy .nr .nr_p{
    font-family:"宋体";
    font-size:12px;
    float:left;
    margin:5px;
}
.page .buy .nr .nr_p table{
    width:200px;
}

.page .buy .nr .nr_p .title{
    color:#0CF;
    font-weight:bold;
}
```

4.7 课堂练习：设计百科网页

现实社会，千姿百态好比一本百科全书。互联网走进日常生活势不可挡，越来越多现实社会中的信息都可以在相关的网站中看到缩影；越来越多的人正在使用网站百科功能来解答自己生活中遇到的各种问题。本例将通过文本链接和图像链接等技术，制作一个生活百科网页，如图 4-49 所示。

图 4-49 效果图

操作步骤：

1 新建空白文档，在页面中插入一个【宽度】为“800 像素”的 2 行×2 列的表格。然后，添加 ID 为“tb01”，设置其【填充】为 0;【间距】为 0;【边框】为 0;【对齐】为居中对齐，如图 4-50 所示。

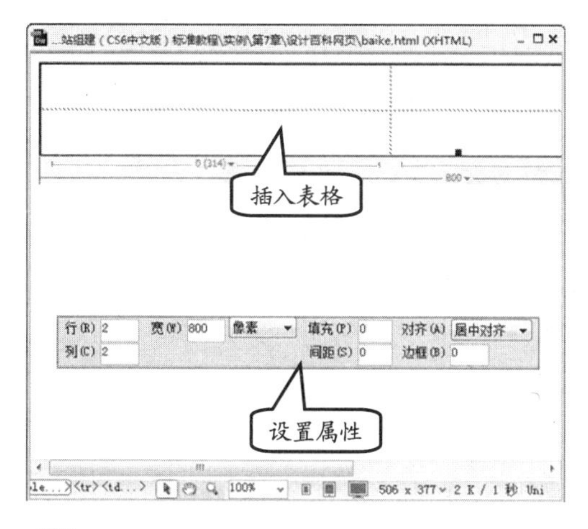

图 4-50 插入表格

2 切换到【代码】视图，在 <style type="css/javasript"></style> 标签对之间添加代码，并在第 1 行单元格中输入相应的文本，并设置该单元格的【类】为 tbtitle，如图 4-51 所示。

3 在 ID 为 tb01 的表格第 2 行第 1 列插入图像“feiji.jpg”，第 2 列输入相应的文本，并为图像和特定的文本设置超链接，如图 4-52 所示。

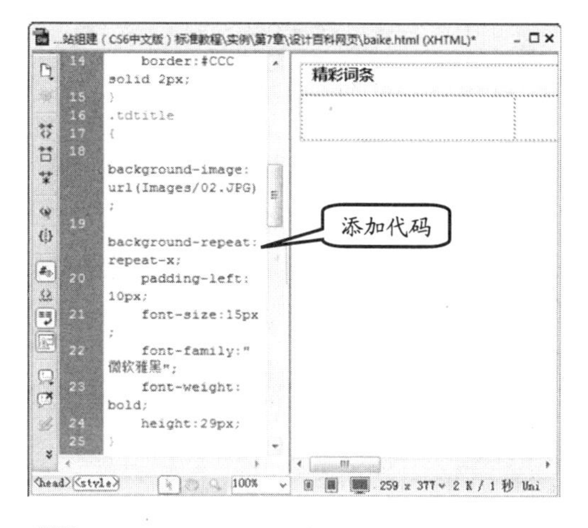

图 4-51 添加内容

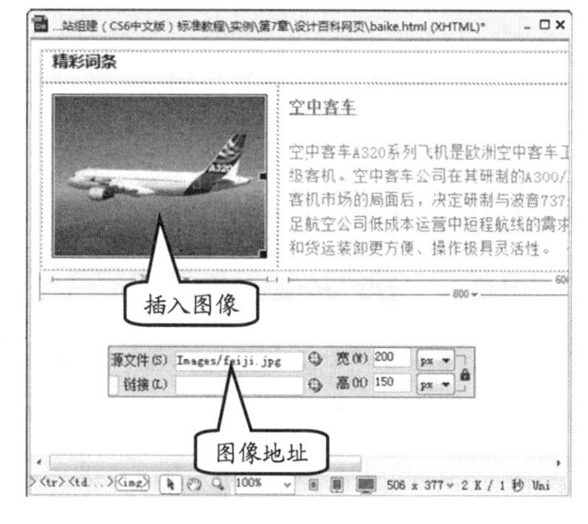

图 4-52 添加图片

4 切换到【代码视图】在<style type="text/css"></style>标签对之间添加用于控制第 2 行第 1 列的 CSS 类 tdleft；用于控制第 2

行第 2 列的 CSS 类 tdright；用于控制超级链接样式的 a 和 a:hover，如图 4-53 所示。

图 4-53 设置链接样式

5 在页面中插入一个【宽度】为“800 像素”的 2 行×1 列的表格，然后，添加 ID 为 tb02；设置其【填充】为 0；【间距】为 0；【边框】为 0，如图 4-54 所示。

图 4-54 设置表格属性

6 在第 1 行单元格中输入相应的文本，在第 2 行单元格中插入一个【宽度】为“100 百分比”的 6 行×4 列表格，并设置其【填充】为 5；【间距】为 0，如图 4-55 所示。

图 4-55 添加表格

7 在表格各单元格中输入相应的文字，并选择表格第 1 行、第 3 行和第 5 行单元格中的文字，为其设置【链接】为“#”，如图 4-56 所示。

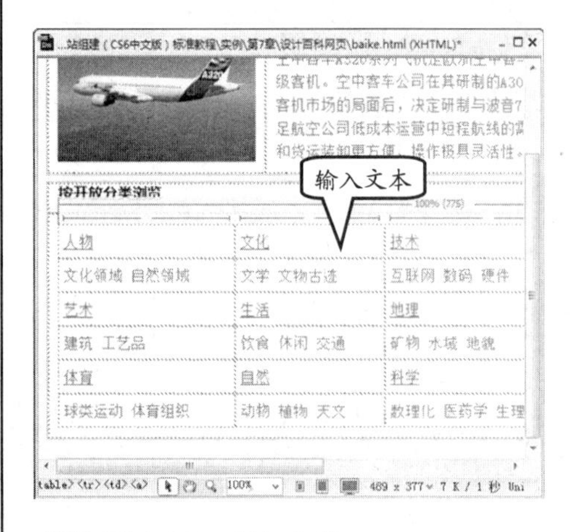

图 4-56 添加内容

4.8 思考与练习

一、选择题

1．每个网页面都有一个唯一地址，称作__________（URL）。

2．在文本链接中，设置【目标】为__________，可以将链接文件载入到新的未命名浏览器中。

3．根据超链接的热点类型，可以将超链接分为__________、__________以及__________等3种。

4．在网页单击__________，能够使网页从一个页面跳转到另一个页面。

5．使用__________工具，可以为同一幅图像的不同区域创建超级链接。

二、填空题

1．在网页中添加链接时，其中路径可以包含__________和__________。

A．相对路径
B．绝对路径
C．虚拟路径
D．文本路径

2．在创建锚记链接时，用户需要先创建__________。

A．内容
B．区域
C．锚记名称
D．锚记标记

3．在网页中添加邮件的链接后，则单击该链接会弹出__________。

A．网页类型的邮箱
B．直接弹出页面
C．Outlook 相关软件
D．发送邮箱页面

4. 在创建锚记链接时，需要使用__________符号表示链接位置。

A．*
B．&
C．@
D．#

5．在 Dreamweaver 中，下面__________工具不可以在图像中绘制热点区域。

A．指针热点工具
B．矩形热点工具
C．圆形热点工具
D．多边形热点工具

三、简答题

1．什么是绝对路径？
2．什么是相对路径？
3．热点链接的优点是什么？
4．如何添加脚本链接？

四、上机练习

1．调用 JavaScript 函数

用户可以在网页中通过创建的链接来调用 JS 文件中的 JavaScript 函数。首先，用户需要创建一个 index.html 文件和一个 JS.js 文件。

在创建文件后，用户可以在文档的【代码】视图中，将 JS.js 文件关联到该文档中，如图 4-57 所示。

图 4-57　关联 JS 文件

在文档中，用户可以输入一个简单的文本内容，如输入“调用 JavaScript 函数”文本，并选择文本设置【链接】为“javascript:my()”内容，如图 4-58 所示。

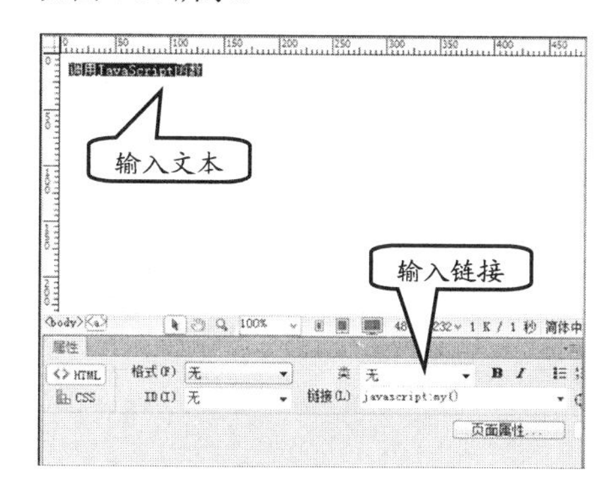

图 4-58　添加链接

在 JS.js 文件中，用户可以输入“my()”函数，并在函数中录入弹出对话框代码。

```
function my(){
alert("您已经调用我了...");
}
```

最后，用户可以通过浏览器，查看所显示的文本链接，并单击该链接，弹出提示对话框，如

图 4-59 所示。

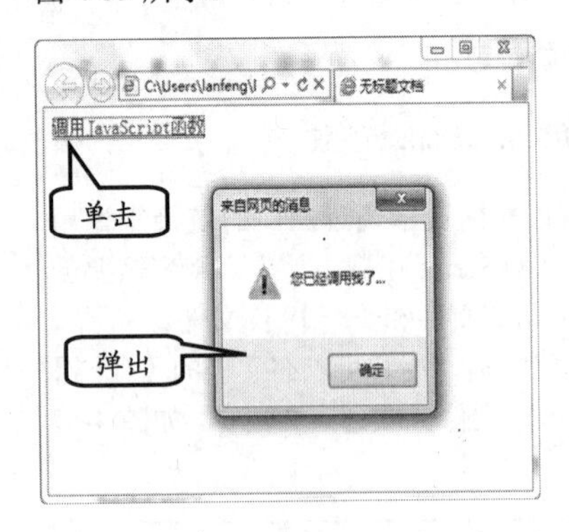

图 4-59 调用函数

2. 清除链接中的下划线

一般用户在创建文本链接后，即可在文本下添加下划线。并且，当用户将鼠标放置链接上时，会显示一个“手”形状。

而如果要去掉链接上的下划线，用户可以在 CSS 代码中添加伪类样式，如下代码即可清除下划线。

```
<style type="text/css" >
a{
    text-decoration:none;
}
</style>
</head>

<body>
<a href="javascript:my()">调用JavaScript函数</a>
</body>
```

第5章

插入网页表格

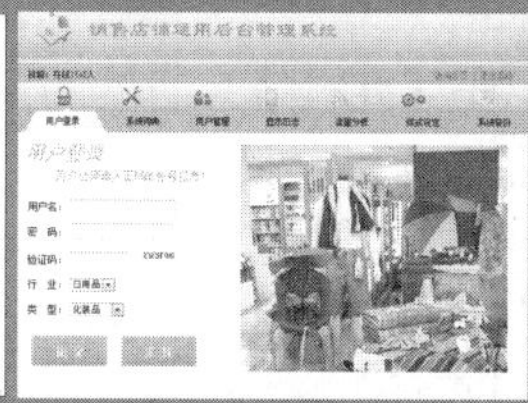

在 Dreamweaver 中，表格除了可以显示数据外，最主要的功能是定位与排版，这样才能够将网页的基本元素定位在网页中的任意位置。所以说，网页设计就是从创建表格开始的，先学习表格的创建可以为后来的网页设计奠定基础。

表格是由行和列组成的，而每一行或每一列又包含有一个或多个单元格，网页元素可以放置在任意一个单元格中。

在本章节中，主要介绍表格的创建和设置方法、如何编辑表格中的单元格，以及使用布局表格布局网页，使读者在 Dreamweaver 中能够进行简单的页面布局。

本章学习要点：

- 表格的建立
- 编辑表格
- 单元格操作

5.1 表格的建立

表格是用于在网页中，以表格形式显示数据，以及对文本和图像进行布局的强有力的工具。

5.1.1 创建各种表格

在网页中，表格用来定位与排版，而有时一个表格无法满足所有的要求，这时就需要运用到嵌套表格。

1. 插入表格

在插入表格之前，先将光标置于要插入表格的位置。在新建的空白网页中，默认在文档的左上角。

在【插入】面板中，在【常用】选项中单击【表格】按钮 表格 。或者，在【布局】选项中，单击【表格】按钮 表格 。在弹出的【表格】对话框中，设置相应的参数，即可在文档中插入一个表格，如图 5-1 所示。

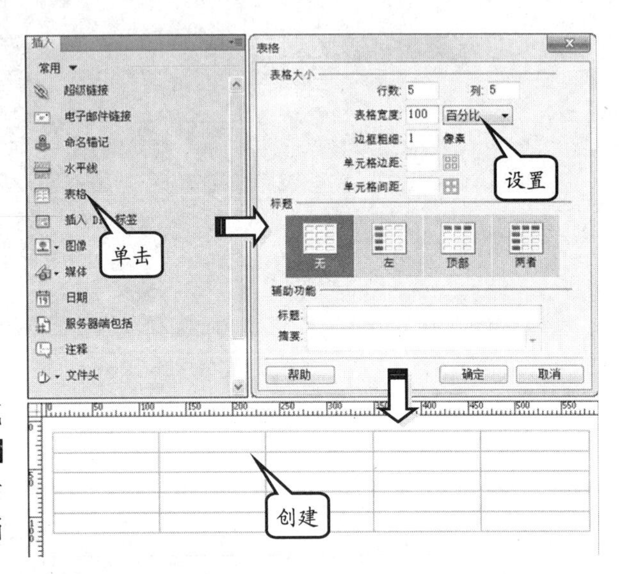

图 5-1 插入表格

提 示

在【插入】面板中，默认显示为【常用】选项。如果想要切换到其他选项卡，可以单击【插入】面板左上角的下拉按钮，在弹出的菜单中执行相应的命令，即切换至其他选项。

在【表格】对话框中，各个选项的作用详细介绍如表 5-1 所示。

表 5-1 设置表格属性

选项		作用
行数		指定表格行的数目
列		指定表格列的数目
表格宽度		以像素或百分比位指定表格的宽度
边框粗细		以像素为单位指定表格边框的宽度
单元格边距		指定单元格边框与单元格内容之间的像素值
单元格间距		指定相邻单元格之间的像素值
标题	无	对表格不启用行或列标题
	左	将表格的第一列作为标题列，以便可为表格中的每一行输入一个标题
	顶部	将表格的第一行作为标题行，以便可为表格中的每一列输入一个标题
	两者	在表格中输入列标题和行标题
标题		提供一个显示在表格外的表格标题
摘要		用于输入表格的说明

提 示

当表格宽度的单位为百分比时，表格宽度会随着浏览器窗口的改变而变化。当表格宽度的单位设置为像素时，表格宽度是固定的，不会随着浏览器窗口的改变而变化。

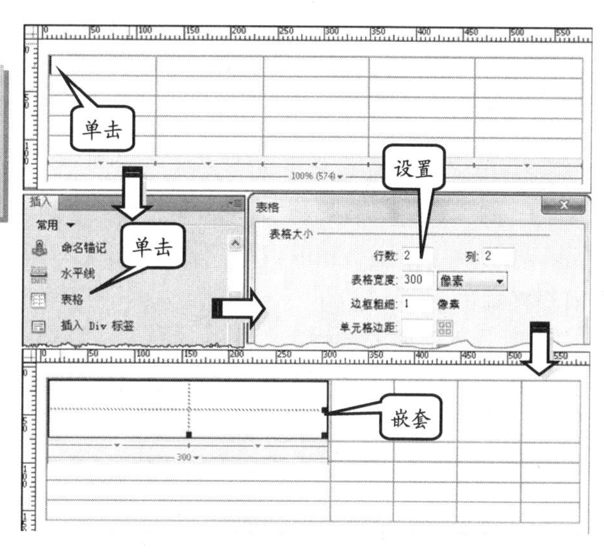

图 5-2 插入嵌套表格

2. 插入嵌套表格

嵌套表格是在另一个表格单元格中插入的表格，其设置属性的方法与任何其他表格相同。

将光标置于表格中任意一个单元格，并单击【常用】选项中的【表格】按钮，插入一个 2×2 表格，如图 5-2 所示。此时，所插入的表格，对于原先表格称之为嵌套表格。

5.1.2 插入网页元素

在表格中插入文本或者图像的方法与直接在网页中插入的方法基本相同，只是在插入之前，需要将光标放置在表格中。

1. 在表格中输入文本

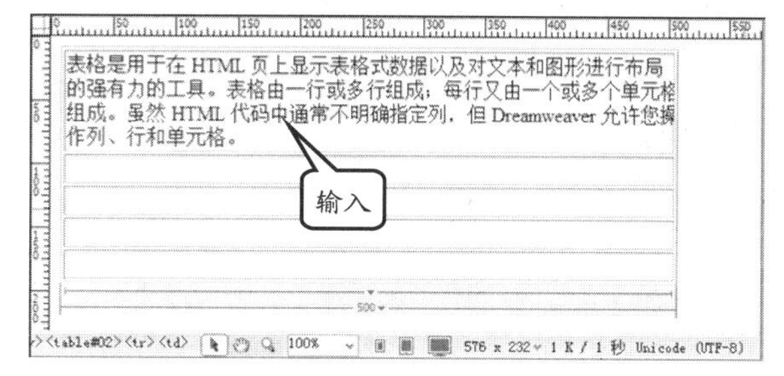

图 5-3 插入文本内容

在输入文本之前，需要选择表格中的一个单元格。例如，先插入一个 5×1 表格，将光标放置在表格的第一个单元格中，输入文本即可，如图 5-3 所示。

此时，当表格的单位为百分比（%）时，其单元格的宽度将随着内容不断增多，而向右延伸。

当表格的单位为像素时，其单元格的宽度不会随着内容的增多而发生变化。而单元格的高度会随着内容的增多而发生增高的变化。

2. 在表格中插入图像

图 5-4 插入图像

插入图像与输入文本顺序相同，都是先插入一个表格，将光标放置在该表格中，按照普通插入图像的方法，在表格中插入图像即可，如图 5-4 所示。

3. 导入表格数据

用户可以将在另一个应用程序（如Excel）中，以分隔文本格式（其中的项以制表符、逗号、冒号或分号隔开）的数据导入到 Dreamweaver 中，并设置为表格格式。

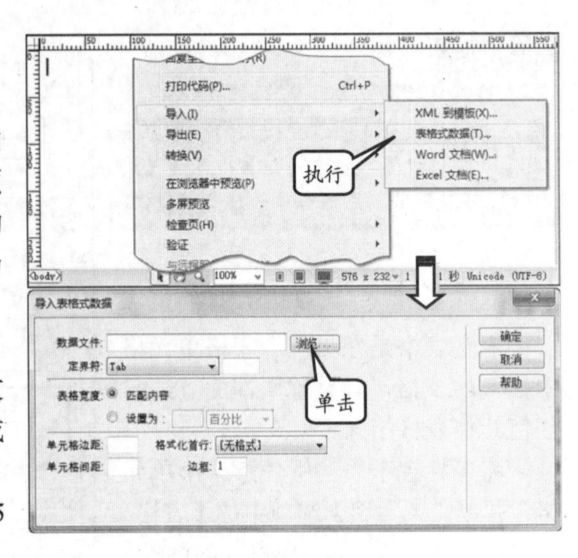

图 5-5 执行【表格式数据】命令

□ 导入表格式数据

在 Dreamweaver 文档中，执行【文件】|【导入】|【表格式数据】命令。或者，在【插入】面板的【数据】选项中，单击【导入表格式数据】按钮，如图 5-5 所示。

在弹出的【导入表格式数据】对话框中，单击【浏览】按钮，并在弹出的【打开】对话框中选择需要导入的文件，单击【打开】按钮，如图 5-6 所示。

图 5-6 选择导入文件

此时，返回到【导入表格式数据】对话框中，并显示文件的路径，单击【确定】按钮，即可看到插入到文档中的数据内容，如图 5-7 所示。

提 示

将分隔符指定为先前保存数据文件时所使用的分隔符。如果不这样做，则无法正确地导入文件，也无法在表格中对数据进行正确的格式设置。

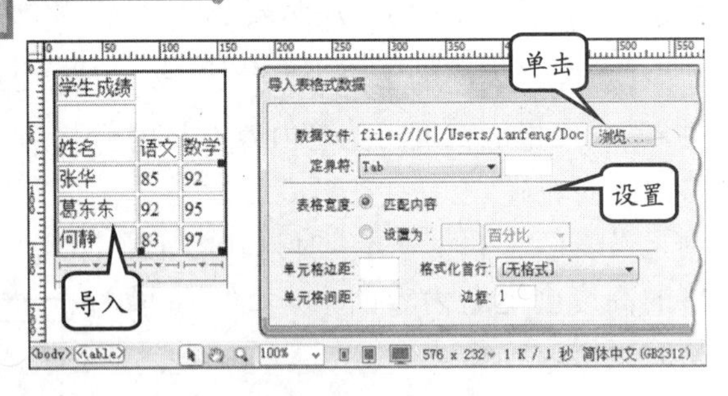

图 5-7 确定导入数据

□ 导入 Excel 文件

导入 Excel 文件与导入表格式数据一样，执行【文件】|【导入】|【Excel 文档】命令。

在弹出的【导入 Excel 文档】对话框中，选择需要导入的 Excel 文件，并单击【打开】按钮，如图 5-8 所示。

此时，用户可以在文档中，看到所导入的 Excel 文档中的内容。当然，用户也可以选择导入的表格，并在【属性】面板中，设置其各参数，如图 5-9 所示。

□ 导入 Word 文档内容

除此之外，用户还可以导入 Word 文档内容，如执行【文件】|【导入】|【Word 文档】命令。

图 5-8 选择导入文件

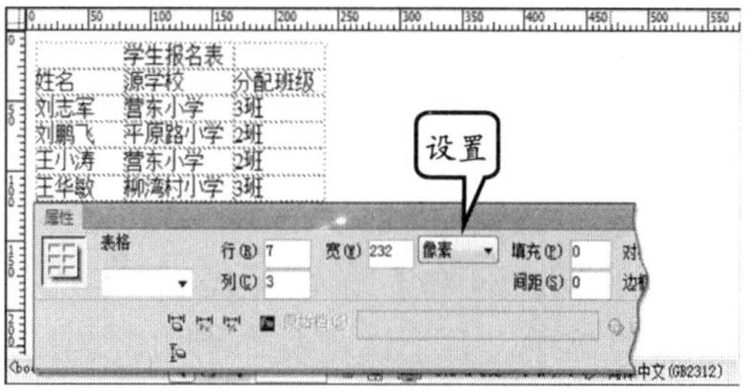

图 5-9 设置表格属性

在弹出的【导入 Word 文档】对话框中，选择 Word 文件，并单击【打开】按钮，如图 5-10 所示。

图 5-10 选择导入文件

此时，用户可以在 Dreamweaver 的文档中，查看已经导入的表格，如图 5-11 所示。

提 示

在导入 Word 文档时，Word 文档中的内容必须以表格的形式组成。否则，将以普通的文本内容导入到 Dreamweaver 文档中。

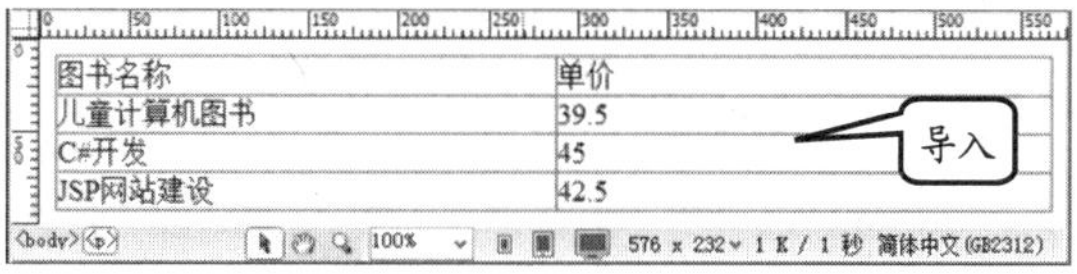

图 5-11 显示导入的内容

4. 导出 Dreamweaver 文档中的表格

用户也可将 Dreamweaver 文档中的表格导出为普通的表格式数据。例如，先将光标放置在表格的任意单元格中，并执行【文件】|【导出】|【表格】命令，如图 5-12 所示。

在弹出的【导出表格】对话框中，设置【定界符】选项，即所指分隔符；在【换行符】选项中，指定在哪种操作系统中打开导出的文件。

最后，单击【导出】按钮，在【表格导出为】对话框中，输入文件名称，单击【保存】按钮。

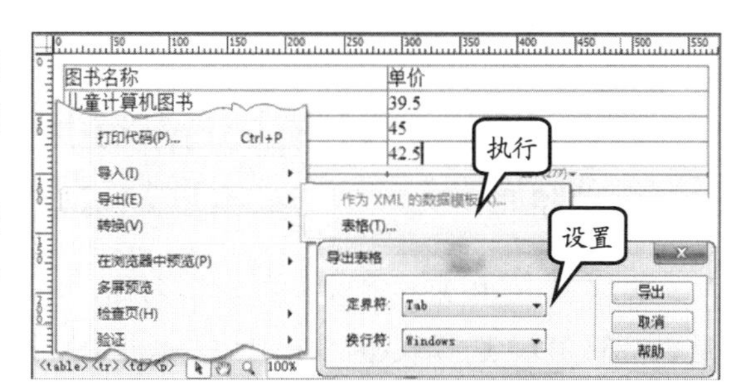

图 5-12 执行【导出】命令

5.1.3 设置表格属性

表格是由单元格组成的，即使是一个最简单的表格，也是由一个单元格组成。而表格与单元格的属性完全不同，选择不同的对象，【属性】检查器将会显示相应的选项参数。

1. 表格属性

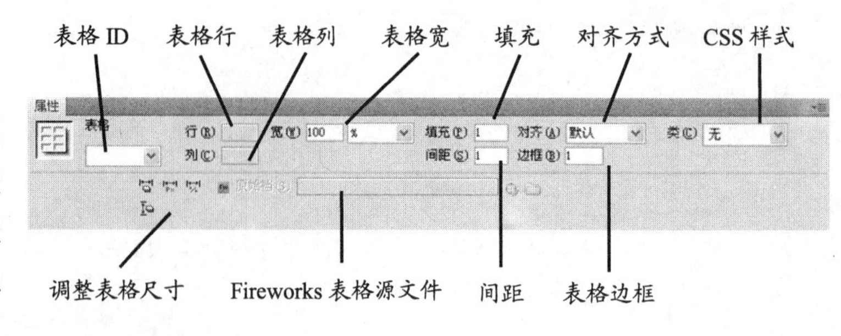

图 5-13　表格属性

当插入表格后，【属性】检查器中显示该表格的基本属性，比如表格整体、行、列和单元格，如图 5-13 所示。

其中，表格的【属性】检查器中，各个选项及作用如表 5-2 所示。

表 5-2　表格属性各个选项

属　　性		作　　用
表格 ID		定义表格在网页文档中唯一的编号标识
行		定义表格中包含的单元格横行数量
列		定义表格中包含的单元格纵列数量
宽		用于定义表格的宽度，单位为像素或百分比
填充		用于定义表格边框与其中各单元格之间的距离，单位为像素。如不需要此设置，可设置为 0
间距		用于定义表格中各单元格之间的距离，单位为像素。如不需要此设置，可设置为 0
对齐		定义表格中的单元格内容的对齐方式，默认为两端对齐。用户可设定左对齐、居中对齐、右对齐等
类		定义描述表格样式的 CSS 类名称
边框		定义表格边框的宽度。如不需要表格显示宽度，可将其设置为 0
表格尺寸	清除列宽	将已定义宽度的表格宽度清除，转换为无宽度定义的表格，使表格随内容增加而自动扩展宽度
	清除行高	将已定义行高的表格行高清除，转换为无行高定义的表格，使表格随内容增加而自动扩展行高
	将表格宽度转换成像素	将以百分比为单位的表格宽度转换为具体的以像素为单位的表格宽度
	将表格宽度转换成百分比	将以像素为单位的表格宽度转换为具体的以百分比为单位的表格宽度
Fireworks 源文件		如在设计表格时使用了 Fireworks 源文件作为表格的样式设置，则可通过次项目管理 Fireworks 的表格设置，并将其应用到表格中

1. 表格 ID

表格 ID 是用来设置表格的标识名称，也就是表格的 ID。选择表格，在 ID 文本框中直接输入 ID 名称，如图 5-14 所示。

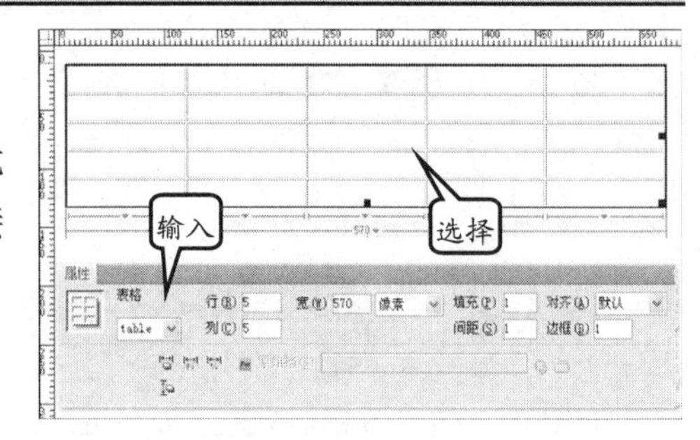

图 5-14　设置表格 ID

2. 行和列

行和列是用来设置表格的行数和列数。选

择文档中的表格，即可在【属性】面板中，重新设置该表格的行数和列数，如图 5-15 所示。

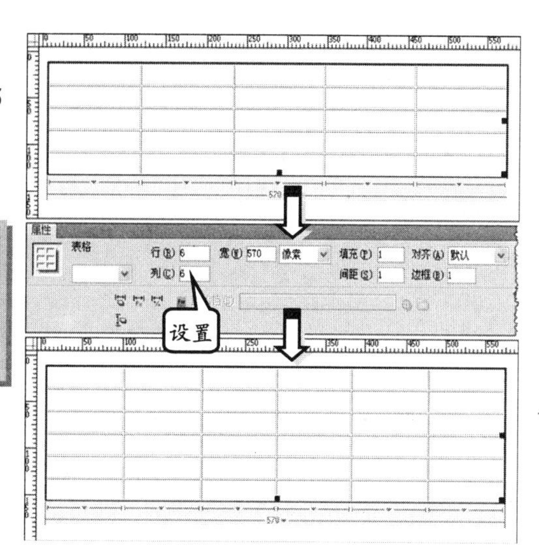

图 5-15 设置行数或列数

提 示

在早期的 Dreamweaver 版本中，支持通过【属性】检查器设置表格的背景颜色、背景图像以及表格内容中文本的各种样式。然而，这种设置制作出来的网页并不符合 Web 标准化的要求。

3. 表格的宽度

宽是用来设置表格的宽度，以像素为单位或者按照百分比进行计算。在通常情况下，表格的宽度是以像素为单位。这样可以防止网页中的元素，随着浏览器窗口的变化而发生错位或变形，如图 5-16 所示。

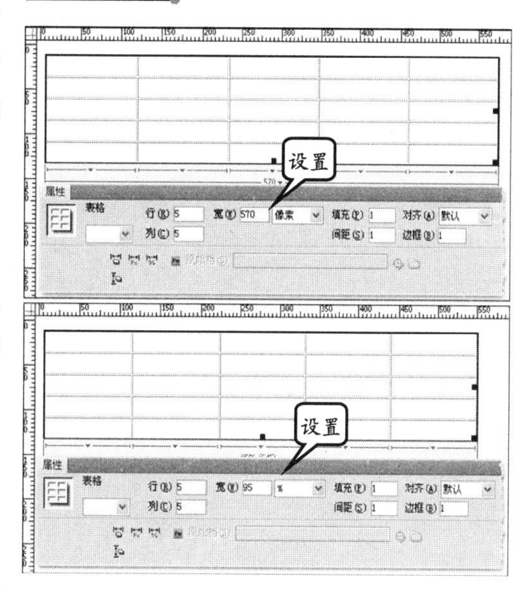

图 5-16 设置表格宽度

4. 填充

填充是用来设置表格中单元格内容与单元格边框之间的距离，以像素为单位，如图 5-17 所示。

5. 间距

间距是用于设置表格中相邻单元格之间的距离，以像素为单位，如图 5-18 所示。

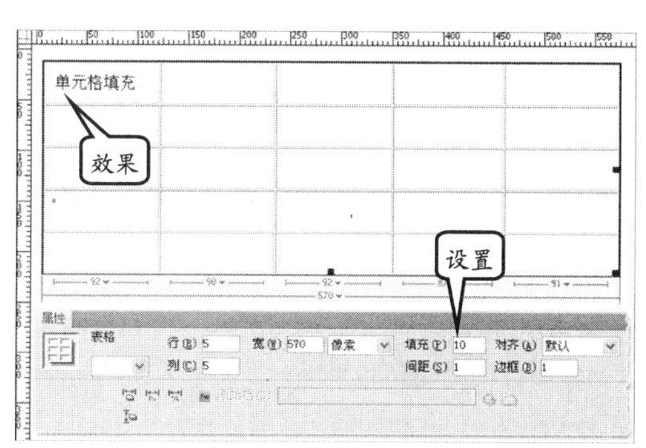

图 5-17 设置填充值

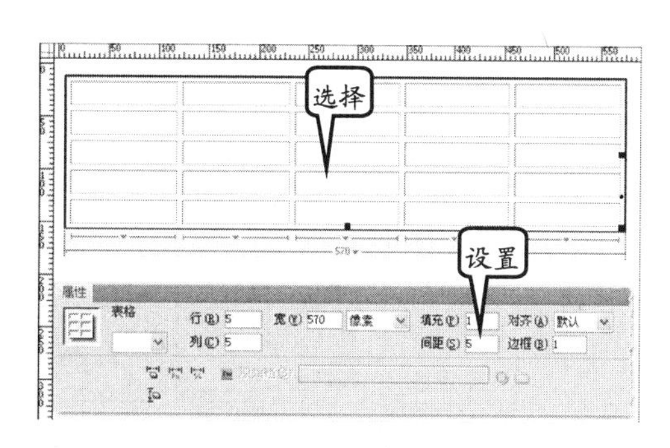

图 5-18 设置间距

6. 边框

边框是用来设置表格四周边框的宽度，以像素为单位，如图 5-19 所示。

> **注 意**
>
> 如果没有明确指定填充、间距或边框的值，则大多数的浏览器按【边框】和【填充】均设置为 1 像素，而【间距】默认为 2 像素。

7. 对齐

对齐是用于指定表格相对于同一段落中的其他元素（如文本或图像）的显示位置。一般表格的【对齐】方式为“默认”方式。

当然，在【对齐】下拉列表中，可以设置表格为“左对齐”、“右对齐”或“居中对齐”等方式，如图 5-20 所示。

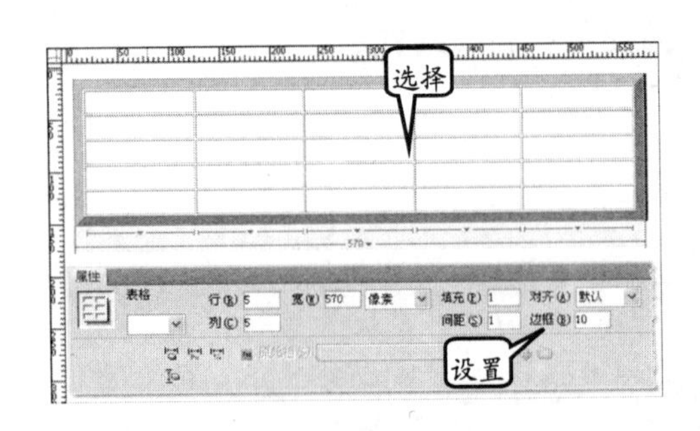

图 5-19 设置边框宽度

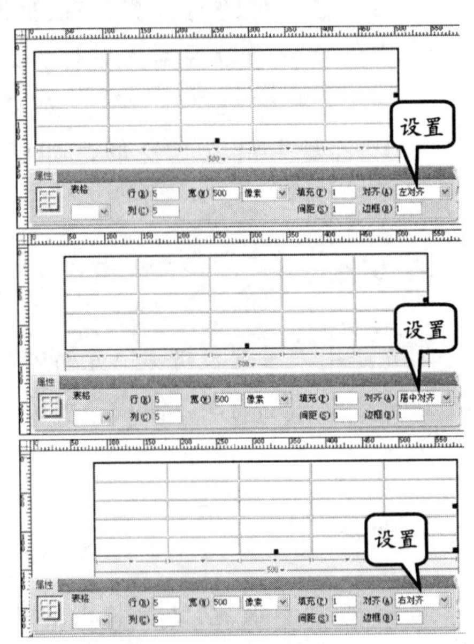

图 5-20 设置表格对齐方式

除此之外，在【属性】面板中，还可以直接单击 4 个按钮，来清除列宽和行高，还可以转换表格宽度的单位，如表 5-3 所示。

表 5-3 清除及转换行高和列宽

图 标	名 称	功 能
	清除列宽	清除表格中已设置的列宽
	清除行高	清除表格中已设置的行高
	将表格宽度转换为像素	将表格的宽度转换为以像素为单位
	将表格宽度转换为百分比	将表格的宽度转换为以表格占文档窗口的百分比为单位

5.1.4 单元格属性

由于一个最简单的表格中包括一个单元格，即一行与一列，所以将光标放置在表格中后，其实是将光标放置在单元格中，也就是选中了该单元格。此时，在【属性】检查器中将会显示的是单元格属性，如图 5-21 所示。

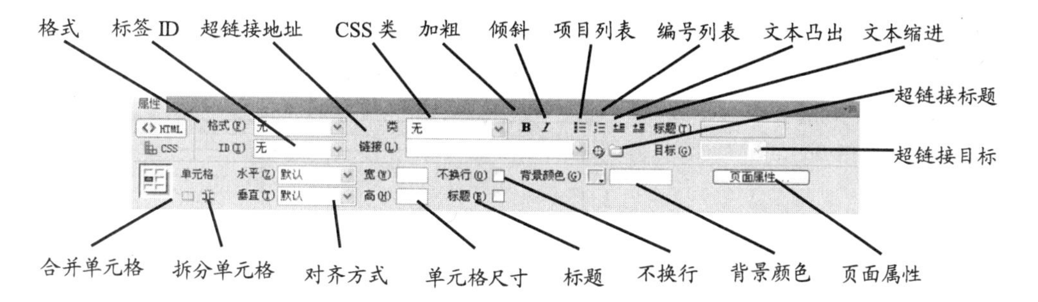

图 5-21 单元格属性

其中，各个选项及作用如表 5-4 所示。

表 5-4 单元格属性中的各个选项

属　性	作　用
合并所选单元格，使用跨度	将所选的多个同行或同列单元格合并为一个单元格
拆分单元格为行或列	将已选择的位于多行或多列中的独立单元格拆分为多个单元格
水平	定义单元格中内容的水平对齐方式
垂直	定义单元格中内容的垂直对齐方式
宽	定义单元格的宽度
高	定义单元格的高度
不换行	选中该项目则单元格中的内容将不自动换行，单元格的宽度也将随内容的增加而扩展
标题	选中该项目，则将普通的单元格转换为标题单元格，单元格内的文本加粗并水平居中显示
背景颜色	单击该项目的颜色拾取器，可选择颜色并将颜色应用到单元格背景中

5.2 编辑表格

当创建的表格不符合要求时，可以通过拆分与合并表格中的单元格，或者增加与删除表格的行或者列来完成所需的要求。在表格中还可以进行复制、剪切、粘贴等操作，因为它可以保留原单元格的格式。

5.2.1 选中表格元素

在对整个表格以及表格中行、列或单元格进行编辑时，首先需要选择指定的对象。

可以一次选择整个表格、行或列，也可以选择一个或多个单独的单元格。

1. 选择整个表格

将鼠标移动到表格的左上角、上边框或者下边框的任意位置，或者行和列的边框，当光标箭头后面尾随表格图标时（行和列的边框除外），单击即可选择整个表格，如图 5-22 所示。

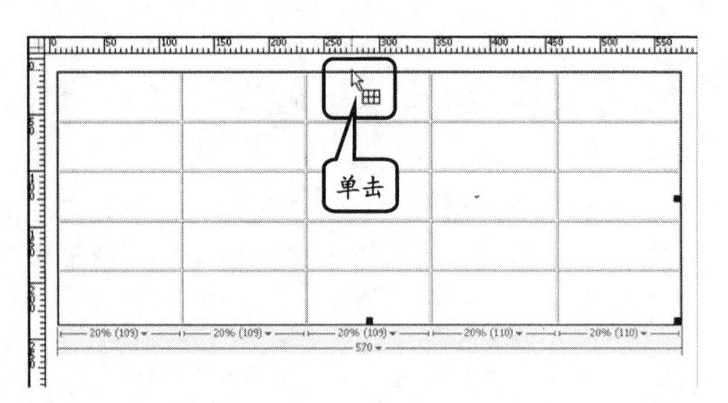

图 5-22 选择表格

提 示

将光标定位到表格边框上，然后按住 Ctrl 键，则将高亮显示该表格的整个表格结构（即表格中的所有单元格）。

将光标置于表格的任意一个单元格中，单击状态栏中标签选择器上的<table>标签，也可以选择整个表格，如图 5-23 所示。

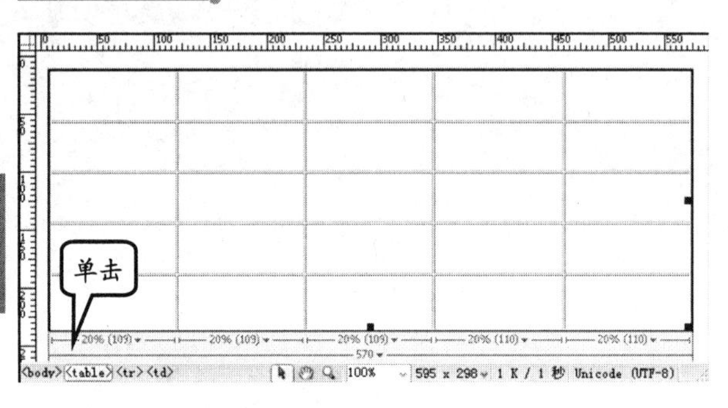

图 5-23 选择表格

2. 选择行或列

选择表格中的行或列，就是选择行中所有连续单元格或者列中所有连续单元格。

将鼠标移动到行的最左端或者列的最上端，当光标变成“向右”或者“向下”箭头➡⬇时，单击鼠标即可选择整行或整列，如图 5-24 所示。

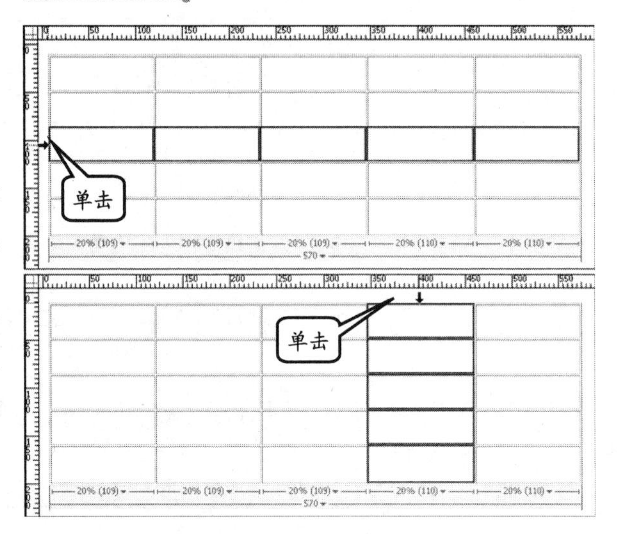

图 5-24 选择行或列

提 示

选择整行或整列后，如果按住鼠标不放并拖动，则可以选择多个连续的行或列。

3. 选择单元格

将鼠标光标置于表格中的某个单元格，即可选择该单元格。如果想要选择多个连续的单元格，沿任意方向拖动鼠标即可，如图 5-25 所示。

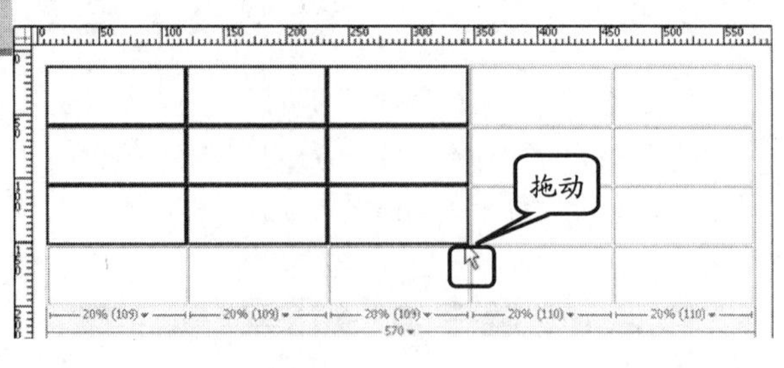

图 5-25 选择单元格

将鼠标光标置于任意单元格中，按 Ctrl 键并单击其他单元格，可以选择多个不连续单元格，如图 5-26 所示。

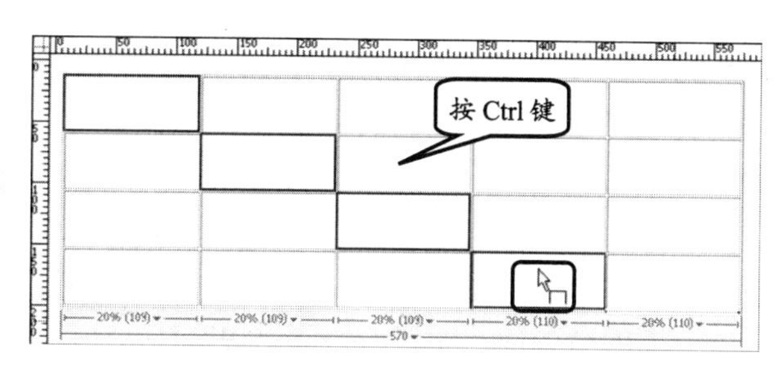

图 5-26 选择连续单元格

5.2.2 调整表格大小

当选择整个表格后，在表格的右边框、下边框和右下角会出现 3 个控制点。通过鼠标拖动这 3 个控制点，可以改变表格大小，如图 5-27 所示。

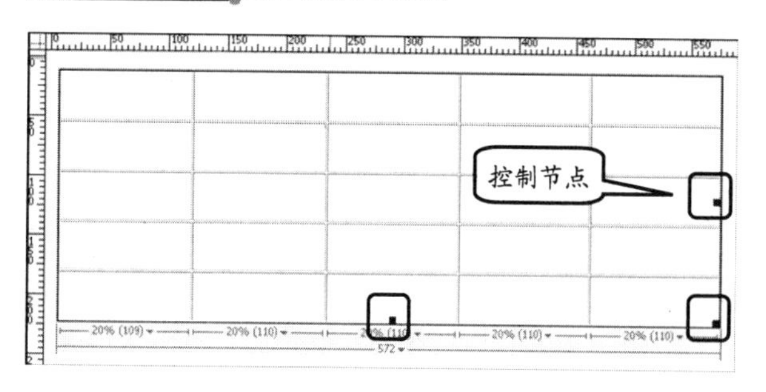

图 5-27 调整表格大小

除了可以在【属性】面板中调整行或列的大小外，还可以通过拖动方式来调整其大小。

将鼠标移动到单元格的边框上，当光标变成“左右双向箭头”⟺或者“上下双向箭头”⇕时，单击鼠标左键，并横向或纵向拖动鼠标即可改变行高或列宽，如图 5-28 所示。

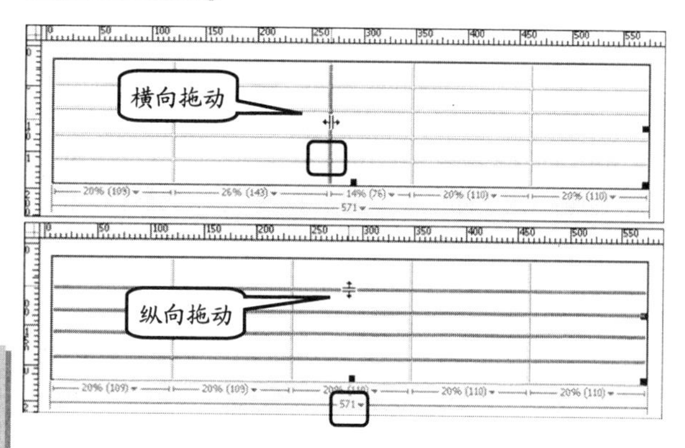

图 5-28 设置行高或列宽

提 示

如果想要在不改变其他单元格宽度的情况下，改变光标所在单元格的宽度，那么可以按住 Shift 键单击并拖动鼠标来实现。

5.2.3 添加或删除行或列

为了使表格根据数据的多少改变为适当的结构，通常需要对表格添加或删除行或列。

1. 添加行与列

想要在某行的上面或者下面添加一行，首先将光标置于该行的某个单元格中，单击【插入】面板【布局】选项卡中的【在上面插入行】按钮 在上面插入行 或【在下面插入行】按钮 在下面插入行，即可在该行的上面或下面插入一行，如图 5-29 所示。

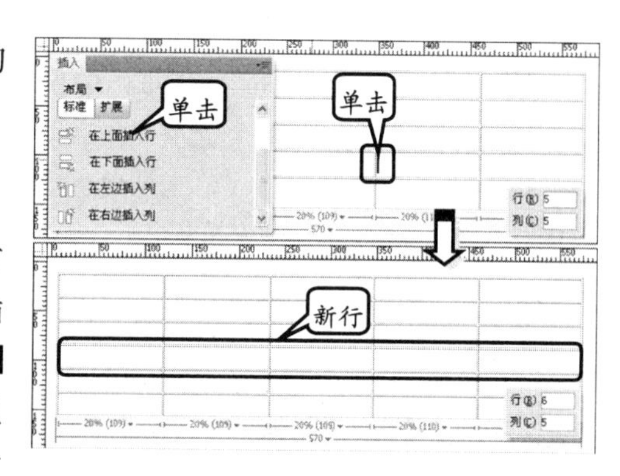

图 5-29 插入行

想要在某列的左侧或右侧添加一列，首先将光标置于该列的某个单元格中，单击【布局】选项卡中的【在左边插入列】按钮 在左边插入列 或【在右边插入列】按钮 在右边插入列，即可在该列的左侧或右侧插入一列，如图 5-30 所示。

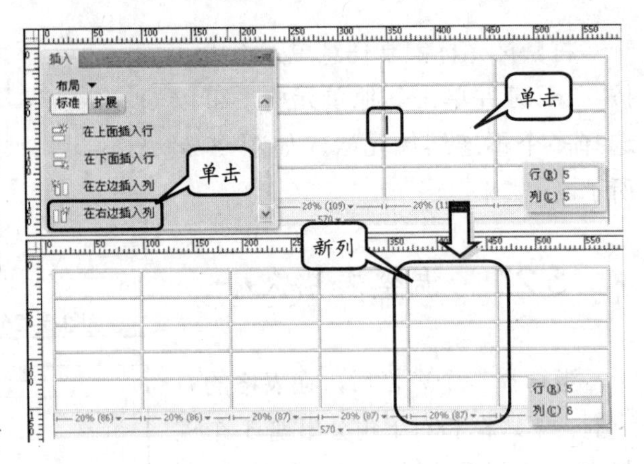

图 5-30　插入列

2. 删除行与列

如果想要删除表格中的某行，而不影响其他行中的单元格，可以将光标置于该行的某个单元格中，然后执行【修改】|【表格】|【删除行】命令即可，如图 5-31 所示。

当然，用户也可以执行【删除列】命令，即可删除光标所在单元格的列，并且平均分配其列的宽度。

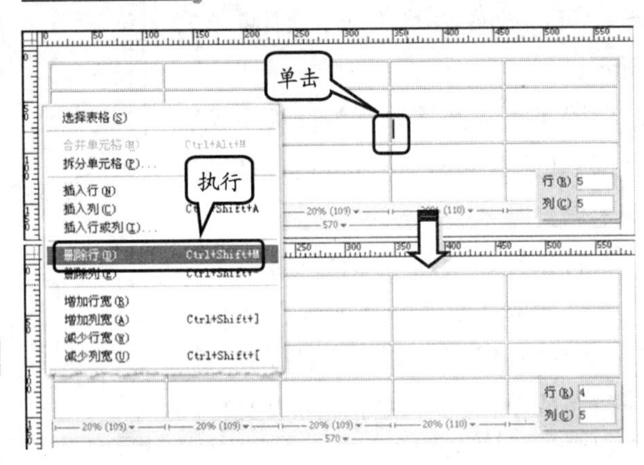

图 5-31　删除行

5.3 单元格操作

除此之外，用户还可以对表格中的单元格进行合并、拆分、复制和粘贴等操作，以满足不规则的数据要求。

5.3.1 合并及拆分单元格

对于不规则的数据排列，可以通过合并或拆分表格中的单元格来满足不同的需求。

1. 合并单元格

合并单元格可以将同行或同列中的多个连续单元格合并为一个单元格。选择两个或两个以上连续的单元格，单击【属性】面板中的【合并所选单元格】按钮，即可将所选的多个单元格合并为一个单元格，如图 5-32 所示。

图 5-32　合并单元格

2. 拆分单元格

拆分单元格可以将一个单元格以行或列的形式拆分成多个单元格。例如，将光标置于要拆分的单元格中，单击【属性】面板中的【拆分单元格为行或列】按钮。

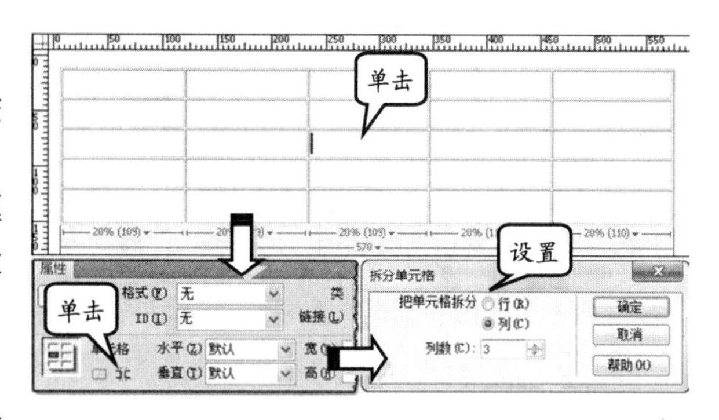

图 5-33　拆分单元格

在弹出的【拆分单元格】对话框中，选择【行】或【列】选项，并设置拆分的行数或列数，单击【确定】按钮，如图 5-33 所示。

此时，将在光标所在的单元格中，显示所拆分的单元格，如图 5-34 所示。

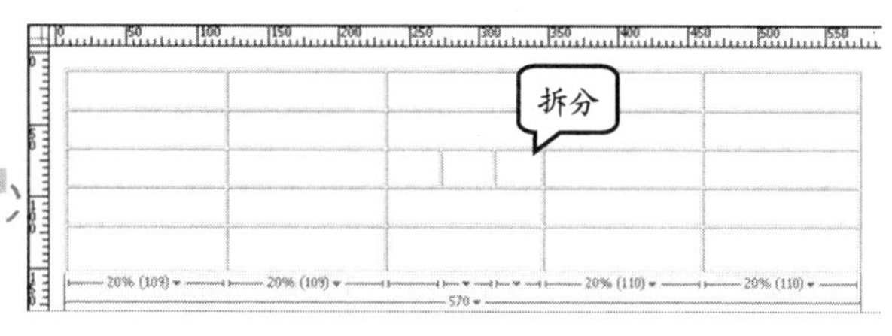

图 5-34　拆分单元格效果

5.3.2　复制及粘贴单元格

与网页中的元素相同，表格中的单元格也可以复制与粘贴，并且可以在保留单元格设置的情况下，复制及粘贴多个单元格。

选择要复制的一个或多个单元格，执行【编辑】|【拷贝】命令（或者，按 Ctrl+C 快捷键），即可复制所选的单元格及其内容，如图 5-35 所示。

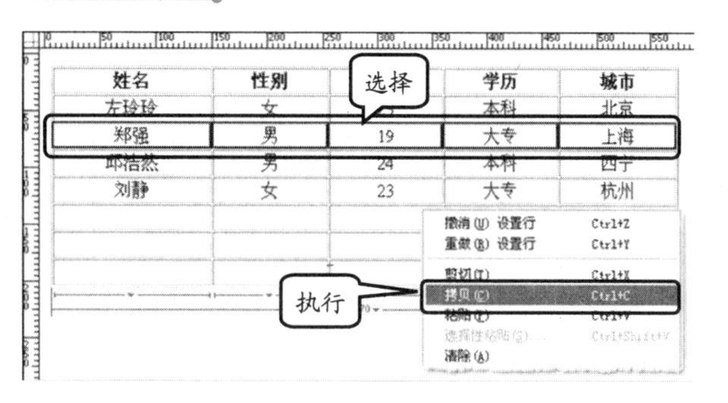

图 5-35　拷贝单元格内容

选择要粘贴单元格的位置，执行【编辑】|【粘贴】命令（或者按 Ctrl+V 快捷键），即可将源单元格的设置及内容粘贴到所选的位置，如图 5-36 所示。

姓名	性别	年龄	学历	城市
左玲玲	女	23	本科	北京
郑强	男	19	大专	上海
邱浩然	男	24	本科	西宁
刘静	女	23	大专	杭州
郑强	男	19	大专	上海

选择　执行　粘贴

图 5-36　粘贴单元格内容

5.4　课堂练习：个人简历

表格在网页中是用来定位和排版的，有时一个表格无法满足所有的需要，这时就需要运用到嵌套表格。本练习介绍如何使用嵌套表格制作一份个人简历，如图 5-37 所示。

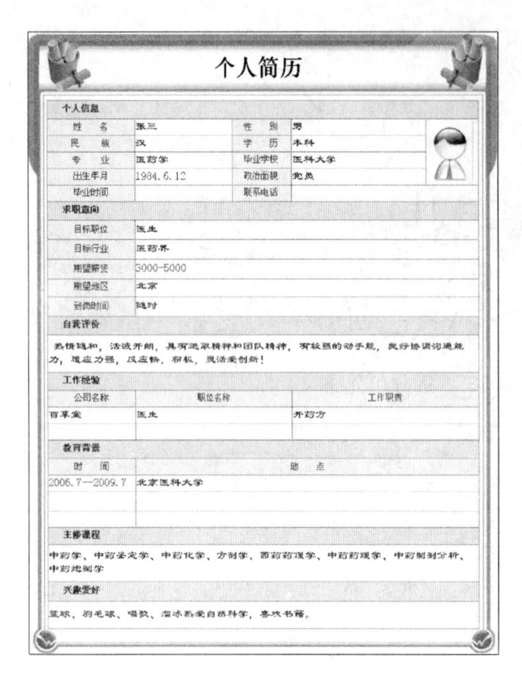

个人简历

个人信息

姓　名	张三	性　别	男
民　族	汉	学　历	本科
专　业	医药学	毕业学校	医科大学
出生年月	1984.6.12	政治面貌	党员
毕业时间		联系电话	

求职意向

目标职位	医生
目标行业	医药界
期望薪资	3000-5000
期望地区	北京
到岗时间	随时

自我评价

热情随和，活泼开朗，具有进取精神和团队精神，有较强的动手能力，良好协调沟通能力，适应力强，反应快，积极，灵活爱创新！

工作经验

公司名称	职位名称	工作职责
百草堂	医生	开药方

教育背景

时　间	地　点
2006.7--2009.7	北京医科大学

主修课程

中药学、中药鉴定学、中药化学、方剂学、西药药理学、中药药理学、中药制剂分析、中药炮制学

兴趣爱好

篮球、羽毛球、唱歌、溜冰热爱自然科学，喜欢书籍。

图 5-37　个人简历

操作步骤

1. 新建文档，设置【标题】为“个人简历”，并且将其保存。在文档中单击【插入】面板中的【表格】按钮 表格，在弹出的【表格】对话框中，设置一个 3 行 × 3 列【宽度】为“872 像素”的表格，如图 5-38 所示。

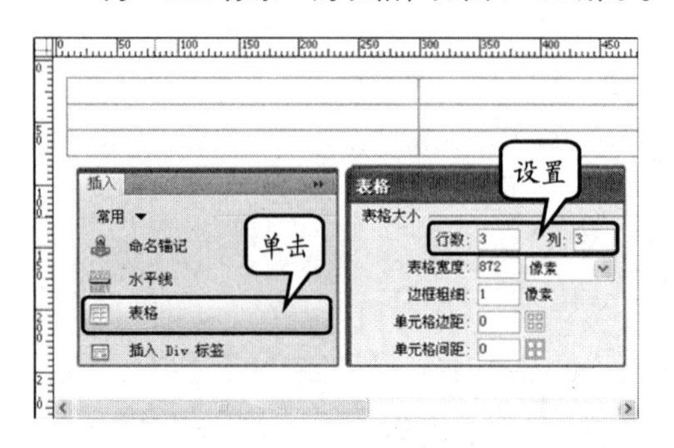

图 5-38　插入表格

2. 分别选择第一行和第三行所有单元格，单击【属性】检查器中的【合并单元格】按钮，将单元格进行合并，如图 5-39 所示。

3. 单击【插入】面板中的【图像】按钮 图像 中的小三角，在弹出的【选择图像源文件】对话框中依次选择图像“top.gif”、“left.gif”、“right.gif”和“foot.gif”，并放到相应的位置，调整单元格大小，如图 5-40 所示。

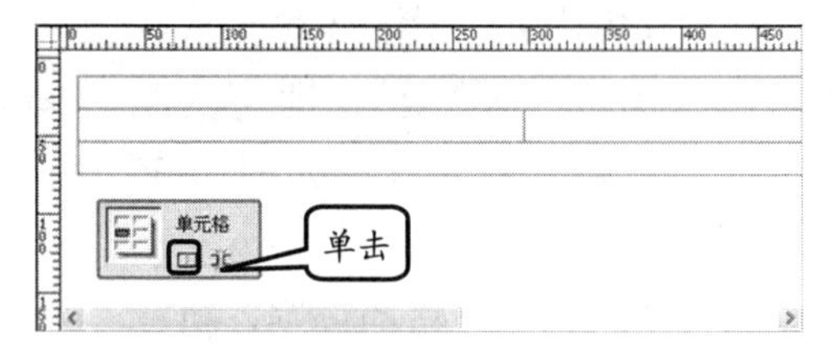

图 5-39　合并单元格

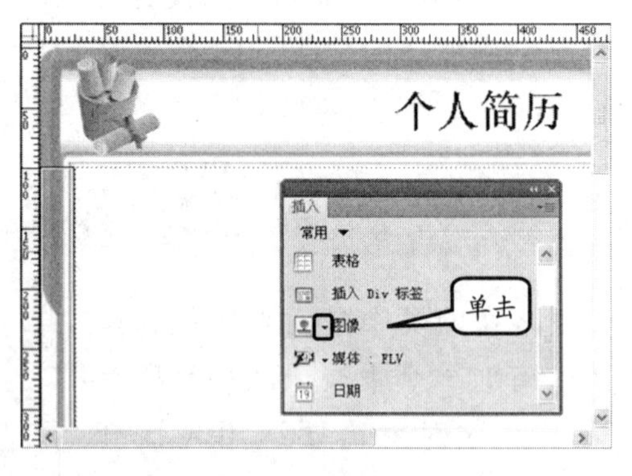

图 5-40　插入图像

4. 将光标置于第 2 行第 2 列的单元格中，插入一个 27 行 × 5 列的嵌套表格，并设置【宽度】为“688 像素”，调整表格高度适应最

大边框，如图 5-41 所示。

图 5-41　插入嵌套表格

5　打开【CSS 样式】面板，单击【新建 CSS 规则】按钮，在【新建 CSS 规则】对话框中输入【选择器名称】为"tbg"。然后，在【tbg 的 CSS 规则定义】对话框中单击【背景】选项，设置【Background-color】为"#4bacc6"（蓝色），在【属性】检查器中，设置【类】为"tbg"，如图 5-42 所示。

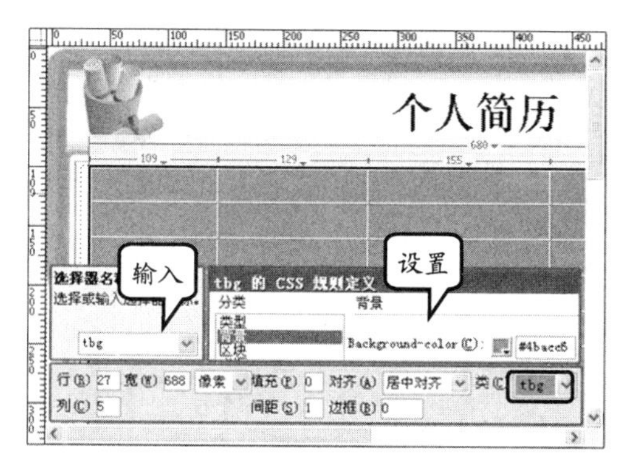

图 5-42　为表格加背景颜色

6　选择所有单元格，在【属性】检查器中，设置【背景颜色】为"白色"（#FFFFFF），制作细线边框表格，如图 5-43 所示。

7　选择第 1 行并按 Ctrl 键单击第 2、3、4、5 行的最后 1 列和第 6 行的后两列单元格，在【属性】检查器中单击【合并单元格】按钮，并在相应的地方输入文字，如图 5-44 所示。

8　按照相同的方法合并第 7 行和第 13 行所有单元格，然后选择第 8、9、10、11、12 行的后 4 列单元格并依次合并，如图 5-45 所示。

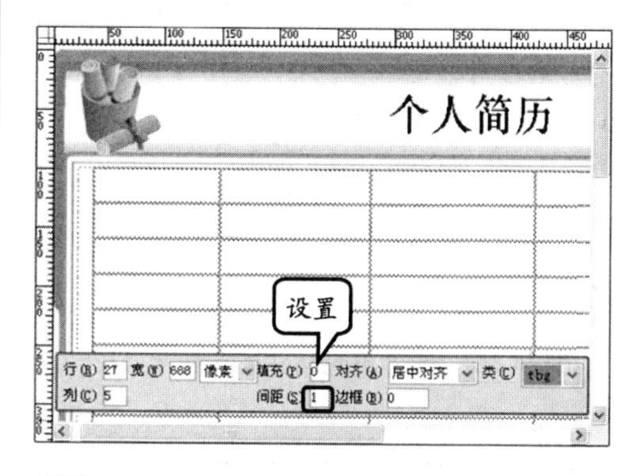

图 5-43　制作细线表格

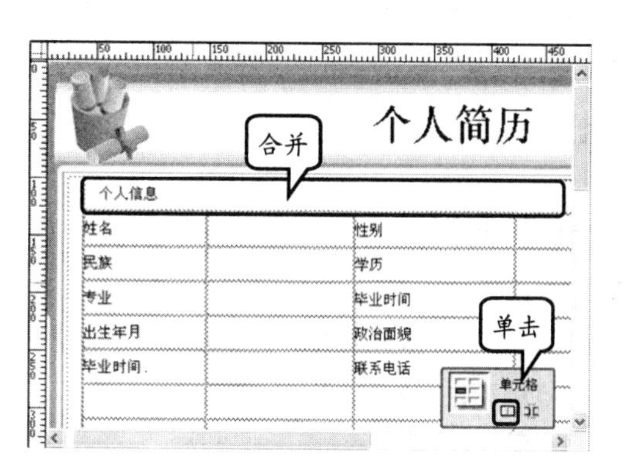

图 5-44　合并单元格添加文字

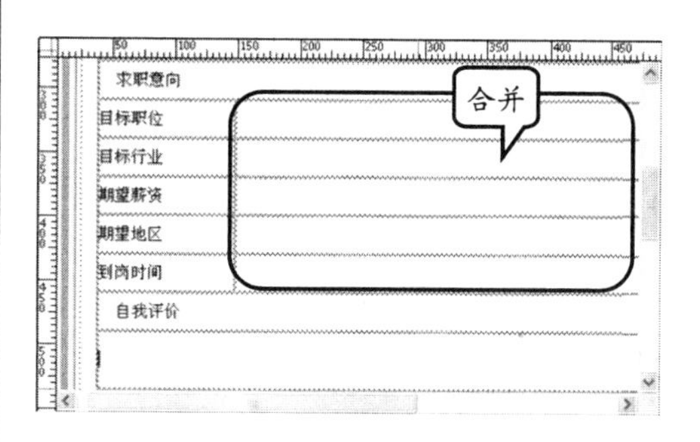

图 5-45　合并单元格并添加文字

9　合并第 15 行和第 19 行所有单元格，然后分别合并第 16、17、18 行的第 2、3 列和第 4、5 列单元格，最后依次合并第 20、21、22、23 行的后 4 列单元格，如图 5-46 所示。

10　合并第 24、25、26、27 行所有单元格，并在第 24、26 行单元格中输入文字，如图 5-47 所示。

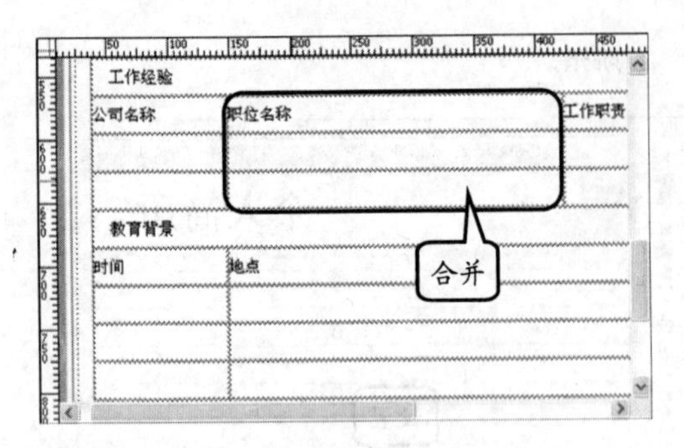

图 5-46　合并单元格并添加文字

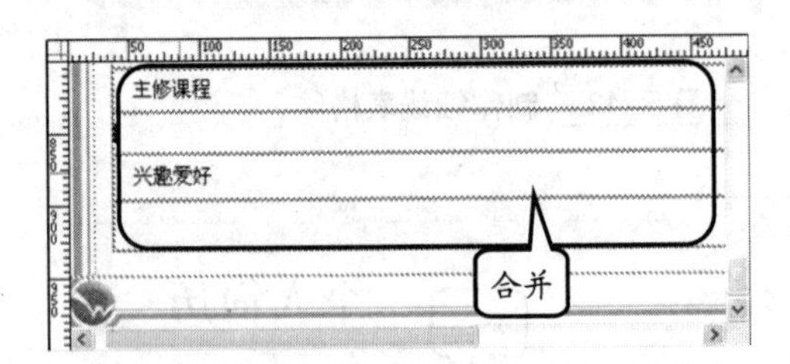

图 5-47　合并单元格并输入文字

11 选择所有带文字项目的单元格，在【属性】检查器中，设置【水平】对齐方式为“居中对齐”;【背景颜色】为“灰色”(#efefef)，如图 5-48 所示。

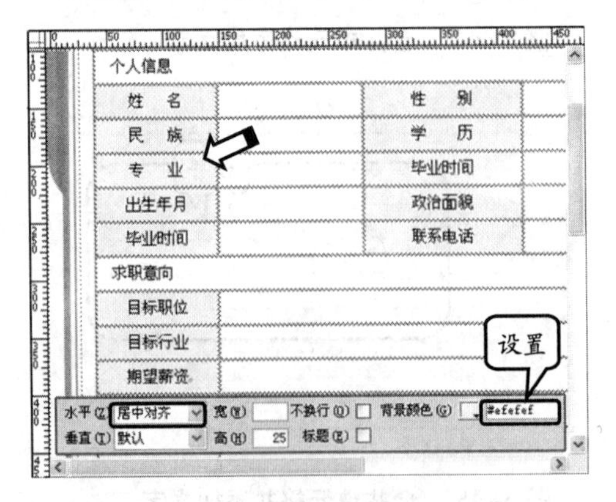

图 5-48　设置单元格背景颜色

12 选择所有带项目标题的单元格，在【属性】检查器中，单击【加粗】按钮 **B**，设置【背景颜色】为“蓝色”(#d2eaf1);【高】为“28”，如图 5-49 所示。

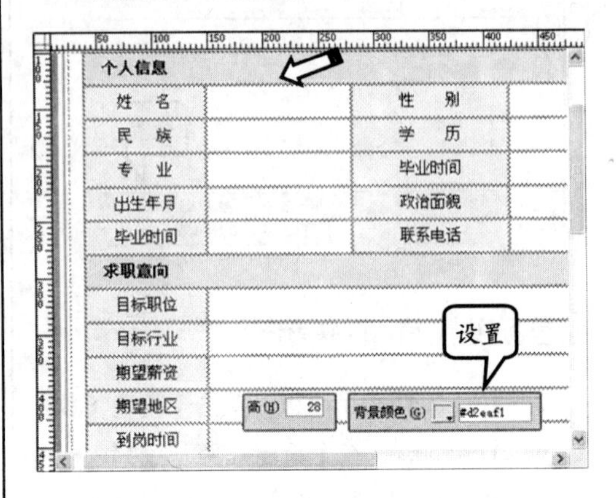

图 5-49　设置文字属性

13 将光标放入第 2 行最后 1 列的单元格中，单击【插入】面板中图像按钮，在弹出的【选择图像源文件】对话框中选择图像“head.jpg”。然后，设置【对齐】方式为“居中”，调整单元格大小，如图 5-50 所示。

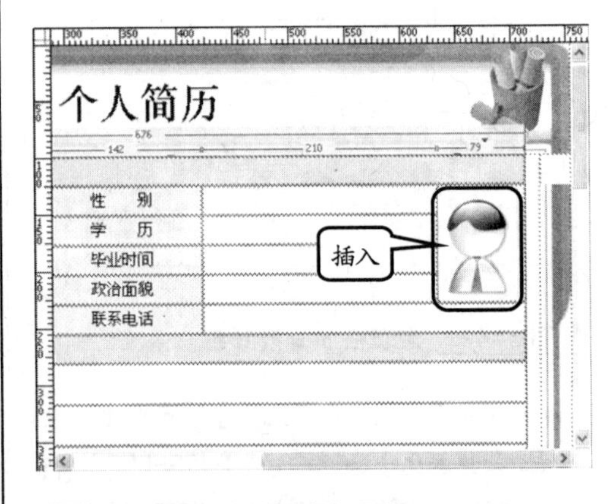

图 5-50　插入头像图片

5.5　课堂练习：制作购物车页

在网络商城购物时，当选择某一商品后会自动放在购物车中，然后用户可以继续购买物品。当选择完所有所需的商品后，网站将会通过一个表格将这些商品以表格的形式逐个列举出来，如图 5-51 所示。

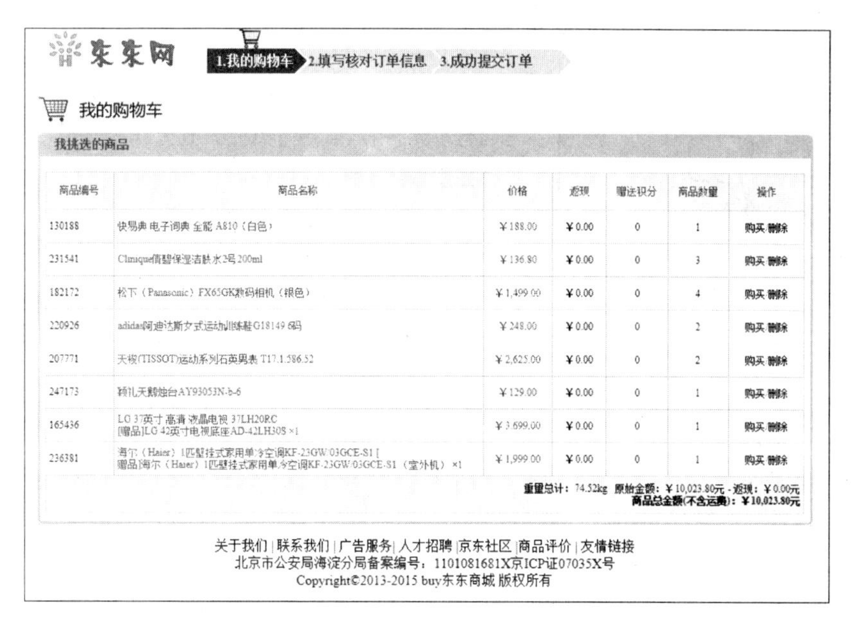

图 5-51 购物列表

操作步骤：

1. 打开“index.html”素材文件，将光标置于ID为carList的Div层中。然后，单击【插入】面板【常用】选项中的【表格】按钮，创建一个10行×7列【宽度】为“100像素”的表格，如图5-52所示。

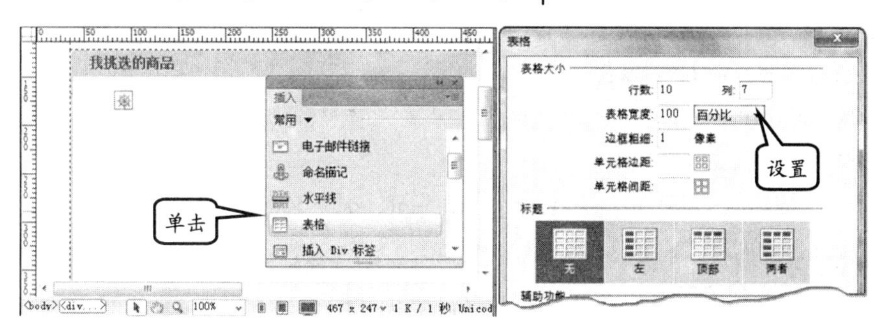

图 5-52 插入表格

2. 在【属性】检查器中，设置【填充】为4；【间距】为1；【对齐】方式为居中对齐，如图5-53所示。
3. 在标签栏中，选择<table>标签，在【CSS样式】面板中，设置表格【背景颜色】为“蓝色”（#aacded），如图5-54所示。
4. 选择所有单元格，在【属性】检查器中，设置【背景颜色】为“白色”（#FFFFFF），如图5-55所示。

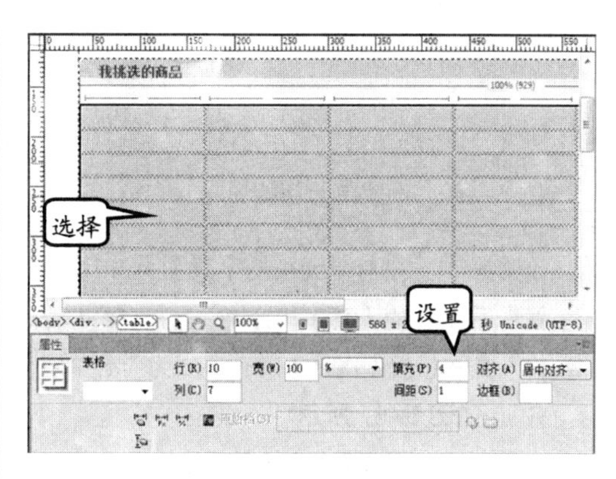

图 5-53 设置表格参数

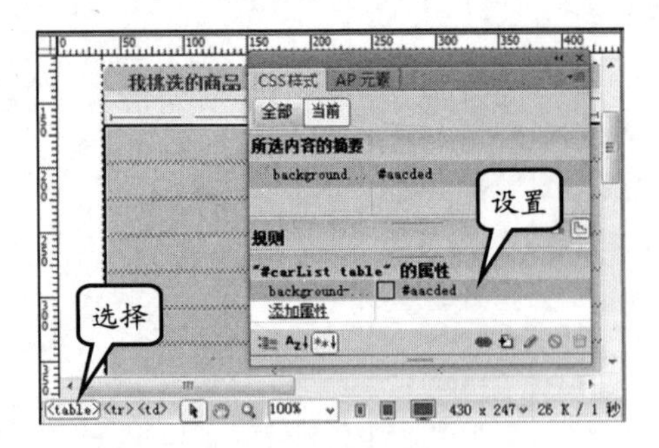

图 5-54 设置背景颜色

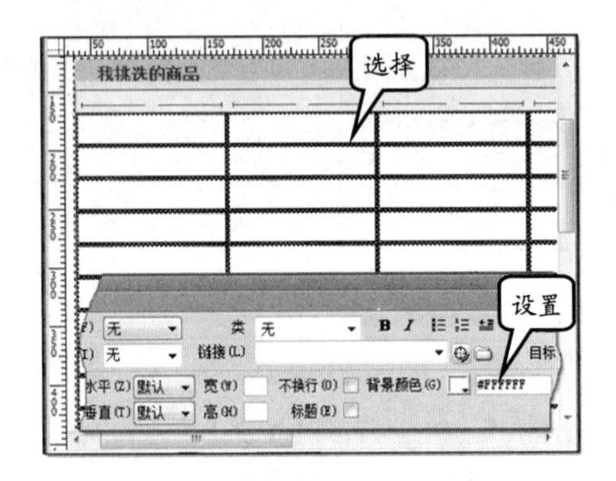

图 5-55 设置单元格背景颜色

5 选择第 1 行和最后 1 行所有单元格，在【属性】检查器中，设置【背景颜色】为“蓝色”（#ebf4fb），如图 5-56 所示。

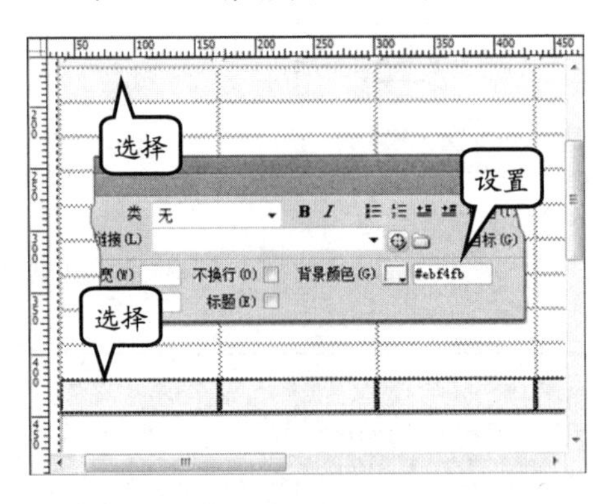

图 5-56 设置单元格背景

6 设置第 1 行所有单元格的【高】为 35；设置最后 1 行的【高】均为 40，并在第 1 行输入文本设置【水平】对齐方式为“居中对齐”，如图 5-57 所示。

7 合并最后 1 行单元格，然后分别在单元格中输入相应的文本，在【属性】检查器中设置第 2~9 行的第 3~7 列单元格的【水平】对齐方式为“居中对齐”；【高】为 30；最后 1 行单元格的【水平】对齐方式为“右对齐”，如图 5-58 所示。

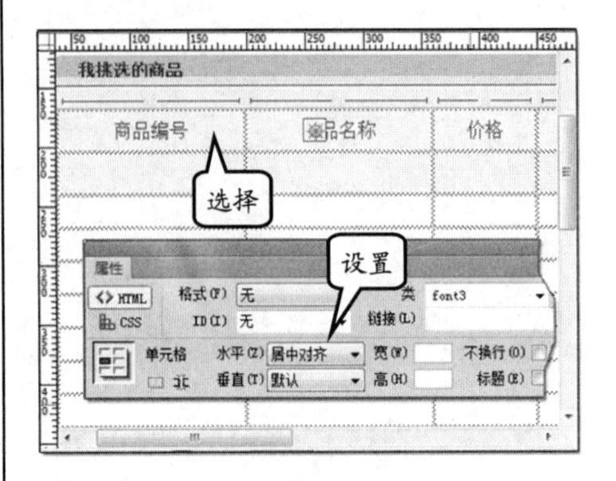

图 5-57 设置文本样式

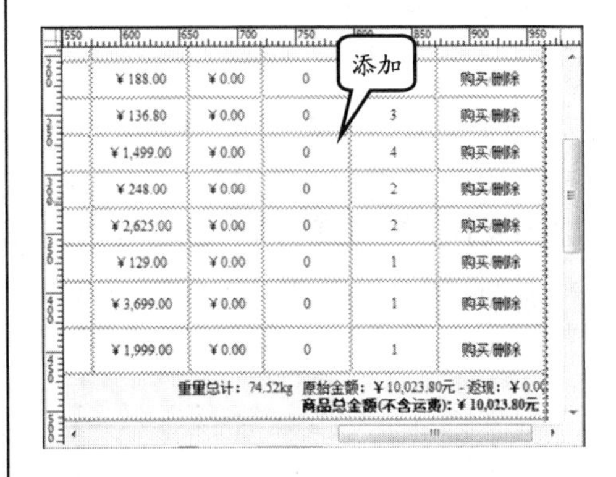

图 5-58 添加文本

8 在 CSS 样式属性中，分别创建类名称为 font3、font4、font5 的文本样式。然后选择第 1 行所有单元格在【属性】检查器中设置【类】为“font3”，选择第 2~9 行的第 2 列设置【类】为“font5”；第 3 列设置【类】为“font4”。其中，文本的样式代码如下：

```
.font3{
    color:#444444;
}
.font4{
    color:#ff0000;
}
.font5{
    color:#005ea7;
}
```

5.6 课堂练习：创建博客页

博客，又译为网络日志、部落格或部落阁等，是一种通常由个人管理、不定期张贴新的文章的网站。博客是继 E-mail、BBS、ICQ 之后出现的第四种网络交流方式，至今已十分受大家的欢迎，是网络时代的个人“读者文摘”，是以超级链接为武器的网络日记，代表着新的生活方式和新的工作方式，更代表着新的学习方式。

本练习中，将使用文本、图像、超链接和表单等网页元素，完成博客页的制作，如图 5-59 所示。

图 5-59 效果图

操作步骤：

1. 新建 blog.html 文档，插入名称为 header-wrap 的 Div 层，用于添加网页的头部内容并设置 CSS 样式，如图 5-60 所示。
2. 在 header-wrap 层中，创建名称为 nav 的 Div 层，在 nav 层中，使用 ul 项目列表为网页添加导航条并设置 CSS 样式，如图 5-61 所示。
3. 在 header-wrap 层中，创建名称为 quick-search 的 Form 表单，用于制作网页的搜索功能。在表单中添加文本框和按钮并设置 CSS 样式，如图 5-62 所示。

图 5-60 添加 header-wrap 层

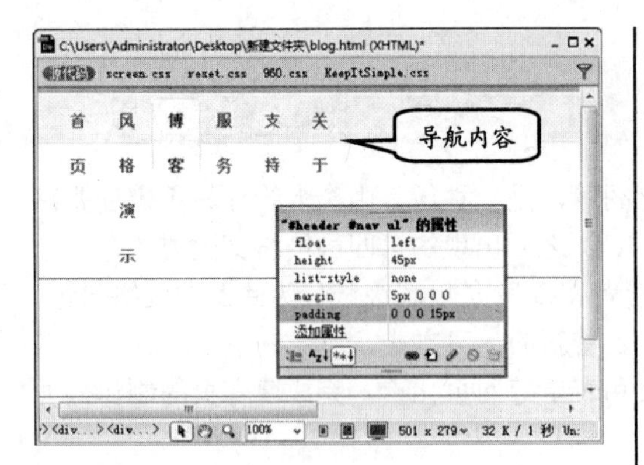

图 5-61 添加导航条

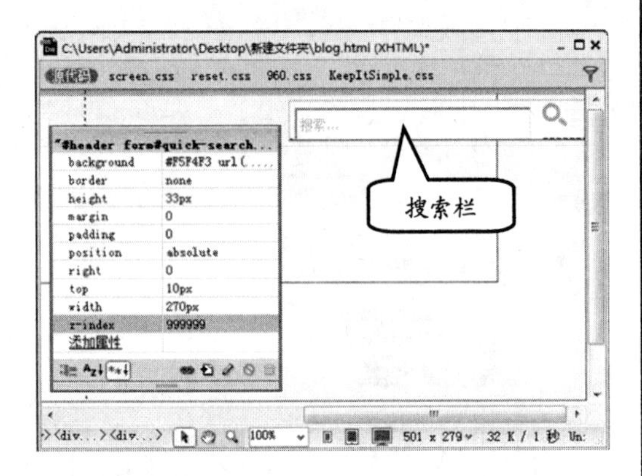

图 5-62 添加搜索功能

4 在 header-wrap 层中，插入名称为 logo-text的h1标签，用于制作网页的主题。然后，在 h1 标签中，输入标题和内容并设置字体大小和颜色等 CSS 样式，如图 5-63 所示。

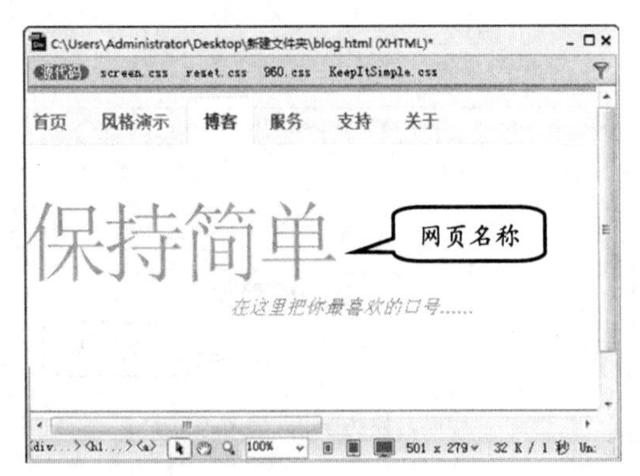

图 5-63 添加主题名称

5 在 header-wrap 层中，插入名称为 header-image 的 Div 层，用于存放网页头部右侧的背景图片。设置 header-image 层的大小和背景等 CSS 样式，如图 5-64 所示。

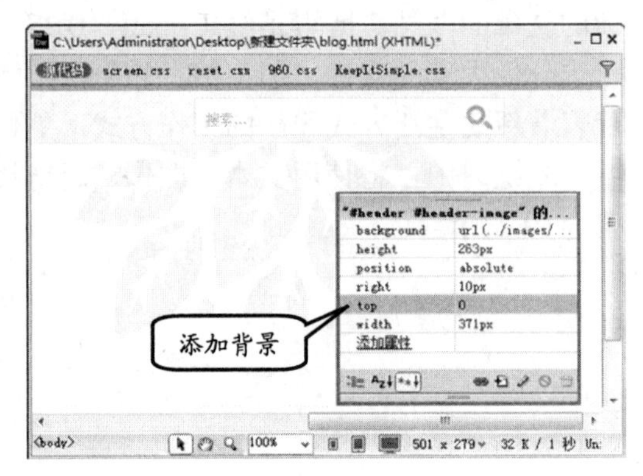

图 5-64 设置背景

6 创建名称为 content-wrapper 的 Div 层，用于制作网页的主题内容。在该层中插入名称为 main 的 Div 层，用于输入网页的文章、评论等内容。在 main 层中，使用 h2 标签输入文章标题，p 标签输入文章内容并设置 CSS 样式，如图 5-65 所示。

图 5-65 输入内容

7 创建博客的回复部分。使用 h2 创建标题，ol 编号列表创建回复内容部分并设置 CSS 样式，如图 5-66 所示。

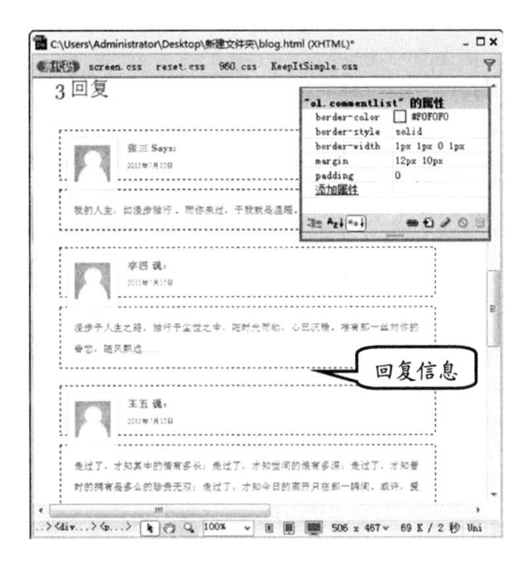

图 5-66 添加回复

8 创建发表评论部分，使用 h3 添加标题。添加名称为 commentform 的 Form 表单，发表评论内容。设置 Form 表单的 CSS 样式，如图 5-67 所示。

图 5-67 添加表单

9 在表单中，添加名称为“名称（必填）”的 label 标签。然后添加 ID 为 name，值为“您的名字”的文本框，设置标签和文本框的 CSS 样式，如图 5-68 所示。

10 在表单中，添加名称为“电子邮箱（必填）”的 label 标签。然后添加 ID 为 E-mail，值为“您的邮箱”的文本框，设置标签和文本框的 CSS 样式，如图 5-69 所示。

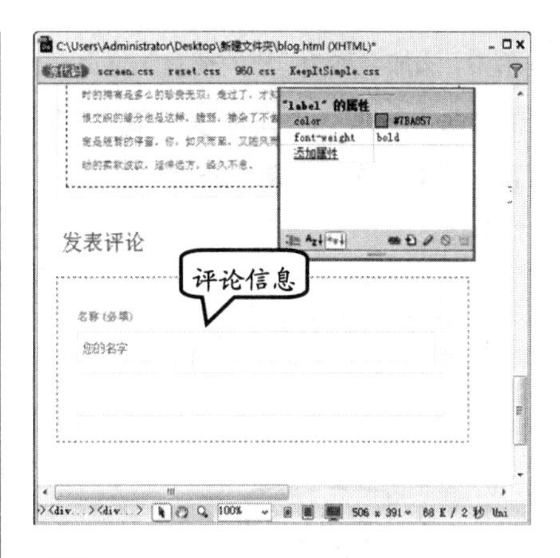

图 5-68 添加名称

图 5-69 添加电子邮箱

11 在表单中，添加名称为“网站”的 label 标签。然后添加 ID 为 website，值为“您的网站”的文本框，设置标签和文本框的 CSS 样式，如图 5-70 所示。

图 5-70 添加您的网站

12 在表单中，添加名称为“您的留言”的 label 标签。然后添加 ID 为 message，值为“您的留言”的文本框，设置 CSS 样式，如图 5-71 所示。

图 5-71 添加您的留言

13 在表单中，添加名称为“提交”的按钮，为按钮设置 CSS 样式，如图 5-72 所示。

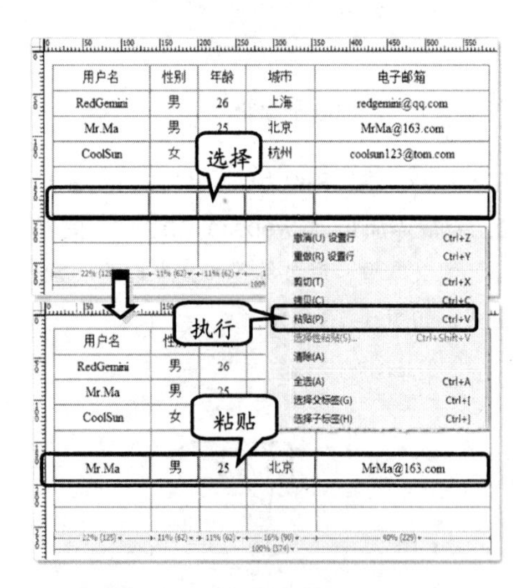

图 5-72 添加按钮

14 插入 Div 层，设置层的 CSS 样式类为“sidemenu”，用于添加“工具栏菜单”导航链接。使用 h3 标签添加导航标题，使用 ul 项目列表添加导航链接并设置 CSS 样式，如图 5-73 所示。

15 插入 Div 层，设置层的 CSS 样式类为“sidemenu”，用于添加“链接”导航链接。使用 h3 标签添加导航标题，使用 ul 项目列表添加导航链接并设置 CSS 样式，如图 5-74 所示。

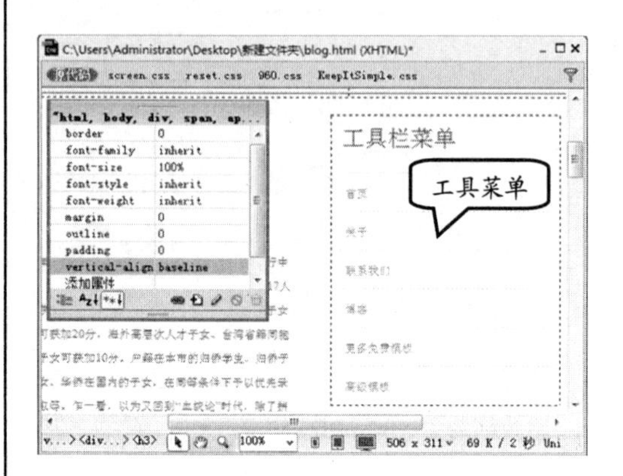

图 5-73 工具栏菜单

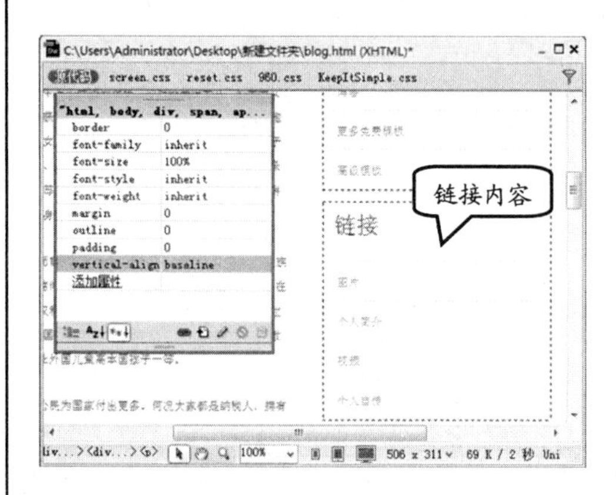

图 5-74 链接

16 插入 Div 层，设置层的 CSS 样式类为“sidemenu”，用于添加“保荐人”导航链接。使用 h3 标签添加导航标题，使用 ul 项目列表添加导航链接并设置 CSS 样式，如图 5-75 所示。

17 添加“格言”和“支持我”版块。使用 h3 标签添加标题，使用 p 标签添加内容并设置 CSS 样式，如图 5-76 所示。

18 添加 CSS 样式名称为 grid_4 omega 的 Div

层，用于制作精选博文版块。在该层中，插入 CSS 样式名称为 featured-post 的 Div 层，添加博文并设置 CSS 样式，如图 5-77 所示。

图 5-75 保荐人

图 5-76 "格言"和"支持我"版块

19 添加 ID 为 footer-bottom 的 Div 层，用于制作博文的版尾部分。版尾部分由两部分组成，分别是左侧的版权部分，右侧的导航部分。添加版尾内容并设置 CSS 样式，如图 5-78 所示。保存网页，完成博客页的制作。

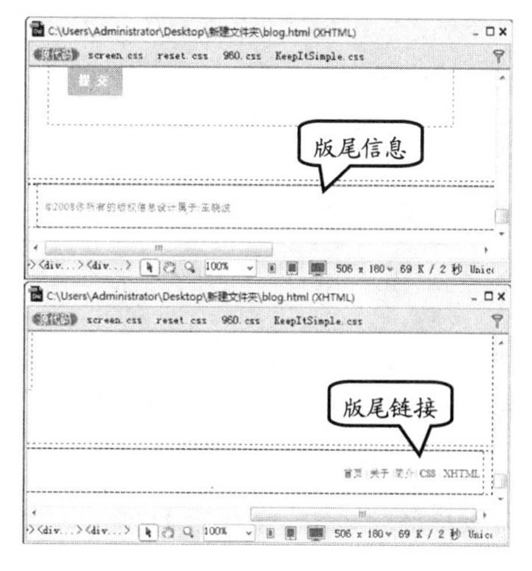

图 5-77 精选博文

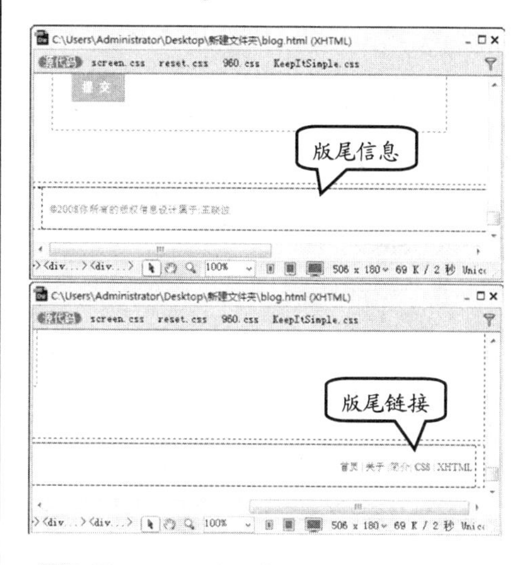

图 5-78 版尾部分

5.7 思考与练习

一、填空题

1. 在【表格】对话框中，【表格宽度】有两种可选择的单位，一种是百分比，另一种是__________。

2. 在【标准】模式中创建表格，可以单击【常用】选项卡中的【__________】按钮。

3. 用户可以在每列的标尺中，单击列标尺宽度，执行__________命令可以清除列的宽度。

4. 将鼠标移动到表格的左上角、上边框或者下边框的任意位置，或者行和列的边框，当光标箭头后面尾随__________图标时（行和列的边框除外），单击即可选择整个表格。

5. 当选择整个表格后，在表格的右边框、下边框和右下角会出现__________个控制点。

6. __________可以将一个单元格以行或列的形式拆分成多个单元格。

二、选择题

1. 在 Dreamweaver 中，表格的主要作用是__________。

A. 用来组织数据

B. 用来表现图片

C. 实现网页的精确排版和定位

D. 用来设计新的页面

2. 要想合并单元格，首先选择要合并的单元格，然后单击【属性】检查器中的【合并所选单元格】按钮__________。

A.

B.

C.

D.

3. 在选择多个单元格时，按__________键可以选择不连续单元格。

A. Shift

B. Ctrl

C. Alt

D. Enter

4. 如果用户将表格中的某一行设置为标题，则在【属性】检查器中，可以执行下列__________操作。

A. 设置格式属性

B. 应用类选项

C. 设置标题

D. 启用【标题】复选框

5. 当用户在表格中，删除一行内容时，则下面的内容将__________。

A. 不变

B. 上移

C. 与上行合并

D. 与下行合并

6. 当用户在标签器中，单击<tr>标签时，则__________。

A. 删除该标签

B. 选择这个标签

C. 选择所在表格中的一行内容

D. 选择所在表格中的一列内容

三、简答题

1. 如何在表格中插入文本？

2. 如何设置单元格的高？

3. 如何删除一行内容？

4. 如何调整行高？

四、上机练习

1. 复制单元格内容

选择要复制的一个或多个单元格，执行【编辑】|【拷贝】命令，或者按 Ctrl+C 组合键，即可复制所选的单元格及其内容，如图 5-79 所示。

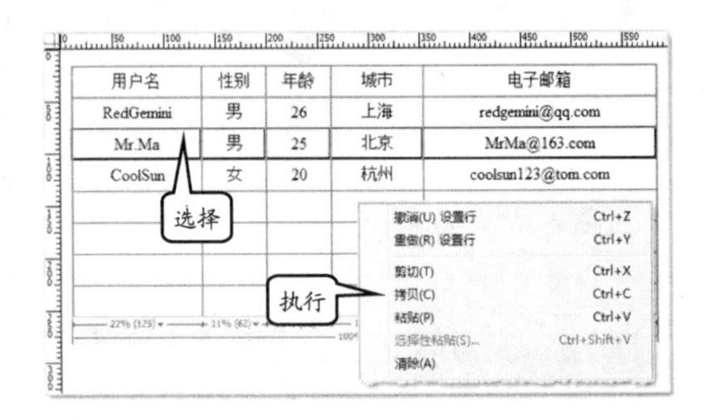

图 5-79 拷贝内容

选择要粘贴单元格的位置，执行【编辑】|【粘贴】命令，或者按 Ctrl+V 组合键，即可将源单元格的设置及内容粘贴到所选的位置，如图 5-80 所示。

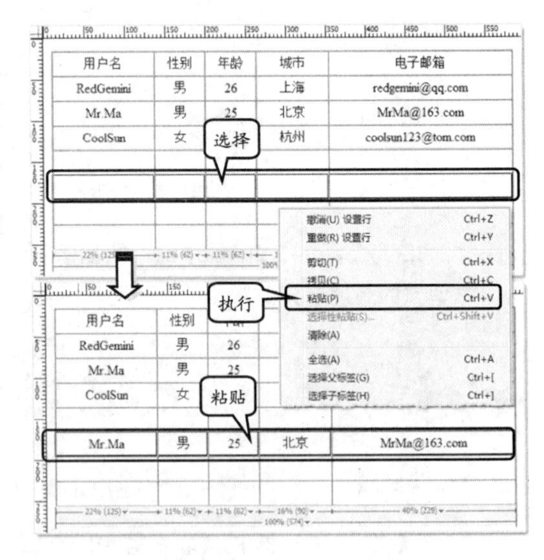

图 5-80 粘贴内容

2. 导入外部数据

如果要导入外部的表格式数据，单击【插入】面板的【数据】选项卡中的【导入表格式数据】按钮 导入表格式数据，在弹出的对话框中选择数据文件，并设置【定界符】及表格的相关参数即可，如图 5-81 所示。

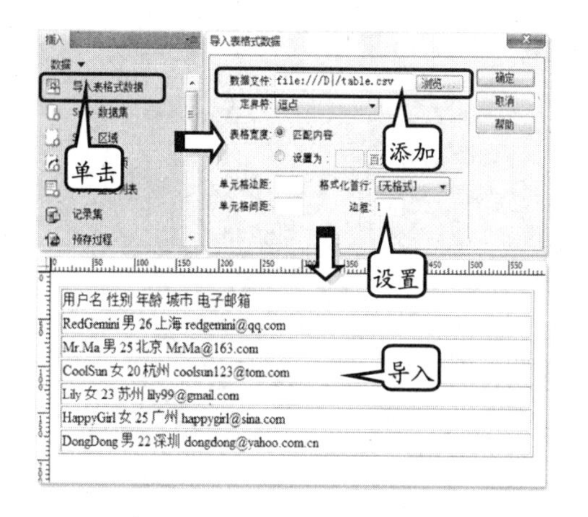

图 5-81 导入数据

第 6 章

Div 标签与 CSS 样式表

<Div>标签也是<html>众多标签中的一个，它就相当是一个容器或一个方框，用户可以把网页上的文字、图片等都放到这个容器中。

这种方法的好处是有利于网站的布局，比如把网页的各元素按着分类都在<Div>标签中放好，再把<Div>标签按着顺序排起来，整个网站的代码看起来很有条理性。

通过 CSS 样式表，可以统一地控制<html>中各标签的显示属性，可以更有效地控制网页外观，可以扩充精确指定网页元素位置。

本章通过学习<Div>标签和 CSS 样式表，来了解网页页面的美化，以及网页布局等内容。

本章学习要点：

- 插入 Div 标签布局
- CSS 样式的基础知识
- 创建 CSS 样式
- CSS 语法与选择器

6.1 插入 Div 标签布局

在之前的章节中，介绍了文本、图像、多媒体元素、表格和超链接等对象，这些对象被统称为网页的内容对象。在本章将引入一个全新的对象类型，即布局对象。

6.1.1 插入布局对象

简单地说，布局对象是一种“容器”，其可以将网页分隔成若干块，存放各种内容对象，从而定制内容对象的位置和其他一些属性。网页中布局对象与内容对象的关系如图 6-1 所示。

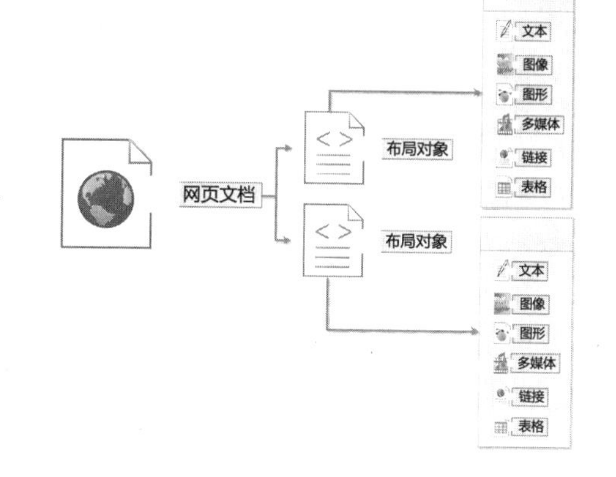

图 6-1 布局对象与内容对象的关系

<Div>标签是网页中最基本的布局对象，也是最常见的布局对象。它可以分为两种，即普通 Div 布局对象和 AP Div 布局对象。

普通 Div 布局对象是未定义任何样式属性的 Div 布局对象。由于其本身没有任何属性，因此用户可以方便地为其定义各种属性，以满足不同的需要。

在 Dreamweaver 中，用户可在【插入】面板中选择【布局】列表，单击【插入 Div 标签】按钮 插入 Div 标签，即可打开【插入 Div 标签】对话框，如图 6-2 所示。

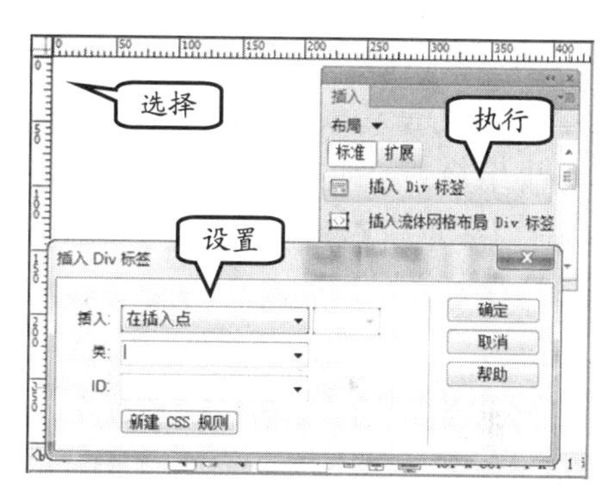

图 6-2 插入 Div 布局对象

在【插入 Div 标签】的对话框中，提供了与 Div 标签相关的多种属性。通过这些属性，用户可以建立自定义的 Div 标签，如表 6-1 所示。

表 6-1 Div 标签的各种属性

属性		作用
插入	在插入点	将 Div 标签插入到当前光标所指示的位置
	在开始标签结束之后	将 Div 标签插入到选择的开始标签之后
	在结束标签之前	将 Div 标签插入到选择的开始标签之前
开始标签		如在【插入】的下拉列表中选择“在开始标签结束之后”或“在结束标签之前”的项目后，即可在此列表中选择文档中所有的可用标签来作为开始标签
类		定义 Div 标签可用的 CSS 类
ID		定义 Div 标签在网页中唯一的编号标识
新建 CSS 规则		根据该 Div 标签的 CSS 类或编号标记等，为该 Div 标签建立 CSS 样式。关于 CSS 样式，请参考之后相关的小节

在设置了<Div>标签的属性后，即可单击【确定】按钮，插入 Div 布局对象。此时，Dreamweaver 会为 Div 布局对象添加一段文本以方便用户选择该布局对象，如图 6-3 所示。

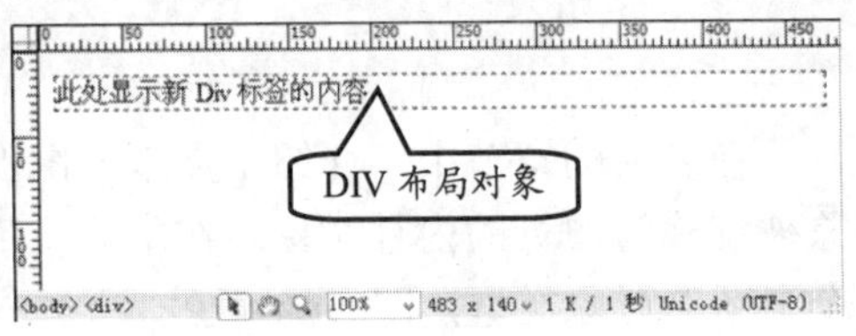

图 6-3　插入的 Div 布局对象

提　示

用户也可以执行【插入】|【布局对象】|【Div 标签】命令，同样可打开【插入 Div 标签】对话框，设置属性并插入<Div>标签。

6.1.2　插入 AP Div 布局对象

AP Div 是一种特殊的<Div>标签，其本身已经被赋予了 ID 属性，并定义了位置、尺寸等 CSS 样式属性。Dreamweaver 允许用户绘制、拖曳编辑 AP Div，以为其中的内容对象定位。

1. 插入 AP Div 对象

在【插入】面板中的【布局】列表内，单击【绘制 AP Div】按钮 。然后，通过鼠标在文档中绘制 AP Div 对象的矩形轮廓，如图 6-4 所示。

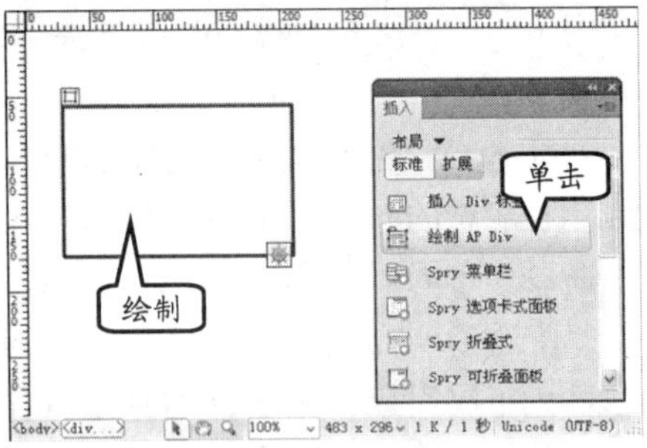

图 6-4　绘制 AP Div 布局对象

如果用户需要快速绘制多个 AP Div 布局对象，则可以先单击【绘制 AP Div】按钮 。然后，按住 Ctrl 键，依次绘制 AP Div 元素，如图 6-5 所示。

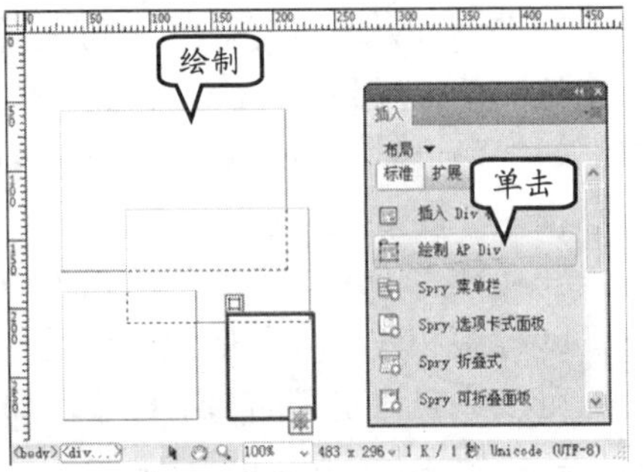

图 6-5　绘制多个 AP Div 布局对象

用户也可以执行【插入】|【布局对象】|【AP Div】命令，插入一个固定大小的 AP Div 元素，如图 6-6 所示。再通过各种编辑方式改变其大小，以将之应用于网页。

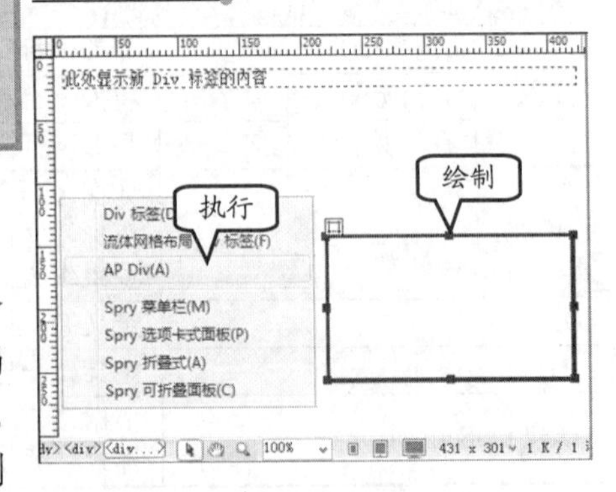

图 6-6　插入 AP Div 布局对象

提　示

关于插入的固定大小的 AP Div 元素，用户可以在 Dreamweaver 中执行【编辑】|【首选参数】命令，在弹出的【首选参数】对话框中单击【AP 元素】列表项目，对固定大小的 AP Div 元素属性进行修改。

2. 嵌套 AP Div 布局对象

Dreamweaver 不仅允许用户为网页插入多个 AP Div 布局对象，还允许用户将这些 AP Div 布局对象相互嵌套，增强其灵活性，以实现复杂的布局。

在嵌套 AP Div 布局对象时，用户可首先绘制一个父 AP Div 布局对象。然后，将鼠标光标置于

该布局对象中，执行【插入】|【布局对象】|【AP Div】命令，即可插入一个子 AP Div 布局对象，并嵌套到父 AP Div 布局对象中，如图 6-7 所示。

除此之外，用户也可以在选中父 AP Div 布局对象后，在【插入】面板的【布局】列表中，按住【绘制 AP Div】按钮 绘制 AP Div ，将其拖曳至父 AP Div 布局对象中，同样可绘制嵌套的 AP Div 布局对象，如图 6-8 所示。

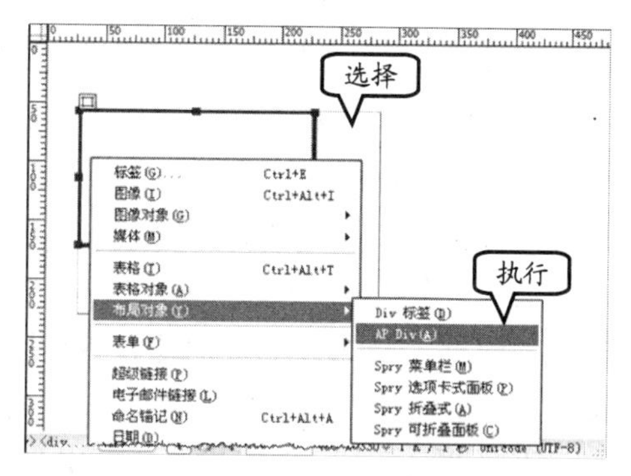

图 6-7 嵌套 AP Div 布局对象

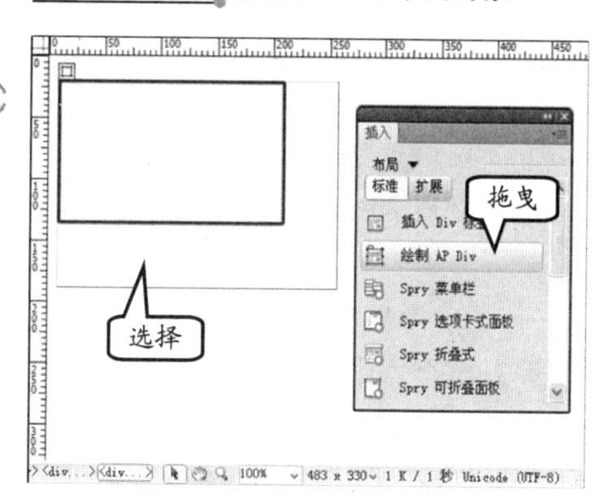

图 6-8 拖曳子布局对象

6.1.3 操作 AP Div 布局对象

在创建了 AP Div 布局对象后，用户还可以对其进行选择、拖曳和编辑等操作。除此之外，用户也可以在【属性】检查器中设置其属性。

1. 选择 AP Div 布局对象

在操作 AP Div 布局对象之前，需要先对其进行选择。Dreamweaver 提供了两种选择 AP Div 布局对象的方式：一种是直接单击选择，另一种则是通过【AP 元素】面板实现选择。

对于单独或互不重叠的 AP Div 布局对象而言，用户可以直接将鼠标光标置于 AP Div 布局对象的轮廓线上，当鼠标光标转换为“十字箭头”形状✥后，即可进行选择，如图 6-9 所示。

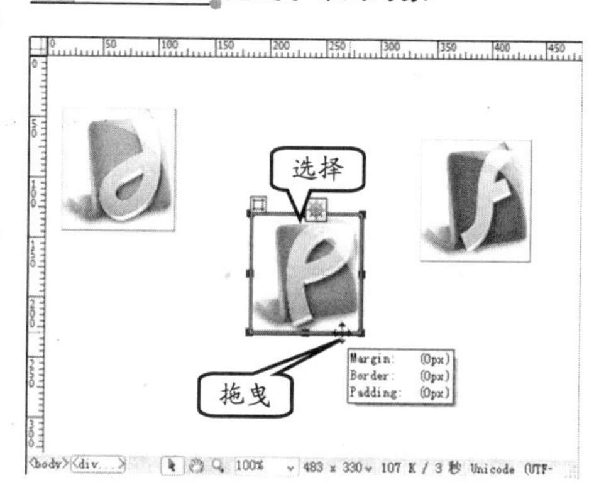

图 6-9 选择 AP Div 布局对象

如多个 AP Div 布局对象相互重叠难于用鼠标选择，则用户可以执行【窗口】|【AP 元素】命令，激活【AP 元素】面板。在该面板的列表中，单击选择 AP Div 布局对象，如图 6-10 所示。

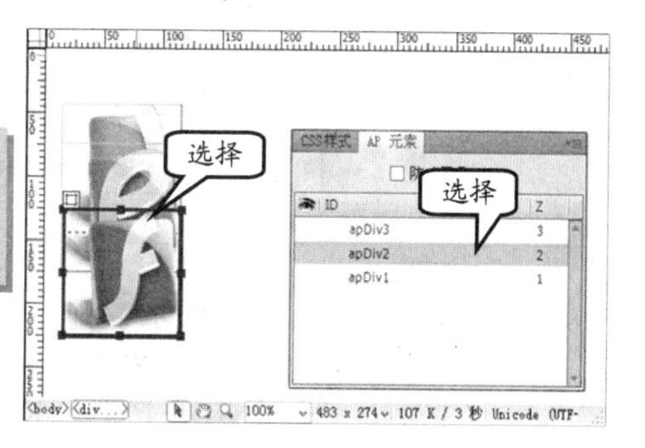

图 6-10 选择重叠的 AP Div 布局对象

提 示

如用户需要同时选择多个 AP Div 布局对象，则可以按住 Shift 功能键，依次单击选择 AP Div 布局对象，或在【AP 元素】面板中依次单击选择即可。

2. 设置 AP Div 布局对象的可见性

如用户需要设置 AP Div 布局对象的可见性，

也可通过【AP 元素】面板实现。在【AP 元素】面板中，将鼠标光标移动至布局对象的【ID】属性之前，在鼠标下方显示矩形方框时单击鼠标。

此时，矩形方框将被切换为“闭眼”图标。同时，AP Div 布局对象也将被隐藏起来，如图 6-11 所示。

在隐藏 AP Div 布局元素后，用户可以单击“闭眼”图标，将其转换为“睁眼”图标。此时，即可重新定义 AP Div 布局元素为显示状态，如图 6-12 所示。

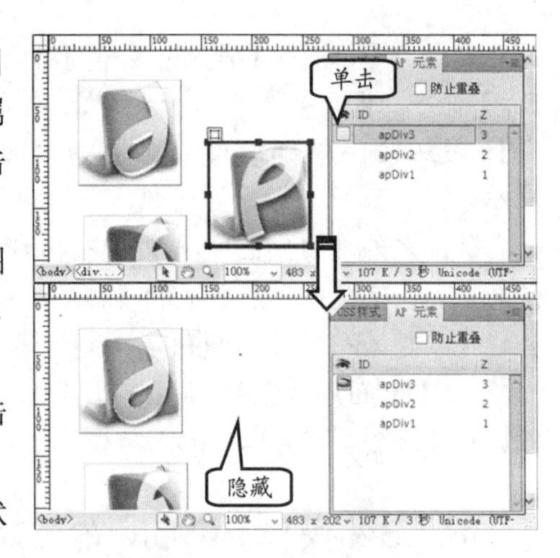

图 6-11 隐藏 AP Div 布局元素

3. 设置 AP Div 布局对象属性

在选中 AP Div 布局对象后，用户还可以在【属性】检查器中，设置其各种属性，如图 6-13 所示。

AP Div 布局对象的具体属性设置如表 6-2 所示。

相比普通的 Div 布局对象，AP Div 可以定制任意的位置、尺寸和层叠顺序。因此，AP Div 布局对象为更加灵活布局方式，通常应用于网页的各种浮动广告条中。

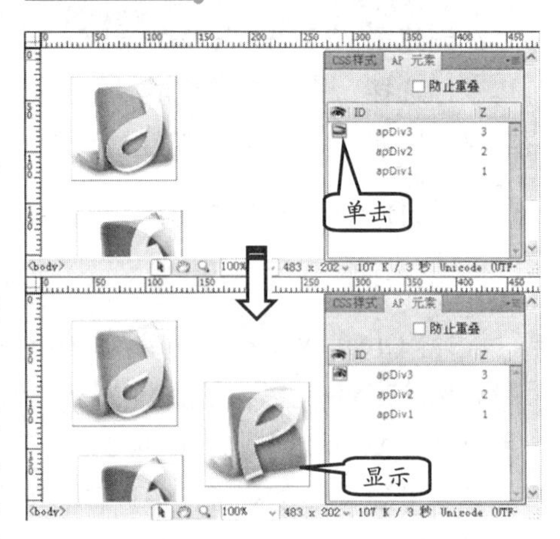

图 6-12 显示 AP Div 布局元素

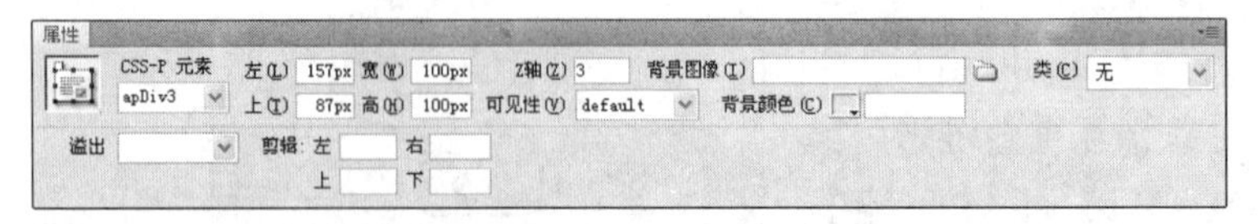

图 6-13 AP Div 布局对象的属性

表 6-2 AP Div 布局对象的属性

属性		作用
布局对象 ID		定义 AP Div 布局对象在网页文档中唯一的标识
对象位置	左	定义 AP Div 布局对象与外部容器左侧边框之间的距离
	上	定义 AP Div 布局对象与外部容器顶部边框之间的距离
对象尺寸	宽	定义 AP Div 布局对象的宽度
	高	定义 AP Div 布局对象的高度
Z 轴		如果网页文档中包含多个 AP Div 布局对象，则该属性用于定义这些 AP Div 之间层叠的顺序。其中 0 为底层，999 为高层
背景图像		定义 AP Div 布局对象的背景图像 URL 地址

续表

属性		作用
可见性	default	定义 AP Div 布局对象的可见性属性执行默认值
	inherit	定义 AP Div 布局对象的可见性继承其父布局对象（IE 浏览器无效）
	visible	定义 AP Div 布局对象在任何情况下可见
	hidden	定义 AP Div 布局对象在任何情况下不可见
背景颜色		定义 AP Div 布局对象的背景颜色
溢出	visible	定义 AP Div 布局对象在任何情况下都显示超出其尺寸的内容
	hidden	定义 AP Div 布局对象在任何情况下都隐藏超出其尺寸的内容
	scroll	定义 AP Div 布局对象始终显示滚动条，通过滚动条显示溢出的内容
	auto	定义 AP Div 布局对象由浏览器决定是否显示滚动条
剪辑	左	在 AP Div 布局对象左侧剪切的部分内容宽度
	右	在 AP Div 布局对象右侧剪切的部分内容宽度
	上	在 AP Div 布局对象顶部剪切的部分内容宽度
	下	在 AP Div 布局对象底部剪切的部分内容宽度

6.2 CSS 样式表基础

CSS 样式表是设计网页的一种重要工具，CSS 样式表是 Web 标准化体系中最重要的组成部分之一。因此，只有了解了 CSS 样式表，才能制作出符合 Web 标准化的网页。

6.2.1 了解 CSS 样式表

CSS 样式在网页设计中，已经成为主导技术。许多网站开发中，都离不开 CSS 样式的应用。

1. 关于层叠样式表

层叠样式表（CSS）是一组格式设置规则，用于控制网页内容的外观。

通过使用 CSS 样式设置页面的格式，可将页面的内容与表示形式分离开。页面内容（即 HTML 代码）存放在 HTML 文件中，而用于定义代码表示形式的 CSS 规则存放在另一个文件（外部样式表）或 HTML 文档的另一部分（通常为文件头部分）中。

将内容与表示形式分离可使得从一个位置集中维护站点的外观变得更加容易，因为进行更改时无须对每个页面上的每个属性都进行更新。

将内容与表示形式分离还会可以得到更加简练的 HTML 代码，这样将缩短浏览器加载时间，并为存在访问障碍的人员简化导航过程。

使用 CSS 可以非常灵活并更好地控制页面的确切外观。使用 CSS 可以控制许多文本属性，包括特定字体和字号大小；粗体、斜体、下划线和文本阴影；文本颜色和背景颜色；链接颜色和链接下划线等。通过使用 CSS 控制字体，还可以确保在多个浏览器中以更一致的方式处理页面布局和外观。

除设置文本格式外，还可以使用 CSS 控制网页面中块级元素的格式和定位。块级元素是一段独立的内容，在 HTML 中通常由一个新行分隔，并在视觉上设置为块的格式。

例如，<h1>标签、<p>标签和<Div>标签都在网页面上产生块级元素。

2．关于 CSS 规则

CSS 格式设置规则由两部分组成：选择器和声明。

❑ **选择器**

标识已设置格式元素的术语（如 p、h1、类名称或 ID 等名称）。

❑ **声明**

它也称为“声明块”，用于定义样式属性。例如，在下面的 CSS 代码中，h1 是选择器，介于“大括号”({})之间的所有内容都是声明块：

```
h1 { font-size: 16 pixels; font-family: Helvetica; font-weight:bold; }
```

在声明块中，又由属性（如 font-family）和值（如 Helvetica）两部分组成。

在前面的 CSS 规则中，已经为<h1>标签创建了特定样式：所有链接到此样式的<h1>标签的文本的【字号】为 16px；【字体】为 Helvetica；【字形】为“粗体”。

样式（由一个规则或一组规则决定）存放在与要设置格式的实际文本分离的位置。因此，可以将<h1>标签的某个规则一次应用于许多标签。通过这种方式，CSS 可提供非常便利的更新功能。若在一个位置更新 CSS 规则，使用已定义样式的所有元素的格式设置将自动更新为新样式，如图 6-14 所示。

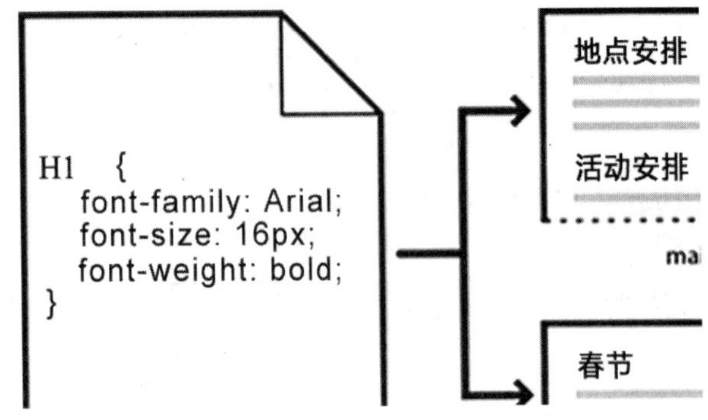

图 6-14 样式规则

而用户可以在 Dreamweaver 中定义以下样式类型：

❑ **类样式** 可以让样式属性应用于页面上的任何元素。

❑ **HTML 标签样式** 重新定义特定标签的格式。如创建或更改<h1>标签的 CSS 样式时，则应用于所有<h1>标签。

❑ **高级样式** 重新定义特定元素组合的格式，或其他 CSS 允许的选择器表单的格式。高级样式还可以重定义包含特定 id 属性的标签的格式。

6.2.2 CSS 样式表分类

CSS（Cascading Style Sheets，层叠样式表）是一种应用于网页的标记语言，其作用是为 HTML、XHTML 以及 XML 等标记语言提供样式描述。当网页浏览器读取 HTML、XHTML 或 XML 文档时，同时将加载相对应的 CSS 样式，即将按照样式描述的格式显示网页内容。

根据 CSS 样式表存放的位置以及其应用的范围，可以将 CSS 样式表分为三种，即外部 CSS、内部 CSS 以及内联 CSS 等。

1. 外部 CSS

外部 CSS 是一种独立的 CSS 样式。其一般将 CSS 代码存放在一个独立的文本文件中，扩展名为“.css”。

这种外部的 CSS 文件与网页文档并没有什么直接的关系。如果需要通过这些文件控制网页文档，则需要在网页文档中使用 link 标签导入。例如，使用 CSS 文档来定义一个网页的大小和边距，代码如下。

```
@charset "gb2312";
/* CSS Document */
body {
  width: 1003px;
  margin: 0px;
  padding: 0px;
  font-size: 12px
}
```

将 CSS 代码保存为文件后，即可通过 link 标签将其导入到网页文档中。例如，CSS 代码的文件名为“main.css”，代码如下。

```
<!DOCTYPE html PUBLIC "-//W3C//DTD XHTML 1.0 Transitional//EN"
"http://www.w3.org/TR/xhtml1/DTD/xhtml1-transitional.dtd">
<html xmlns="http://www.w3.org/1999/xhtml">
<head>
<meta http-equiv="Content-Type" content="text/html; charset=gb2312" />
<title>导入 CSS 文档</title>
<link href="main.css" rel="stylesheet" type="text/css" />
<!--导入名为 main.css 的 CSS 文档-->
</head>
<body>
</body>
</html>
```

在外部 CSS 文件中，通常需要在文件的头部创建 CSS 的文档声明，以定义 CSS 文档的一些基本属性。常用的文档声明包括 6 种，如表 6-3 所示。

表 6-3 CSS 文档的声明

声明类型	作　用	声明类型	作　用
@import	导入外部 CSS 文件	@fontdef	定义嵌入的字体定义文件
@charset	定义当前 CSS 文件的字符集	@page	定义页面的版式
@font-face	定义嵌入 XHTML 文档的字体	@media	定义设备类型

在多数 CSS 文档中，都会使用“@charset”声明文档所使用的字符集。除“@charset”声明以外，其他的声明多数可使用 CSS 样式来替代。

2. 内部 CSS

内部 CSS 与内联 CSS 类似，都是将 CSS 代码放在 XHTML 文档中。但是内部样式并不是放在其设置的 XHTML 标签中，而是放在统一的<style>标签中。

这样做的好处是将整个页面中所有的 CSS 样式集中管理，以选择器为接口供网页浏览器调用。例如，使用内部 CSS 定义网页的宽度以及超链接的下划线等，代码如下。

```
<!DOCTYPE html PUBLIC "-//W3C//DTD XHTML 1.0 Transitional//EN"
"http://www.w3.org/TR/xhtml1/DTD/xhtml1-transitional.dtd">
<html xmlns="http://www.w3.org/1999/xhtml">
<head>
<meta http-equiv="Content-Type" content="text/html; charset=gb2312" />
<title>测试网页文档</title>
<!--开始定义 CSS 文档-->
<style type="text/css">
<!--
body {
  width:1003px;
}
a {
  text-decoration:none;
}
-->
</style>
<!--内部 CSS 完成-->
</head>
<!--……………-->
```

提　示

虽然 XHTML 允许用户将 style 标签放在网页的任意位置，但在浏览器打开网页的过程中，其通常会以从上到下的顺序解析代码。因此，将 style 标签放置在网页的头部，可提前下载和解析 CSS 代码，提高样式显示的效率。

3. 内联 CSS

内联 CSS 是利用 XHTML 标签的 style 属性设置的 CSS 样式，又称嵌入式样式。内联式 CSS 与 HTML 的描述性标签一样，只能定义某一个网页元素的样式，是一种过渡型的 CSS 使用方法，在 XHTML 中并不推荐使用。内部样式不需要使用选择器。例如，使用内联式 CSS 设置一个表格的宽度，如下所示。

```
<table style="width:100px;">
  <tr>
    <td>宽度为 100px 的表格</td>
  </tr>
</table>
```

6.3 创建样式表

使用【CSS 样式】面板可以查看、创建、编辑和删除 CSS 样式，也可以将外部样式表附加到文档。

6.3.1 【CSS 样式】面板

在 Dreamweaver 中执行【窗口】|【CSS 样式】命令，即可切换该面板的显示和隐藏状态，当该面板处于显示状态时，如图 6-15 所示。

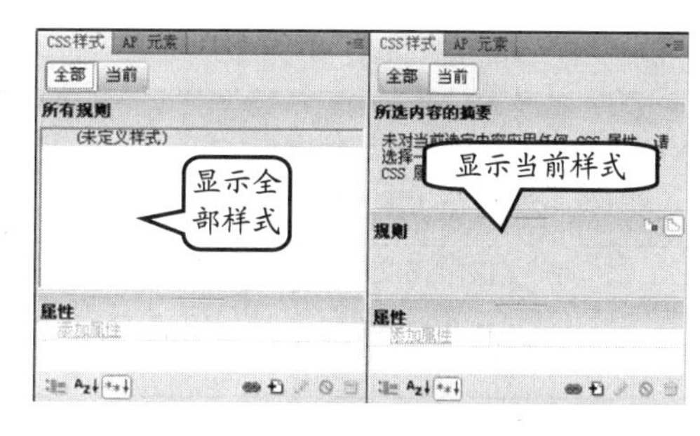

图 6-15 两种模式的【CSS 样式】面板

在制作网页的过程中，可以单击 CSS 面板中的按钮，对网页中应用的 CSS 样式规则进行编辑操作。其中各个按钮的名称和功能如表 6-4 所示。

表 6-4 CSS 面板按钮

按钮	名　　称	功　　能
全部	切换到所有（文档）模式	显示当前网页中所有的 CSS 规则
当前	切换到当前选择模式	显示当前选择的网页对象拥有的 CSS 规则
	显示类别视图	显示所有 CSS 样式的属性
	显示列表视图	显示当前选择的网页对象可使用的 CSS 规则
	只显示设置属性	显示当前选择的网页对象已使用的 CSS 规则
	附加样式表	为网页添加外部 CSS 样式链接
	新建 CSS 规则	为网页创建 CSS 样式
	编辑样式	编辑当前选择的 CSS 样式
	删除 CSS 规则	删除当前选择的 CSS 样式

6.3.2 新建 CSS 样式规则

在【CSS 样式】面板中，单击【新建 CSS 规则】按钮，打开【新建 CSS 规则】对话框，如图 6-16 所示。

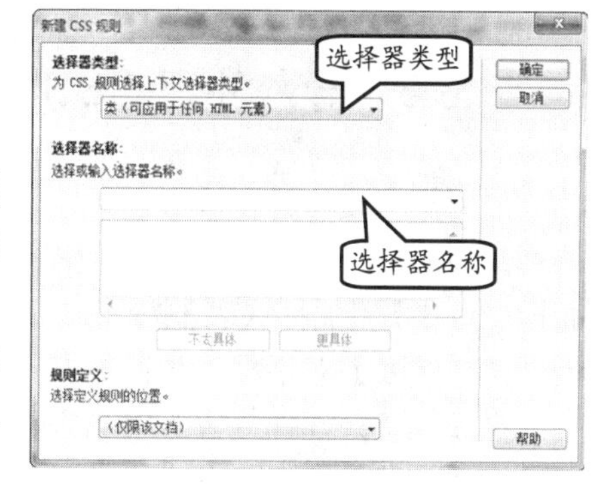

图 6-16 新建 CSS 规则对话框

在【新建 CSS 规则】对话框中，允许用户创建多种类型的 CSS 规则，将其应用到各种网页对象中，如表 6-5 所示。

表 6-5 新建 CSS 规则的属性

属 性 名		作　　用
选择器类型	类（可应用于任何 HTML 元素）	创建一个类选择器。选择该选项，则选择器名称的列表将保留为空以待用户输入类的名称
	ID（仅应用于一个 HTML 元素）	创建一个 ID 选择器。选择该选项，则选择器名称的列表将保留为空以待用户输入 ID 的名称
	标签（重新定义 HTML 元素）	创建一个标签选择器。选择该选项，则选择器名称的列表中将显示所有 XHTML 标签，同时在下方的文本域中将提供标签的简单介绍
	复合内容（基于选择的内容）	创建一个应用选择方法或伪类、伪对象的选择器。选择该选项，则选择器名称的列表中将显示 body 标签及 4 种伪类选择器，同时在下方的文本域中将提供 body 标签的简单介绍

续表

属性名		作用
选择器名称		提供选择器名称的列表或输入文本域供用户选择或输入，随【选择器类型】的下拉列表而更新
规则定义	（仅限该文档）	创建一个内部的CSS样式规则
	（新建样式表文件）	创建一个外部的CSS样式规则

如用户需要创建标签中Class属性的CSS规则，可以选择【类（可应用于任何HTML元素）】选项，并在【选择器名称】文本框中，输入类的名称；如用户需要创建仅应用于某个标签的ID属性的CSS规则，则可以选择【ID（仅应用于一个HTML元素）】选项，并在【选择器名称】文本框中，输入该网页对象的ID属性；如用户需要创建应用于某个标签的CSS规则，可以选择【标签（重新定义HTML元素）】选项，并在【选择器名称】列表中，选择HTML标签名。

提 示

如果用户需要创建针对某一个网页对象的CSS属性，则可以在【文档】窗口中选择该网页对象，直接在【CSS样式】面板中单击【新建CSS规则】按钮。此时，Dreamweaver将自动选择【复合内容（基于选择的内容）】选项的【选择器类型】，并生成该网页对象的复合选择器名称。

在【规则定义】的列表中，用户可选择【仅限该文档】选项，将该CSS规则存放于网页文档内部。用户也可选择【新建样式表文件】选项，将该CSS规则存放于外部的CSS文件中。

6.3.3 导入外部CSS文件

如用户需要将外部CSS文件导入到当前打开的网页文档中，则可以在【CSS样式】面板中单击【附加样式表】按钮，打开【链接外部样式表】对话框，如图6-17所示。

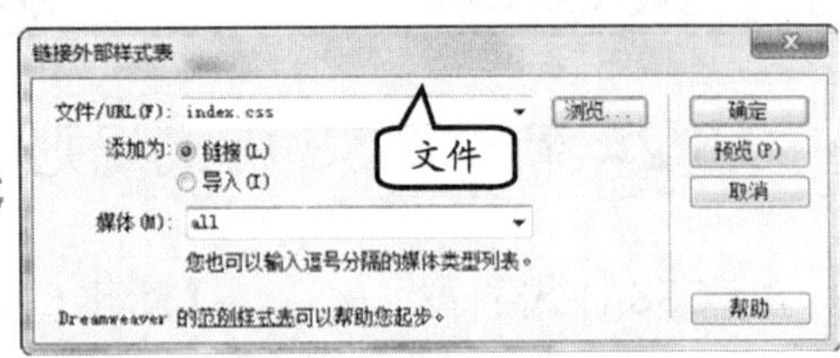

图6-17 链接外部样式表

在【链接外部样式表】对话框中，用户可单击【浏览】按钮，在弹出的【选择样式表文件】对话框中查找外部的样式表文件，如图6-18所示。

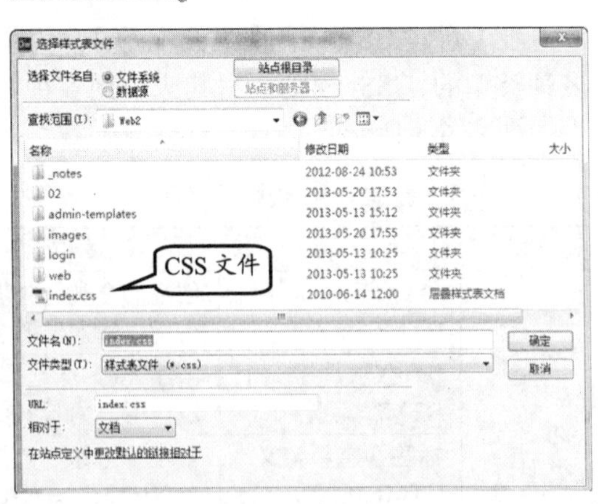

图6-18 选择样式表文件

在【选择样式表文件】对话框中，允许用户选择多种来源的CSS样式表文档，如表6-6所示。

在选择了样式表文件之后，即可在【链接外部样式表】对话框中通过【添加为】选项，选择链接外部样式表的导入方式。例如，需要直接将外部CSS导入到网页文档内部时，可选择“导入”选项；而需要只导入外部CSS的链接时，则可选择“链接”选项。

表 6-6 选择样式表文件

属性		作用
选择文件名自	文件系统	自本地计算机的文件系统中选择 CSS 样式表文档
	数据源	从本地计算机的数据库中选择 CSS 样式表文档的路径
站点根目录		切换至本地站点根目录
站点和服务器		从服务器中导入 CSS 样式表文档
URL		CSS 样式表的 URL 地址
相对于	文档	以当前文档为参照物定义相对 URL 地址
	站点根目录	以站点根目录为参照物定义相对 URL 地址

在导入 CSS 时，用户还可以选择该 CSS 样式表所应用的【媒体】属性，根据用户浏览网页时的设备，判断是否启用该 CSS 样式表。目前，CSS 支持 9 种设备类型，如表 6-7 所示。

表 6-7 CSS 可应用的设备类型

媒体类型	说明	媒体类型	说明
all	用于所有设备类型	projection	用于投影设备，如幻灯片
aural	用于语音和音乐合成器	screen	用于计算机显示器
braille	用于触觉反馈设备	tty	用于使用固定间距字符格的设备，如电传打字机和终端
handheld	用于小型或手提设备	tv	用于电视类设备
print	用于打印机		

用户可以通过【链接外部样式表】对话框，为同一网页导入多个 CSS 样式规则文档，然后指定不同的媒体。这样，当用户以不同的设备访问网页时，将呈现各自不同的样式效果。

6.4 CSS 语法与选择器

作为一种网页的标准化语言，CSS 样式表有着严格的书写规范和格式。在单纯的通过手写来编写 CSS 样式表代码时，用户必须了解 CSS 语法及选择器。

6.4.1 基本 CSS 语法

在一个完整的 CSS 样式表文件中，一般包含声明、注释和样式代码。而在书写样式代码时，也应该注意一些代码规范。

1. CSS 代码规范

在书写 CSS 代码时，需要注意以下几点。

❑ 单位符号

在 CSS 中，如果属性值是一个数字，用户必须为这个数字匹配具体的单位。除非该数字是由百分比组成的比例或者数字为 0。

例如，分别定义两个层，其中第 1 个层为父容器，以数字属性值为宽度，而第 2 个层为子容器，以百分比为宽度。

```
#parentContainer{
  width:1003px
}
#childrenContainer{
  width:50%
}
```

❑ 使用引号

多数 CSS 的属性值都是数字值或预先定义好的关键字。然而，有一些属性值则是含有特殊意义的字符串。这时，引用这样的属性值就需要为其添加引号。

典型的字符串属性值就是各种字体的名称。

```
span{
  font-family:"微软雅黑"
}
```

❑ 多重属性

如果在这条 CSS 代码中，有多个属性并存，则每个属性之间需要以“分号”(;)隔开。

```
.content{
  color:#999999;
  font-family:"新宋体";
  font-size:14px;
}
```

❑ 大小写敏感和空格

CSS 与 VBScript 不同，对大小写十分敏感。mainText 和 MainText 在 CSS 中，是两个完全不同的选择器。

除了一些字符串式的属性值（如英文字体"MS Serf"等）以外，CSS 中的属性和属性值必须小写。

为了便于判读和纠错，在编写 CSS 代码时，每个属性值之前添加一个空格。这样，如某条 CSS 属性有多个属性值，则阅读代码的用户可方便地将其区分开。

2. 添加注释

与多数编程语言类似，用户也可以为 CSS 代码进行注释。但与同样用于网页的 XHTML 语言注释方式有所区别。

在 CSS 中，注释以“斜杠”(/) 和“星号”(*) 开头，以“星号”(*) 和“斜杠”(/) 结尾。

```
.text{
  font-family:"微软雅黑";
```

```
  font-size:12px;
  /*color:#ffcc00;*/
}
```

在 CSS 代码中，其注释不仅可用于单行，也可用于多行。

3. 文档的声明

在外部 CSS 文件中，通常需要在文件的头部创建 CSS 的文档声明，以定义 CSS 文档的一些基本属性。

6.4.2 选择器

使用 CSS 对 HTML 页面中的元素实现一对一，一对多或者多对一的控制，这就需要用到 CSS 选择器。

CSS 的选择器名称只允许包括字母、数字以及下划线。其中，不允许将数字放在选择器的第 1 位，也不允许选择器使用与 XHTML 标签重复，以免出现混乱。

在 CSS 的语法规则中，主要包括 5 种选择器，即标签选择器、类选择器、ID 选择器、伪类选择器、伪对象选择器。

1. 标签选择器

在 XHTML 1.0 中，共包括 94 种基本标签。CSS 提供了标签选择器，允许用户直接定义多数 XHTML 标签的样式。

例如，定义网页中所有无序列表的符号为空，可直接使用项目列表的标签选择器。

```
ol{
  list-style:none;
}
```

注　意

使用标签选择器定义某个标签的样式后，在整个网页文档中，所用该标签都会自动应用这一样式。CSS 在原则上不允许对同一标签的同一个属性进行重复定义。不过在实际操作中，将以最后一次定义的属性值为准。

2. 类选择器

类选择器可以把不同类型的网页标签归为一类，为其定义相同的样式，简化 CSS 代码。

在使用类选择器时，需要在类选择器的名称前加类符号“圆点”(.)。

而在调用类的样式时，则需要为 XHTML 标签添加 class 属性，并将类选择器的名称作为 class 属性的值。

注 意

在通过 class 属性调用类选择器时，不需要在属性值中添加类符号“.”，直接输入类选择器的名称即可。

例如，网页文档中有 3 个不同的标签：一个是层（Div）、一个是段落（p），还有一个是无序列表（ul）。

如果使用标签选择器为这 3 个标签定义样式，使其中的文本变为红色，需要编写 3 条 CSS 代码。

```
div{/*定义网页文档中所有层的样式*/
  color: #ff0000;
}
p{/*定义网页文档中所有段落的样式*/
  color: #ff0000;
}
ul{/*定义网页文档中所有无序列表的样式*/
  color: #ff0000;
}
```

使用类选择器，则可将以上 3 条 CSS 代码合并为一条。

```
.redText{
  color: #ff0000;
}
```

然后，即可为 Div、p 和 ul 等标签添加 class 属性，应用类选择器的样式。

```
<div class="redText">红色文本</div>
<p class="redText">红色文本</div>
<ul class="redText">
  <li>红色文本</li>
</ul>
```

一个类选择器可以对应于文档中的多种标签或多个标签，体现了 CSS 代码的可重用性。其与标签选择器都有其各自的用途。

提 示

与标签选择器相比，类选择器有更大的灵活性。使用类选择器，用户可指定某一个范围内的标签应用样式。

与类选择器相比，标签选择器操作简单，定义也更加方便。在使用标签选择器时，用户不需要为网页文档中的标签添加任何属性即可应用样式。

3. ID 选择器

之前介绍的标签选择器和类选择器都是一种范围性的选择器，可设定多个标签的 CSS 样式。而 ID 选择器则是只针对某一个标签的、唯一性的选择器。

在 XHTML 文档中，允许用户为任意一个标签设定 ID 属性，并通过该 ID 定义 CSS 样式。但是，不允许两个标签使用相同的 ID。

在创建 ID 选择器时，需要在选择器名称前使用“#”号（井号）。在为 XHTML 标签调用 ID 选择器时，需要使用其 id 属性。

例如，通过 ID 选择器，分别定义某个无序列表中 3 个列表项的样式。

```
#listLeft{
  float:left;
}
#listMiddle{
  float: inherit;
}
#listRight{
  float:right;
}
```

然后，即可使用标签的 id 属性，应用 3 个列表项的样式。

```
<ul>
  <li id="listLeft">左侧列表</li>
  <li id="listMiddle">中部列表</li>
  <li id="listRight">右侧列表</li>
</ul>
```

技　巧

在编写 XHTML 文档的 CSS 样式时，通常在布局标签所使用的样式（这些样式通常不会重复）中使用 ID 选择器，而在内容标签所使用的样式（这些样式通常会多次重复）中使用类选择器。

4. 伪类选择器

与普通的选择器不同，伪选择器通常不能应用于某个可见的标签，只能应用于一些特殊标签的状态。其中，最常见的伪选择器就是伪类选择器。

在定义伪类选择器之前，必须首先声明定义的是哪一类网页元素，将这类网页元素的选择器写在伪类选择器之前，中间用“冒号”（:）隔开。

```
selector:pseudo-class {property: value}
/*选择器：伪类 {属性：属性值；}*/
```

CSS 2.1 标准中，共包括 7 种伪类选择器。在 IE 浏览器中，可使用其中的 4 种，如表 6-8 所示。

表 6-8　伪类选择器

伪类选择器	作　用
:link	未被访问过的超链接
:hover	鼠标滑过超链接
:active	被激活的超链接
:visited	已被访问过的超链接

例如，要去除网页中所有超链接在默认状态下的下划线，就需要使用到伪类选择器。

```
a:link {
/*定义超链接文本的样式*/
text-decoration: none;
/*去除文本下划线*/
}
```

5. 伪对象选择器

伪对象选择器也是一种伪选择器。其主要作用是为某些特定的选择器添加效果。

在 CSS2.1 标准中，共包括 4 种伪对象选择器，在 IE 浏览器中，主要支持其中的两种，如表 6-9 所示。

表 6-9 伪对象选择器

伪对象选择器	作　用
:first-letter	定义选择器所控制的文本的第一个字或字母
:first-line	定义选择器所控制的文本的第一行

伪对象选择器的使用方式与伪类选择器类似，都需要先声明定义的是哪一类网页元素，将这类网页元素的选择器写在伪类选择器之前，中间用“冒号”（:）隔开。

例如，定义某一个段落文本中第 1 个字为 2em，即可使用伪对象选择器。

```
p{
  font-size: 12px;
}
p:first-letter{
  font-size: 2em;
}
```

6.4.3 选择的方法

在一些特殊情况下，直接使用 CSS 选择器往往并不能方便而准确地表述某些元素的特征。使用 CSS 选择方法，可以通过对 id、类、标签、伪类和伪对象等多种选择器的组合，实现对一些复杂嵌套标签的精确定义。常用的选择方法包括通用选择、包含选择以及分组选择等。

1. 通用选择

在使用 CSS 定义各种网页元素的样式时，除了直接设置选择器并应用选择方法外，还可以通过通配符，统一定义多种网页元素的样式。这种带有通配符的选择器使用方式，被称作通用选择方法。使用通用选择方法，用户可以方便地定义网页中所有元素的样式，代码如下。

```
* { property: value ; }
```

在上面的代码中，通配符星号“*”可以将网页中所有的元素标签替代。因此，设置星号“*”的样式属性，就是设置网页中所有标签的属性。例如，定义网页中所有标签的内联文本字体大小为 12px，其代码如下所示。

```
* { font-size : 12 px ;}
```

同理，通配符也可以结合选择方法，定义某一个网页标签中嵌套的所有标签样式。例如，定义 id 为 testDiv 的层中，所有文本的行高为 30px，其代码如下所示。

```
* { line-height : 30 px ; }
```

提 示

在使用通用选择方法时需要慎重，因为通用选择方法会影响所有的元素，尤其会改变浏览器预置的各种默认值，因此不慎使用的话，会影响整个网页的布局。通用选择方法的优先级是最低的，因此在为各种网页元素设置专有的样式后，即可取消通用选择方法的定义。

2. 包含选择

包含选择是一种被广泛应用于 Web 标准化网页中的选择方法。其通常应用于定义各种多层嵌套网页元素标签的样式，可根据网页元素标签的嵌套关系，帮助浏览器精确地查找该元素的位置。在使用包含选择方法时，需要将具有包含选择关系的各种标签按照指定的顺序写在选择器中，同时，以空格将这些选择器分开。例如，在网页中，有 3 个标签的嵌套关系如下所示。

```
<tagName1>
  <tagName2>
    <tagName3>innerText.</tagName3>
  </tagName2>
</tagName1>
<tagName3>outerText</tagName3>
```

在上面的代码中，tagName1、tagName2 以及 tagName3 表示 3 种各不相同网页标签。其中，tagName3 标签在网页中出现了 3 次。如果直接通过 tagName3 的标签选择器定义 innerText 文本的样式，则势必会影响外部 outerText 文本的样式。

因此，用户如果需要定义 innerText 的样式且不影响 tagName3 以外的文本样式，就可以通过包含选择方法进行定义，代码如下所示。

```
tagName1 tagName2 tagName3{ Property: value ; }
```

在上面的代码中，以包含选择的方式，定义了包含在 tagName1 和 tagName2 标签中的 tagName3 标签的 CSS 样式。同时，不影响 tagName1 标签外的 tagName3 标签的样式。

包含选择方法不仅可以将多个标签选择器组合起来使用，同时也适用于 id 选择器、类选择器等多种选择器。例如，在本节实例及之前章节的实例中，就使用了大量的包含选择方法，如下所示。

```
#mainFrame #copyright #copyrightText {
  line-height:40px;
  color:#444652;
  text-align:center;
}
```

包含选择方法在各种 Web 标准化的网页中都得到了广泛的应用。使用包含选择方法，可以使 CSS 代码的结构更加清晰，同时使 CSS 代码的可维护性更强。在更改 CSS 代码时，用户只需要根据包含选择的各种标签，按照包含选择的顺序进行查找，即可方便地找到相关语义的代码进行修改。

3. 分组选择

分组选择是一种用于同时定义多个相同 CSS 样式的标签时，使用的一种选择方法。其可以通过一个选择器组，将组中包含的选择器定义为同样的样式。在定义这些选择器时，需要将这些选择器以逗号“,”的方式隔开，如下所示。

```
selector1 , selector2 { Property: value ; }
```

在上面的代码中，selector1 和 selector2 分别表示应用相同样式的两个选择器，而 Property 表示 CSS 样式属性，value 表示 CSS 样式属性的值。

在一个 CSS 的分组选择方式中，允许用户定义任意数量的选择器，例如，在定义网页中 body 标签以及所有的段落、列表的行高均为 18px，其代码如下所示。

```
body , p , ul , li , ol {
  line-height : 18px ;
}
```

在许多网页中，分组选择符通常用于定义一些语意特殊的标签或伪选择器。例如，定义超链接的样式时，就将超链接在普通状态下以及已访问状态下时的样式通过之前介绍过的包含选择，以及分组选择等两种方法，定义在同一条 CSS 规则中，如下所示。

```
#mainFrame #newsBlock .blocks .newsList .newsListBlock ul li a:link ,
#mainFrame #newsBlock .blocks .newsList .newsListBlock ul li a:visited {
  font-size:12px;
  color:#444652;
  text-decoration:none;
}
```

在编写网页的 CSS 样式时，使用分组选择方法可以方便地定义多个 XHTML 元素标签的相同样式，提高代码的重用性。但是，分组选择方法不宜使用过滥，否则将降低代码的可读性和结构性，使代码的判读相对困难。

6.5 课堂练习：景点介绍页

在编写网页时，需要使用到 XHTML 的列表技术制作导航条，并使用定义列表和标题标签实现文本的排版。然后，再通过 CSS 样式表来定义文档中的标签样式，如图 6-19 所示。

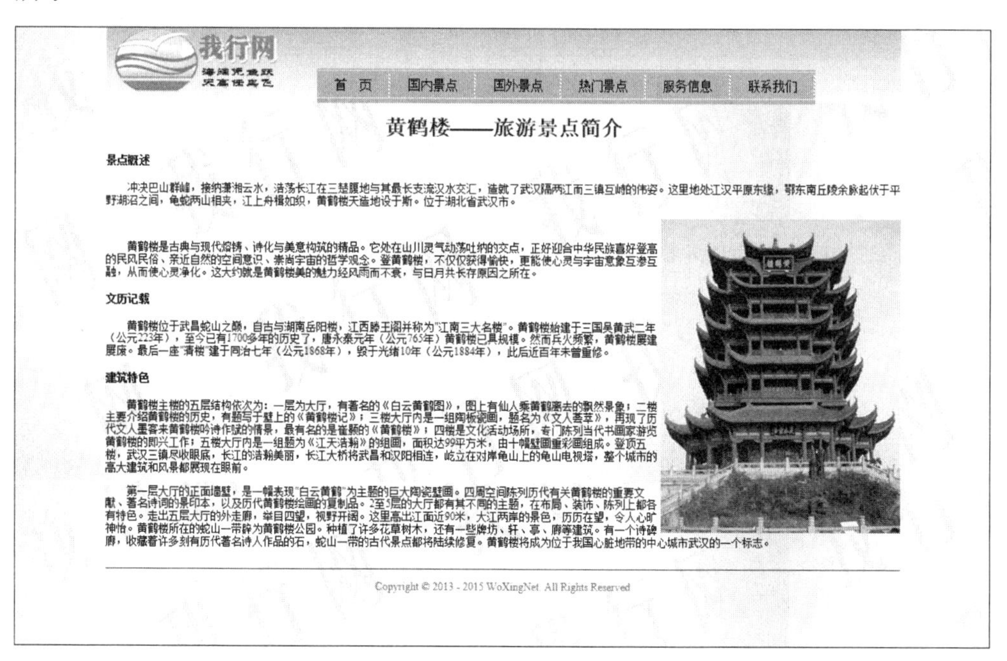

图 6-19 景点介绍页

操作步骤：

1 在 Dreamweaver 中，创建一个空白文档。然后，在【文档】栏的【标题】文本框中输入“景点介绍页”文本，最后保存 HTML 文档，如图 6-20 所示。

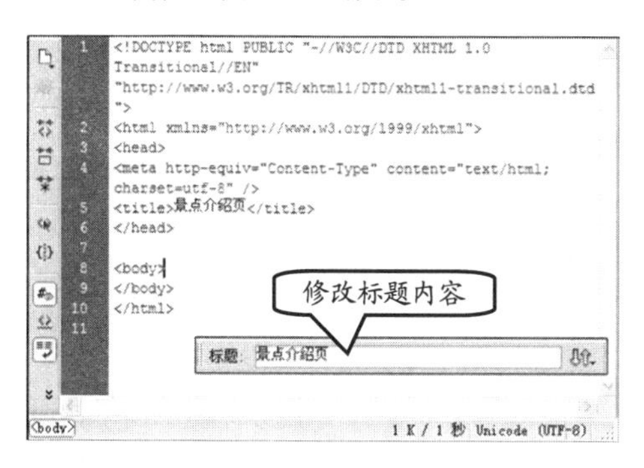

图 6-20 设置网页标题

2 将光标置于“body”代码标签内，插入 3 个 id 分别为“header”、“content”和“footer”的 Div 标签，用来布局整个页面，代码如下所示。

```
<body>
<div id="header"> </div>
<div id="content"></div>
<div id="footer"></div>
</body>
```

3 将光标置于 id 为 header 的 Div 标签内，插入 id 分别为“logo”和“nav”的两个 Div 标签，代码如下所示。

```
<div id="header">
  <div id="logo"></div>
  <div id="nav"></div>
</div>
```

4 在 id 为 logo 的 Div 标签内插入 logo 图像。然后在 id 为 nav 的 Div 标签内插入项目列表，代码如下所示。

```
<div id="header">
  <div id="logo"><img src="
 images/logo.jpg" /></div>
```

```
        <div id="nav">
          <ul>
            <li></li>
            <!--……-->
            <li></li>
          </ul>
        </div>
      </div>
```

5 然后，在 li 标签内输入列表项内容，并为列表项添加链接，href 指向链接页地址，代码如下所示。

```
      <div id="nav">
          <ul>
            <li><a href="index.html">
            首页</a></li>
            <!--……-->
            <li><a
href="contact.html">联系我们
</a></li>
          </ul>
        </div>
```

6 执行【文件】|【新建】命令，在弹出的【新建文档】对话框中，【页面类型】选择 CSS，单击【创建】按钮，创建 CSS 文件，并执行保存命令将该文件保存至项目所在目录的 styles 文件夹内。

7 在网页页面中，将光标置于 head 标签内，使用 link 标签链接刚刚创建 CSS 文件，代码如下所示。

```
      <link href="styles/index.css"
    rel="stylesheet" type="text/css" />
```

8 在 CSS 文件内，使用标签选择器定义 body 标签的样式。其中，定义整个页面边距、显示方式、背景颜色、页面宽度等属性，代码如下所示。

```
      body {
          margin:0px auto;
          background-color:#e3e3e3;
          font-size:12px;
          width:900px;
          background-image:url(../ima
         ges/bg.jpg) !important;
      }
```

9 使用 id 选择器定义 id 为 header 和 logo 的 Div 标签的样式。定义 header 的上边距、高度；logo 的显示方式、宽度、高度、浮动方式等属性，代码如下所示。

```
      #header {
          height:80px;
          background-image:url(../ima
         ges/tbg.jpg);
      }
      #header #logo {
          display:block;
          width:200px;
          height:70px;
          float:left;
      }
```

10 定义 id 为 nav 的 Div 标签的 CSS 样式。定义显示方式、宽度、高度、浮动方式、边距等属性，代码如下所示。

```
      #header #nav {
          display:block;
          width:570px;
          height:35px;
          float:left;
          margin-top:30px;
          margin-left:40px;
          font-size:14px;
          font-family:"宋体";
      }
```

11 然后，定义 id 为 nav 的 Div 中的项目列表标签的 CSS 样式，包括整个项目列表、列表项。定义项目列表浮动方式、内边距、宽度等属性，定义列表项的显示方式，代码如下所示。

```
      #header #nav ul {
          float:left;
```

```
    padding: 0px;
    list-style: none;
    background-image:url(../ima
    ges/navbjtemp.jpg);
}
#header #nav ul li {
    display: inline;
}
```

12 定义列表项中链接和鼠标经过链接的 CSS 样式。定义链接的浮动方式、内边距、文本对齐方式、文本类型等属性；定义鼠标经过链接时的文本颜色，代码如下所示。

```
#header #nav ul li a {
    float: left;
    padding: 11px 20px;
    text-align: center;
    text-decoration: none;
    color:#000;
    background-image:url(../ima
    ges/navim.png);
    background-repeat:no-repeat;
    background-position:center
    right;
}
#header #nav li a:hover {
    color:#FFF;
}
```

13 将光标置于 id 为 content 的 Div 标签内，插入一级标题标签 h1，并在 h1 标签内输入标题文本，代码如下所示。

```
<div id="content">
    <h1>黄鹤楼——旅游景点简介</h1>
</div>
```

14 再向 id 为 content 的 Div 标签内插入定义列表，在 dt 标签内插入四级标题 h4，并向 dl 标签内插入段落和图像，还可以用同样的方法向定义列表中插入多个定义术语和定义，代码如下所示。

```
<dl>
    <dt>
        <h4>景点概述</h4>
    </dt>
    <dd>
        <p>冲决巴山……位于湖北省武汉
        市。</p>
        <img src="images/hhl.jpg"
        alt=""/>
        <p>黄鹤楼是古典……与日月共长
        存原因之所在。</p>
    </dd>
    <!--………-->
</dl>
```

15 将光标置于 id 为 footer 的 Div 标签内，插入段落，段落内容为该网页的版权信息，代码如下所示。

```
<div id="footer">
    <p>Copyright &copy; 1998 -
    2011 WoXingNet. All Rights
    Reserved</p>
</div>
```

16 定义 id 为 footer 的 Div 标签的 CSS 样式。定义文本颜色、字体大小和文本对齐方式等属性，代码如下所示。

```
#footer {
    color:#666;
    font-size:12px;
    text-align:center;
}
```

6.6 课堂练习：文章页面

网页中大量的文章都是由一个个的段落组合到一起的，本练习通过定义段落属性、文本属性来制作时尚网页页面，如图 6-21 所示。

图 6-21 添加文章内容

操作步骤：

1 打开素材页面“index.html”，将光标置于 ID 为 leftmain 的 Div 层中，单击【插入 Div 标签】按钮，如图 6-22 所示。

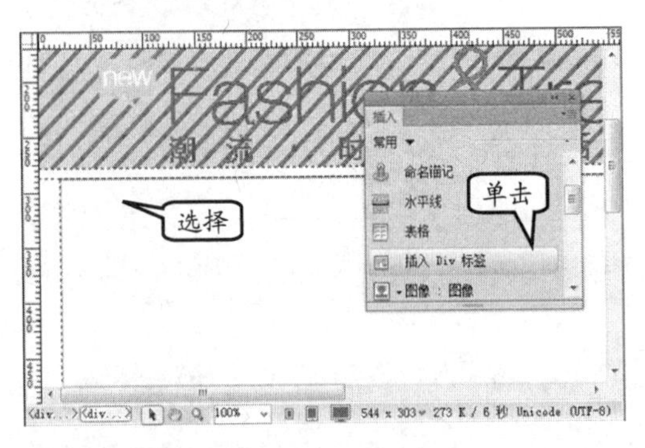

图 6-22 插入<Div>标签

2 创建 ID 为 title 的 Div 层，并设置其 CSS 样式属性，如背景颜色、边框颜色、高度等，如图 6-23 所示。

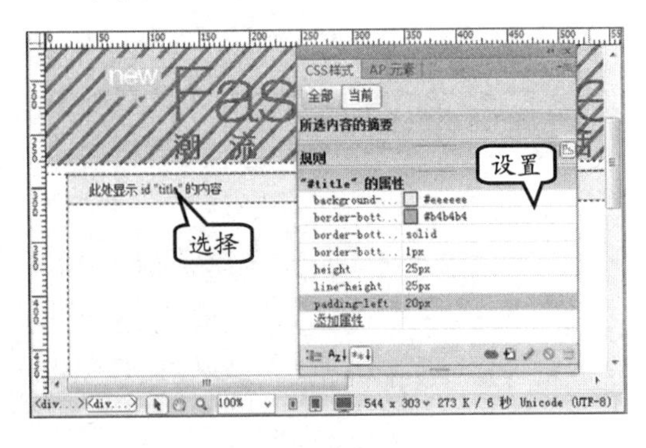

图 6-23 设置 CSS 样式

3 在 ID 为 title 的 Div 层中输入文本，然后选择文本，在【属性】检查器中设置文本【链接】为“javascript:void(null);”，如图 6-24 所示。

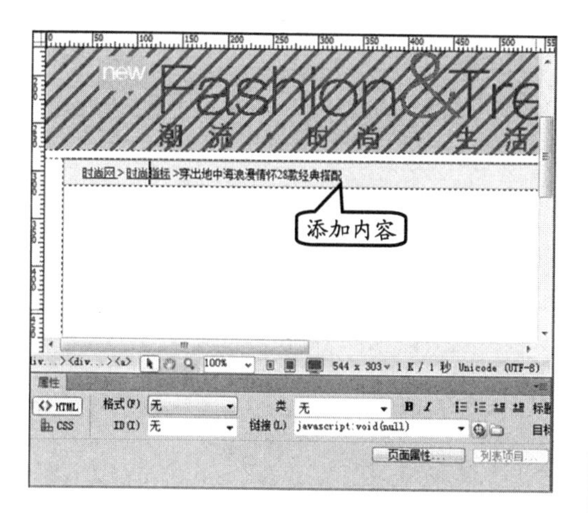

图 6-24 添加文本及链接

4 再单击【插入 Div 标签】按钮，创建 ID 为 homeTitle 的 Div 层，并设置其 CSS 样式属性。将光标置于 ID 为 homeTitle 的 Div 层中，分别创建 ID 为 htitle、publish、mark 的 Div 层，并定义其 CSS 样式属性，如图 6-25 所示。

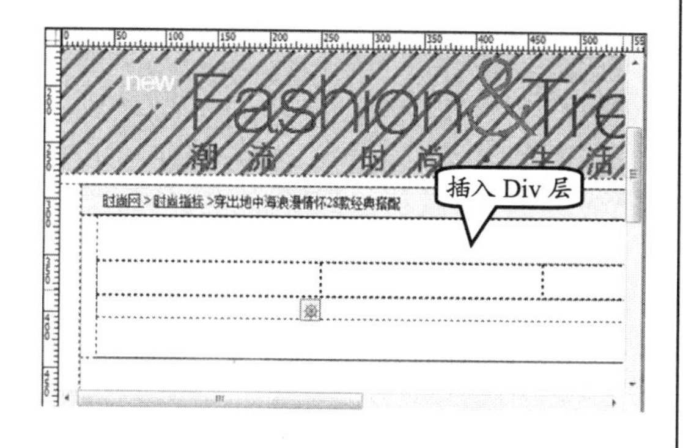

图 6-25 添加其他 **Div** 层

5 将光标置于 ID 为 htitle 的 Div 层中，输入文本。再将光标置于 ID 为 publish 的 Div 层中，分别嵌套 ID 为 zz、times、pl 的 Div 层，并设置其 CSS 样式属性。其中，ID 为 times、pl 的两个 Div 层 CSS 样式属性设置相同。然后在这三个 Div 层及 ID 为 mark 的 Div 层中输入相应的文本，如图 6-26 所示。

6 在 CSS 样式中分别创建类名称为 font2、font3 的样式，然后选择文本，在【属性】检查器中，设置【类】。然后，单击【插入 Div 标签】按钮，创建 ID 为 mainHome 的 Div 层，并设置其 CSS 样式属性，如图 6-27 所示。

图 6-26 添加文本及样式

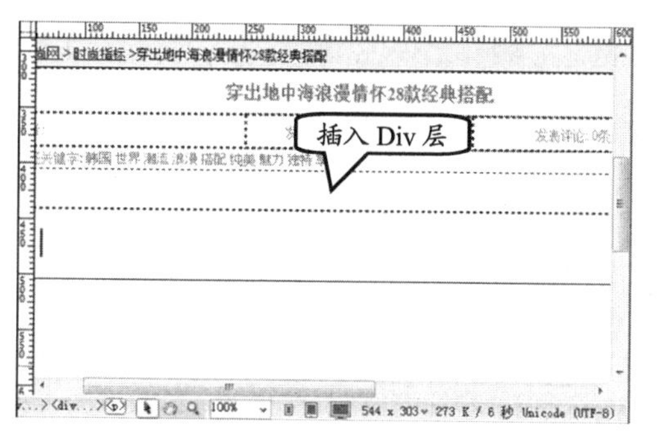

图 6-27 添加 **Div** 层

7 将光标置于 ID 为 mainHome 的 Div 层中，输入文本，一共分为 4 个段落。在标签栏选择 P 标签，在 CSS 样式中定义其行高、文本缩进等 CSS 样式属性，如图 6-28 所示。

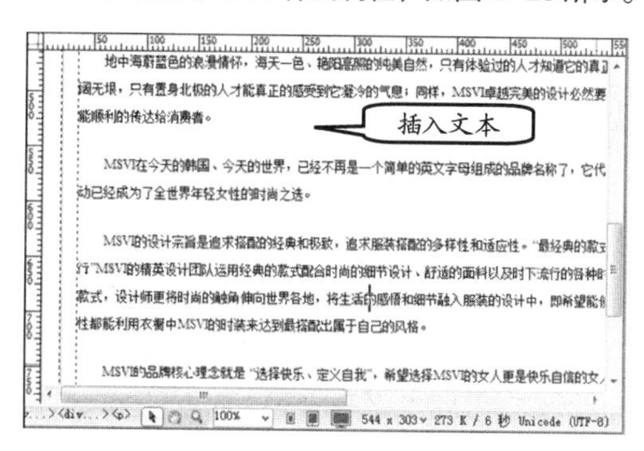

图 6-28 添加并设置文本样式

6.7 思考与练习

一、填空题

1. 布局对象是一种__________，其可以将网页分隔成若干块，存放各种__________，从而定制其位置和其他一些属性。

2. AP Div 是一种特殊的 Div 标签，其本身已经被赋予了__________，并定义了__________、__________等 CSS 样式。

3. 如需要隐藏 AP Div 布局元素，可在【属性】检查器中设置【可见性】属性的值为__________。

4.【标签选择器】对话框主要分为三个部分，即__________、__________以及可折叠的__________。

5. CSS 是一种重要的网页设计语言，其作用是定义各种网页标签的__________，从而丰富网页的表现力。

6.【CSS 样式】面板提供了两种查看模式，即__________和__________。

7. 使用 Dreamweaver 的可视化功能，用户可以创建__________、__________、__________和__________等选择器类型的 CSS 规则。

8. 如用户需要创建可重用的 CSS 规则，可设置【选择器类型】为__________。

二、选择题

1. 在插入 Div 布局对象时，以下__________属性不属于可预先设置的属性。

A. 插入位置
B. 标签尺寸
C. 类
D. ID

2. 以下__________功能是 AP 元素面板无法实现的。

A. 设置 AP Div 布局对象的尺寸
B. 设置 AP Div 布局对象的层叠顺序
C. 设置 AP Div 布局对象的可见性
D. 禁止 AP Div 布局对象的相互重叠

3. 如需要 Web 浏览器根据实际内容多少决定是否显示 AP Div 布局元素的滚动条，则可设置【溢出】的属性值为__________。

A. visible
B. hidden
C. scroll
D. auto

4. 在 CSS 规则定义中，【Text-decoration】的作用是__________。

A. 设置字体的加粗和倾斜
B. 转换字母大小写
C. 定义文本的粗细程度
D. 为字体添加描述线

5. 在 CSS 规则定义中，如需要设置背景图像的滚动方式，则可使用__________属性。

A. Background-image
B. Background-repeat
C. Background-attachment
D. Background-position

6. 以下__________属性不存在于【CSS 规则定义】对话框中。

A. Background-image
B. Background-repeat
C. Background-attachment
D. Background-position

7. 如需要为网页标签添加虚线边框，应设置该边框的【Style】属性值为__________。

A. solid
B. none
C. groove
D. dashed

三、简答题

1. 如何插入 AP Div 对象？
2. 什么是层叠样式表？
3. CSS 格式设置规则由哪两部分组成？
4. 什么是内容 CSS，什么是内联 CSS？
5. 如何连接 CSS 文件？

四、上机练习

1. AP Div 拖动效果

在一些个性网页中，可以实现内容的移动，并且可以随意显示或者关闭某些栏目。例如，尤其像“记忆墙”等便签内容。

下面通过插入多个 AP Div 元素，并通过 JavaScript 代码实现 AP Div 元素拖动效果，如图 6-29 所示。

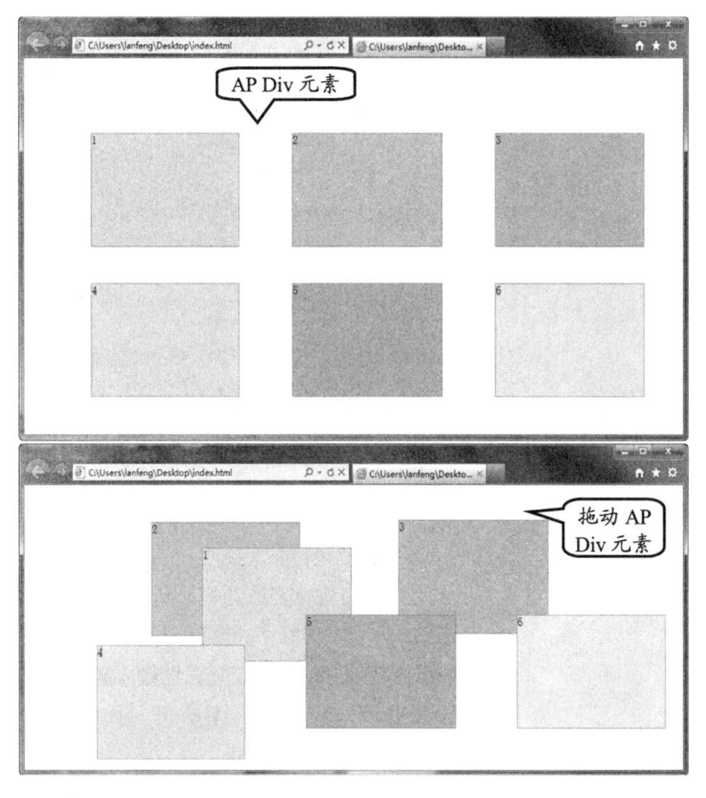

图 6-29 拖动 AP Div 层

如果用户要实现上述效果，则在文档中添加如下代码：

```
    <head>
    <style type="text/css">
    #main div {
        position: absolute;
        width: 220px;
        height: 150px;
        border: 1px solid #999;
    }
    </style>
    <script type="text/javascript">
    var a;
    document.onmouseup=function(){
        if(!a)return;
        document.all?a.releaseCaptu
re():window.captureEvents(Event.MOU
SEMO
        VE|Event.MOUSEUP);
        a="";
        };
    document.onmousemove=function
(d){
        if(!a) return;
        if(!d) d=event;
        a.style.left=(d.clientX-b)+
"px";a.style.top=(d.clientY-c)+"px"
;
        };
    function move(o,e){
        a=o;
        document.all?a.setCapture()
:window.captureEvents(Event.MOUSEMO
VE);
        b=e.clientX-parseInt(a.styl
e.left);
        c=e.clientY-parseInt(a.styl
e.top);
        o.style.zIndex=getMaxIndex(
)+1;
        }
    function           $(id){return
document.getElementById(id);}
```

```
    function getMaxIndex(){
        var index=0;
        var
ds=$('main').getElementsByTagName('
div');
        var
l=$('main').getElementsByTagName('d
iv').length;
        for (i=0;i<l;i++){
            if
(ds[i].style.zIndex>index)
index=ds[i].style.zIndex;
            }
        return index;
    }
    </script>
    </head>
    <body>
    <div id="main">
        <div
style="left:100px;top:100px;backgro
und:#fc9;" onmousedown="
        move(this,event)">1</div>
        <div
style="left:400px;top:100px;backgro
und:#9cf;" onmousedown="
        move(this,event)">2</div>
        <div
style="left:700px;top:100px;backgro
und:#f9c;" onmousedown="
        move(this,event)">3</div>
        <div
style="left:100px;top:300px;backgro
und:#9fc;" onmousedown="
        move(this,event)">4</div>
        <div
style="left:400px;top:300px;backgro
und:#c9f;" onmousedown="
        move(this,event)">5</div>
        <div
style="left:700px;top:300px;backgro
und:#cf9;" onmousedown="
        move(this,event)">6</div>
    </div>
    </body>
```

2. 快速更改 CSS 属性

在【CSS 样式】面板中，除了可显示当前用户选择的 CSS 规则定义外，还允许用户对该规则定义下的属性进行修改。

如用户需要快速更改选择的 CSS 样式属性，可在【CSS 样式】面板下方直接选择属性，单击属性的值。然后，用户可以为属性输入新值，或在弹出菜单中选择值的类型即可，如图 6-30 所示。

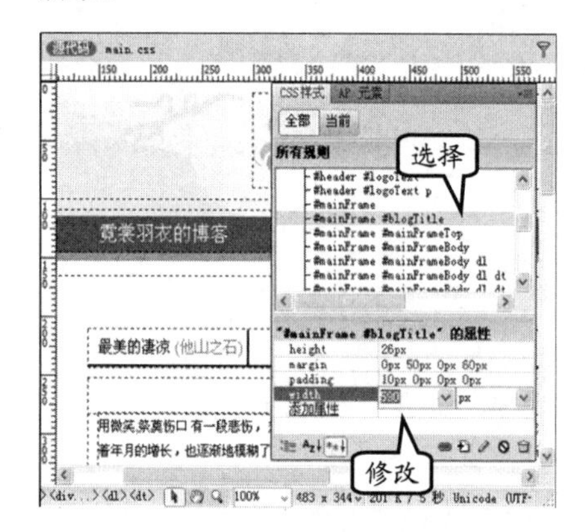

图 6-30 快速更改 CSS 属性

第 7 章

网页模板与框架

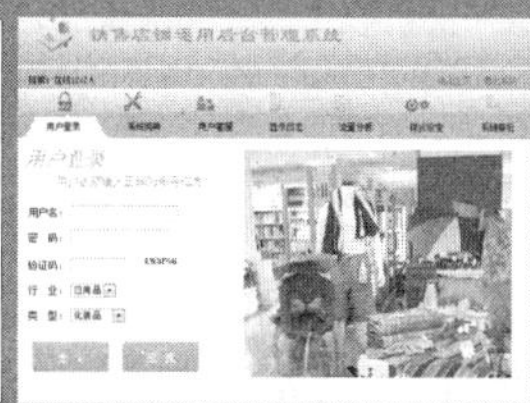

通过框架可以把网页在一个浏览器窗口下划分为若干个区域，实现在一个浏览器窗口中显示多个 HTML 页面。使用框架可以非常方便地完成导航工作，让网站的结构更加清晰，而且各个框架之间互不影响。

另外，对于每个子页面相似的情况下，需要重新制作，无疑需要进行大量重复而枯燥的工作。Dreamweaver 提供了模板和库等工具，可以通过一些简便的可视化操作，生成各种子页面，提高网页制作的效率。

本章详细介绍网页中框架和模板应用，为用户制作网页提高了工作效果。

本章学习要点：

- 创建框架页
- 编辑框架属性
- 模板网页

7.1 使用框架网页

在 Dreamweaver 中创建框架集有两种方法：一种是从若干预定义的框架集中选择，另一种是自己设计框架集。

7.1.1 了解框架与框架集

目前，前台网页页面很少使用框架功能，多数应用于后台的管理页面中。

1. 框架和框架集

框架（frame）是浏览器窗口中的一个区域，可以显示与浏览器窗口的其余部分中所显示内容无关的 HTML 文档。

框架提供将一个浏览器窗口划分为多个区域、每个区域都可以显示不同 HTML 文档的方法。使用框架的最常见情况就是：一个框架显示包含导航控件的文档，而另一个框架显示包含内容的文档。

框架集是 HTML 文件，它定义一组框架的布局和属性，包括框架的数目、框架的大小和位置以及最初在每个框架中显示的页面的 URL。

框架集文件本身不包含要在浏览器中显示的 HTML 内容，但 noframes 部分除外；框架集文件只是向浏览器提供应如何显示一组框架以及在这些框架中应显示哪些文档的有关信息。

若要在浏览器中查看一组框架，则在【地址】栏中，输入框架集文件的 URL 地址。浏览器随后打开要显示在这些框架中的相应文档。通常将一个站点的框架集文件命名为 index.html，以便当访问者未指定文件名时默认显示该文件，如图 7-1 所示。

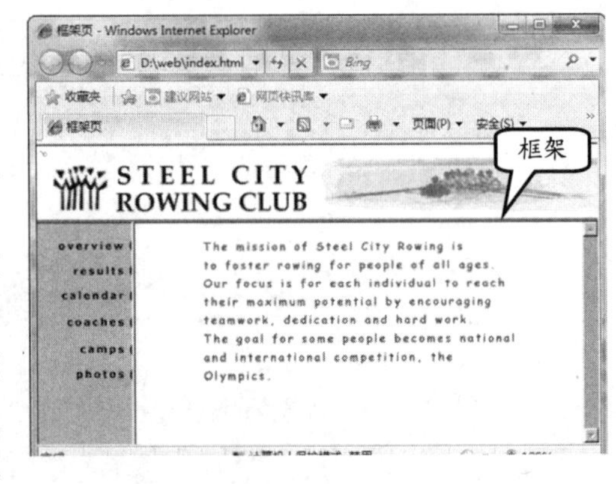

图 7-1 框架集文件

在上述图中，显示了一个由三个框架组成的框架布局：一个较窄的框架位于侧面，其中包含导航条；一个框架横放在顶部，其中包含 Web 站点的 Logo 和标题；一个大框架占据了页面的其余部分，其中包含主要内容。这些框架中的每一个都显示单独的 HTML 文档。

2. 框架的优缺点

在网页文档中使用框架结构具有以下优点：

- ❑ 访问者的浏览器不需要为每个页面重新加载与导航相关的内容。
- ❑ 每个框架都具有自己的滚动条（如果内容太长，则在窗口中显示不下），所以访问者可以独立滚这些框架。

在网页文档中使用框架结构具有以下缺点：

- ❑ 可能难以实现不同框架中各个元素的精确对齐。
- ❑ 对导航进行测试可能很耗时间。
- ❑ 框架中加载的每个页面的 URL 不显示在浏览器中，难以将特定页面设为书签。

提　示

如果要在浏览器中查看一组框架，可以输入框架集文件的 URL；浏览器随后打开要显示在这些框架中的相应文档。通常将一个站点的框架集文件命名为 index.html，以便当访问者未指定文件名时默认显示该文件。

如果一个站点在浏览器中显示为包含三个框架的单个页面，则它实际上至少由 4 个 HTML 文档组成。

3．嵌套的框架集

在另一个框架集中的框架集称为嵌套框架集。一个框架集文件可以包含多个嵌套的框架集。大多数使用框架的网页实际上都使用嵌套的框架，并且大多数预定义的框架集也使用嵌套。如果在一组框架里，不同行或不同列中有不同数目的框架，则要求使用嵌套的框架集。

例如，最常见的框架布局在顶行有一个框架（框架中显示公司的徽标），并且在底行有两个框架（一个导航框架和一个内容框架）。此布局要求嵌套的框架集：一个两行的框架集，在第二行中嵌套了一个两列的框架集。

7.1.2　创建框架与框架集

由于框架集的使用越来越少，所以在最新的 Dreamweaver 软件中，则创建方法也省去很多。

用户可以在新建的文档中，通过菜单来创建框架集。例如，先新建一个空白的文档，并执行【插入】|【HTML】|【框架】命令，并在弹出的级联菜单中，选择框架选项，如图 7-2 所示。

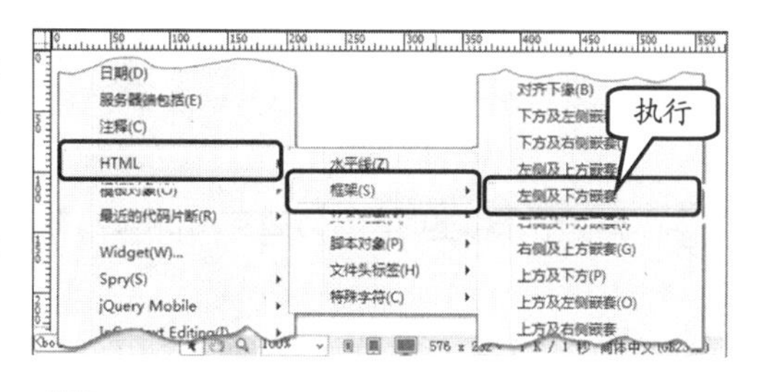

图 7-2　创建框架集

在弹出【框架标签辅助功能属性】对话框中，可以单击【框架】下拉按钮，并分别选择框架集中的框架文件，并分别设置标题名称，如图 7-3 所示。

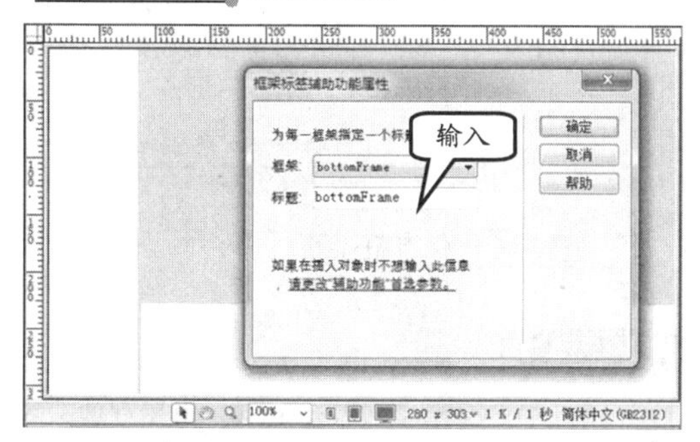

图 7-3　设置框架位置和标签

其中，设置 mainFrame 框架为“主框架”；leftFrame 框架为“左侧框架”；bottomFrame 框架为“底部框架”，单击【确定】按钮，如图 7-4 所示。

提　示

在创建框架集或使用框架前，通过执行【查看】|【可视化助理】|【框架边框】命令，使框架边框在【文档】窗口的【设计】视图中可见。

此时，在文档中，可以看到所创建的框架集，并显示当前所包含的 3 个框架文件，如图 7-5 所示。

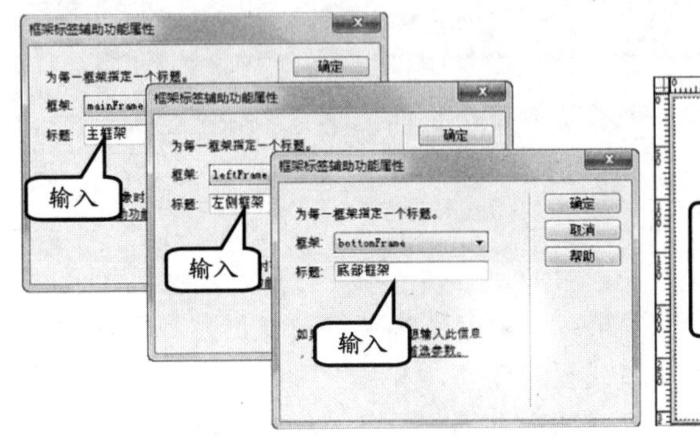

图 7-4　设置各框架的标题　　图 7-5　框架集所包含的框架文件

7.1.3　保存框架页与框架集

单击各框架之间的分隔线，并执行【文件】|【保存框架页】命令，如图 7-6 所示。

在弹出【另存为】对话框中，输入【文件名】为“index.html”，并单击【保存】按钮，如图 7-7 所示。

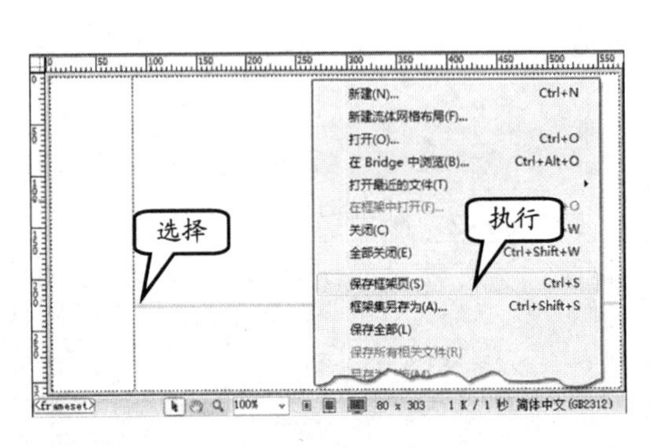

图 7-6　保存框架页

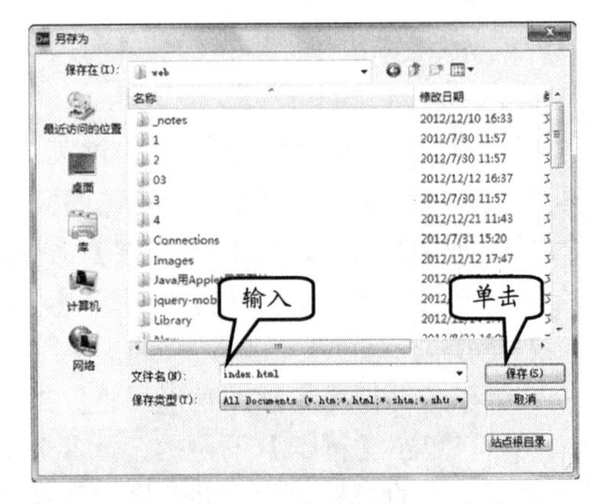

图 7-7　保存框架集文件

提　示

如果用户选择框架之间的分隔线，则保存的网页为当前的框架集页面。

将光标置于“主框架”（mainFrame）框架页中，并执行【文件】|【保存框架】命令。然后，在弹出的【另存为】对话框中，输入文件名，并单击【保存】按钮，如图 7-8 所示。

再将光标置于“底部框架”（bottomFrame）框架中，执行【文件】|【保存框架】命令，如图 7-9 所示。

在弹出的【另存为】对话框中，输入文件名，并单击【保存】按钮，如图 7-10 所示。

再将光标置于“左侧框架”（leftFrame），并执行【文件】|【保存框架】命令。然后，在弹出的【另存为】对话框中，输入文件名，并单击【保存】按钮，如图 7-11 所示。

此时，用户可以在站点文件夹中，查看框架所保存的网页文件，如图 7-12 所示。

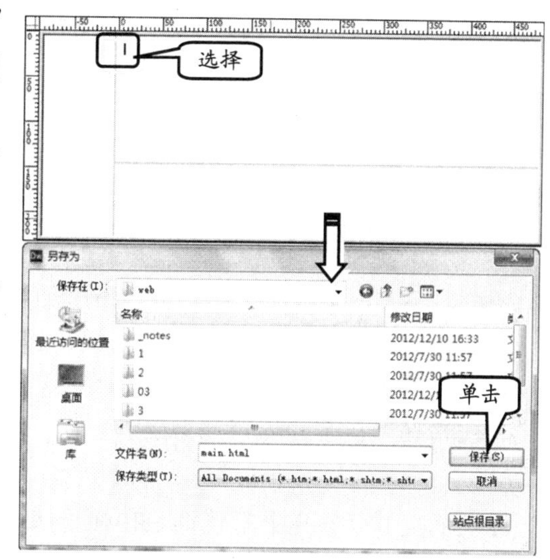

图 7-8 保存主框架页

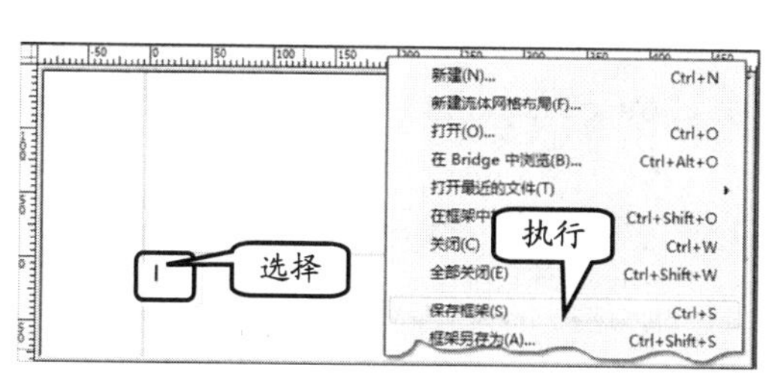

图 7-9 选择底部框架

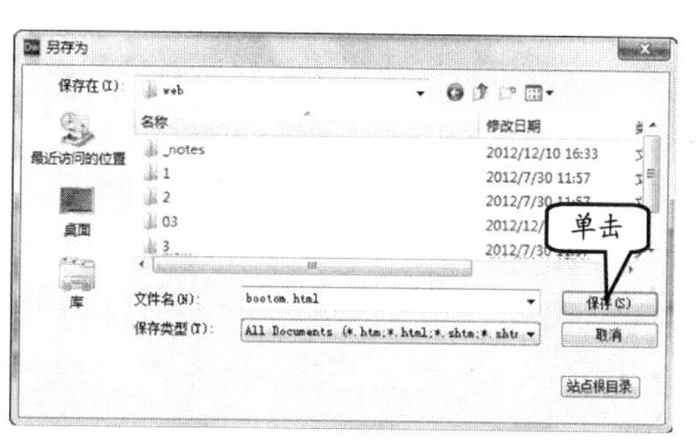

图 7-10 保存底部框架页

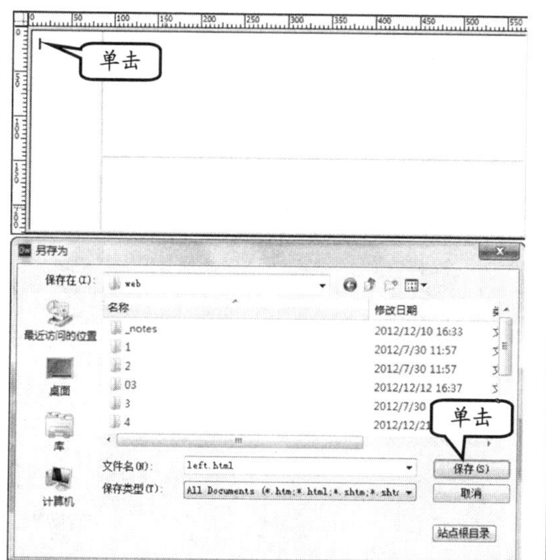

图 7-11 保存左侧框架

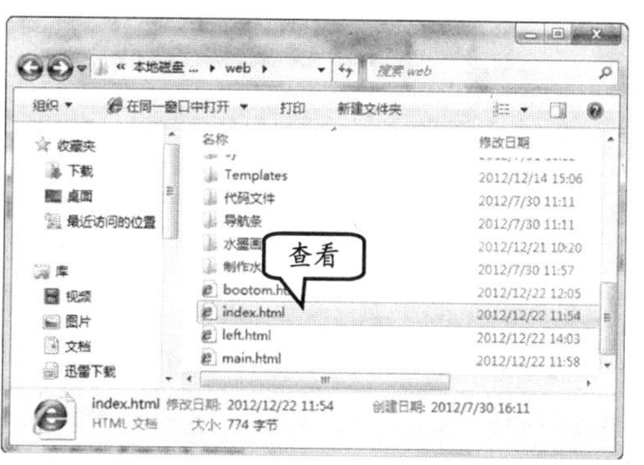

图 7-12 查看框架集及各框架文件

7.1.4 Iframe 浮动框架

浮动框架（iframe）又被称作嵌入帧，是一种特殊的框架结构。它可以像层一样插入到普通的 HTML 网页中，并且能够自由移动位置。其实，用户可以将浮动框架理解为一种可在网页中浮动的框架。

1. 浮动框架概述

在网页中使用普通的框架，必须将 HTML 的 DTD 文档类型设置为框架型，并且将框架的代码写在网页主题内容元素之外。而浮动框架是一种灵活的框架，是一种块状对象，其与层（Div）的属性非常类似，所有普通块状对象的属性都可以应用在浮动框架中。当然，浮动框架的标签也必须遵循 HTML 的规则，例如必须闭合等。在网页中使用浮动框架，其代码如下所示。

```
<iframe src="index.html" id="newframe"></iframe>
```

浮动框架可以使用所有块状对象可以使用的 CSS 属性以及 XHTML 属性。IE5.5 以上版本的浏览器已开始支持透明的浮动框架。只需将浮动框架的 allowTransparency 属性设置为 true，并将嵌入的文档背景颜色设置为 allowTransparency，即可将框架设置为透明。

注 意

在使用浮动框架时需要了解和注意，该标签仅在微软的 IE 4.0 以上版本浏览器中被支持。并且该标签仅仅是一个 HTML 标签，而非 XHTML 标签。因此在使用浮动框架时，网页文档的 DTD 类型不能是 Strict（严格型）。在 XHTML 1.1 中并不支持浮动框架。

2. 插入浮动框架

在 Dreamweaver 中为网页插入浮动框架，可以在打开网页后执行【插入】|【HTML】|【框架】|【IFRAME】命令，在指定的位置插入浮动框架，如图 7-13 所示。

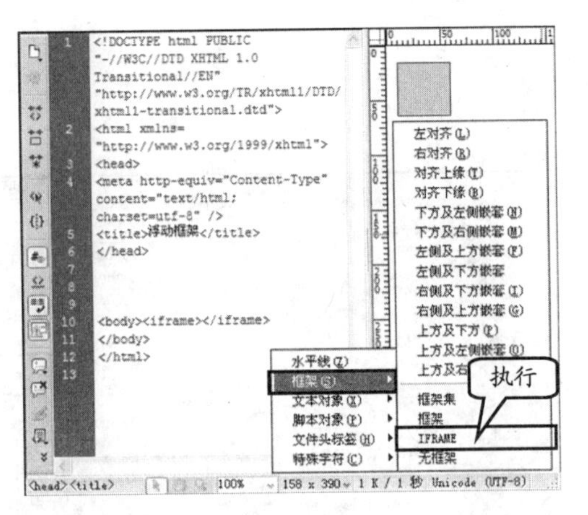

图 7-13　插入浮动框架

还有一种插入浮动框架的方法，即在【代码】视图中选择相应的位置，直接输入“<iframe></iframe>”标签，同样可以为网页添加浮动框架。插入并选择浮动框架后，执行【窗口】|【标签检查器】命令，在【标签检查器】的【属性】选项卡中可以设置浮动框架的属性，如图 7-14 所示。

3. iframe 属性

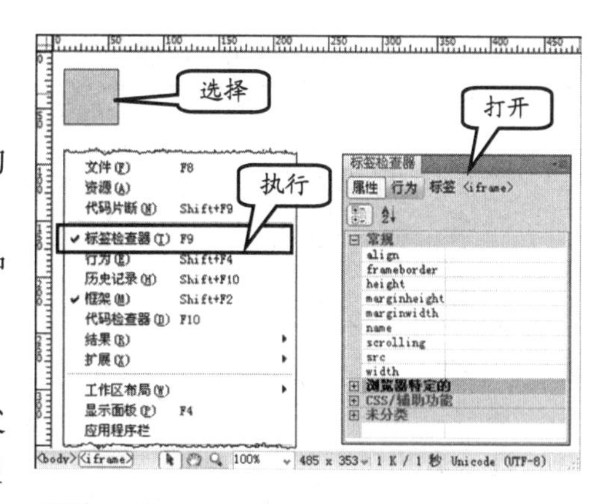

图 7-14 标签检查器

浮动框架除了可以使用普通块状对象的属性外，还可以使用一些专有的属性，例如，框架和浮动框架独有的属性。浮动框架的各种属性如下所示。

❑ **align**

align 属性的作用是设置浮动框架在其父对象中的对齐方式，其有 5 种属性值，如表 7-1 所示。

表 7-1 align 的属性

属 性 值	说 明
top	顶部对齐，使用此属性值后，浮动框架将对齐在其父对象的顶端
middle	居中对齐，使用此属性值后，浮动框架将对齐在其父对象的中间
left	左侧对齐，使用此属性值后，浮动框架将对齐在其父对象的左侧
right	右侧对齐，使用此属性值后，浮动框架将对齐在其父对象的右侧
bottom	底部对齐，使用此属性值后，浮动框架将对齐在其父对象的底部

❑ **frameborder**

frameborder 是框架和浮动框架共有的属性。其作用是控制框架的边框，定义其在网页中是否显示。其属性值为 0 或者 1。0 代表不显示，而 1 代表显示。

❑ **height**

定义浮动框架的高度。其属性值为由整数+单位或百分比组成的长度值。

❑ **longdesc**

定义获取描述浮动框架的网页的 URL。通过该属性，可以用网页作为浮动框架的描述。

❑ **marginheight**

该属性主要用于设置浮动框架与父对象顶部和底部的边距。其值为整数与像素组成的长度值。

❑ **marginwidth**

该属性主要用于设置浮动框架与父对象左侧和右侧的边距。其值为整数与像素组成的长度值。

❑ **name**

该属性主要用于设置浮动框架的唯一名称。通过设置名称，可以用 JavaScript 或 VBScript 等脚本语言来使用浮动框架对象。

❑ **scrolling**

该属性用于设置浮动框架的滚动条显示方式，其属性值及说明如表 7-2 所示。

表 7-2　滚动条的显示方式属性

属性值	说　明
是	允许浮动框架出现滚动条
否	禁止浮动框架出现滚动条。如浮动框架中网页的大小超过框架大小，则自动隐藏超出的部分
自动	由浏览器窗口决定是否显示滚动条。当浮动框架显示的内容超出其大小时，自动显示滚动条。而当浮动框架显示的内容小于其大小时则不显示滚动条

- **src**

该属性用于显示浮动框架中网页的地址，其可以是绝对路径，也可以是相对路径。

- **width**

定义浮动框架的宽度，其属性值为由整数+单位或百分比组成的长度值。

7.2　编辑框架属性

选择网页文档中的框架后，可以通过【属性】检查器设置其边框、边框宽度、边框颜色和行列高等属性，以满足设计者的各种要求。

7.2.1　设置框架基本属性

由于布局框架包括框架集和框架，所以在设置其属性时也不尽相同。而某些框架属性还会覆盖框架集中的某些属性，所以在设置过程中要有所注意。

1．框架集属性

当选择框架集后，【属性】检查器中将会显示如图 7-15 所示的属性参数。在该面板中，可以设置框架大小，以及框架之间的边框效果。

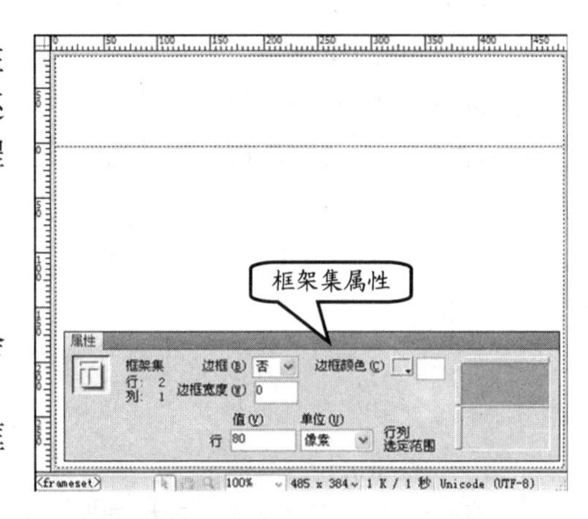

图 7-15　框架集【属性】检查器

其中，框架集【属性】检查器中的各个参数如表 7-3 所示。

表 7-3　框架集【属性】检查器

选项名称	选项含义
边框	设置文档在浏览器中被浏览时是否显示框架边框
边框宽度	输入一个数字以指定当前框架集的边框宽度，输入 0，指定无边框
边框颜色	输入颜色的十六进制值，或者使用拾色器为边框选择颜色
行/列	设置行高或者列宽，其后面的单位可以选择像素、百分比和相对
像素	将选定行或列的大小设置为一个绝对值。对于应始终保持相同大小的框架而言，此选项是最佳选择
百分比	指定选定行或列应相对于其框架集的总宽度或总高度的百分比
相对	指定在为【像素】和【百分比】框架分配空间后，为选定行或列分配其余可用空间：剩余空间在大小设置为【相对】的框架中按比例划分

在【属性】检查器中，设置框架集的【边框】为“显示”;【边框宽度】为 10;【边框颜色】为“橘黄色”(#FFCC00); 顶侧框架【高度】为“150 像素”，如图 7-16 所示的显示效果与默认效果有所不同。

2. 框架属性

结合 Alt 键单击选择框架，在【属性】检查器面板中会显示框架的比如框架名称、边框、边界等属性，如图 7-17 所示。

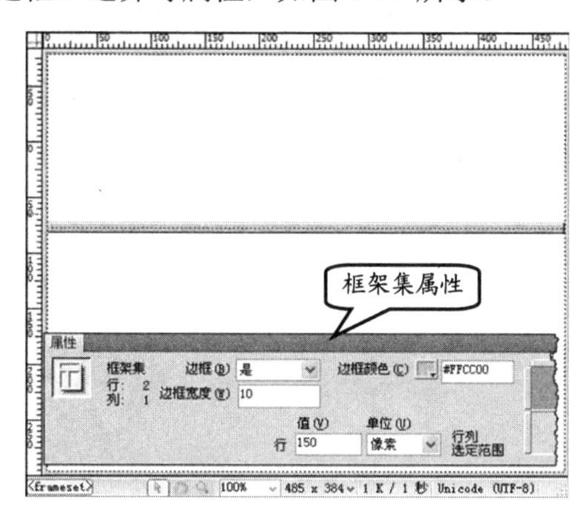

图 7–16 设置框架集属性

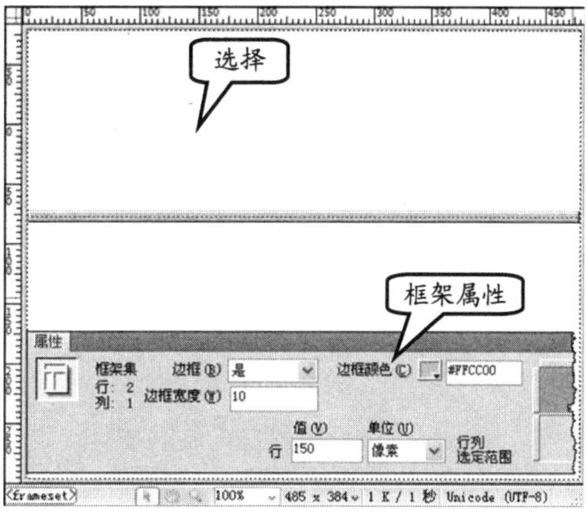

图 7–17 框架属性

其中，框架属性的参数含义见表 7-4。

表 7–4 框架【属性】检查器的参数含义

选项名称	选项含义
框架名称	在此输入框架名，将被超链接和脚本引用。框架名称必须是一个以字母开头的单词，允许使用下划线，但不能使用横杠（-）、句号（。）和空格，以及 JavaScript 的保留字（例如 top 或 navigator）
源文件	用来指定在当前框架中打开的源文件。可以直接输入文件名或者单击文件夹图标，浏览并选择一个文件
滚动	单击其中文本框后的向下箭头，可以选择“是”、“否”、“自动”和“默认”来决定显示滚动条和不显示滚动条，其中的“自动”为当没有足够的空间来显示当前框架的内容时自动显示滚动条，“默认”为采用浏览器的默认值
不能调整大小	启用此复选框，可以防止用户浏览时拖动框架边框来调整当前框架的大小
边框	决定当前框架是否显示边框，有三种选择：是、否和默认。大多数浏览器默认为【是】，可以覆盖框架集的边框设置
边框颜色	设置与当前框架相邻的所有边框的颜色，此项选择覆盖框架集的边框颜色设置
边界宽度	以像素为单位设置左和右边距
边界高度	以像素为单位设置上和下边距

在框架【属性】检查器中，设置框架的源文件、滚动、不能调整大小、边界宽度和边界高度等属性，效果如图 7-18 所示。

将光标放置在框架中，【属性】检查器中显示的不是框架属性，而是普通网页的基本属性，也就是文本基本属性与页面属性。

因此，框架网页的设置方法与普通网页相同，比如网页的背景颜色就是在【页面属性】对话框中设置的，如图 7-19 所示。

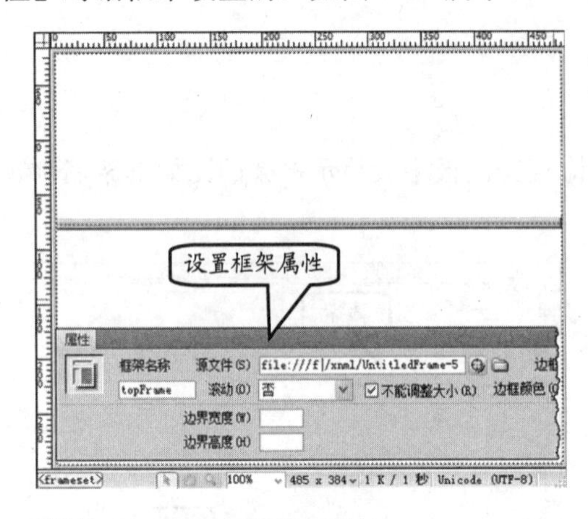

图 7-18 设置框架属性

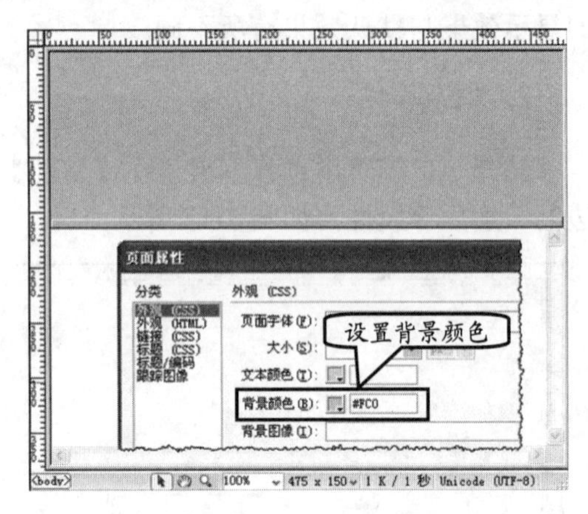

图 7-19 设置框架网页属性

7.2.2 使用框架链接

在框架集网页中，至少包含有两个框架，它们之间进行关联同样需要使用超级链接，并且可以指定显示在哪个框架中。创建框架集后，【框架】面板中将会显示每个框架网页的默认名称，如图 7-20 所示。

此时，为网页元素添加超级链接后，在【属性】检查器的【目标】下拉列表中将会显示网页文档中包含的所有框架，如图 7-21 所示。

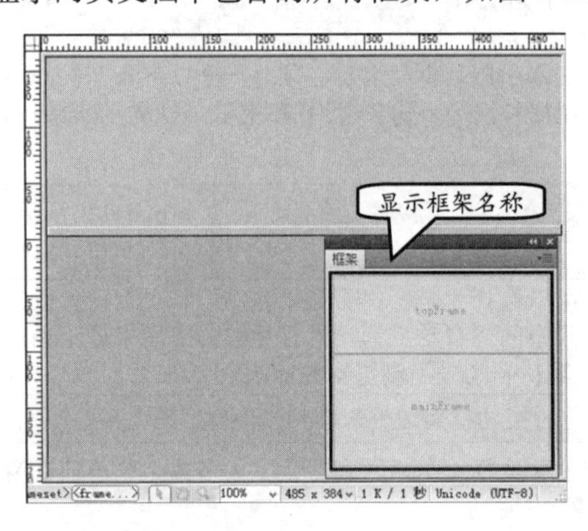

图 7-20 框架名称

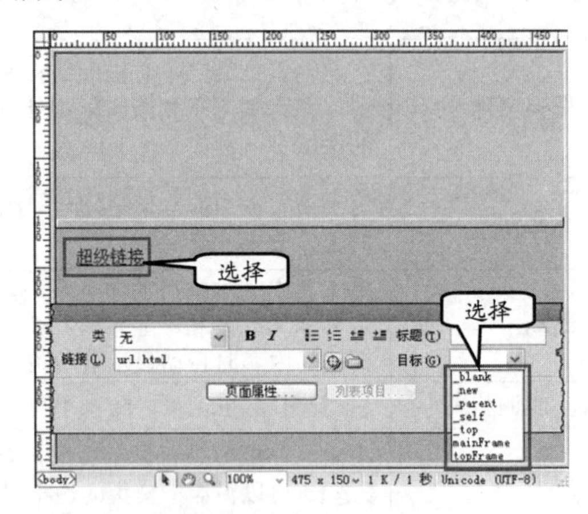

图 7-21 链接目标

其中，各个属性选项的含义如表 7-5 所示。

表 7-5 框架中链接的目标选项及含义

选　项	含　义
_blank	在新的窗口中打开链接
_new	在新框架中打开链接

续表

选　项	含　义
_parent	在当前框架的父框架结构中打开链接
_self	在浏览器窗口中打开链接，取消所有的框架结构
_top	在框架内部打开链接
mainFrame	在 mainFrame 框架中打开网页
topFrame	在 topFrame 框架中打开网页

例如，在顶部框架网页中设置文本的超级链接为外部链接，然后在【属性】检查器的【目标】下拉列表中，选择 mainFrame 选项，如图 7-22 所示。

保存文档后按 F12 预览时，单击链接文本后，底部网页更换为链接目标网页，如图 7-23 所示。

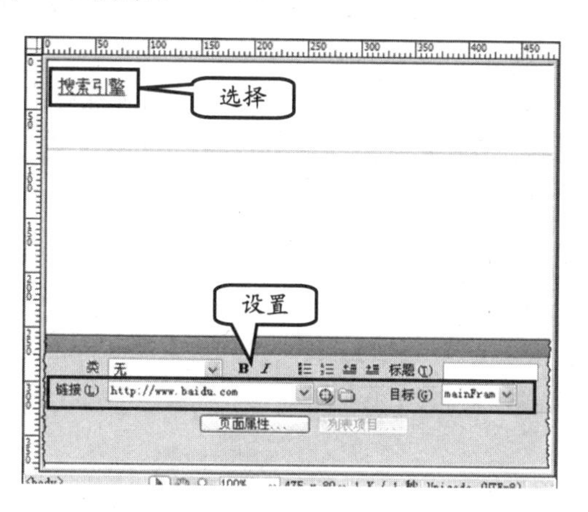

图 7-22　设置框架链接

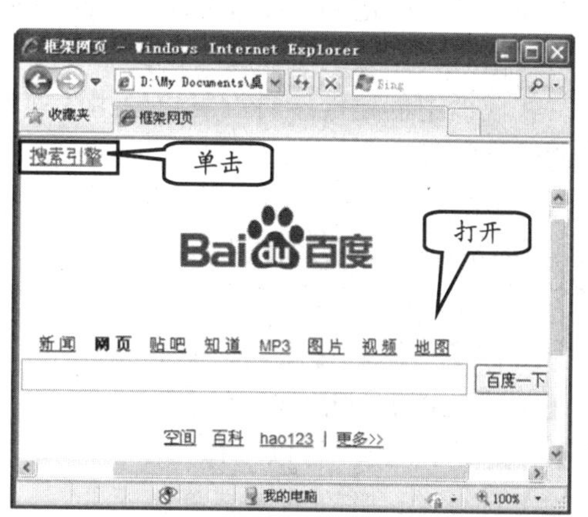

图 7-23　单击链接效果

7.3 模板网页

模板是一种提高网页制作效率的有效工具。借助 Dreamweaver 的模板功能，可以用简单的操作，快速生成大量网页。

7.3.1 了解模板

模板是一种特殊类型的文档，用于设计“固定的”页面布局，然后通过基于模板来创建文档，创建的文档会继承模板的页面布局。

设计模板时，可以指定在基于模板的文档中，确定可编辑的区域。

提　示

使用模板可以控制大的设计区域，以及重复使用完整的布局。如果要重复使用个别设计元素，如站点的版权信息或徽标，可以创建库项目。

使用模板可以一次更新多个页面。从模板创建的文档与该模板保持连接状态（除非用户以后分离该文档）。用户可以修改模板并立即更新基于该模板的所有文档中的设计。

将文档另存为模板以后，文档的大部分区域就被锁定。模板创作者在模板中插入可编辑区域或可编辑参数，从而指定在基于模板的文档中哪些区域可以编辑。

而在建模板中，可编辑区域和锁定区域都可以更改。但基于模板的文档中，用户只能在可编辑区域中进行更改，不能修改锁定区域。

如果模板文件是通过现有页面另存为模板来创建的，则新模板将保存在 Templates 文件夹中，并且模板文件中的所有链接都将更新以保证相应的文档相对路径是正确的。

如果用户基于该模板创建文档，并保存该文档，则所有文档相对链接将再次更新，从而依然指向正确的文件。

向模板文件中添加相对链接时，如果在【属性】面板中的链接文本框中输入路径，则输入的路径名很容易出错。

模板文件中正确的路径是从 Templates 文件夹到链接文档的路径，而不是从基于模板的文档的文件夹到链接文档的路径。

在模板中创建链接时，可以使用【属性】面板中【指向文件】图标，以确保存在正确的链接路径。

7.3.2 创建和保存模板

执行【文件】|【新建】命令，打开【新建文档】对话框。在【新建文档】对话框中，用户可以选择左侧【空模板】选项卡，并在右侧选择模板的类型。

在选择了模板的类型以及布局方式后，用户即可单击【创建】按钮，创建空白模板，如图 7-24 所示。

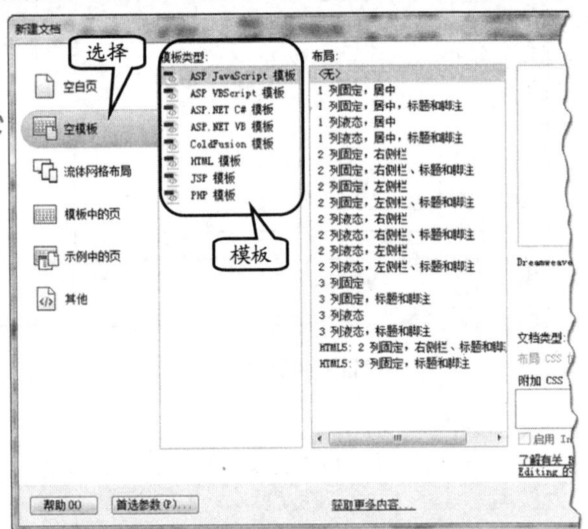

图 7-24 创建空模板

1. 保存为模板

用户还可以将已制作完成的网页，保存为 Dreamweaver 模板。如执行【文件】|【另存为模板】命令，打开【另存模板】对话框。

在该对话框中，用户可对模板进行命名，然后保存。模板文件通常会被存放在站点根目录下的 Templates 目录中，如图 7-25 所示。

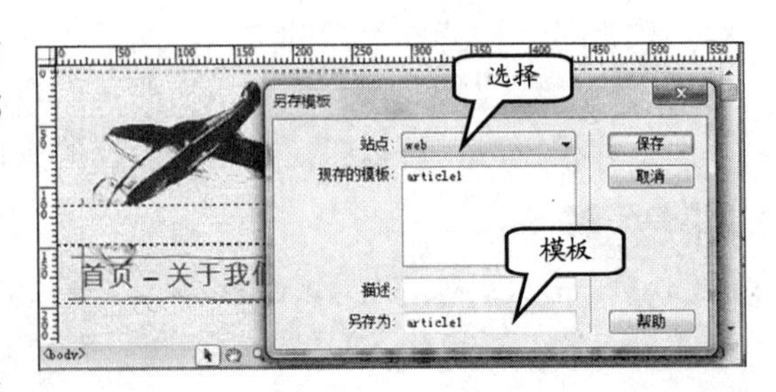

图 7-25 保存模板

7.3.3 编辑模板

在 Dreamweaver 中，允许用户在模板中创建一些可以编辑的区域。

1. 可编辑区域

可编辑区域是在模板中未锁定的区域，也是模板中唯一可以允许用户修改、添加内容的区域。

在创建模板时，至少包含一个可编辑区域。否则只能创建与模板完全相同的网页文档，并且网页的所有区域都处于被锁定状态。

在模板中，右击需要变为可编辑区域的内容，然后执行【模板】|【新建可编辑区域】命令。

在弹出的【新建可编辑区域】对话框中，输入定义的区域名称，并单击【确定】按钮，如图 7-26 所示。

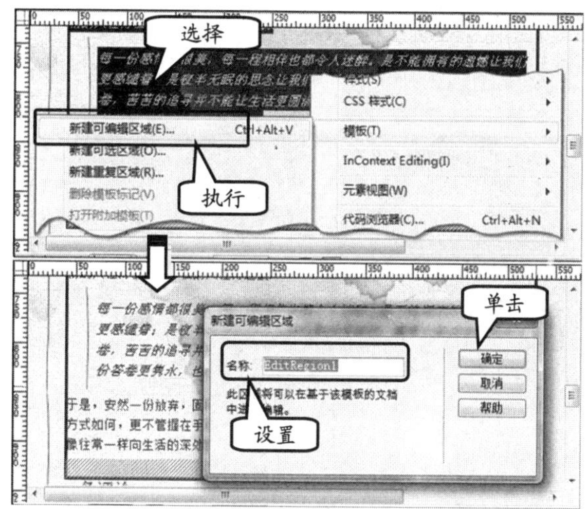

图 7-26 创建可编辑区域

用户还可选中需要创建为可编辑区域的内容，在【插入】面板中，选择【常用】选项，并单击【模板】下拉按钮，执行【可编辑区域】命令。同样，用户也可以打开【新建可编辑区域】对话框，创建可编辑区域，如图 7-27 所示。

另外，用户还可以执行【插入】|【模板对象】|【可编辑区域】命令，也可以为网页模板创建可编辑区域。

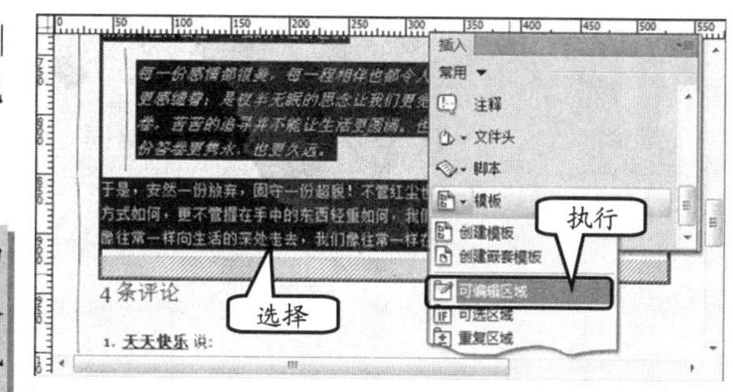

图 7-27 创建可编辑区域

注 意

在 Dreamweaver 中，可以选择层、活动框架、文本段落、图像、其他类型模板区域和表格等，将其设置为可编辑区域中的内容。但是，可编辑区域不能设置为表格的单元格。

2. 可选区域

可选区域是 Dreamweaver 中另一种特殊的区域。在使用模板创建网页时，用户可定义可选区域的隐藏或显示。

Dreamweaver 的可选区域主要包括两种，即普通可选区域以及可编辑的可选区域。

❑ **普通可选区域**

这类可选区域除了可以选择是否在模板中显示外，和模板其他锁定区域一样不可编辑。这类可选区域通常用于设置一些不需要变化的网页对象。

❑ **可编辑的可选区域**

可编辑的可选区域是在可选区域中嵌套可编辑区域。这样，用户除了选择是否在模板中显示外，还可以模板生成的网页中编辑该区域的内容。

在模板中添加可选区域，先在模板中选择内容，然后在【插入】面板的【常用】选项中，单击【模板】下拉按钮，执行【可编辑的可选区域】命令（或先插入可选区域，再在可选区域中插入可编辑区域），如图 7-28 所示。

在弹出的【新建可选区域】对话框中，设置可选区域的各种属性，如图 7-29 所示。

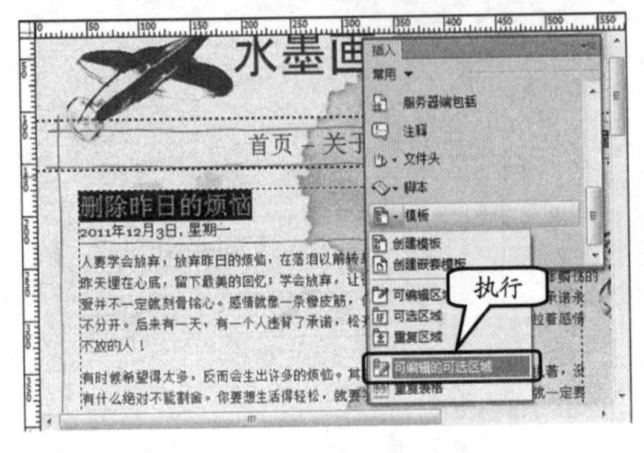

图 7-28　创建可编辑的可选区域

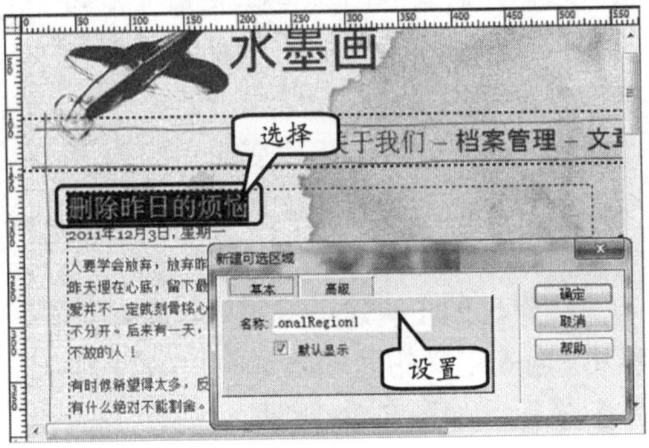

图 7-29　设置可选区域

在【新建可选区域】对话框中，要包括两大类设置，即【基本】设置和【高级】设置。在这两类设置的选项卡中，共有 4 种属性设置，如表 7-6 所示。

表 7-6　可选区域属性

属　性　名		作　　用
基本	名称	可选区域的名称
	默认显示	定义可选区域在默认（未设置时）显示
高级	使用参数	定义可选区域根据输入表达式的值显示
	输入表达式	定义通过表达式控制可选区域的显示和隐藏

3. 重复区域

重复区域是可以根据需要在基于模板的网页文档中，复制任意次数的模板区域。重复区域通常存在于表格以及表格的单元格内容等，以显示大量数据。

在网页模板中创建重复区域的方法和其他区域类似，选择需要创建重复区域的网页对象或模板区域。

然后，在【插入】面板的【常用】选项中，单击【模板】下拉按钮，执行【重复区域】命令，如图 7-30 所示。

此时，在弹出【新建重复区域】对话框中，可以输入重复区域名称，并单击【确定】按钮，如图 7-31 所示。

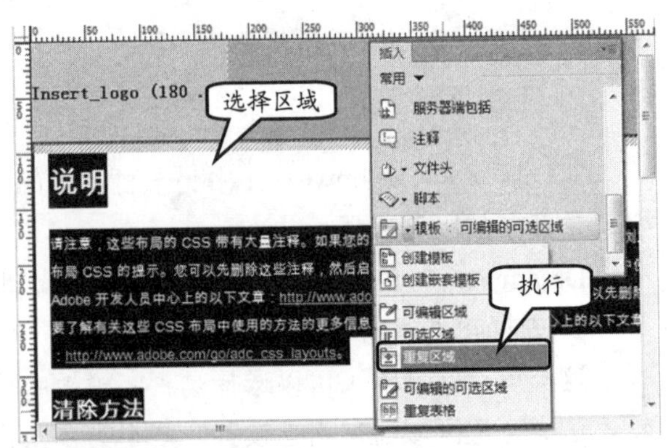

图 7-30　创建重复区域

4. 重复表格

重复表格是重复区域的扩展，是创建包含可编辑区域的重复区域表格。在 Dreamweaver 中，选择【插入】面板中的【常用】选项，并执行【模板】下拉列表中的【重复表格】命令，即可插入重复表格，如图 7-32 所示。

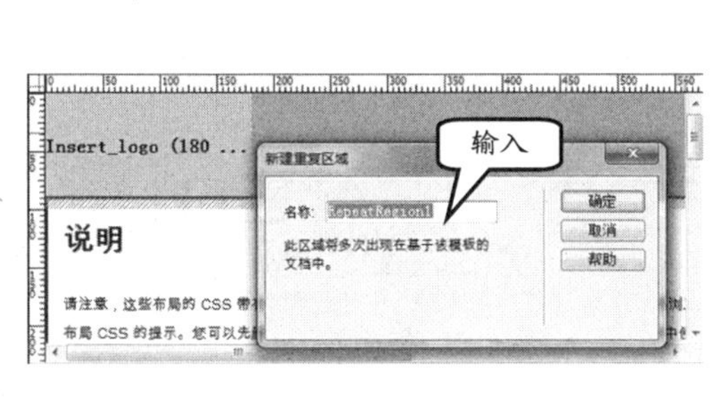

图 7-31 命名重复区域名称

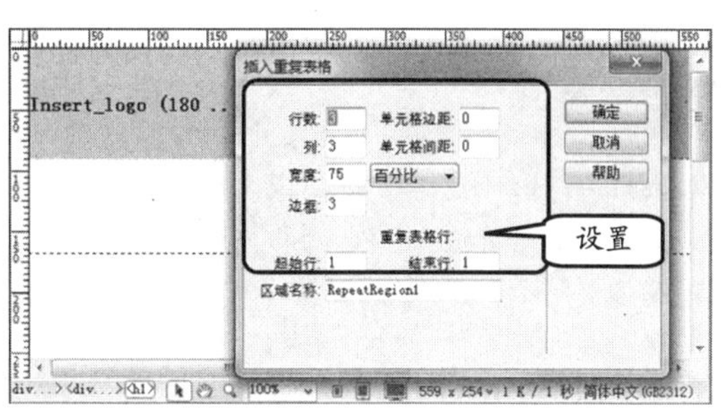

图 7-32 创建重复表格

在【插入重复表格】对话框中，用户可定义重复表格的多种属性，如表 7-7 所示。

表 7-7 重复表格属性

属性名	作用
行数	定义重复表格的行数
列	定义重复表格的列数
单元格边距	定义重复表格中各单元格之间的距离
单元格间距	定义各单元格内容之间的距离
宽度	定义重复表格的宽度
边框	定义重复表格的边框宽度
起始行	定义重复表格的重复区域开始行
结束行	定义重复表格的重复区域结束的行数
区域名称	定义重复表格的名称

在重复表格中，将嵌套多个可编辑区域，以供用户输入内容，如图 7-33 所示。

7.3.4 应用模板

在创建模板文档后，就可以通过模板生成新的网页文档。这样，对于不可编辑的区域用户不需要再进行设计和制作，只更改可编辑的区域。

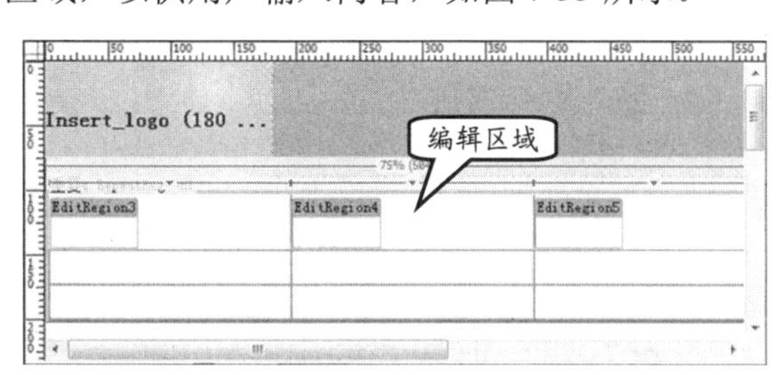

图 7-33 显示嵌套的可编辑区域

1. 创建模板页

在 Dreamweaver 中，执行【文件】|【新建】命令，打开【新建文档】对话框。在【新建文档】对话框中，选择【模板中的页】，即可根据站点选择模板，并单击确定创建一个基于模板的页，如图 7-34 所示。

在创建基于模板的网页文档时，可以启用【当模板改变时更新页面】复选框，继续保持模板与模板网页之间的联系。也可以不选择该选项，完全创建一个与模板相同的网页。

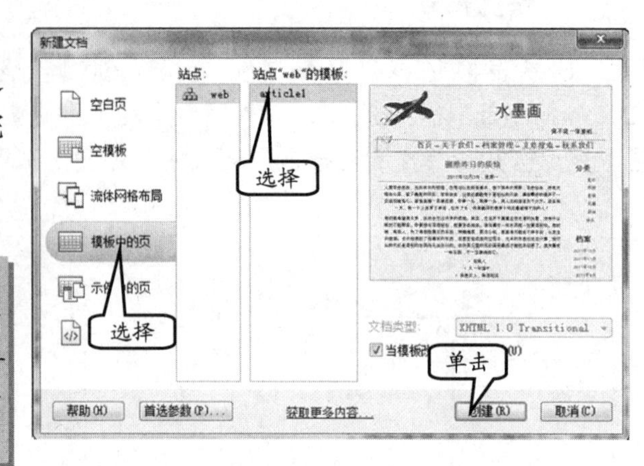

图 7-34　创建模板页

提　示

如选择了【当模板改变时更新页面】，则模板页中只有可编辑区域允许用户修改。如不选择该项目，则模板页和普通网页相同，所有区域都可由用户修改。

2. 为网页应用模板

在 Dreamweaver 中，打开已创建的空白网页文档，然后执行【修改】|【模板】|【应用模板到页】命令，即可打开【选择模板】对话框，如图 7-35 所示。

在对话框中，用户可以从【站点】列表中，选择已经应用的站点；在【模板】列表框中，选择需要使用的模板；启用【当模板改变时更新页面】复选框，单击【选定】按钮。

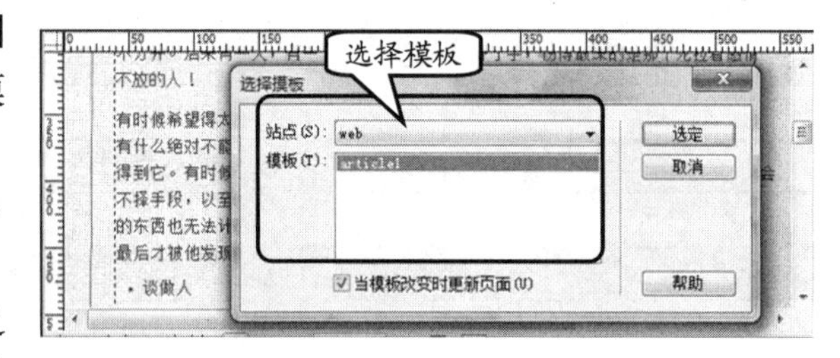

图 7-35　选择模板

如果用户需要断开网页与模板之间的关系，则可将网页与模板进行分离。

例如，执行【修改】|【模板】|【从模板中分离】命令，即可将网页与模板的联系完全切断。之后模板的更新将不会改变该网页，而该网页中的所有内容也都可以自由地编辑。

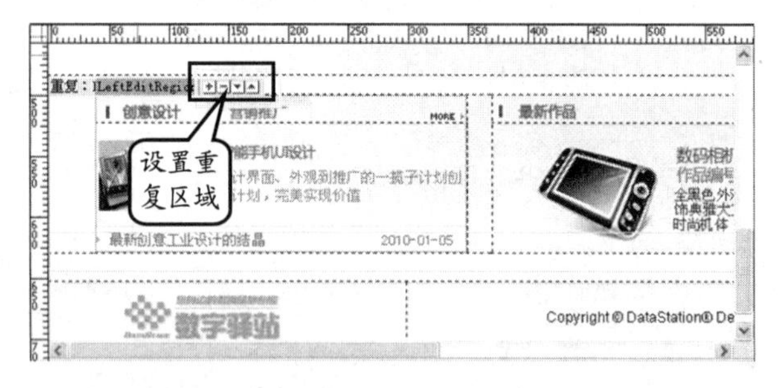

图 7-36　重复区域

3. 复制重复区域

用 Dreamweaver 打开模板页，即可看到重复区域上方会包含 4 个按钮。操作这 4 个按钮，即可对重复区域进行相关修改，如图 7-36 所示。

在重复区域中，包含有 4 个设置按钮，其含义如表 7-8 所示。

表 7-8　重复区域设置按钮含义

按　钮	作　用	按　钮	作　用
+	添加重复区域	▼	将重复区域上移
−	删除重复区域	▲	将重复区域下移

4. 更新模板页

如果用户在创建模板页时，启用【当模板改变时更新页面】复选框时，则模板页将与模板保持联系。

在模板页中，用户也可以进行更新。打开由模板创建的网页，执行【修改】|【模板】|【更新页面】命令，即可更新页面，如图 7-37 所示。

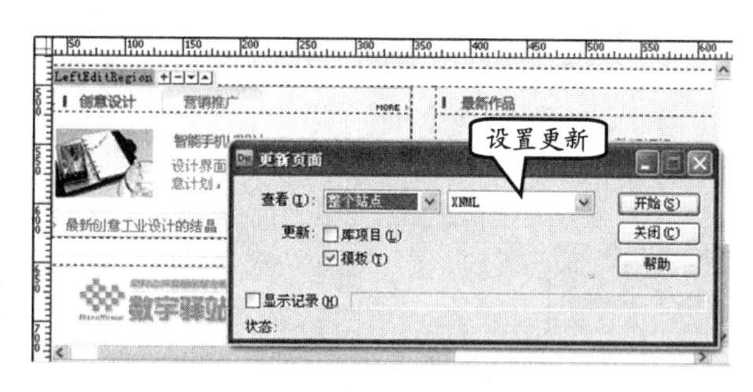

图 7-37 更新模板

7.4 课堂练习：制作企业网页

企业门户网站作为企业的网上名片，其重要性毋庸置疑。而在制作企业网页时，则有许多子页面，其网页的结构和框架内容非常类似，用户可以通过模板来快速创建其他页面。

本练习将 HTML 网页文档转换为模板，然后创建基于该模板的企业产品网页，如图 7-38 所示。

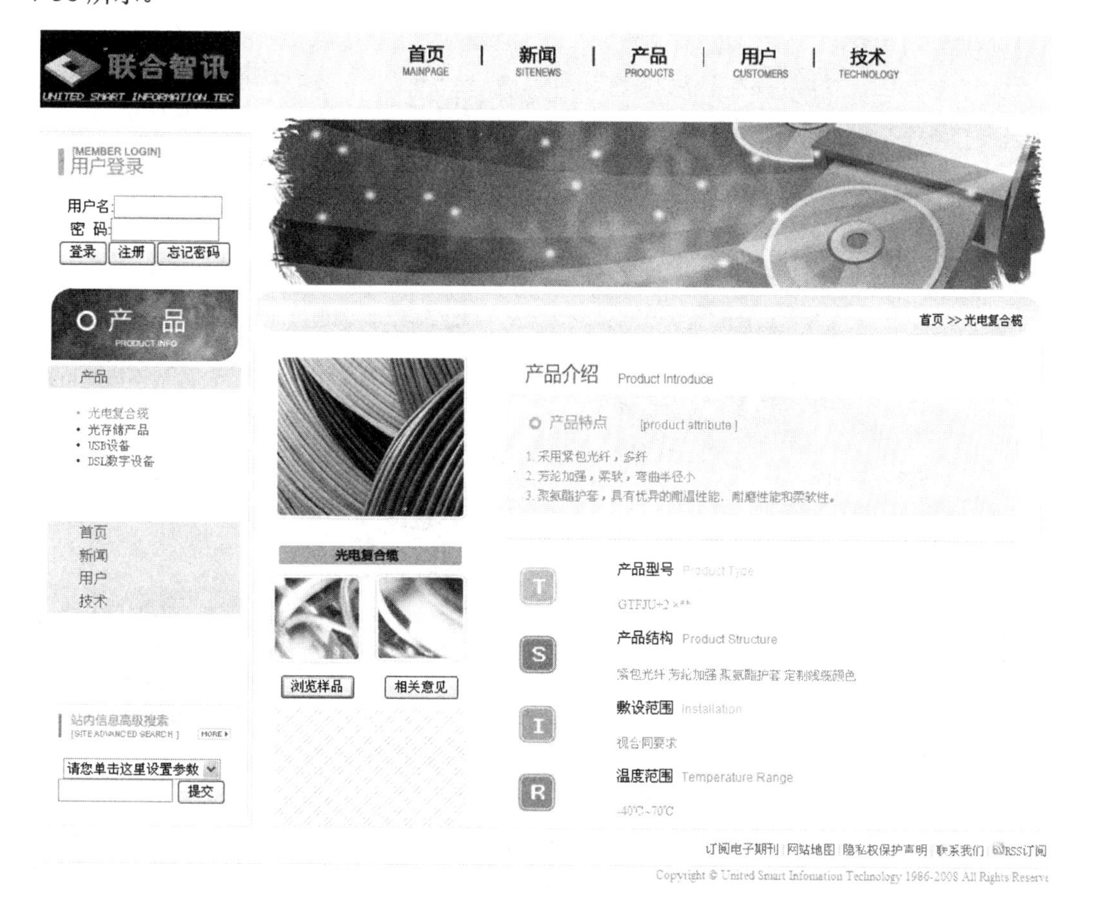

图 7-38 企业网页

操作步骤：

1 在 Dreamweaver 中，执行【文件】|【打开】命令，打开“素材.html”网页文档，如图 7-39 所示。

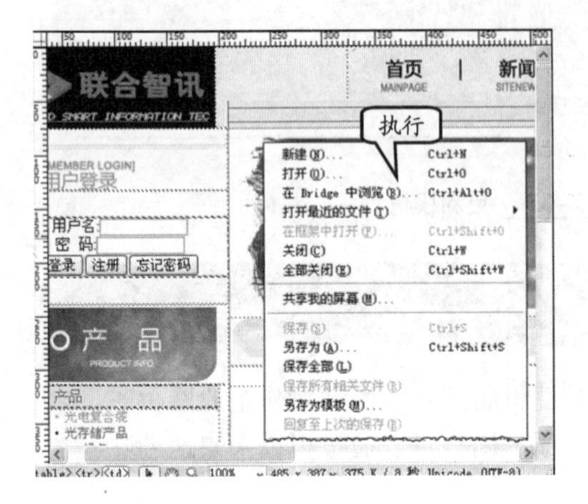

图 7-39 打开素材网页

2 执行【文件】|【另存为模板】命令，弹出【另存模板】对话框。然后，输入【另存为】为“企业产品”。单击【保存】按钮，将网页文档保存为模板文档，如图 7-40 所示。

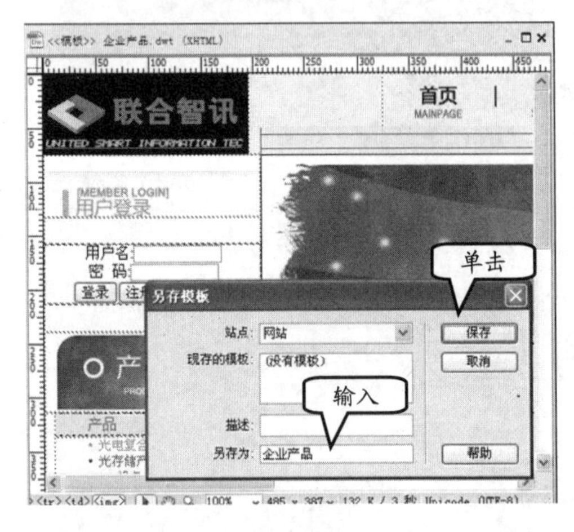

图 7-40 保存为模板

3 将光标放置在网页的右侧，打开【插入】面板，单击【常用】选项卡中的【模板：可编辑区域】图标。在弹出的对话框中，输入【名称】为“产品内容”，创建一个可编辑区域，如图 7-41 所示。

4 执行【文件】|【新建】命令，在弹出的【新建文档】对话框中，选择【模板中的页】选项卡。在【网站】站点列表中，选择“企业产品”选项，创建基于该模板的网页文档，如图 7-42 所示。

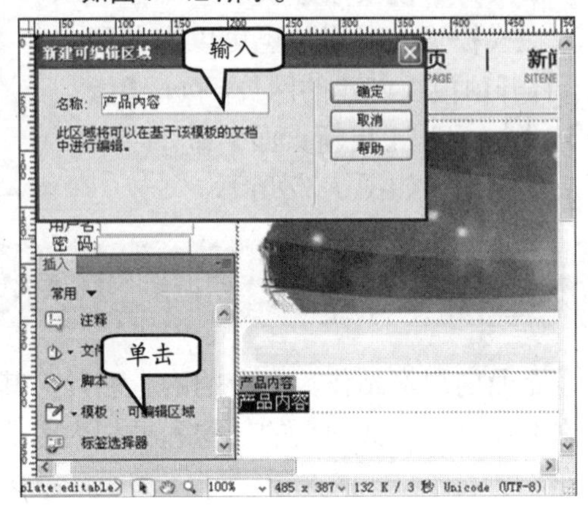

图 7-41 插入可编辑区域

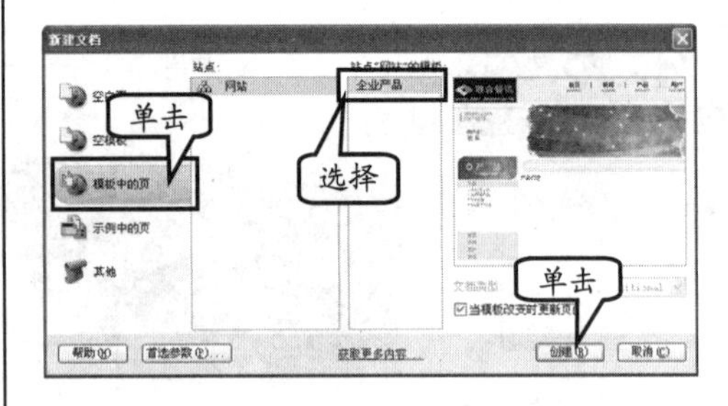

图 7-42 创建基于模板的网页

5 单击【创建】按钮，将会创建基于该网页模板的 HTML 网页文档，其中包含一个可编辑区域，如图 7-43 所示。

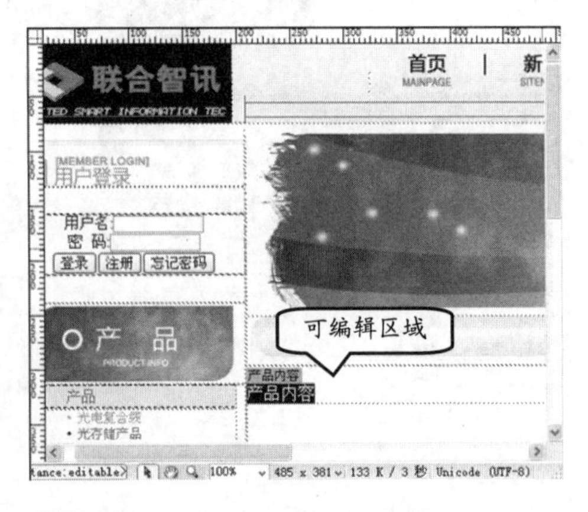

图 7-43 HTML 网页文档

6 将光标放置在可编辑区域中，通过创建表格和嵌套表格，以及在其中插入文本和图像等，制作企业产品的详细介绍，如图 7-44 所示。

7 至此企业产品网页制作完成，按 Ctrl+S 组合键再次保存文档。然后，按 F12 快捷键即可预览页面效果。

图 7-44 制作产品介绍

7.5 课堂练习：后台管理页面

在互联网中，大多数网站都是动态网站，能通过后台简单操作实现大量的信息更新和维护。而后台管理界面一般都是采用框架布局。通过框架布局，可以将一个页面分为不同的区域，每个区域互不干扰。利用框架最大的特点就是使网站的风格一致，如图 7-45 所示。

图 7-45 后台主页面

操作步骤：

1 新建空白文档，执行【插入】|【HTML】|【框架】|【上方及左侧嵌套】命令。然后，执行【文件】|【保存全部】命令，分别另存为“index.html”、“top.html”、“main.html”

和“left.html”。

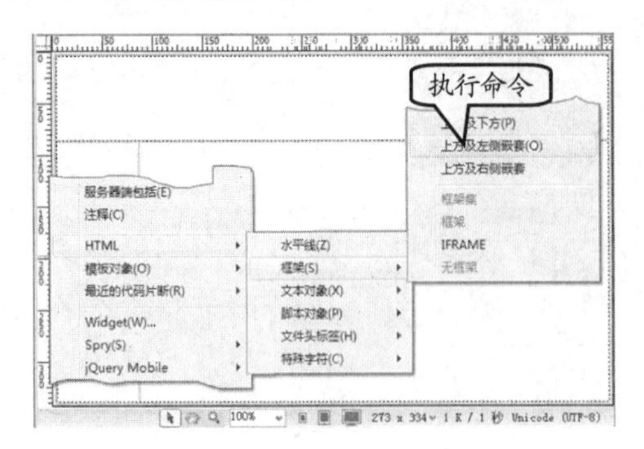

图 7–46　选择框架集

2 选择顶部 topFrame 框架，在【属性】检查器中，单击【页面属性】按钮，并设置文本样式和边距参数，如图 7–47 所示。然后，在页面中插入一个 ID 为 header 的 Div 层，定义其 CSS 样式。

图 7–47　设置子集页面

3 在 ID 为 header 的 Div 层中，插入一个 ID 为 title 的 Div 层，并输入“后台管理系统”文本，以及定义其 CSS 样式，如图 7–48 所示。

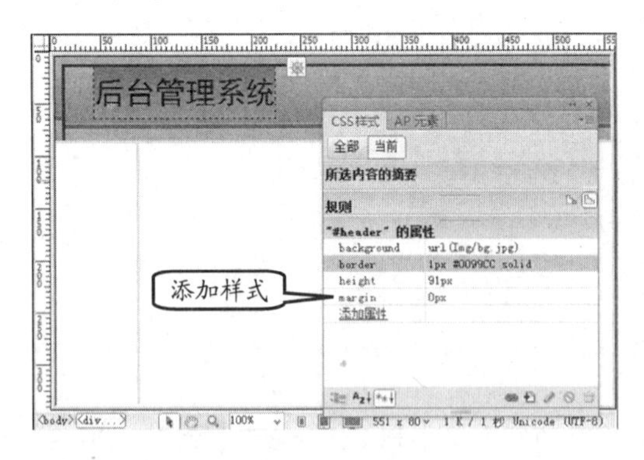

图 7–48　插入页面名称

4 在 ID 为 header 的层中插入一个 ID 为 menu 的 Div 层，并定义其 CSS 样式。在【属性】面板中，向该层插入一个项目列表，如图 7–49 所示。

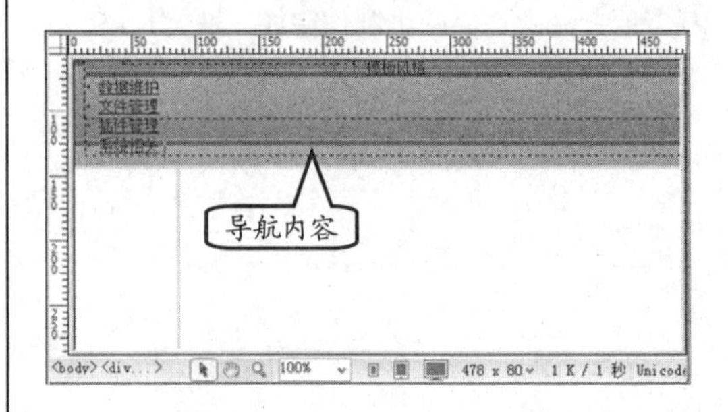

图 7–49　插入列表

5 为各个导航文本定义 CSS 样式，创建链接和设置目标框架并定义链接的样式。代码如下：

```
#menu {
    margin-left: 50px;
    margin-top: 31px;
    float:left;
}
#menu ul{
    list-style:none;
}
#menu li {
    width: 65px;
    height: 26px;
    font-size: 12px;
    line-height: 2em;
    background:url(Img/nav_
    bg.gif)
    no-repeat;
    text-align: center;
    display:inline;
    margin: 0 6px;
    float: left;
}
#menu li a {
    padding-top: 2px;
    color: #FFFFFF;
    text-decoration: none;
}
#menu li a:hover {
```

```
    color: #FFFF00;
}
```

6 在 ID 为 header 的层中插入一个 ID 为 sub_menu 的 Div 层，并定义其背景图像和大小，如图 7-50 所示。

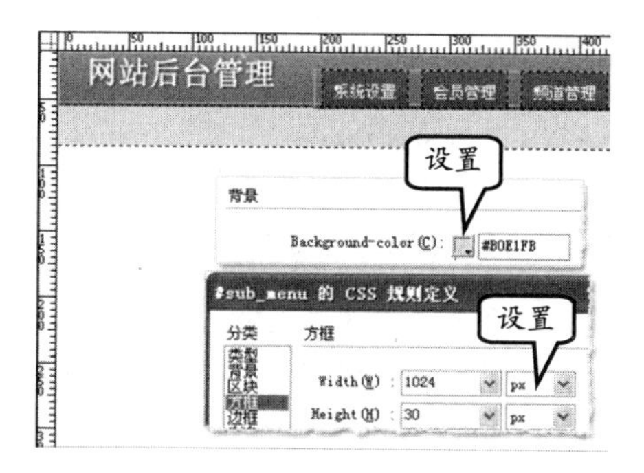

图 7-50　插入 Div 层

7 在 ID 为 sub_menu 的 Div 层中，插入一个 ID 为 notice 的 Div 层，并定义其大小和填充，如图 7-51 所示。

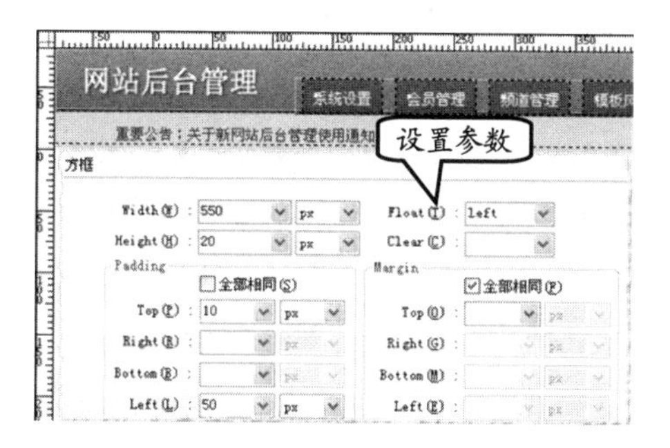

图 7-51　添加公告

8 使用相同的方法，插入一个 ID 为 links 的 Div 层，并定义 CSS 样式。然后，在该层中输入文本并创建链接，如图 7-52 所示。

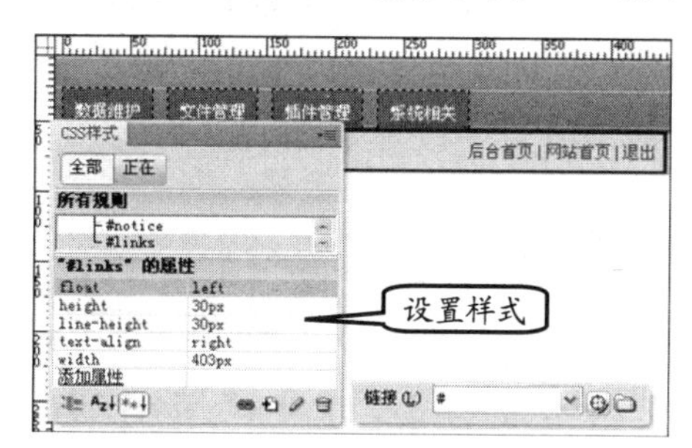

图 7-52　页面链接

9 选择左侧 leftFrame 框架页，并在【页面属性】对话框中，分别选择【外观】和【链接】选项，设置文本样式和边距等参数，如图 7-53 所示。

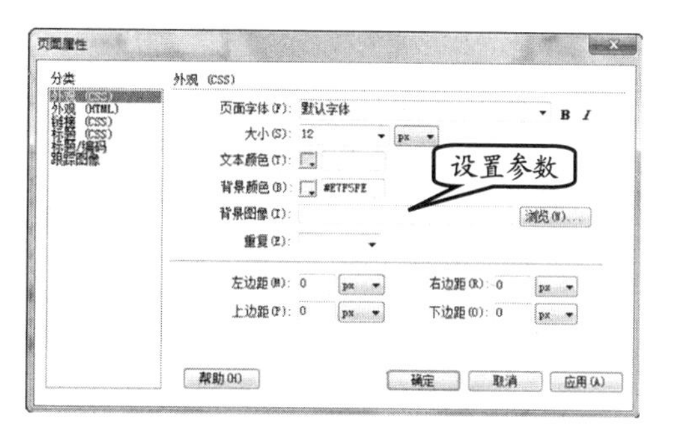

图 7-53　设置左侧框页属性

10 在【框架】面板中选择整个框架集，并在【属性】检查器中，设置【行】为 91，如图 7-54 所示。

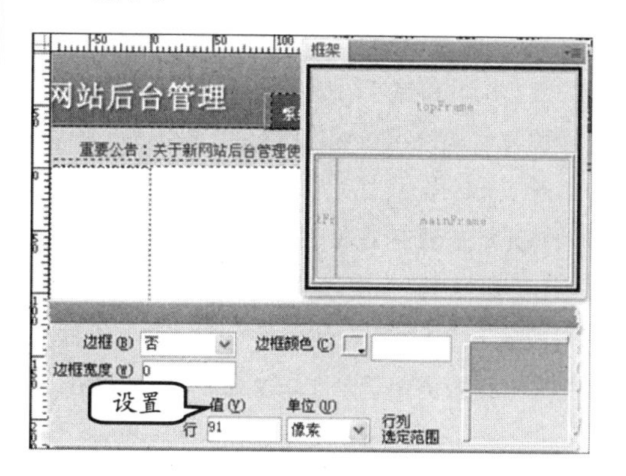

图 7-54　设置边框行距

11 选择包含左侧框架“leftFrame”和右侧框架“mainframe”的子框架集，在属性面板中设置【列】值为 191，如图 7-55 所示。

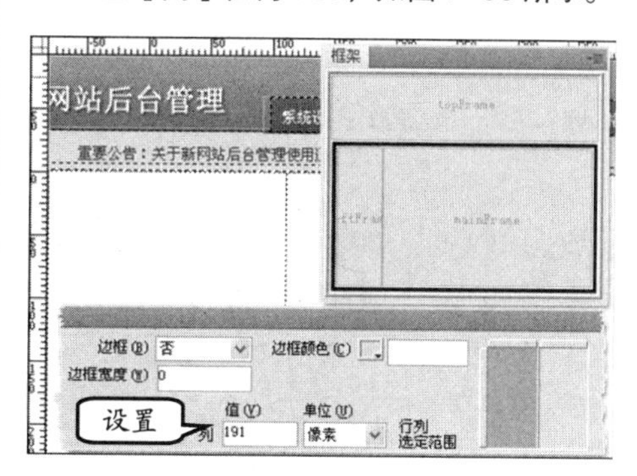

图 7-55　设置左右框架列距

12 在框架 leftFrame 中插入一个 ID 为 left_menu 的层并定义其 CSS 样式。在该层中插入一个项目列表，并为每个文本创建链接，如图 7-56 所示。

图 7-56 添加文本

13 在【CSS 样式】面板中，右击 body 标签的 CSS 规则，执行【编辑选择器】命令，修改为“body, ul, Div”，如图 7-57 所示。

14 在【CSS 样式】面板中，分别创建选择器名称为 a、a:hover 和 links 的 CSS 规则，如图 7-58 所示。

15 将光标放置在文本“网站信息设置”前，并在【属性】面板中设置【目标规则】为 links，如图 7-59 所示。使用相同的方法，设置文本“模板方案管理”等文本的 CSS 样式。

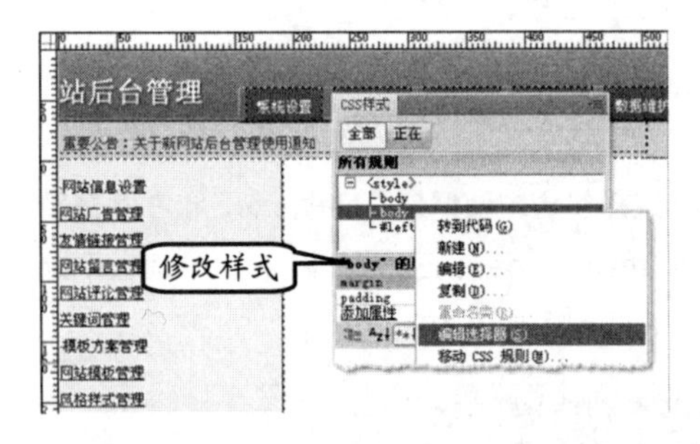

图 7-57 修改样式

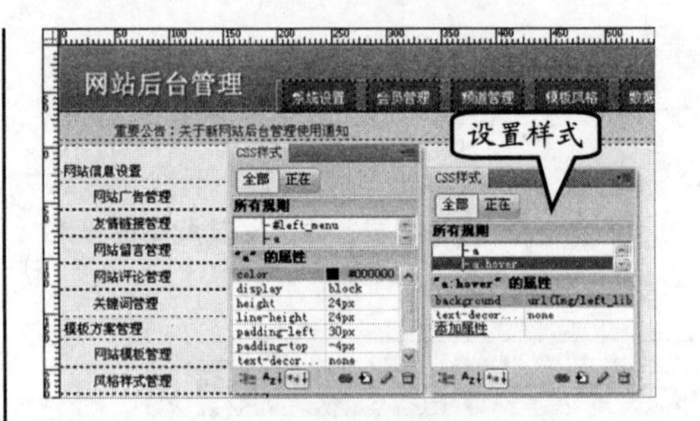

图 7-58 设置链接样式

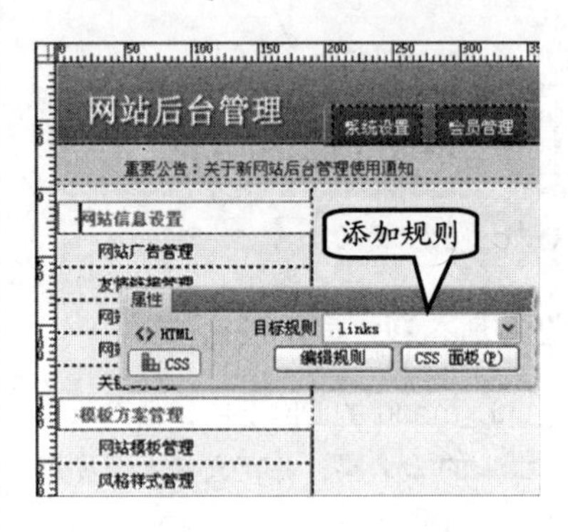

图 7-59 设置标题样式

16 选择右侧 mainFrame 框架，并设置页面的字体大小、文本颜色、背景颜色和文本链接的样式等。然后，在该页面，制作用于显示网站信息、服务器信息等页面内容，如图 7-60 所示。

图 7-60 制作右侧页面内容

7.6 思考与练习

一、填空题

1. ________是 HTML 文件，它定义一组框架的布局和属性，包括框架的数目、框架的大小和位置以及最初在每个框架中显示的页面的 URL。

2. 框架的最常见用途就是导航。一组框架通常包括一个含有导航条的框架和________。

3．当保存一个新模板时，系统会自动地将该模板以__________为后缀名存入本地站点根目录下的 Templates 文件夹里，该文件夹在第一次保存站点模板时，由 Dreamweaver 自动创建。

4．在模板中可以插入两种重复区：重复区域和__________。

5．__________是在模板中未锁定的区域，也是模板中唯一可以允许用户修改、添加内容的区域。

二、选择题

1. 框架不被广泛作为网页设计的主要技术，但有时在使用框架设计网页比其他技术有一定的优越性。下列不属于框架的优势的是__________。

A．不需要为每个页面重新加载与导航相关的图形

B．每个框架都具有自己的滚动条

C．可能难以实现不同框架中各元素的精确图形对齐

D．对导航进行测试可能很耗时间

2．选择多个嵌套框架集的方法不正确的是__________。

A．若要在当前选定内容的同一层次级别上选择下一框架集或前一框架集，在按住 Alt 键的同时按下左箭头键或右箭头键

B．若要选择父框架集（包含当前选定内容的框架集），在按住 Alt 键的同时按上箭头键

C．若要选择当前选定框架集的第一个子框架或框架集，按住 Alt 键的同时按下箭头键

D．在【框架】面板中，选择两个框架中间的虚线

3．执行【文件】|【__________】命令，可以保存所有框架集文件和框架文件。

A．另存为新文件

B．保存框架集

C．保存框架

D．保存全部

4．当编辑模板自身时，以下说法正确的是__________。

A．只能修改可编辑区域中的内容

B．只能修改锁定区域的内容

C．可编辑区域中的内容和锁定区域的内容都可以修改

D．可编辑区域中的内容和锁定区域的内容都不能修改

5．在创建模板时，下面关于可选区域的说法正确的是__________。

A．在创建网页时定义

B．可选区的内容不可能是图片

C．使用模板创建网页，对于可选区域的内容，可以选择显示或者不显示

D．以上说法都错误

三、简答题

1．什么是框架？什么是框架集？它们之间有什么区别？

2．如何保存框架集页面？

3．如何快速有效地管理网站中的所有资源？

4．创建模板有哪几种方式？分别是什么？

四、上机练习

1．通过框架制作网站后台

在很多网站中，其后台的管理页面都是使用框架设计的。通过单击左侧的导航项目，可以在右侧显示相应的页面，使管理员可以方便地处理网站中的事务。同时，也避免了弹出很多页面，如图 7-61 所示。

图 7-61 后台管理页面

2. 在【资料】面板中创建一个空白模板

在 Dreamweaver 中创建模板有多种方法，其中一个就是在【资源】面板中创建。方法是切换到【模板】元素，单击【新建模板】按钮，新建并且设置新模板名称。然后，单击【编辑】按钮即可打开该模板文档进行编辑，如图 7-62 所示。

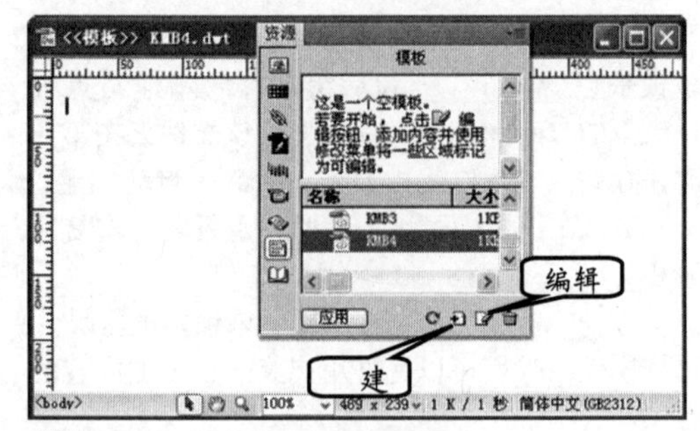

图 7-62 创建空白模板

第 8 章

创建网页表单

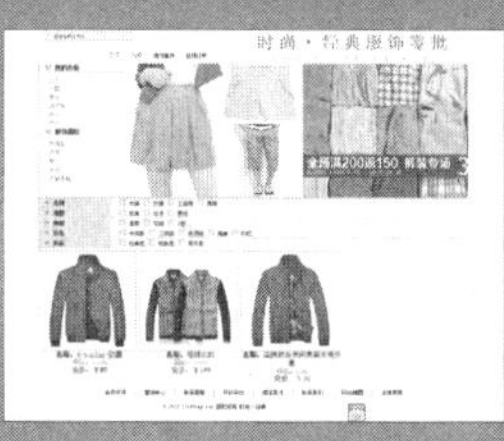

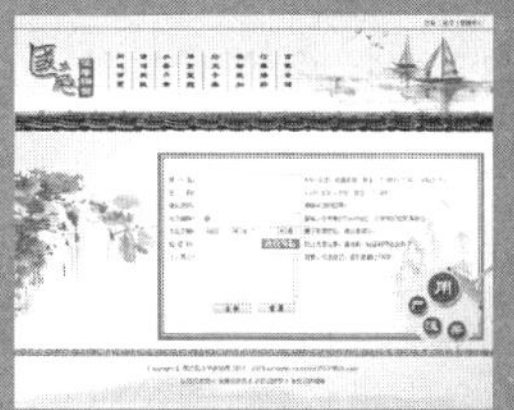

在网页中，少不了通过表单进行交互的一些内容，如制作登录功能等。而表单主要目的是将客户端（用户）的一些信息传递到服务，并进行处理或存储等。

通过表单功能，用户可以制作一些用户注册、登录、反馈等内容，并且还可以制作一些调查表、在线订单等。

本章将详细介绍网页中的文本、列表、按钮、复选框等各种表单中的组成部分，实现简单的人与网页之间的交互。

本章学习要点：

- 网页中的表单
- 插入文本域
- 复选框和单选按钮
- 列表和菜单选项
- 跳转菜单的使用
- 使用按钮激活表单
- 隐藏域和文件域

8.1 网页中的表单

在用户与网页发生交互时，网页需要有一个整体的媒介，以获取用户进行的各种操作。此时，就需要使用表单以及各种表单对象等采集这些信息，并将这些信息存储到数据库中。

8.1.1 表单概述

表单是一种特殊的网页容器标签。用户可以插入各种普通的网页标签，也可以插入各种表单交互组件，从而获取用户输入的文本，或者选择某些特殊项目等信息。

表单支持客户端/服务器关系中的客户端。用户在 Web 浏览器（客户端）的表单中输入信息后，单击【提交】按钮，这些信息将被发送到服务器。然后，服务器中的服务器端脚本或应用程序会对这些信息进行处理。

服务器向用户（或客户端）返回所请求的信息或基于该表单内容执行某些操作，以此进行响应，如图 8-1 所示。

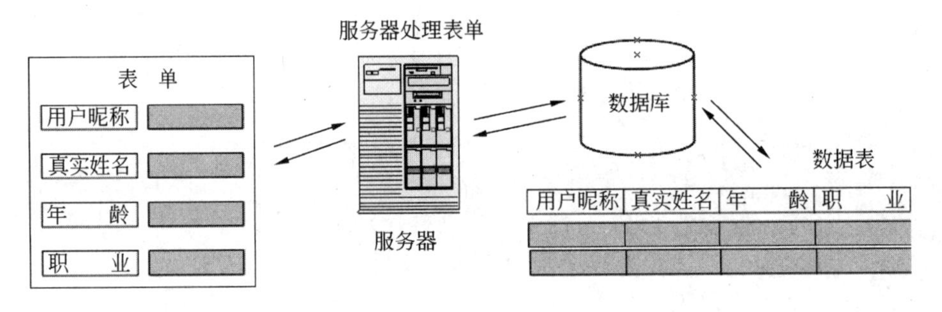

图 8-1 表单处理数据的过程

表单可以与多种类型的编程语言进行结合，同时也可以与前台的脚本语言合作，通过脚本语言快速控制表单内容。在互联网中，很多网站都通过表单技术进行人机交互，包括各种注册网页、登录网页、搜索网页等，如图 8-2 所示。

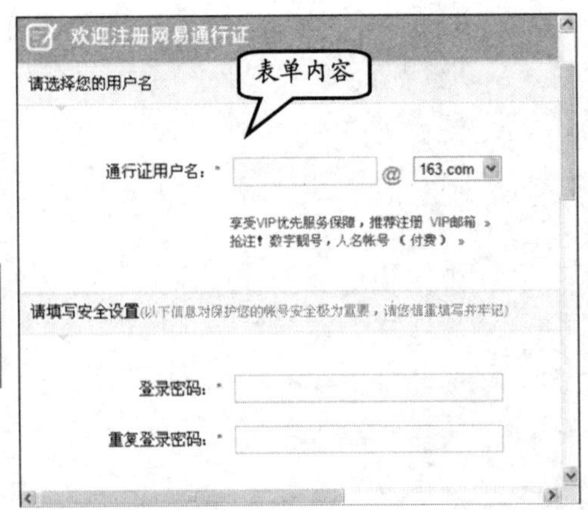

图 8-2 注册表单

提 示

表单有两个重要组成部分：一是描述表单的 HTML 源代码；二是用于处理表单域中输入的客户端脚本，如 ASP。

8.1.2 创建表单域

表单是实现网页互动的元素，通过与客户端或服务器端脚本程序的结合使用，可以实现互动性，如调查表、留言板等。

在 Dreamweaver 中，可以为整个网页创建一个表单，也可以为网页中的部分区域创建表单，其创建方法都是相同的。

将光标置于文档中，单击【表单】选项卡中的【表单】按钮，即可插入一个红色的表单，如图 8-3 所示。

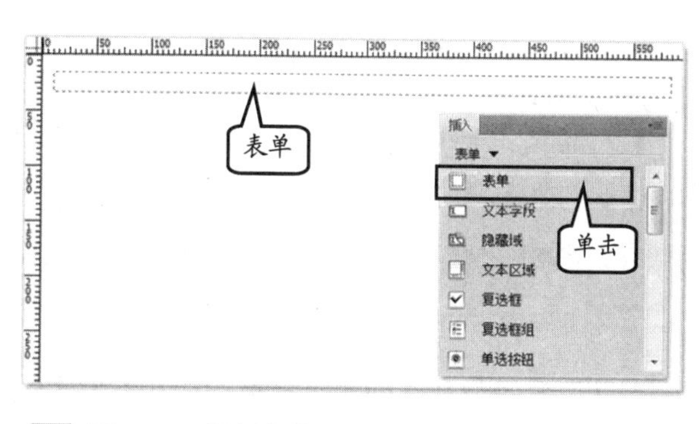

图 8-3 插入表单

用户可通过编写代码来插入表单。例如，单击【代码】按钮，在【代码】视图中通过<form>标签插入表单内容，如图 8-4 所示。

当用户插入表后，则可以在【属性】面板中，设置表单的相关参数，如表单 ID、方法、编码类型等，如图 8-5 所示。

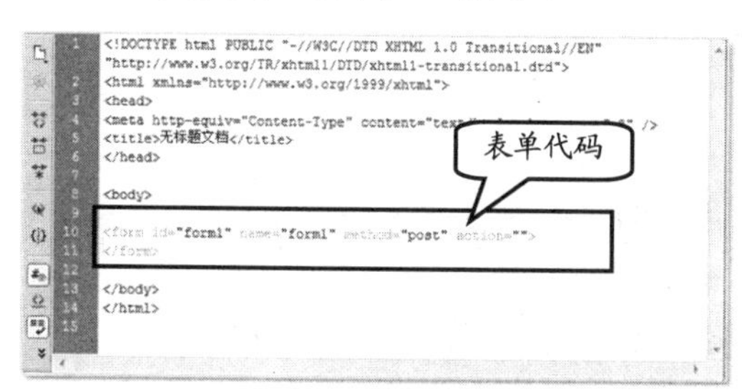

图 8-4 插入表单代码

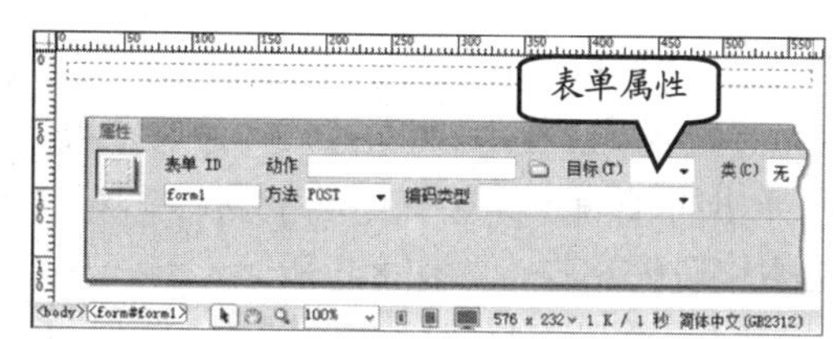

图 8-5 表单属性

在选择表单区域后，用户可以在【属性】检查器中设置表单的各项属性，其属性名称及说明如表 8-1 所示。

表 8-1 表单属性

属　性		作　用
表单 ID		表单在网页中唯一的识别标志，是 XHTML 标准化的标识，只可在【属性】检查器中设置
动作		将表单数据进行发送，其值采用 URL 方式。在大多数情况下，该属性值是一个 HTTP 类型的 URL，指向位于服务器上的用于处理表单数据的脚本程序文件或 CGI 程序文件
方法	默认	使用浏览器默认的方式来处理表单数据
	POST	表示将表单内容作为消息正文数据发送给服务器
	GET	把表单值添加给 URL，并向服务器发送 GET 请求。因为 URL 被限定在 8192 个字符之内，所以不要对长表单使用 GET 方法
目标	_blank	定义在未命名的新窗口中打开处理结果
	_parent	定义在父框架的窗口中打开处理结果
	_self	定义在当前窗口中打开处理结果
	_top	定义将处理结果加载到整个浏览器窗口中，清除所有框架
编码类型	enctype	设置发送表单到服务器的媒体类型，它只在发送方法为 POST 时才有效。其默认值为 application/x-www-form-urlemoded；如果要创建文件上传域，应选择 multipart/form-data
类		定义表单及其中各种表单对象的样式

表单的编码类型是体现表单中数据内容上传方式的重要标识。如用户设置表单的【方法】为默认的 GET 方法后，该编码类型的设置是无效的。而如用户设置表单的【方法】为 POST 方法后，则可以通过编码类型确定数据是上传到服务器数据库中，还是同时存储到服务器的磁盘中。

8.2 插入文本域

文本域是最基本的表单对象。在文本域中，网页程序可以获取用户输入的各种文本信息，同时将这些信息传送给服务器。文本域又可分为文本字段和文本区域等两种。

8.2.1 单行文本域

文本字段是单行的文本域表单对象。用户在这种表单对象中，可以输入文本信息，而文本信息不会发生换行。

在 Dreamweaver 中，将鼠标光标置于表单内，然后在【插入】面板中，单击【文本字段】按钮 文本字段 。在弹出的【输入标签辅助功能属性】对话框中，设置文本字段的属性，如图 8-6 所示。

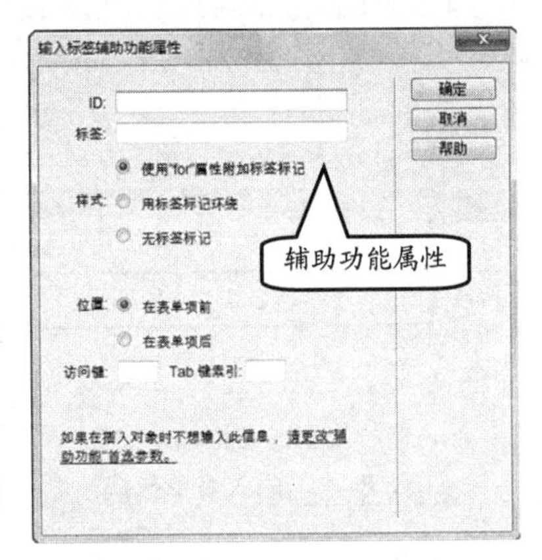

图 8-6 设置文本字段属性

在【输入标签辅助功能属性】对话框中，用户可以为文本字段的表单对象添加标签文本，同时设置标签文本显示的位置，如表 8-2 所示。

表 8-2 输入标签辅助功能属性对话框中的属性

属性	作　用	属　性	作　用
ID	文本字段的 ID 属性，用于提供脚本的引用	位置	提示文本的位置
标签	文本字段的提示文本	访问键	访问该文本字段的快捷键
样式	提示文本显示的方式	Tab 键索引	在当前网页中的 Tab 键访问顺序

在完成【输入标签辅助功能属性】设置后，即可单击“确定”按钮，插入文本字段。然后，即可在【属性】检查器中定义文本字段的各种属性，如图 8-7 所示。

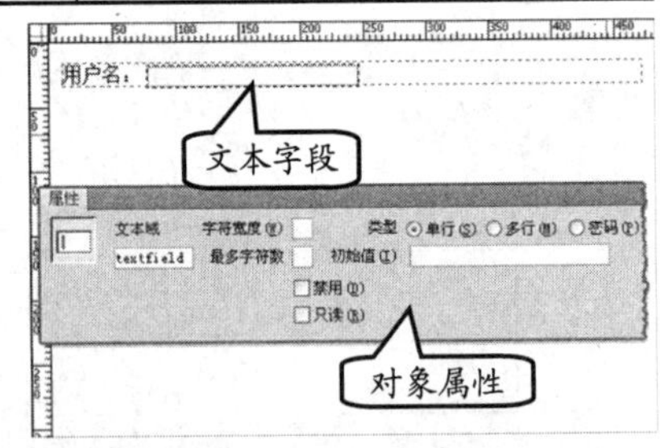

图 8-7 插入文本字段

在文本域的【属性】检查器中，可以设置文本字段域的一些简单的参数项，如表 8-3 所示。

表 8-3 文本字段的属性设置

名　称	功　能
文本域	文本域名称是程序处理数据的依据，命名与文本域收集信息的内容相一致。文本域尽量使用英文名称
最多字符数	设置文本框内所能填写的最多字符数
字符宽度	设置此域的宽度有多少字符，默认为 24 个字符的长度

续表

名　称		功　能
类型	单行	默认项。文本字段表单对象
	多行	将文本字段转换为文本区域
	密码	设置文本字段中的文本为密码类型（显示为星号“*”）
初始值		为默认状态下填写在单行文本框中的文字
禁用		文本框显示为灰色，不可以提交文本内容，而且其中的文本不可修改，值为disable
只读		文本框显示为正常颜色，可以提交文本内容，而且其中的文本不可以修改，值为readonly

提　示

执行【编辑】|【首选参数】命令，弹出的【首选参数】对话框。并选择【分类】列表中的【辅助功能】选项，禁用【表单对象】复选框，即插入对象时不会弹出【输入标签辅助功能属性】对话框。

8.2.2　多行文本域

在获取用户输入的文本信息时，如果需要获取较多的内容，则可以使用文本区域对象。文本区域是文本域的一种变形，其可以显示位于多行的文本，同时还提供滚动条组件，可以使用户拖动并查看输入的所有内容。

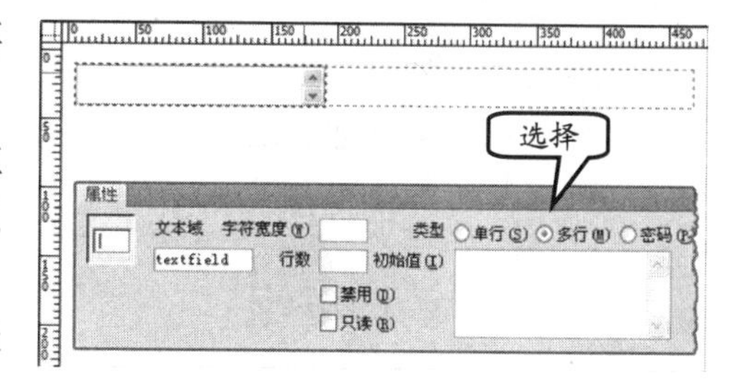

图 8-8　设置多行文本

创建文本区域有两种方法：一种是先为表单插入一个文本字段的对象，然后在【属性】检查器中设置【类型】为“多行”，如图 8-8 所示。

除此之外，用户也可以单击【插入】面板中的【文本区域】按钮 文本区域 ，在设置【输入标签辅助功能属性】对话框中的各种属性后，同样可以插入一个文本区域对象，如图 8-9 所示。

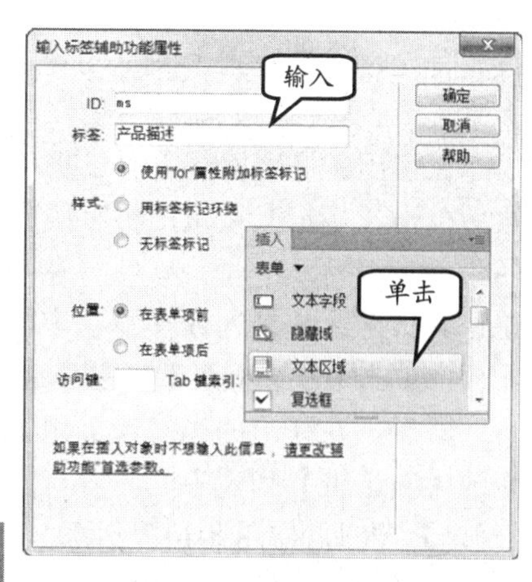

图 8-9　插入文本域

单击选择相应的文本区域对象，可以在【属性】检查器中设置其属性。其属性与文本字段的属性十分类似，只需修改为【行数】选项，用于设置文本区域中可同时显示的文本行数量。同时，还将原单行的【初始值】更改为多行的初始值。

提　示

用户除了插入【文本字段】和【文本区域】对象外，还可以插入【隐藏域】对象。而该对象存储并提交非用户输入信息。针对该信息，用户是无法看到的。

8.2.3 密码域

在创建登录页面时，几乎都需要创建一个密码文本字段，用于输入用户通过网站验证所使用的密码信息。

密码类型的文本字段与其他文本字段在形式上是一样的，而在向文本框内输入内容时，密码类型的文本字段则不显示输入的实例内容，只记录输入的位数。

例如，用户可以像插入其他文本字段一样，先插入一个文本字段对象，并在【属性】检查器中，选择【类型】中的【密码】选项，如图 8-10 所示。

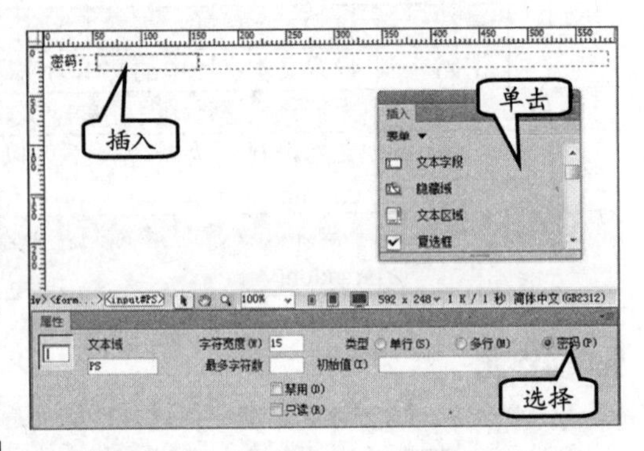

图 8-10 设置为密码文本字段

8.3 复选框和单选按钮

在网页中，如果为用户提供一个或多个选择项目，并获取用户所选择的一个或多个项目，则可以使用复选框或单选按钮等选择性的表单对象。复选框或单选按钮表单既可以单个的方式出现，也可以成组的形式出现。

8.3.1 复选框组

复选框是允许用户同时选择多项内容的选择性表单对象，并在浏览器中以矩形框来表示。插入复选框时，用户可以先插入一个字段集，再将复选框或者复选框组插入到字段集中，以表示为这些复选框添加标题信息。

首先，将光标置于表单的容器中，在【插入】面板中单击【字段集】按钮，如图 8-11 所示。

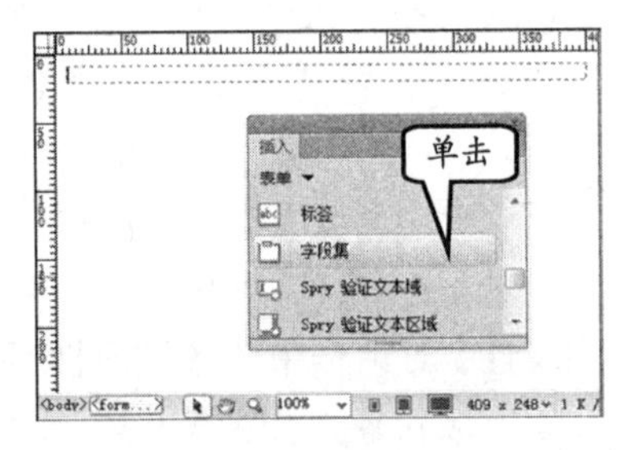

图 8-11 插入字段集

在弹出的【字段集】对话框中输入字段集的名称，然后单击【确定】按钮，将字段集添加到网页文档中，如图 8-12 所示。

其次，用户将光标置于在字段集之后，在【插入】面板中单击【复选框组】按钮，如图 8-13 所示。

然后，在弹出的【复选框组】对话框中，用户可以修改【复选框】列表中的内容，并设置布局方式，单击【确定】按钮，如图 8-14 所示。

在【复选框组】对话框中，用户可以设置多种复选框组的属性，同时可以添加和删除复选框组中的项目，如表 8-4 所示。

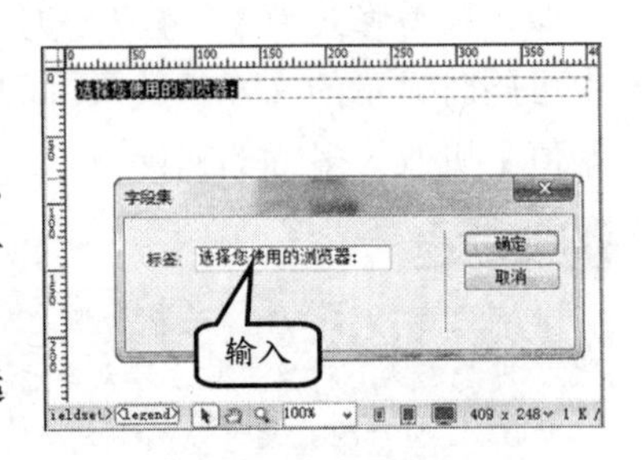

图 8-12 添加字段集

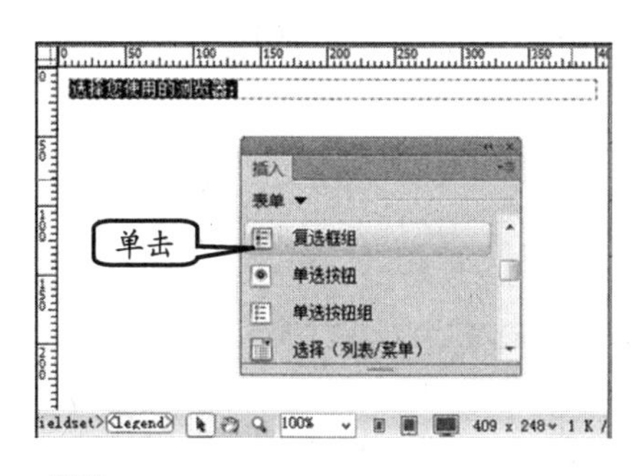

图 8-13 插入复选框组

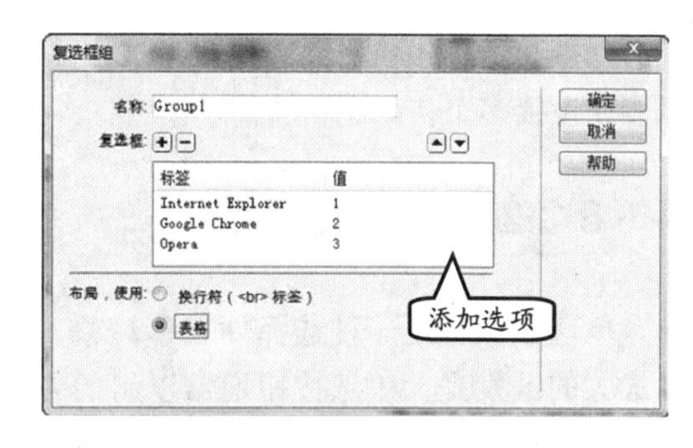

图 8-14 添加复选框组

表 8-4 复选框组的属性设置

属 性 名		作 用
名称		复选框组的名称
复选框	标签	复选框后的文本标签
	值	在选中该复选框后提交给服务器程序的值
	+	添加复选框
	−	删除当前选择的复选框
	▲	将当前选择的复选框上移一个位置
	▼	将当前选择的复选框下移一个位置
布局，使用	换行符	定义多个复选框间以换行符分隔
	表格	定义多个复选框通过表格进行布局

此时，在文档中，用户可以看到以表格方式显示一组复选框内容，如图 8-15 所示。

用户可以通过单击工具栏中的【在浏览器中预览/调试】下拉按钮，并执行【预览在 IExplorer】命令，即可显示当前所创建的复选框组效果，如图 8-16 所示。

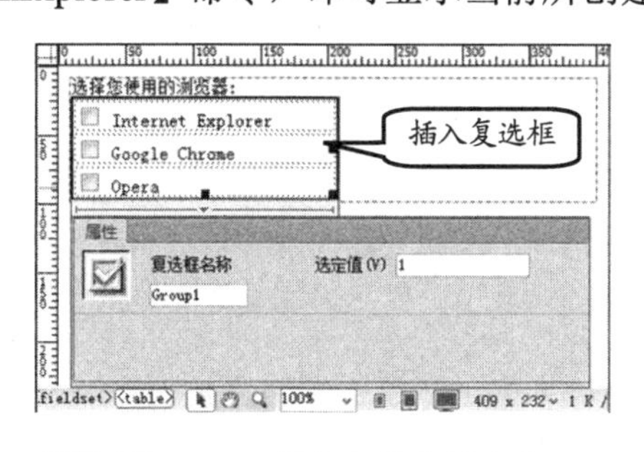

图 8-15 插入复选框组内容

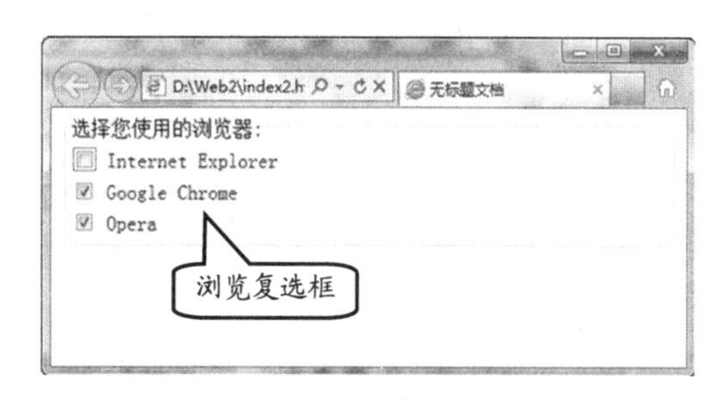

图 8-16 显示复选框组效果

在【属性】检查器中，用户可以设置复选框的名称、选定方式等信息，如表 8-5 所示。

表 8-5 设置复选框属性

属 性		作 用
复选框名称		设置当前复选框的名称（供脚本调用）
选定值		设置在选中当前复选框后，在提交表单时传递给服务器的值
初始状态	已勾选	设置复选框在初始时为选中状态
	未选中	设置复选框在初始时为未选中状态
类		设置复选框所引用的 CSS 类

在插入复选框时，应注意复选框的名称只允许使用字母、下划线和数字。其中，只

允许字母和下划线作为开头。在一个复选框组中，可以选中多个复选框的项目，因此可以预先设置多个初始选中的值。

8.3.2 单选按钮组

单选按钮也是一种选择性表单对象。其与复选框最大的区别是，单选按钮通常以组的方式出现，在该单选按钮的组中，只允许用户同时选中其中一个单选按钮。当用户选中某一个单选按钮时，其他单选按钮将自动转换为未选中的状态。

在表单域中，插入【字段集】对象，按【回车】键换行。然后，在【插入】面板中，单击【单选按钮组】按钮，如图 8-17 所示。

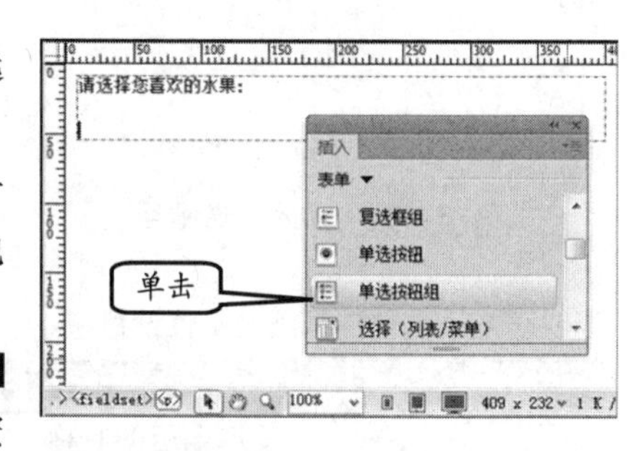

图 8-17

打开【单选按钮组】对话框，并设置单选按钮组的插入内容，单击【确定】按钮，如图 8-18 所示。

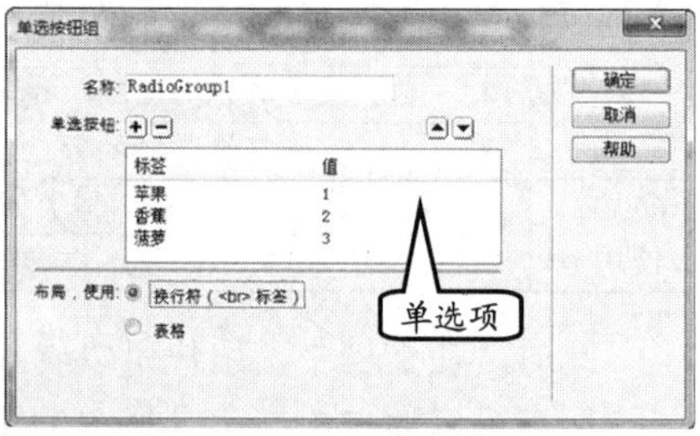

提 示

在【单选按钮组】对话框中，其各设置的项目与插入复选框组时十分类似。用户可方便地为单选按钮组添加或删除单选按钮项目。在选中已添加的单选按钮后，同样可以通过【属性】检查器设置单选按钮的属性，其方法也与设置复选框的属性相同。

图 8-18 插入单选按钮组

然后，在文档中，将显示所插入的单选按钮组内容。而当选择某一个单选图标时，可以在【属性】检查器中对单选按钮进行相关设置，如图 8-19 所示。

用户除了通过添加单选按钮组的方式插入单选按钮外，也可以独立地插入单选按钮。此时，已插入的一个单选按钮将独自成为一组。

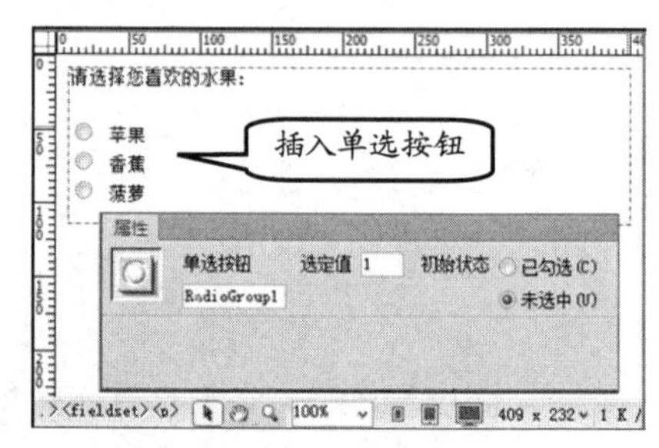

图 8-19 设置单选按钮

8.4 列表和菜单

列表/菜单是一种重要的表单对象。在列表/菜单的表单对象中，用户可以方便地选择其中某一个项目。在提交表单时，将选择的项目值传送到服务器中。相比单选按钮组，列表菜单形式更加多样化，使用也非常便捷。

8.4.1 下拉菜单

下拉菜单对象在表单中是一种固定高度的、通过弹出的方式显示内容的表单。因此，下拉菜单又被称作弹出菜单。下拉菜单表单对象的作用与单选按钮组对象类似，都可以提供多种选项，供用户进行选择。

1. 插入菜单表单

在 Dreamweaver 中，用户可以先创建一个表单，再将光标置于表单中。然后，在【插入】面板中，单击【选择（列表/菜单）】按钮 选择（列表/菜单）。在弹出的【输入标签辅助功能属性】对话框中，设置列表/菜单的属性之后，即可将菜单插入到网页文档中，如图 8-20 所示。

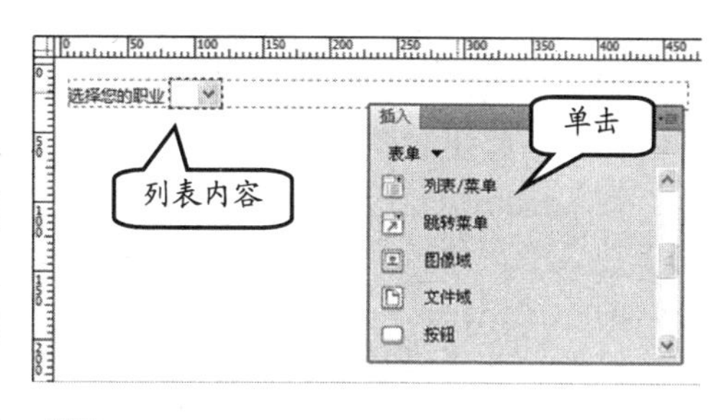

图 8-20　插入菜单

2. 编辑菜单表单

在完成菜单的插入过程后，用户即可选中菜单。然后，在【属性】检查器中，设置菜单的相关属性，如图 8-21 所示。

在菜单的【属性】检查器中，包含了多种属性的设置项目。例如，设置菜单的 ID 名称、列表值等，如表 8-6 所示。

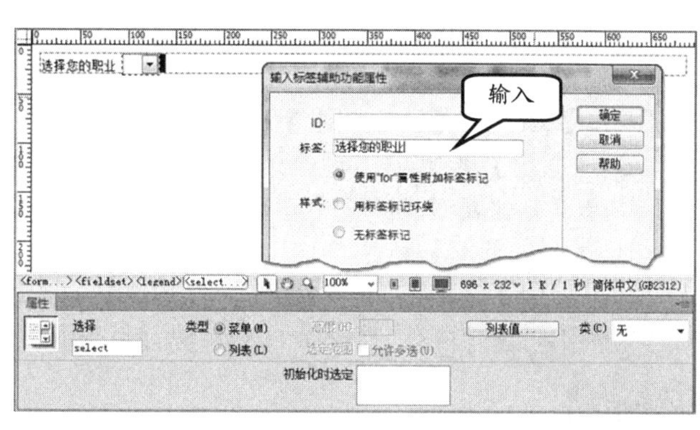

图 8-21　设置菜单属性

表 8-6　设置菜单属性

属　　性		作　　用
列表/菜单		定义菜单的 ID 名称，供脚本调用
类型	菜单	选中该选项，将会把列表/菜单的表单对象设置为菜单
	列表	选中该选项，将会把列表/菜单的表单对象设置为列表
列表值		单击该按钮，将可在弹出的对话框中设置列表的项目
初始化时选定		如列表/菜单中包含值，则可在此处显示列表/菜单中初始化时已选择的属性

选中菜单后，用户可以在【属性】检查器中，单击【列表值】的按钮。在弹出的【列表值】对话框中，单击【添加列表项】按钮 +，为菜单添加项目，如图 8-22 所示。

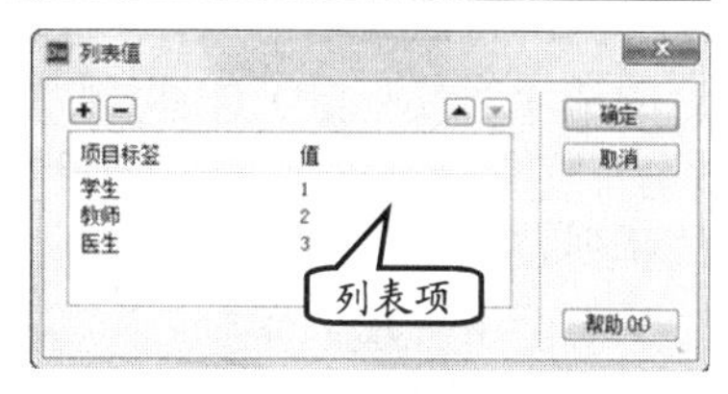

图 8-22　设置列表的值

除此之外，用户也可以选中菜单项目，单击【删除列表项】按钮 -，将其删除。在选中菜单项目的同时，用户还可以单击【上移列表项】按钮 ▲ 以及【下移列表项】按钮 ▼，更改这些菜单项目的位置。

在完成菜单项目的编辑后，单击【确定】按钮，返回【属性】检查器，在【初始化时选定】栏中，设置默认显示的菜单项目，如图 8-23 所示。

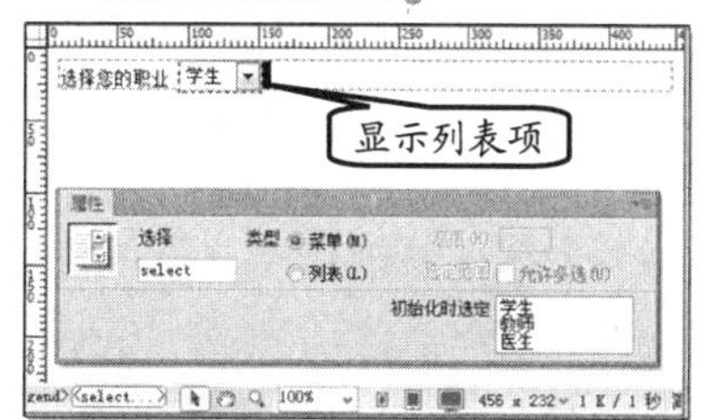

图 8-23　设置菜单默认显示项目

8.4.2 滚动列表

滚动列表的功能与下拉菜单类似，其区别在于滚动列表可以设置默认显示的内容，而无须用户单击弹出。如果滚动列表的项目数量超出列表的高度，则可以通过滚动条进行调节。

与菜单表单不同，Dreamweaver 无法提供直接插入滚动列表。但是用户可以通过简单的操作，将下拉菜单转换为滚动列表表单。

在 Dreamweaver 中，允许用户将已经添加的下拉菜单对象转换为滚动列表对象，并设置列表的各种属性。

例如，在【设计】视图中，选中菜单表单对象，再在【属性】检查器中设置【类型】为“列表”选项，如图 8-24 所示。

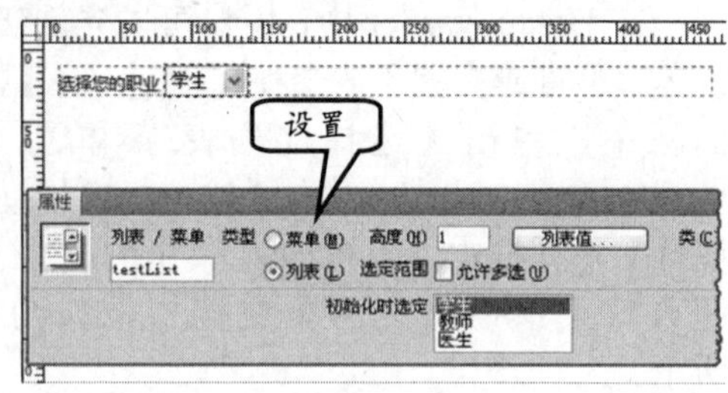

图 8-24　将下拉菜单转换为滚动列表

相比之下，菜单表单对象的属性比滚动列表表单对象的属性新增出两个可设置的属性，即【高度】属性和【选定范围】属性。

❑ 【高度】属性

用来定义列表类型的表单对象同时可以显示的项目行数，其值为正整数。

❑ 【选定范围】属性

如果启用【选定范围】中的【允许多选】复选框，则用户可以同时设置多个列表项目作为初始时选定的值。另外，浏览网页时，用户也可以选择多个列表值。

提　示

在【列表值】对话框中，用户可以将【项目标签】后面的【值】设置为 URL 地址。然后，通过选择项目，即可转置指定的地址。此时，用户也可以通过插入【跳转菜单】来完成。

8.5　跳转菜单的使用

跳转菜单是一种选项弹出菜单，菜单上的选项通常链接到另外一些网页。这些网页可以是本网站的网页，也可以是其他网站的网页。

当用户从菜单上选择一个选项时，立即跳转到所链接的网页。当然，也可以把菜单上的选项连接到电子邮件、图像或可在浏览器中打开的任何类型的文件上。

在动态文档中，插入一个表单，单击【跳转菜单】按钮，并单击【属性】检查器中的【列表值】按钮。然后，输入项目标签及值，如图 8-25 所示。

单击【确定】按钮，即可将跳转菜单的表单插入到网页文档中，并通过【属性】检查器查看跳转菜单表单的属性，如图 8-26 所示。

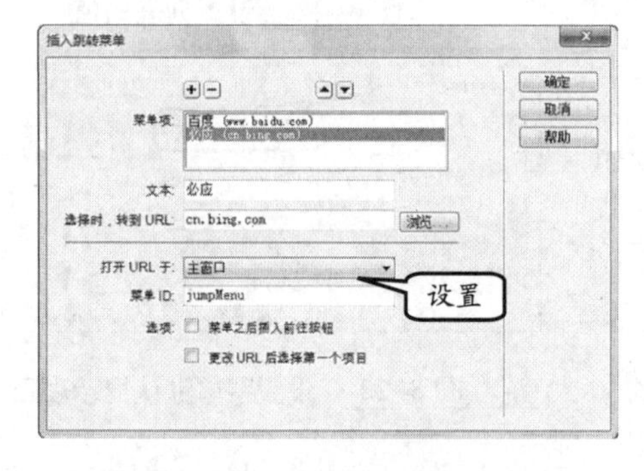

图 8-25　插入跳转菜单

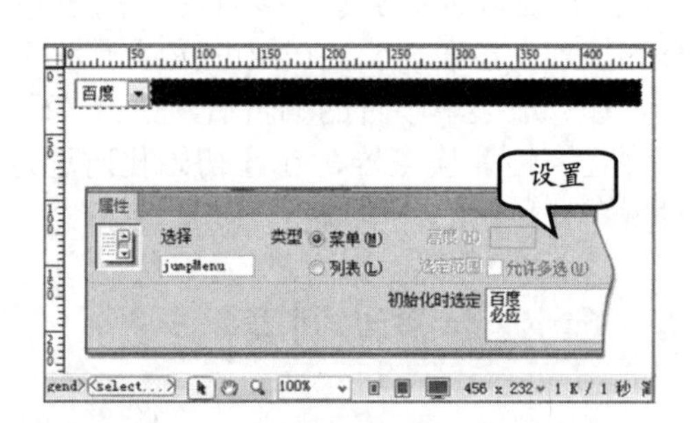

图 8-26　设置跳转菜单属性

8.6 使用按钮激活表单

在表单中录入内容后，用户需要单击表单中的按钮才可以将表单中所填写的信息发送到服务器。而在网页中，按钮包含有普通文字按钮和图片按钮两种。

8.6.1 插入文字按钮

按钮是一种重要的表单类型。在设计网页中的表单时，需要为表单提供用于提交的按钮，才能将表单中的数据添加到网站数据库中。除此之外，按钮还可以清除表单中所有用户填入的内容，或实现一些特殊的脚本事件。

在【插入】面板的【表单】类别中，单击【按钮】按钮，即可在弹出的【输入标签辅助功能属性】对话框中设置按钮的标签等属性，将按钮插入到网页文档中，如图 8-27 所示。

与其他类型的表单类似，在选中按钮表单后，也可以通过【属性】检查器设置按钮表单对象的属性，如图 8-28 所示。

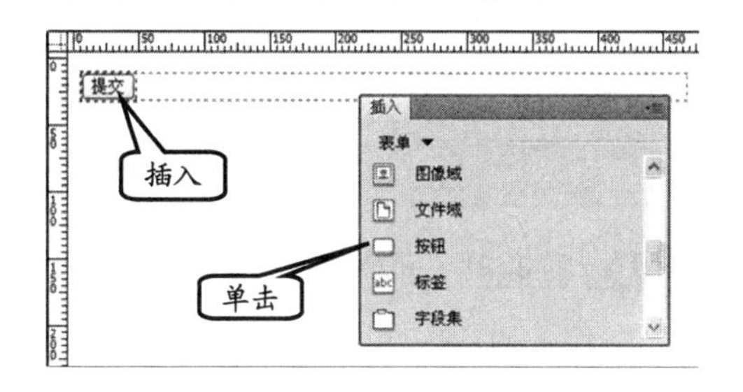

图 8-27 插入按钮表单对象

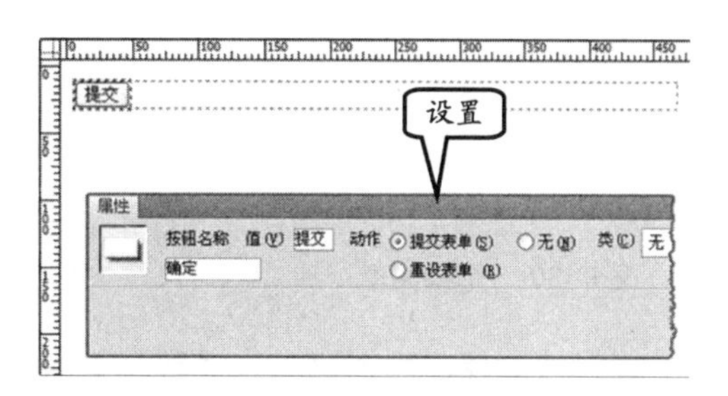

图 8-28 设置按钮表单属性

在按钮表单对象的【属性】检查器中，主要包括了以下一些属性设置，如表 8-7 所示。

表 8-7 按钮表单对象的属性

属性名		作用
按钮名称		为该按钮指定一个名称。“提交”和“重置”是两个保留名称，“提交”为触发表单将数据提交给处理的应用程序或脚本，而“重置”则将所有表单域重置为其原始状态
值		确定按钮上显示的文本
动作	提交表单	在用户单击该按钮时提交表单数据以进行处理。该数据将被提交到在表单的“动作”属性中指定的页面或脚本
	重置表单	在单击该按钮时清除表单内容
	无	单击该按钮时要执行的动作。例如，可以添加一个 JavaScript 脚本，使用户单击该按钮时打开另一个页面等

8.6.2 图像按钮

图像按钮即将使用图像作为按钮图标。如果使用图像来执行任务而不是提交数据，则需要将某种行为附加到表单对象。

在文档中，将光标放置于表单内，并执行【插入】|【表单】|【图像域】命令，如图 8-29 所示。

在弹出的【选择图像源】对话框中，为该按钮选择图像，并单击【确定】按钮，如图 8-30 所示。

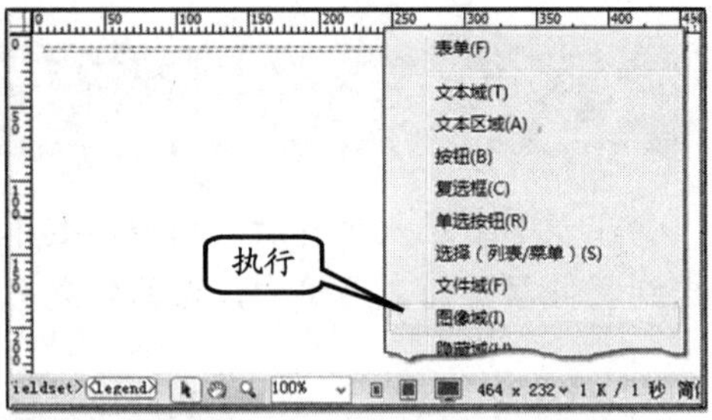

图 8-29　执行【图像域】命令

此时，在文档中，将显示所插入的图像，如图 8-31 所示。用户通过浏览器可以查看该图像为按钮方法。

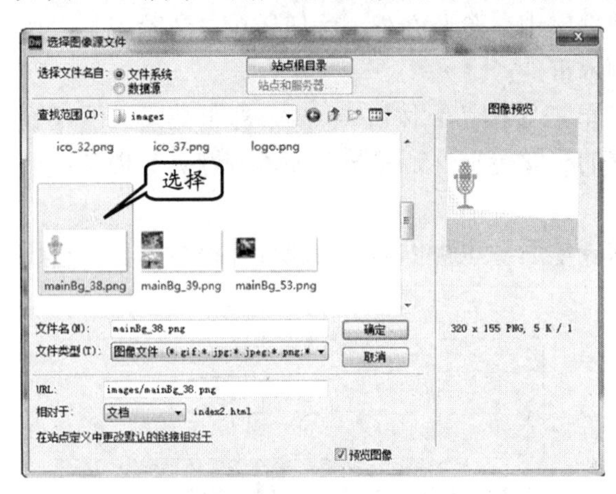

图 8-30　选择图像

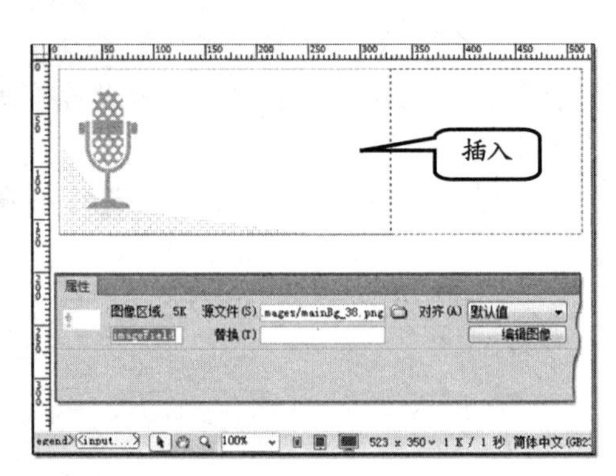

图 8-31　插入图像

选择该图像，用户可以在【属性】检查器中，进行一些设置，如表 8-8 所示。

表 8-8　图像域属性

属 性 名	作　用
图像区域	为该按钮指定一个名称。“提交”和“重置”是两个保留名称，“提交”通知表单将表单数据提交给处理应用程序或脚本，而“重置”则将所有表单域重置为其原始值
源文件	指定要为该按钮使用的图像
替换	用于输入描述性文本，一旦图像在浏览器中加载失败，将显示这些文本
对齐	设置对象的对齐属性
编辑图像	启动默认的图像编辑器，并打开该图像文件以进行编辑
类	使用户可以将 CSS 规则应用于对象

提　示

若要将某个 JavaScript 行为附加到该按钮，选择该图像，然后在【行为】面板中选择行为。

8.7　使用隐藏域和文件域

在网页中，很少使用隐藏域和文件域。因为，隐藏域只有在页面之间传递值时，以防止被客户端看到才使用。而文件域只是在页面中具有上传到服务器文件时，才被使用。

8.7.1 隐藏域

隐藏域存储用户输入的信息，如姓名、电子邮件地址或偏爱的查看方式，并在该用户下次访问页面时使用这些数据。例如，在【插入】面板中，单击【隐藏域】按钮，即可在光标位置一个符号。而在【属性】面板中，可以输入隐藏域的值，如图 8-32 所示。

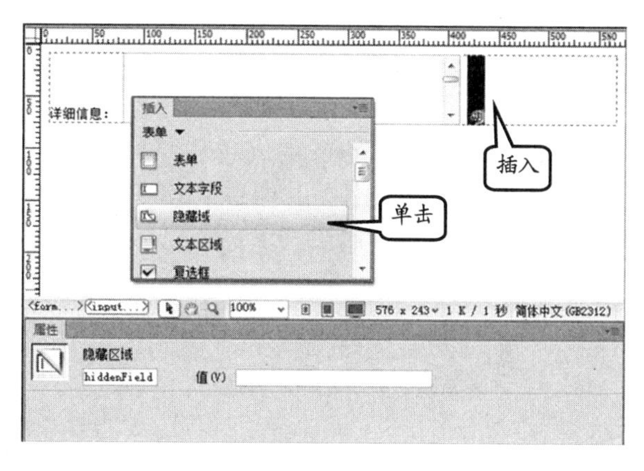

图 8-32 插入隐藏域

提 示

在隐藏域的【属性】检查器中，用户可以将默认的值放置到【值】文本框中。然后，在接收的页面中可以接收到该值内容。

8.7.2 文件域

文件域是一种特殊的表单。在文件域中，用户可以调用本地操作系统的文件打开对话框，选择本地的文件，并将该文件的 URL 路径添加到表单中。这样，在提交表单时，就可以将该 URL 路径传输给服务器，并将相应的文件同时上传。

插入文件域的方式与插入其他类型的表单类似，在添加表单后，即可将光标置于表单中，然后在【插入】面板中单击【文件域】按钮 文件域，在弹出的【输入标签辅助功能属性】对话框中设置文件域的属性后，即可单击【确定】按钮，将文件域插入到网页中，如图 8-33 所示。

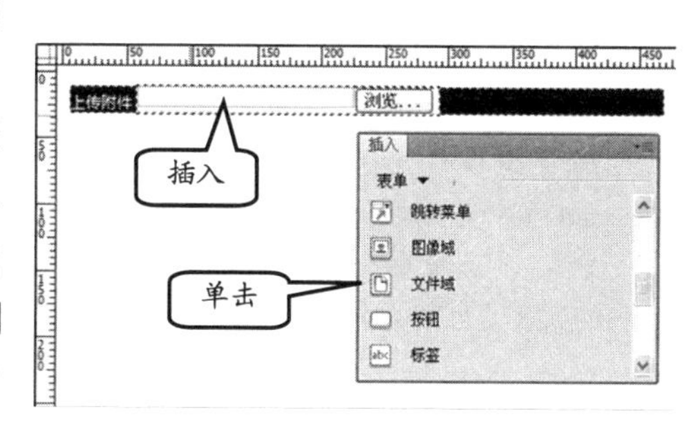

图 8-33 插入文件域

在插入文件域后，用户也可以选中文件域，然后在【属性】检查器中设置文件域表单对象的属性，如图 8-34 所示。

在文件域的【属性】检查器中，用户可以方便地设置其中输入文本域的各种属性，包括文本域的字符宽度以及最多字符数等。

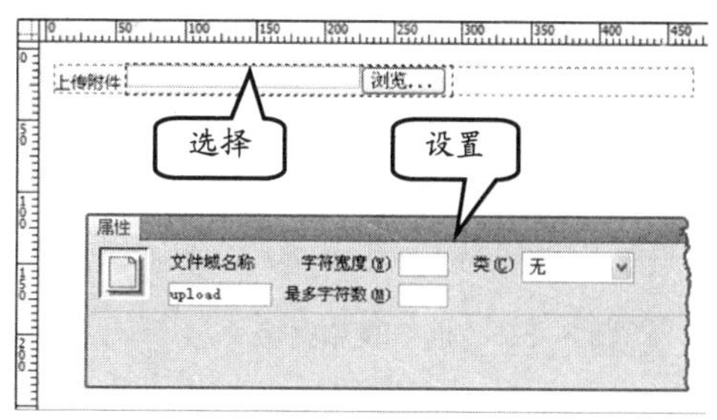

图 8-34 设置文件域属性

提 示

在使用文件域制作上传模块时，除了需要添加前台的表单对象外，还需要用户编写后台的代码，才能完全实现上传文件的功能。

8.8 课堂练习：制作用户登录页面

在了解 Dreamweaver 的表单和各种表单组件后，用户可以使用【插入】面板，在网页文档中插入表单组件，并通过 CSS 样式定义表单的显示属性。在本练习中，就将使用以上技巧，设计一个用户登录页面，如图 8-35 所示。

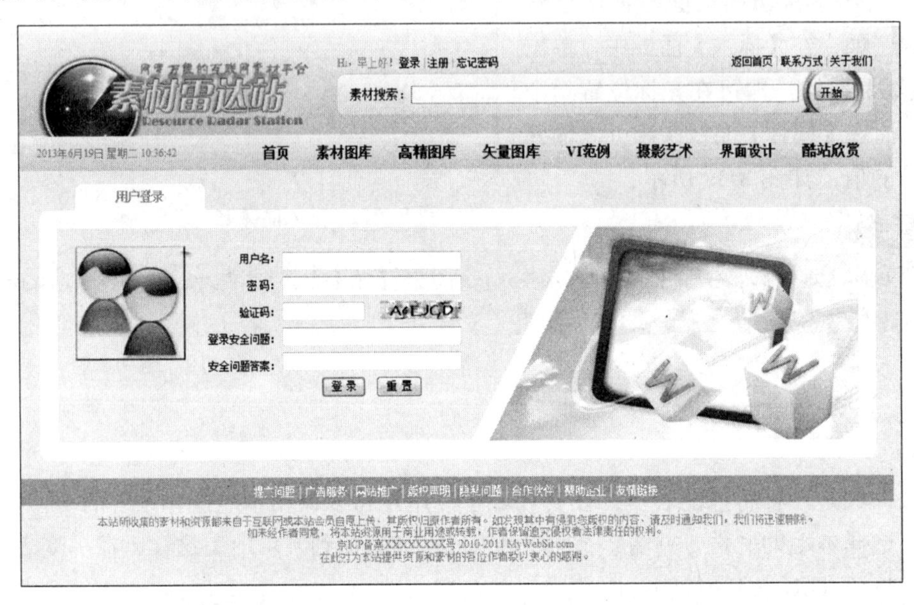

图 8-35 用户登录界面

操作步骤：

1 在 Dreamweaver 中，执行【文件】|【打开】命令，打开素材文件，将鼠标光标置于预留的列表项目区域中，如图 8-36 所示。

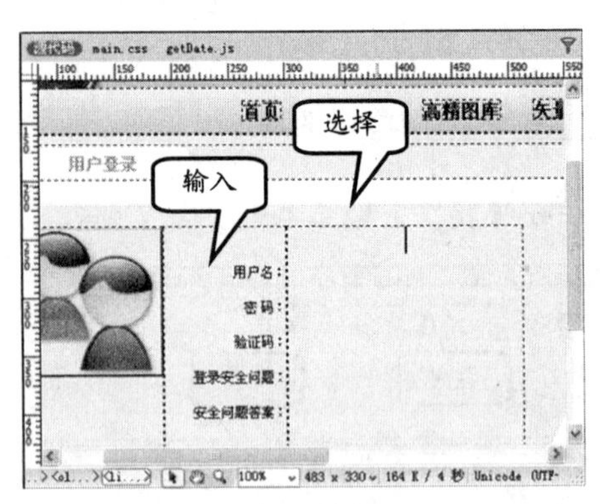

图 8-36 选中表单区域

2 执行【插入】|【表单】|【表单】命令，为选中的网页元素中插入一个表单，并在【属性】面板中设置其【ID】为 form1，【动作】为 “javascript:void(null);”，如图 8-37 所示。

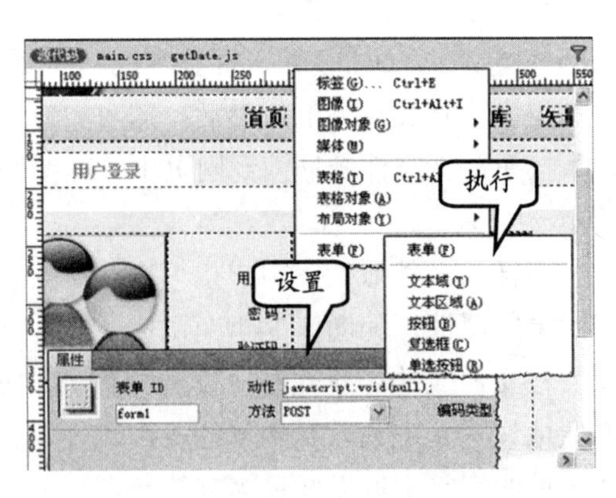

图 8-37 插入表单并设置属性

3 执行【插入】|【HTML】|【文本对象】|【段落】命令，在表单中插入段落。然后再执行【插入】|【表单】|【文本域】命令，在弹出的【插入标签辅助功能属性】对话框中设置

ID 为 userName，如图 8-38 所示。

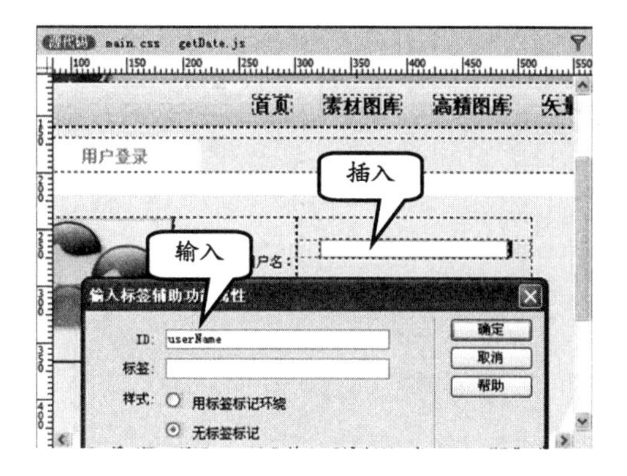

图 8-38　设置文本字段属性

4 按【回车】键，然后插入一个 ID 为 userPassword 的文本域，并在【属性】面板中设置其为【密码】选项，如图 8-39 所示。

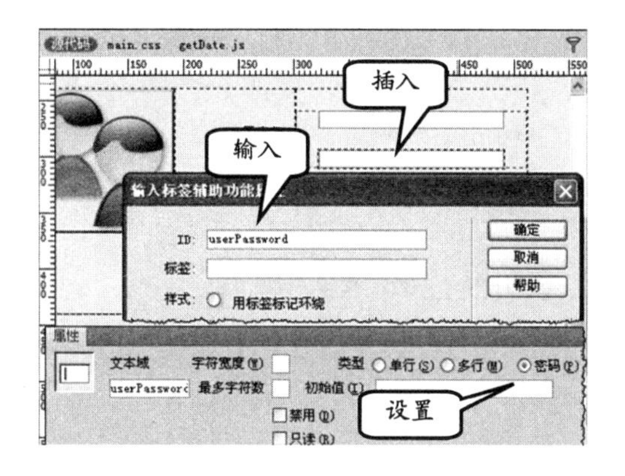

图 8-39　插入密码域

5 用同样的方式，依次插入 ID 为 checkCode、secureQuestion 和 secureAnswer 的文本域，作为填入验证码、登录安全问题和安全问题答案的文本域，如图 8-40 所示。

6 在 secureAnswer 文本域右侧按回车，再执行【插入】|【表单】|【按钮】命令，在弹出的【插入标签辅助功能属性】对话框中设置 ID 为 login。然后，单击【确定】按钮，在【属性】面板中设置按钮的【值】为“登录”，如图 8-41 所示。

7 在【登录】按钮右侧按 Ctrl+Shift+空格键，插入一个全角空格，然后再插入一个 ID 为 reset 的按钮，设置其【值】为“重置”;【动作】为【重设表单】，即可完成表单的插入，如图 8-42 所示。

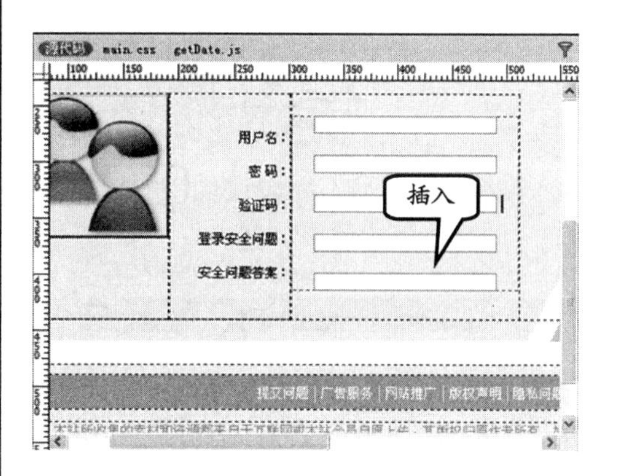

图 8-40　插入其他文本域

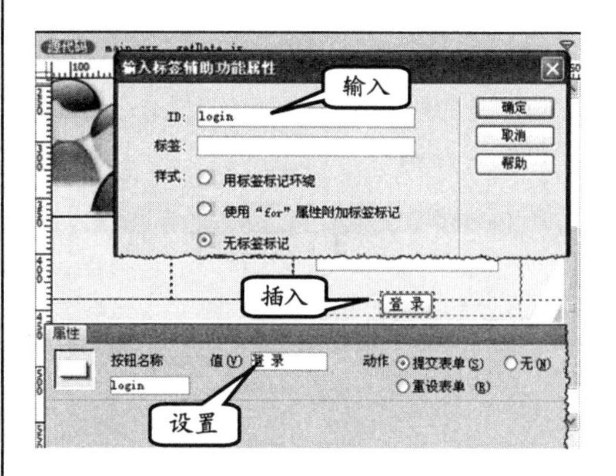

图 8-41　插入登录按钮

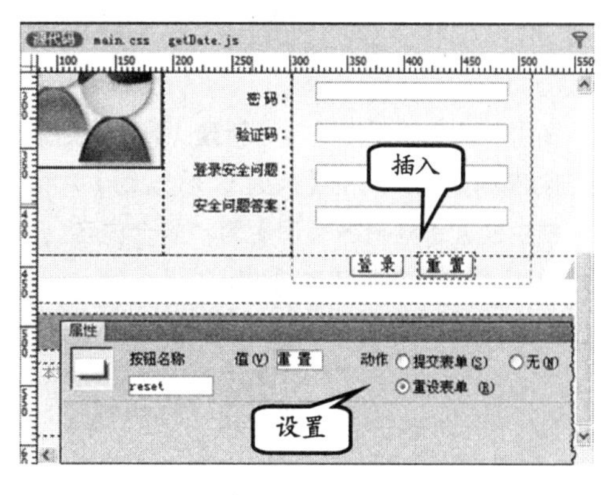

图 8-42　插入重置按钮

8 在表单中任意一个文本域或按钮右侧，单击鼠标光标，然后即可在【CSS】面板中单击【新建 CSS 规则】按钮，在弹出的【新建

CSS 规则】对话框中，单击【确定】按钮，创建 CSS 规则，如图 8-43 所示。

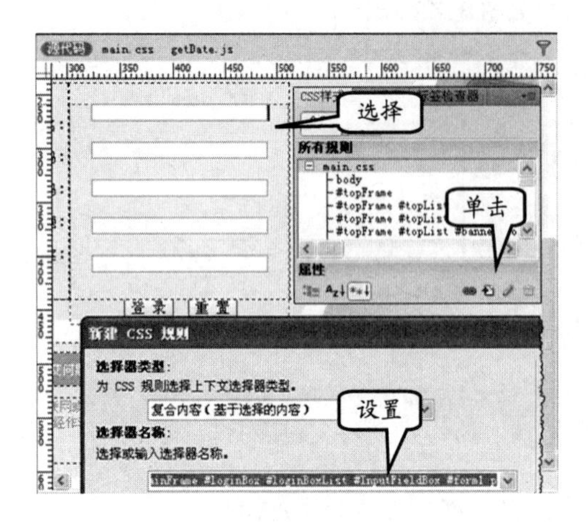

图 8-43 创建 CSS 规则

9 在弹出的【CSS 规则定义】对话框中，选择【方框】的列表项，对段落的样式进行设置，如图 8-44 所示。

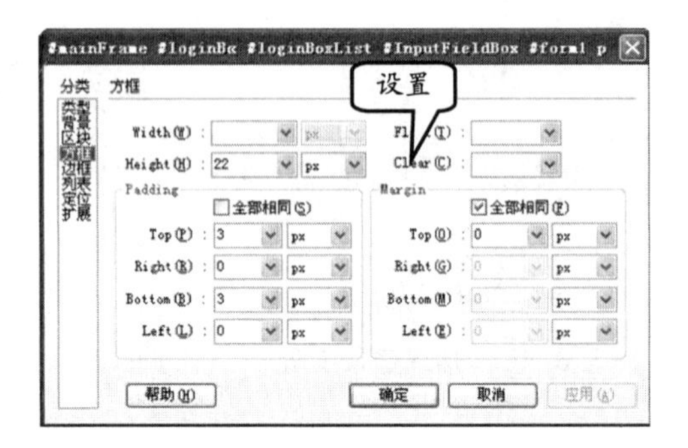

图 8-44 设置 CSS 样式

10 在【CSS】面板中单击【新建 CSS 规则】按钮，在弹出的【新建 CSS 规则】对话框中设置【选择器类型】为“复合内容”，设置【选择器名称】为“#mainFrame #loginBox #loginBoxList #InputFieldBox #form2 .inputBox”，并单击【确定】按钮，如图 8-45 所示。

11 在弹出的【CSS 规则定义】对话框中选择【方框】列表项目，然后设置【Width】为 200，如图 8-46 所示。

12 返回【设计视图】，分别选中 ID 为 userName，userPassword，secureQuestion 和 secureAnswer 的文本域，在【属性】面板中设置其应用类为 inputBox，如图 8-47 所示。

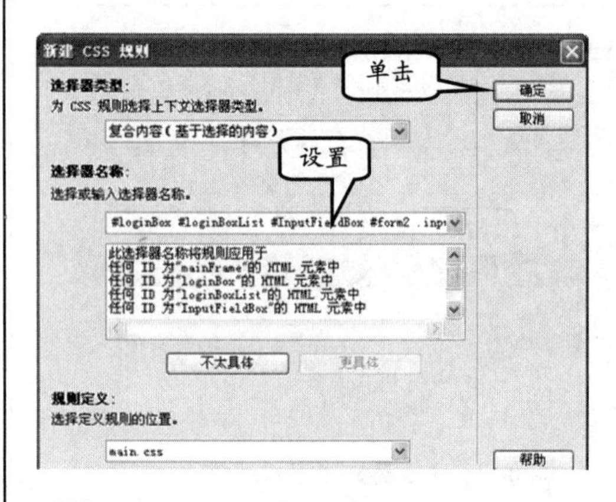

图 8-45 新建 CSS 规则

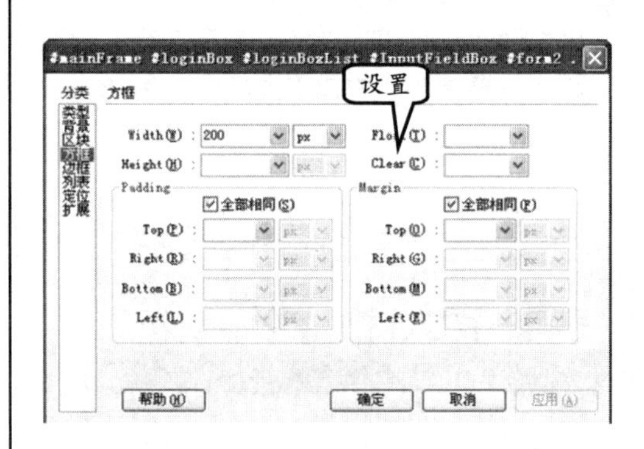

图 8-46 设置表单宽度

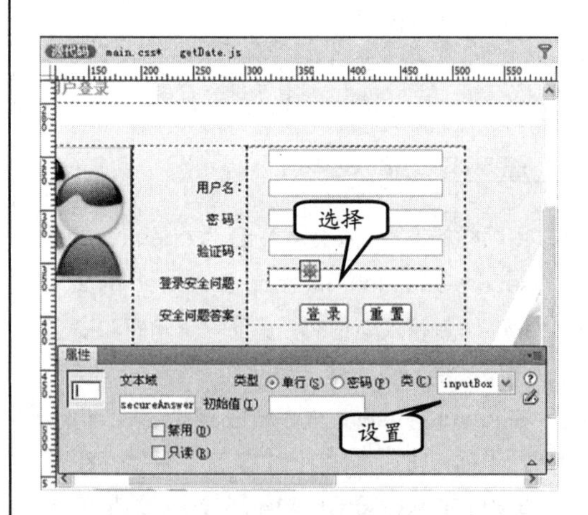

图 8-47 设置表单组件的类

13 选中 ID 为 checkCode 的文本域，在【CSS】面板中单击【新建 CSS 规则】按钮，在弹出的【新建 CSS 规则】对话框中设置【选择器类型】为“复合内容”，设置【选择器名称】为“#mainFrame #loginBox #loginBoxList #InputFieldBox #form1 p #checkCode”，并单击【确定】按钮，如图8-48所示。

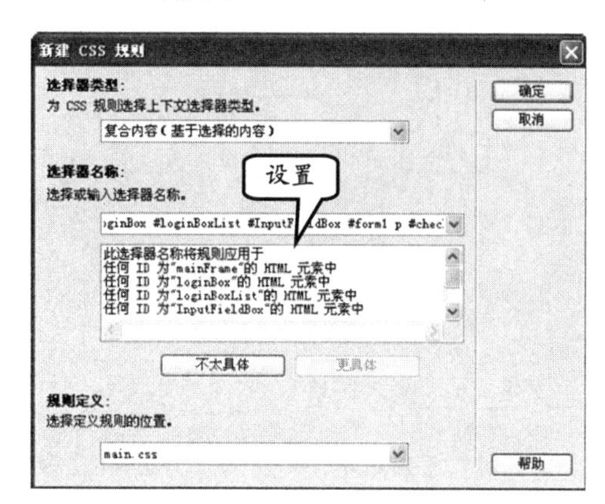

图 8-48　设置选择器

14 选择【区块】列表项目，设置【Display】为 inline，然后选择【方框】列表项目，设置【Width】为“90”，如图8-49所示。

15 在名为 checkCode 的对话框右侧，按Ctrl+Shift+空格键，插入4个全角空格。然后，在全角空格右侧插入验证码的图像，如图8-50所示。

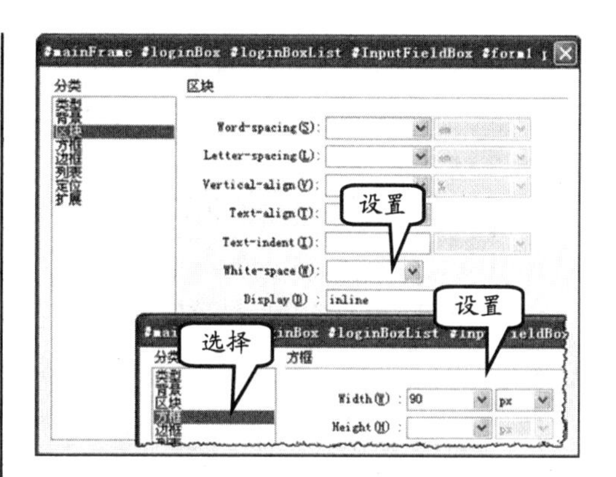

图 8-49　设置验证码表单样式

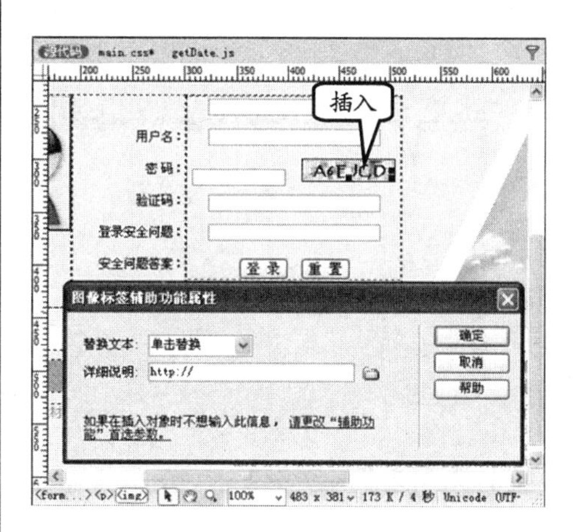

图 8-50　插入验证码图像

8.9 课堂练习：用户注册页面

设计用户注册页面时，不仅需要使用文本字段和按钮等表单对象，还需要使用到项目列表等表格对象，可以供用户在页面中进行选择选项。同时，用户还需要使用文本域的组件，获取输入的大量文本，用于获取注册个人的信息，如图8-51所示。

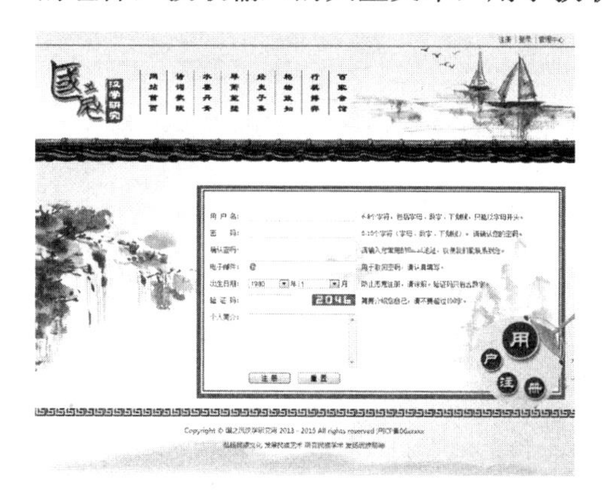

图 8-51　注册页面

操作步骤：

1 打开素材“index.html”页面，将光标置于ID为registerBG的Div层中，单击【插入】面板的【常用】选项中的【插入Div标签】按钮，分别创建ID为inputLabel、inputField、inputComment的Div层，并设置其CSS样式属性，如图8-52所示。

2 将光标置于ID为inputLabel的Div层中，输入文本“用户名”。选择该文本，在【属性】检查器中设置【格式】为“段落”。然后按【回车】键换行，输入文本“密　码”，按照相同的方法依此类推，如图 8-53 所示。

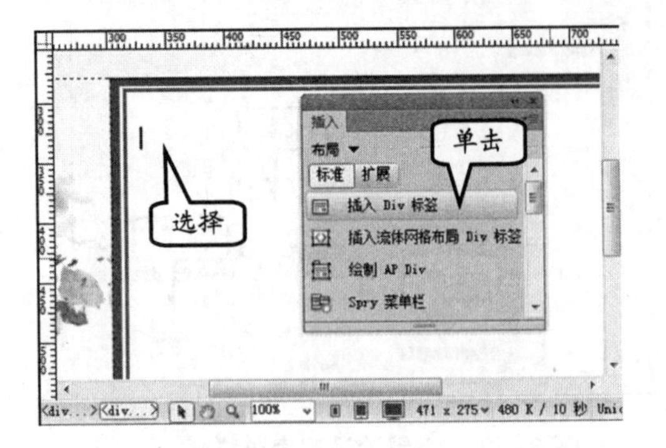

图 8-52 插入 Div 层

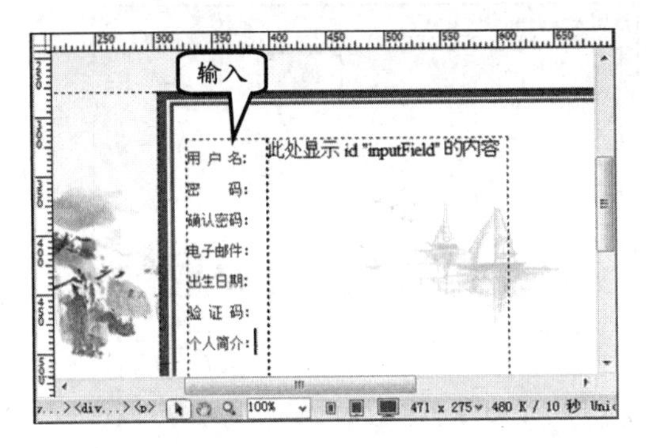

图 8-53 表单对象名称

3 将光标置于 ID 为 inputComment 的 Div 层中，输入文本。选择该文本，在【属性】检查器中设置【格式】为“段落”。然后按【回车】键换行，再输入文本，按照相同的方法依此类推，如图 8-54 所示。

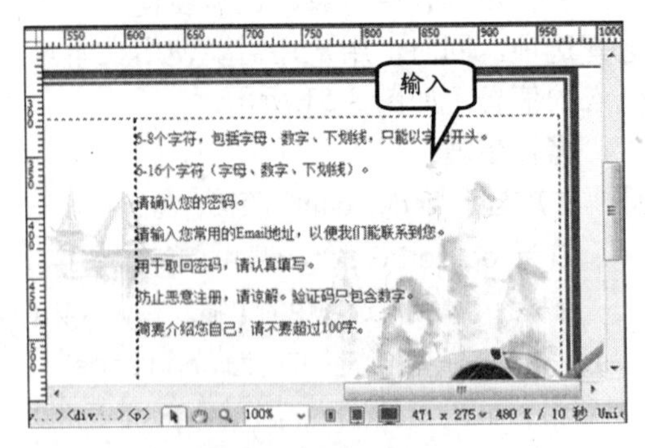

图 8-54 设置表格对象行距

4 将光标置于 ID 为 inputField 的 Div 层中，单击【插入】面板的【表单】选项中的【表单】按钮，为其插入一个表单容器，如图 8-55 所示。选择表单容器，在【属性】检查器中设置其 ID 为 regist；【动作】为“javascript:void(null);”。

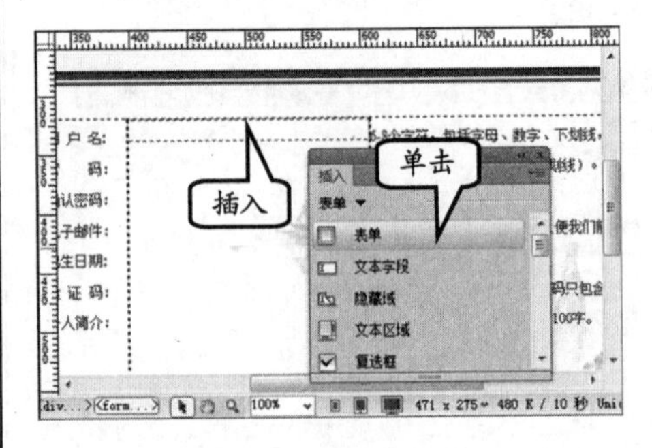

图 8-55 插入表单

5 将光标置于表单中，单击【插入】面板的【表单】选项中的【文本字段】按钮，在弹出的【输入标签辅助功能属性】对话框中设置 ID 为 userName，如图 8-56 所示。

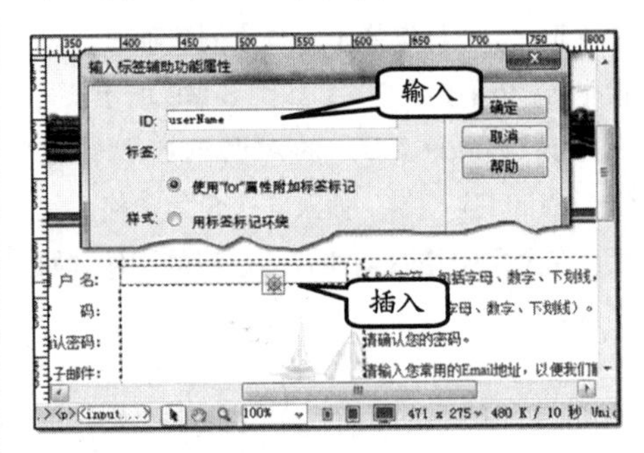

图 8-56 插入表单对象

6 将光标置于文本字段对象后面，在【属性】检查器中，设置【格式】为“段落”，为文本字段应用段落，如图 8-57 所示。

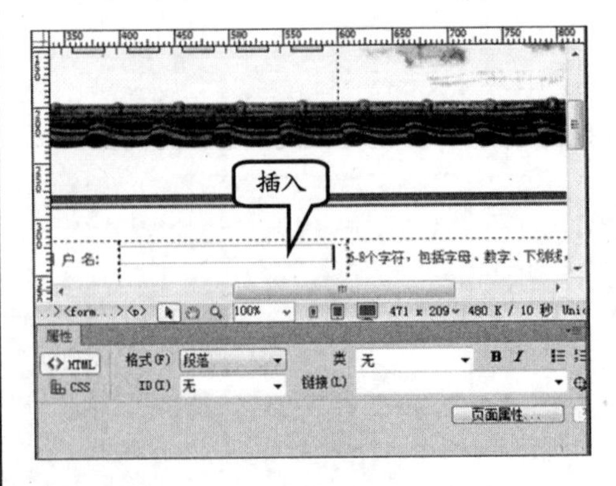

图 8-57 设置对象间距

7 在文本字段右侧按 Shift+Ctrl+Space 组合键，插入一个全角空格。按【回车】键换行，在新的行中插入一个文本字段，设置 ID 为 userPass 的文本域，并在【属性】检查器中设置其【类型】为"密码"。用同样的方法，插入 ID 为 rePass 的重复输入密码域，并设置域的类型，如图 8-58 所示。

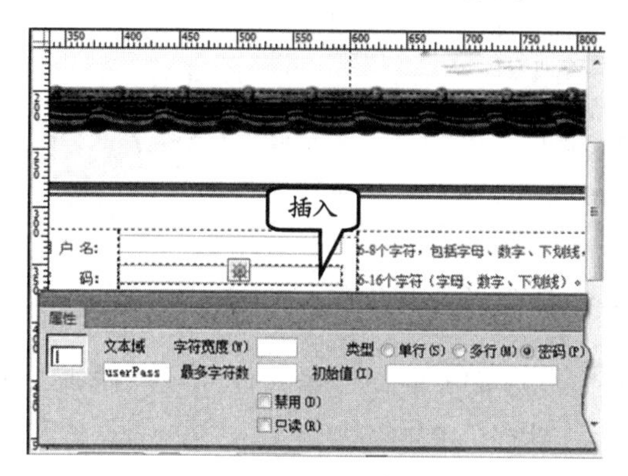

图 8-58 插入密码文本字段

8 在重复输入密码域的右侧插入全角空格，再按【回车】键换行，插入 ID 为 emailAddress 的文本域，在【属性】检查器中，设置【初始值】为"@"。在电子邮件域右侧插入全角空格，再按【回车】键换行，如图 8-59 所示。

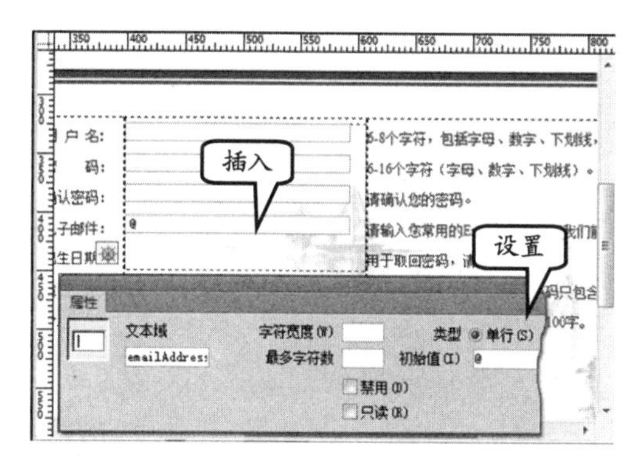

图 8-59 插入邮箱地址文本字段

9 单击【插入】面板的【表单】选项中的【选择列表/菜单】按钮，插入【ID】为 bornYear 的列表菜单。选中列表菜单，在【属性】检查器中单击【列表值】按钮，在弹出的【列表值】对话框中输入年份列表的值，在列表菜单右侧输入一个"年"字，如图 8-60 所示。

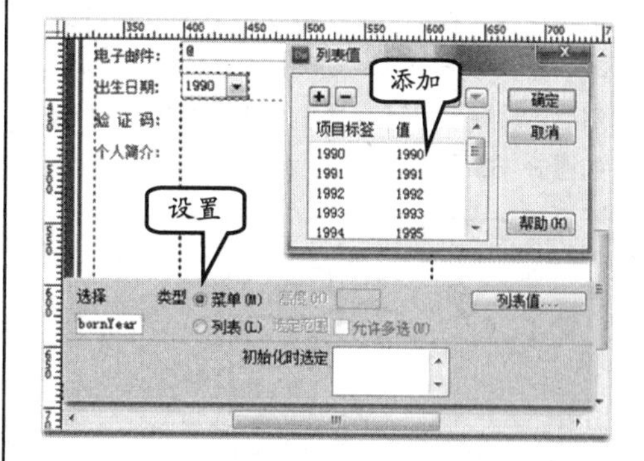

图 8-60 插入列表

10 用同样的方法插入一个 ID 为 bornMonth 的列表菜单。选择 ID 为 bornMonth 的列表菜单，在【属性】检查器中单击【列表值】按钮，在弹出的【列表值】对话框中输入月份以及月份的值等菜单内容，如图 8-61 所示。在列表菜单右侧输入一个"月"字，完成列表菜单的制作，并按【回车】换行。

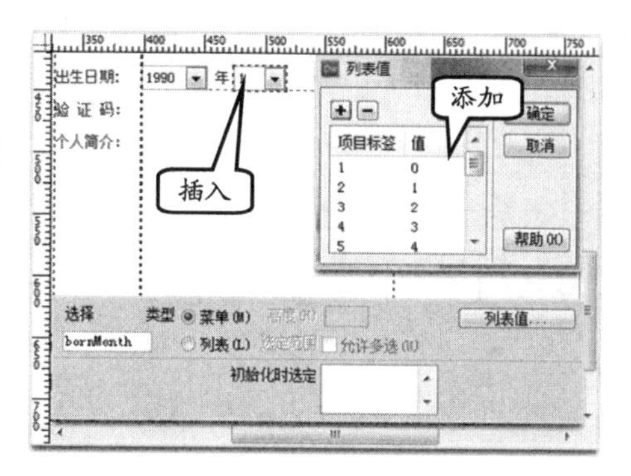

图 8-61 插入列表

11 在新的行中插入 ID 为 checkCode 的验证码文本域，如图 8-62 所示。

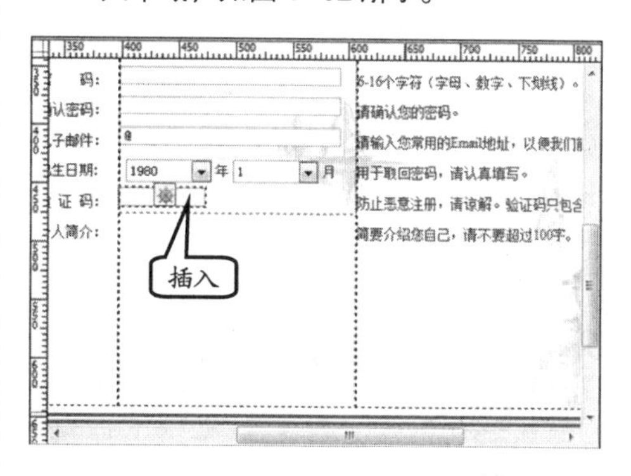

图 8-62 插入验证码文本域

12 在ID为checkCode的文本域右侧插入一个全角空格，按【回车】键换行，插入一个文本字段，设置文本域的ID为introduction。然后，设置【字符宽度】为0;【行数】为6，如图8-63所示。

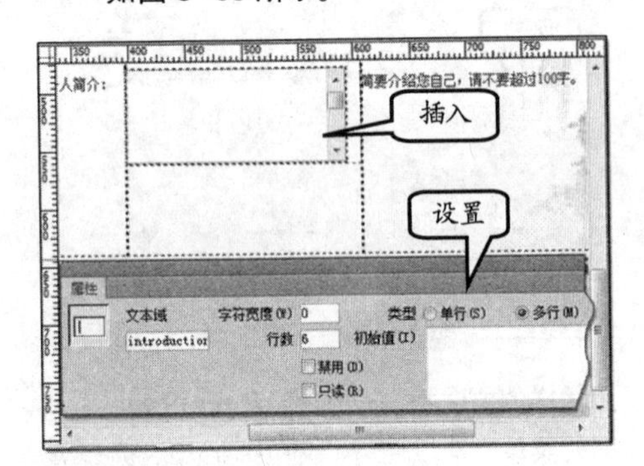

图 8-63 插入多行文本域

13 在文本区域右侧按【回车】键换行，单击【插入】面板的【表单】选项中的【按钮】选项，如图8-64所示。

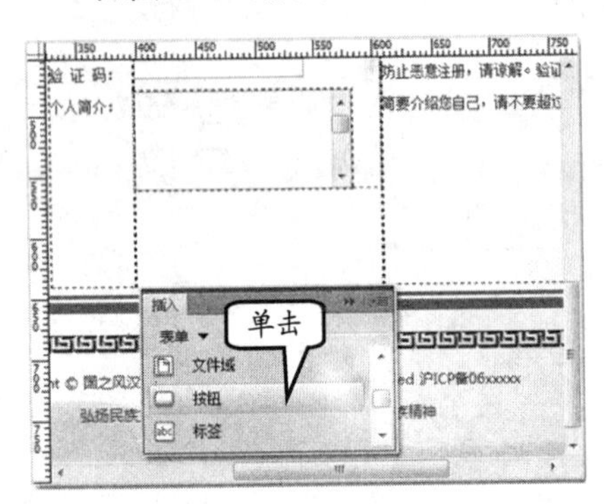

图 8-64 插入按钮

14 在表单中，插入ID为regBtn的按钮，并在【属性】检查器中设置按钮的【值】为“注册”，在注册按钮右侧插入两个全角空格，如图8-65所示。

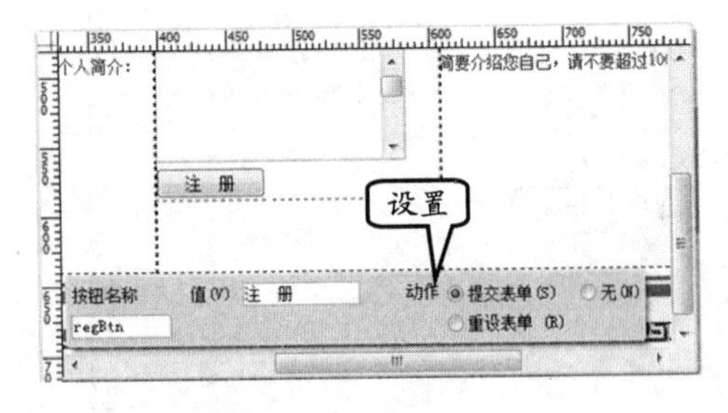

图 8-65 插入按钮

15 用同样的方式再插入一个ID为resetBtn的按钮，在【属性】检查器中设置按钮的值为“重置”,【动作】为“重设表单”，如图8-66所示。

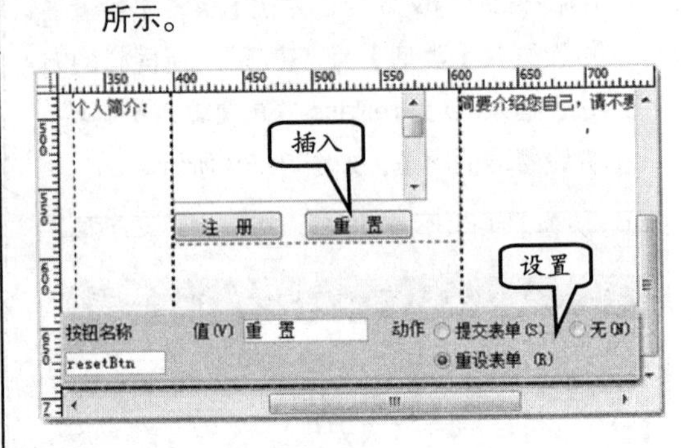

图 8-66 插入按钮

16 分别选中 ID 为 userName、userPass、rePass、emailAddress和instruction的表单，在【属性】检查器中设置其类为“widField”，将其宽度加大，如图8-67所示。

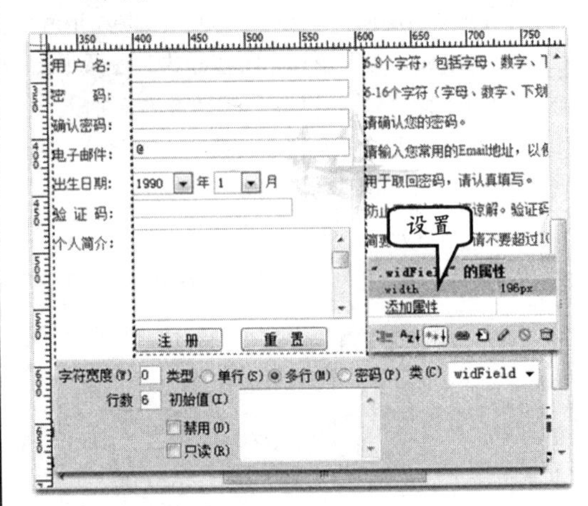

图 8-67 设置样式

17 分别选中 bornYear、bornMonth 以及checkCode等3个表单，在【属性】检查器中设置其类为narrowField，将其宽度定义为80px，如图8-68所示。

18 在验证码的表单左侧插入12个全角空格，然后插入验证码的图像，如图8-69所示。

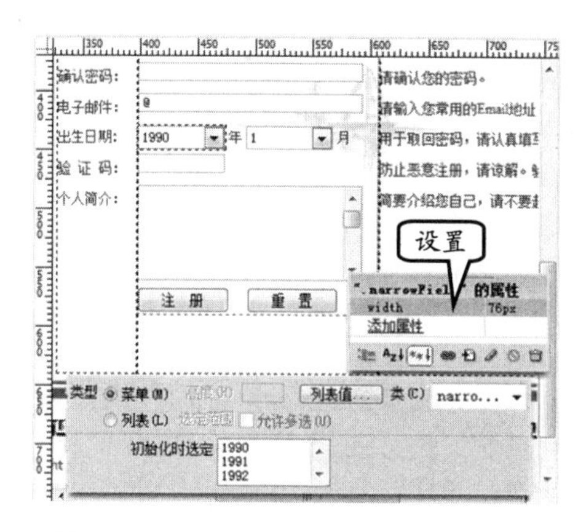

图 8-68　设置样式

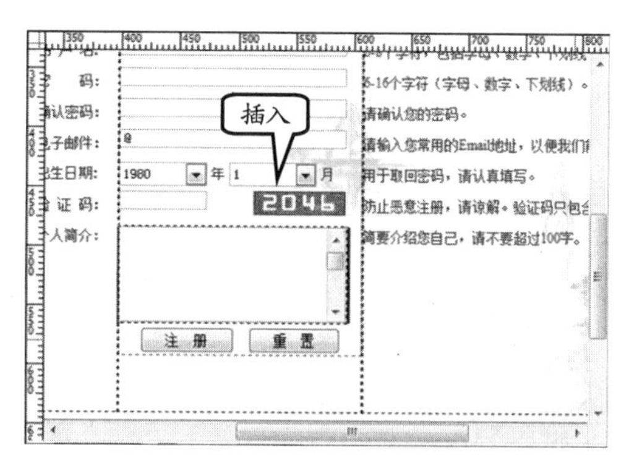

图 8-69　插入验证图像

8.10　思考与练习

一、填空题

1. 表单可以与多种类型的__________进行结合，同时也可以与前台的__________合作，通过__________快速控制表单内容。

2. 表单交互组件可以获取__________或__________，并将这些信息存储到数据库中。

3. 表单有两个重要组成部分：一是描述表单的__________；二是用于处理表单域中输入的__________。

4. 如果将文本字段转换为多行文本域，则在【属性】检查器中，只需将【类型】参数修改为【__________】选项。

5. 滚动列表的功能与下拉菜单类似，其区别在于__________，而无须用户单击弹出。

二、选择题

1. 在__________中，网页程序可以获取用户输入的各种文本信息，同时将这些信息传送给服务器。

　A. 文本域
　B. 复选框
　C. 单选按钮
　D. 列表/菜单

2. 在__________的表单对象中，用户可以方便地选择其中某一个项目，在提交表单时将选择的项目值传送到服务器中。

　A. 文本域
　B. 复选框
　C. 单选按钮
　D. 列表/菜单

3. __________是允许用户同时选择多项内容的选择性表单对象。

　A. 文本域
　B. 复选框
　C. 单选按钮
　D. 列表/菜单

4. __________是一种选项弹出菜单，菜单上的选项通常链接到另外一些网页。

　A. 文件域
　B. 隐藏域
　C. 跳转菜单
　D. 列表菜单

5. 在设计网页中的表单时，需要为表单提供__________，才能将表单中的数据传送到服务器。

　A. 表单
　B. 列表
　C. 文本字段
　D. 提交按钮

三、简答题

1. 文本域与文本字段之间的区别？
2. 复选框与单选按钮组之间的区别？
3. 如何制作跳转菜单？
4. 如何制作图像按钮？
5. 隐藏域的作用是什么？

四、上机练习

1. 添加字段集

字段集是位于表单内部的一种分隔符号或分组符号。其可以将位于同一个表单标签内的表单对象分组处理。在不同的网页浏览器中，将会把字段集以特殊的边界、3D 效果，圆角矩形等方式显示。

在 Dreamweaver CS6，用户可以先插入表单，然后在【插入】面板中单击【字段集】按钮，在弹出的【字段集】对话框中设置字段集的【标签】，如图 8-70 所示。

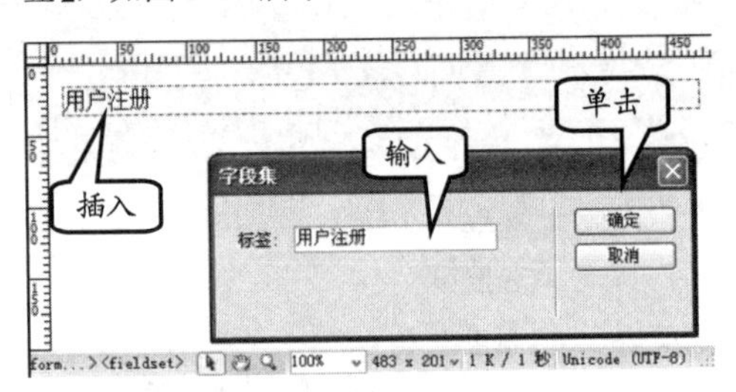

图 8-70 插入字段集

然后，用户在字段集中插入各种表单对象，对这些表单进行编组操作。在 Web 浏览器中，字段集将显示出边框线条，如图 8-71 所示。

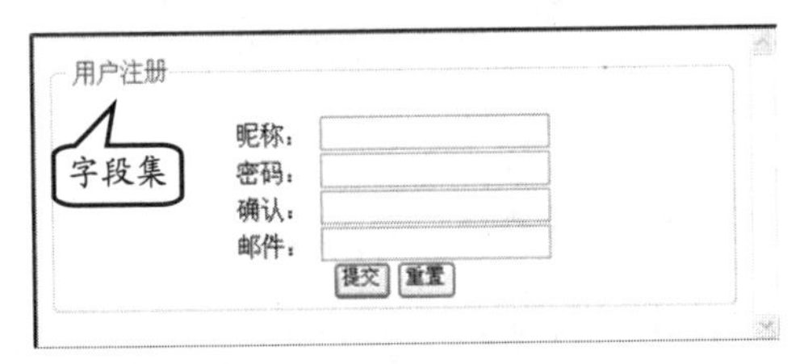

图 8-71 字段集的样式

2. 表单中的标签对象

<label> 标签为<Input>标签定义标注（标记）。<label>标签不会向用户呈现任何特殊效果。不过，它为鼠标用户改进了可用性。如果用户在<label> 标签内单击文本，就会触发此控件。

简单地说，当用户选择该标签时，浏览器就会自动将焦点转到和标签相关的表单控件上。

用户可以在【插入】面板中，单击【标签】按钮，并在表单对象中插入标签对象，如图 8-72 所示。

此时，自动切换到【拆分】视图，并将光标置于<label>标签中，如图 8-73 所示。用户可以输入文本内容，并将其作为表单对象的名称。

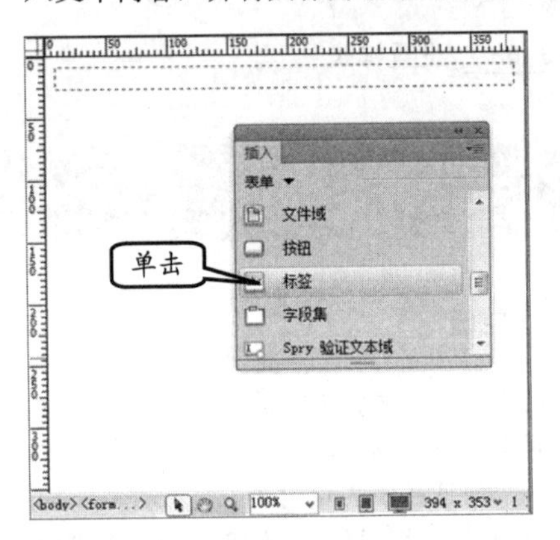

图 8-72 添加标签

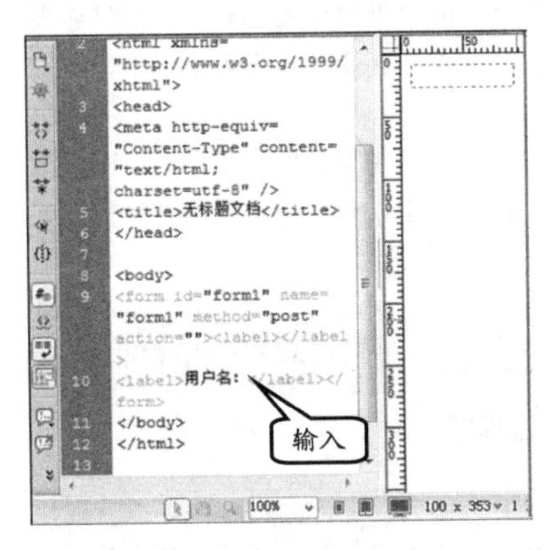

图 8-73 输入文本

第 9 章

应用网页交互

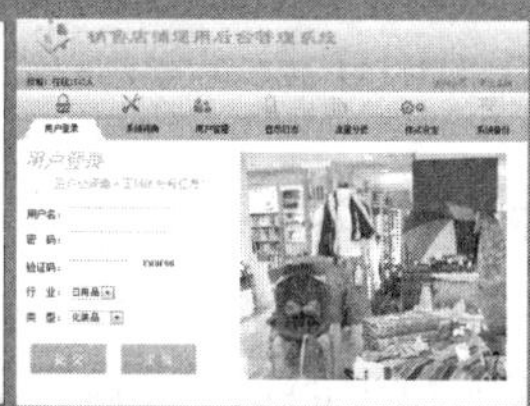

在设计网页时，添加一些动画效果可以使网页内容更加丰富，也使网页更富有交互性。早先制作这些网页的动画效果往往需要用户具有一定的 JavaScript 编程基础。基于此，Dreamweaver 提供了行为、Spry 框架、Widget 组件等多种可视化的功能，帮助用户快速实现这些动态效果。

本章将详细介绍 Dreamweaver 中的网页行为、Spry 框架，并探讨 DreamweaverWidget 组件在网页中的应用。

本章学习要点：

- 标签检查器
- 网页行为
- 应用网页行为
- 使用 Spry 框架

9.1 标签检查器

使用【标签】检查器面板，可以在不退出【设计】视图的情况下，快速插入和编辑HTML标签。使用【标签】检查器，可以编辑或添加属性及属性值。

9.1.1 标签检查器面板

在使用网页行为之前，用户需要先了解【标签检查器】面板，该面板的作用是显示当前用户选择的网页对象的各种属性，以及在该网页对象上应用的所有行为。

在Dreamweaver中，执行【窗口】|【标签检查器】命令，即可显示【标签检查器】面板，如图9-1所示。

在【标签检查器】面板中，可以分别选择【属性】和【行为】选项，分别用于检测当前选中的网页标签的属性和应用的行为。

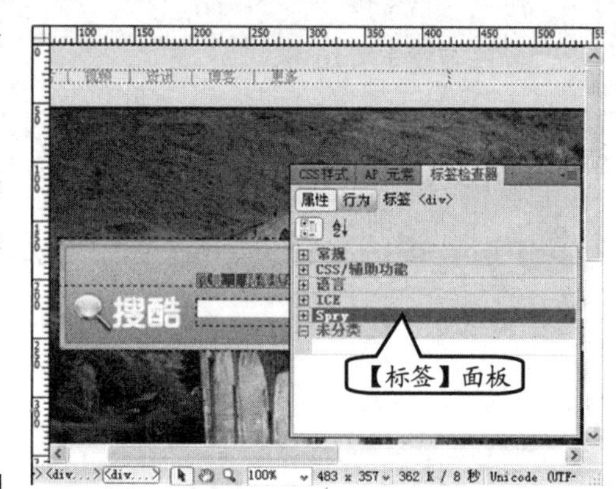

图9-1 【标签检查器】面板

9.1.2 查看标签属性

使用【标签检查器】面板中的默认【属性】选项，用户可方便地查看网页标签的各种属性。在该界面中，默认显示【类别】属性视图，将显示当前选择网页标签的各种分类属性，如表9-1所示。

表9-1 属性分类

属性分类	内容
常规	常规属性显示网页标签中各种描述性的属性，例如超链接的URL地址、表格的背景颜色等
浏览器特定的	仅在特定的Web浏览器中可用的属性
CSS/辅助功能	与CSS样式相关的属性，例如class、id、style、title等
数据绑定	仅在表格中可见，用于XML数据绑定的datapagesize属性
语言	定义网页标签字符集和显示语言的dir、lang等属性
ICE	Dreamweaver模板的重复区域标签属性
Spry	Spry框架属性
未分类	其他属性

单击属性分类前的【展开】图标，即可查看该分类下的属性及属性的值。如用户尚未定义该属性，则该属性的值将为空，如图9-2所示。

用户还可以单击【显示列表视图】按钮切换至【列表】属性视图，将属性按照名称的顺序排列显示，如图9-3所示。

同理，用户也可单击【显示类别视图】按钮，返回【类别】属性视图，继续以分类的方式在“树状”方式显示标签属性。

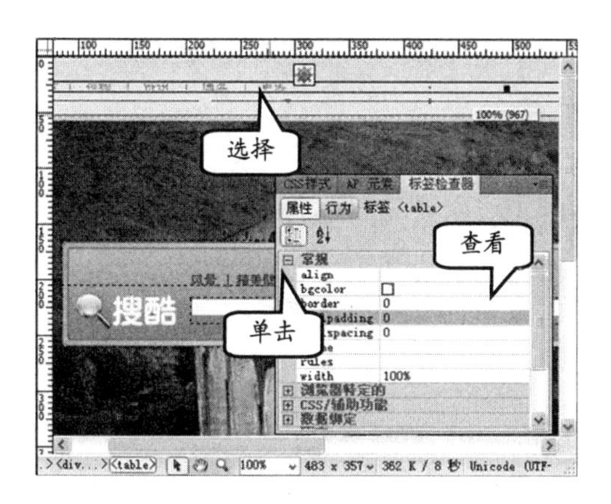

图 9-2 查看标签属性

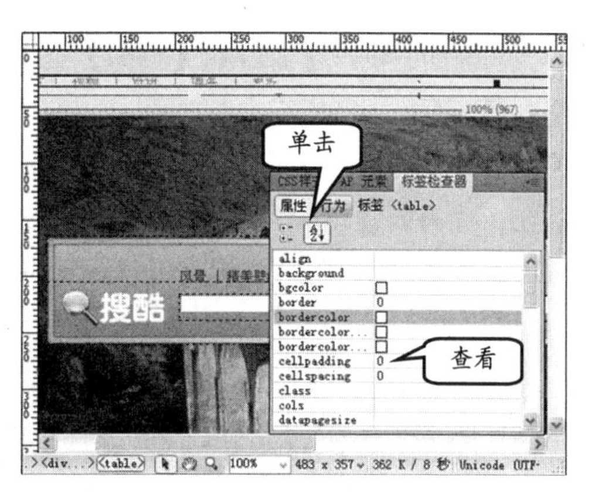

图 9-3 列表属性视图

9.2 网页行为

在 Dreamweaver 中，用户可以通过简单的可视化操作，给网页添加一些交互特效。并且，还可以对行为进行代码编辑，以创建丰富的网页交互功能。

9.2.1 网页行为概述

行为是用来动态响应用户操作、改变当前页面效果或者是执行特定任务的一种方法，可以使访问者与网页之间产生一种交互。

行为是由某个事件和该事件所触发的动作组合的。任何一个动作都需要一个事件激活，两者相辅相成。

Dreamweaver 附带的行为已经过编写，可适用于新型浏览器。这些行为在较旧的浏览器中将失败，并且不会有任何后果。

虽然，Dreamweaver 动作已经过编写并获得了最大程度的跨浏览器兼容性，但是一些浏览器根本不支持 JavaScript，而且许多浏览 Web 的人员会在他们的浏览器中关闭 JavaScript。

为了获得最佳的跨平台效果，可提供包括在<noscript>标签中的替换界面，以使没有 JavaScript 的访问者能够使用站点。

行为可以被添加到各种网页元素上，如图像、文字、多媒体文件等，也可以被添加到 HTML 标签中。

当行为添加到某个网页元素后，每当该元素的某个事件发生时，行为即会调用与这一事件关联的动作（JavaScript 代码）。

例如，将“弹出消息”动作附加到一个链接上，并指定它将由 onMouseOver 事件触发，则只要将指针放在该链接上，就会弹出消息。

9.2.2 编辑网页行为

在 Dreamweaver 的【标签检查器】面板中，编辑网页行为用于添加或管理各种内置

的行为。例如，执行【窗口】|【行为】命令，即可打开【标签检查器】面板中的【行为】选项卡，查看当前网页中已添加的行为，如图 9-4 所示。

在【行为】选项卡中，可以显示当前选择的标签名称，同时还提供了 6 个按钮，帮助用户编辑网页中的行为如表 9-2 所示。

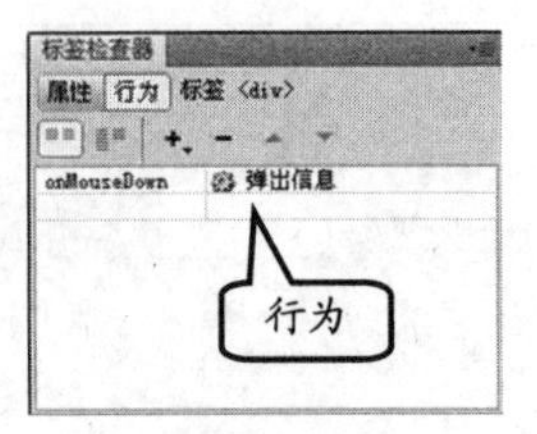

图 9-4 【行为】选项卡

表 9-2 【行为】选项卡中各选项内容

名 称	图 标	功 能 描 述
显示设置事件	≡≡	显示添加到当前文档的事件
显示所有事件	▤	显示所有添加的行为事件
添加行为	+.	单击弹出行为菜单中的选项添加行为
删除事件	−	从当前行为列表中删除选中的行为
增加事件值	▲	动作项向前移，改变执行顺序
降低事件值	▼	动作项向后移，改变执行顺序

单击【添加行为】按钮+.后，用户即可在弹出的菜单中，选择相关的网页行为，通过各种设置属性，将其添加到网页中。

在按钮下方的列表菜单中，显示了当前标签已经添加的所有行为，以及触发这些行为的事件类型。

对于网页中已存在的各种行为，则用户可以通过【删除事件】按钮−将其删除。

如网页内同时存在多个行为，用户可以通过【增加事件值】按钮▲和【降低事件值】按钮▼，改变行为的顺序，从而决定这些行为在网页中执行的次序。

用户可通过鼠标双击该行为的名称，对行为本身进行编辑。除此之外，用户也可以单击触发行为的事件，在弹出的列表中更改事件的类型。

提 示

Dreamweaver 动作是经过精心编写的，以便适用于尽可能多的浏览器。如果用户从 Dreamweaver 动作中手工删除代码，或将其替换为自己编写的代码，则可能会失去跨浏览器兼容性。

在【网页行为列表】中，显示了网页标签已添加的行为，包括行为的触发器类型和触发的行为名称两个部分。在选中行为后，用户可单击触发器的名称更换触发器，也可双击行为名称，编辑行为内容，如图 9-5 所示。

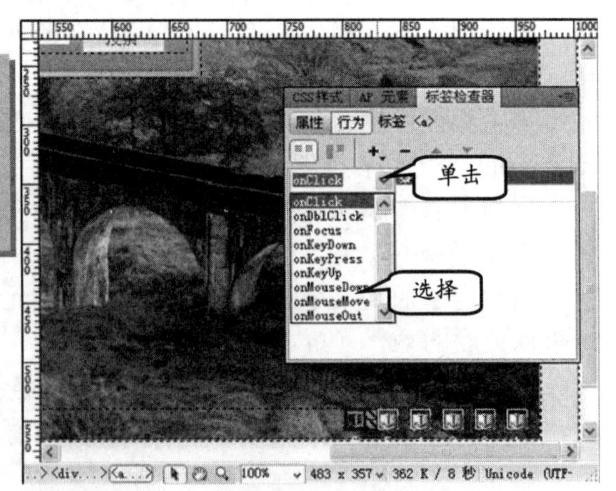

图 9-5 编辑触发器

Dreamweaver 允许用户为行为添加 21 种触发器，这些触发器的作用如表 9-3 所示。

表 9-3 行为触发器的作用

触 发 器	作 用	触 发 器	作 用
onBlur	失去焦点	onChange	内容被更改（仅应用于表单）
onClick	被鼠标单击	onDblClick	被鼠标双击
onFocus	获得焦点	onKeyDown	按下键盘任意键
onKeyPress	按下并弹起键盘任意键	onKeyUp	弹起键盘任意键
onLoad	页面加载（仅用于 body 标签）	onMouseDown	按下鼠标键
onMouseMove	鼠标移动	onMouseOut	鼠标移开
onMouseOver	鼠标滑过	onMouseUp	鼠标键弹起
onReset	单击重置按钮（仅用于表单）	onResize	重新调整窗口尺寸
onSelect	内容被选中（仅用于表单）	onSubmit	单击提交按钮（仅用于表单）
onUnLoad	页面关闭（仅用于 body 标签）		

在上面的触发器中，onLoad 和 onUnLoad 两种触发器仅在用户选中网页的，<body>标签时可用；nChange、onReset、onSelect 和 onSubmit 等触发器仅在用户选中网页中的表单时可用。

9.3 应用网页行为

在了解【标签检查器】面板的【行为】后，即可选择网页标签，为其添加行为特效。Dreamweaver 为用户提供了 25 种网页行为，按照这些行为所应用于不同的网页对象。

9.3.1 文本信息行为

通过 Dreamweaver 内置的各种 JavaScript 脚本，用户可以方便地添加和更改各种 XHTML 容器、网页浏览器状态栏等内部的文本内容。

1. 设置容器文本

容器是网页中包含内容的标签的统称，典型的容器包括各种定义 ID 属性的表格、层、框架、段落等块状标签。

在应用容器文本的交互行为后，可根据指定的事件触发交互，将容器中已有的内容替换为更新的内容。

在【标签检查器】面板的【行为】选项卡中单击【添加行为】按钮 +，执行【设置文本】|【设置容器的文本】命令，如图 9-6 所示。

图 9-6 执行【设置容器的文本】命令

在弹出的【设置容器的文本】对话框的【新建 HTML】文本框中，输入文本内容。在单击【确定】按钮后，即可在【标签检查器】面板中，显示触发行为的事件内容，如图 9-7 所示。

提 示

如果页面中同时存在多个 AP 元素，那么则需要在【容器】下拉列表中选择目标 AP 元素，然后才是输入替换的文本。

现在，用户可以通过 IE 浏览器查看网页中的内容。当执行该文档时，其源内容将被【新建 HTML】文本框中的内容所替换，如图 9-8 所示。

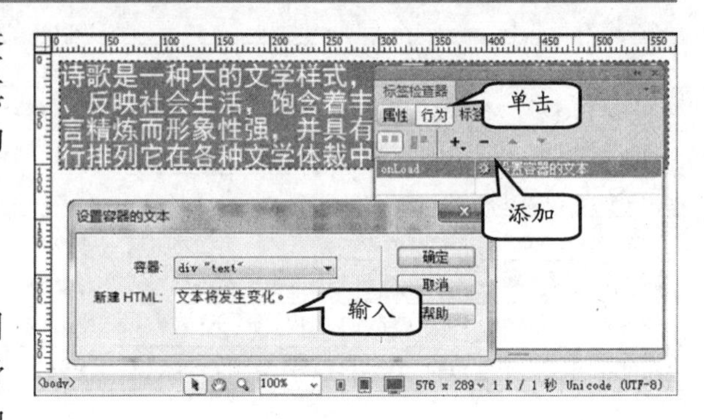

图 9-7 添加事件内容

图 9-8 浏览内容变化

2．设置状态栏文本

状态栏是在浏览器窗口的底部，用于显示当前网页的打开状态、鼠标所滑过的网页对象 URL 地址等情况的一种特殊浏览器工具栏。

在 Dreamweaver 中，选择<body>标签，即可在【标签检查器】面板的【行为】选项卡中单击【添加行为】按钮+，执行【设置文本】|【设置状态栏文本】命令。在弹出的【设置状态栏文本】对话框中，输入文本，单击【确定】按钮，如图 9-9 所示。

设置状态栏文本的行为通常以 onLoad 事件的方式触发，这样，在网页被浏览器打开时，即可显示状态栏的文本，如图 9-10 所示。

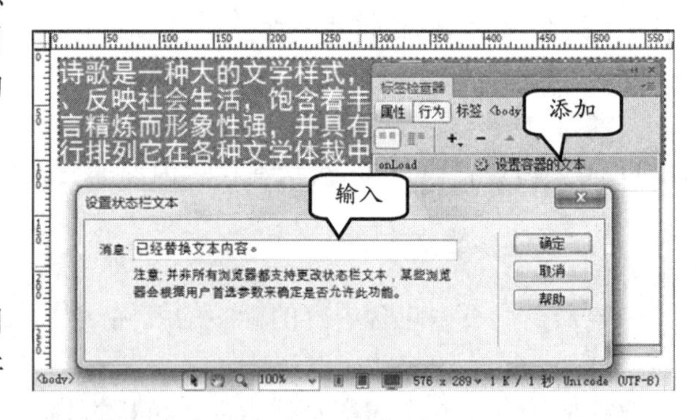

图 9-9 设置状态栏文本

9.3.2 窗口信息行为

在 Dreamweaver 预置的行为中，网页交互行为主要包括弹出信息和打开浏览器窗口等两种窗口交互行为。

1．弹出信息

【弹出消息】行为的作用是显示一个包含指定文本消息的消息对话框。一般消息对话框只有一个【确定】按钮，所以使用此行为可以强制向用户提供信息，但不能为用户提供选择操作。

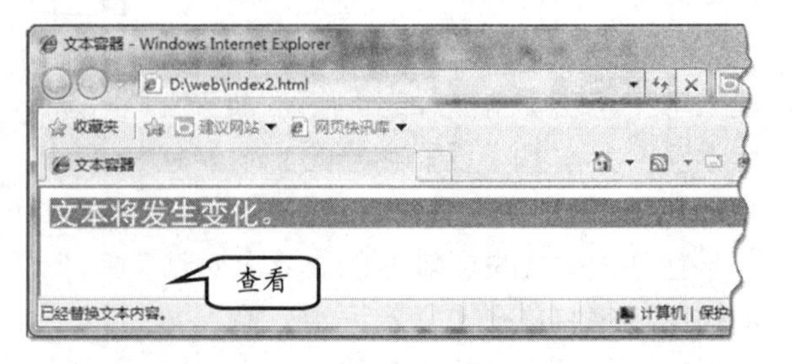

图 9-10 查看状态栏效果

在 Dreamweaver 中，选择网页的<body>标签，在【标签检查器】面板中选择【行为】选项卡，单击【添加行为】按钮，执行【弹出信息】命令。在弹出的【弹出信息】对话框中，输入消息内容，单击【确定】按钮，即可看到 onLoad 行为触发事件，如图 9-11 所示。

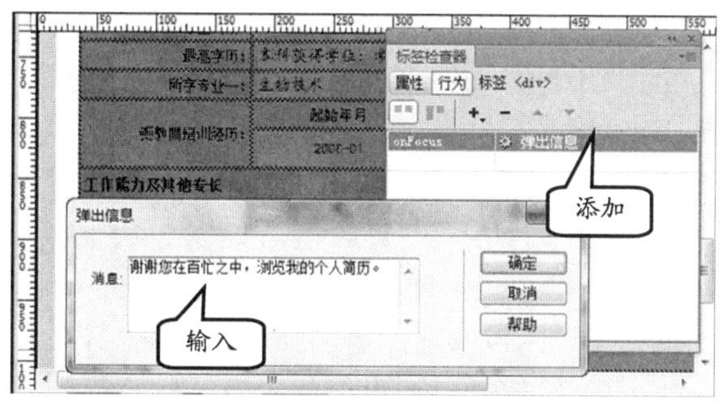

图 9-11 添加消息内容

此时，用户通过浏览器，打开该网页。并在浏览网页的同时，弹出该消息对话框。而在对话框中将显示【弹出信息】对话框中所输入的内容，如图 9-12 所示。

2. 打开浏览器窗口

在 Dreamweaver 中，用户可以方便地为网页各种对象添加打开浏览器窗口的行为。

首先，选择文档中的<body>标签，在【标签检查器】面板中选择【行为】选项卡，单击【添加行为】按钮，执行【打开浏览器窗口】命令。在打开的【打开浏览器窗口】对话框中可以设置相关的参数，如图 9-13 所示。

图 9-12 浏览效果

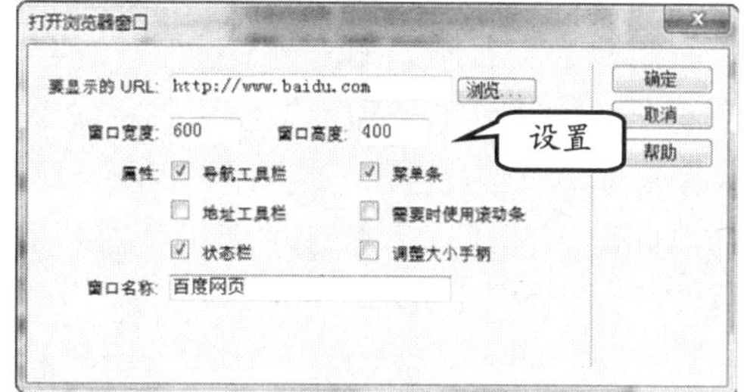

图 9-13 设置打开浏览器窗口

在【打开浏览器窗口】对话框中，用户可以方便地设置弹出窗口的各种属性，如表 9-4 所示。

表 9-4 打开【浏览器窗口】对话框参数

属性		作用
要显示的 URL		输入网页文档的 URL 地址，包括文档的路径和文件名，或者单击【浏览】按钮，选择网页文档
窗口宽度		以像素为单位指定新窗口的宽度
窗口高度		以像素为单位指定新窗口的高度
属性	导航工具栏	浏览器上显示后退、前进、主页和刷新等标准按钮的工具栏
	菜单条	启用此项，在新窗口中显示菜单栏
	地址工具栏	启用此项，将在新窗口中显示地址栏
	需要时使用滚动条	启用此项，在页面的内容超过窗口大小时，浏览器会显示滚动条
	状态栏	启用此项，将在浏览器窗口底部显示状态栏
	调整大小手柄	选中此项，可以调整窗口大小的手柄
窗口名称		为新窗口命名

9.3.3 图像效果行为

在 Dreamweaver 的图像交互行为中，包含的类型比较多，如交换图像行为、缩放、挤压、滑动等。

1．交换图像

Dreamweaver 行为中的交换图像行为比鼠标经过图像的功能更加强大。不仅能够制作鼠标经过图像，还可以使图像交换的行为响应任意一种网页浏览器支持的事件，包括各种焦点事件、键盘事件、鼠标事件等。

选中图像后，即可在【标签检查器】面板的【行为】选项卡中，单击【添加行为】按钮，执行【交换图像】命令，如图 9-14 所示。

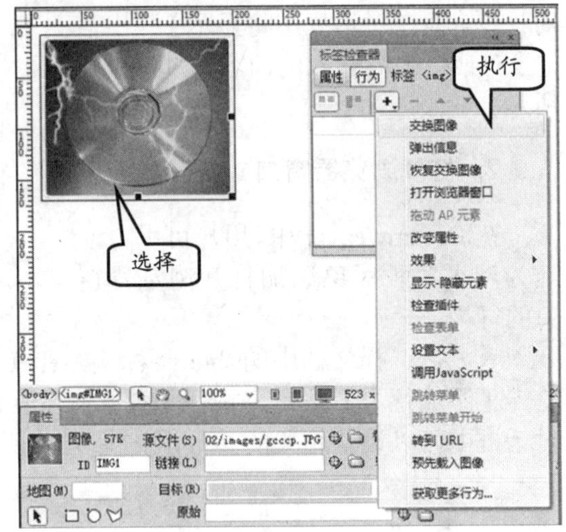

图 9-14 执行【交换图像】命令

在弹出【交换图像】对话框中，单击【设定原始档为】右侧的【浏览】按钮，选择交换的图像，并单击【确定】按钮，完成【交换图像】行为的设置，如图 9-15 所示。

此时，在【行为】选项卡中，可以看到两个行为，如 onMouseOut 和 onMousOver 事件，如图 9-16 所示。

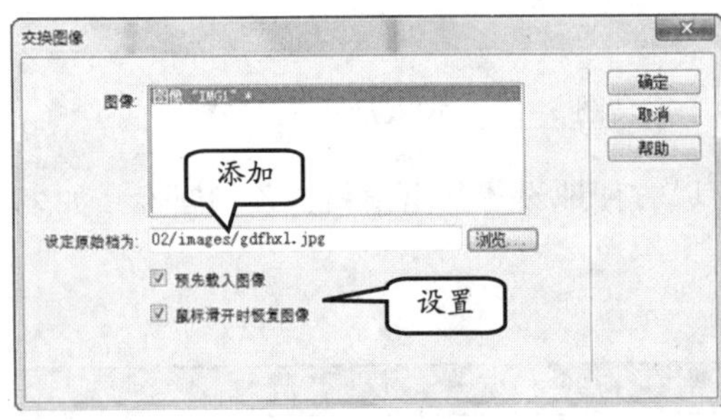

图 9-15 设置交换图像

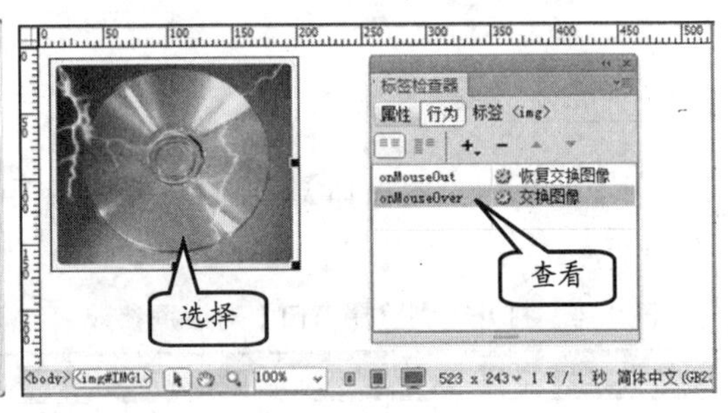

图 9-16 图像交互事件

2．增大/收缩

增大/收缩行为可以渐进的方式改变图像的尺寸，从而实现动画效果。为网页图像添加增大/收缩行为，可先选中该图像，在【属性】面板中为图像设置一个 ID，如图 9-17 所示。

然后，即可在【标签检查器】面板的【行为】选项卡中，单击【添加行为】按钮，执行【效果】|【增大/收缩】命令，打开【增大/收缩】对话框，如图 9-18 所示。

在【增大/收缩】对话框中，包含了关于图像缩放特效的各种属性设置，如表 9-5 所示。

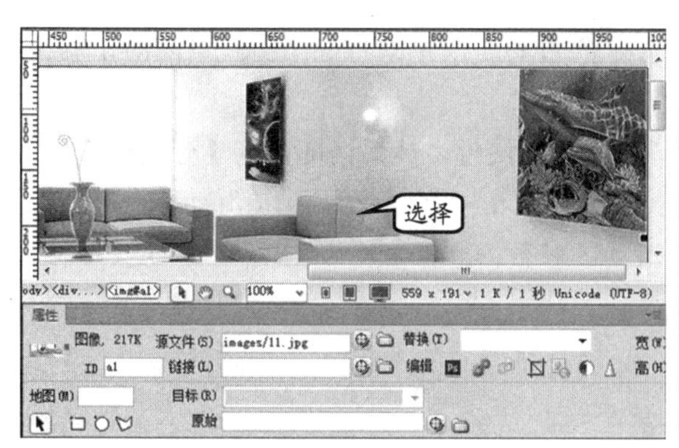

图 9-17 设置图像 ID

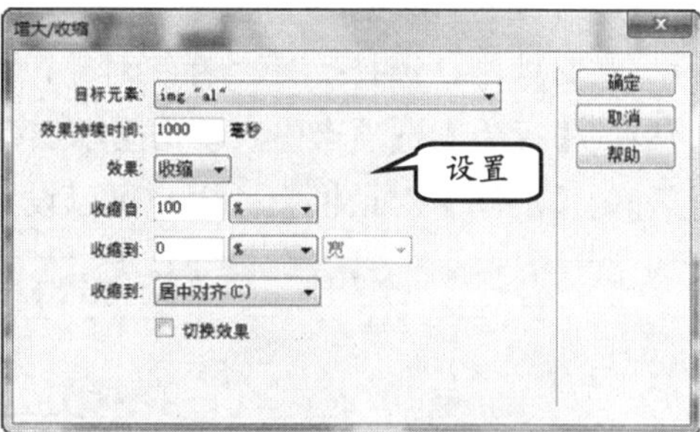

图 9-18 设置图像增大或收缩

表 9-5 【增大/收缩】对话框参数

属性		作用
目标元素		选择添加缩放行为的网页图像
效果持续时间		定义网页图像增大或收缩持续的时间
效果	收缩	为网页图像添加收缩的特效
	增大	为网页图像添加增大的特效
收缩自/增大自		设置网页图像在进行缩放变化时的初始百分比或像素大小
收缩到/增大到		设置网页图像在进行缩放变化后的百分比或像素大小
收缩到/增大到	左上角	设置网页图像以图像的左上角为缩放的中心点，向右侧、下方进行缩放
	居中对齐	设置网页图像以图像的中心为缩放的中心点，向四周进行缩放
切换效果		为图像缩放增加切换效果

3．挤压特效

挤压特效是一种针对图像进行缩放的效果。该特效与【增大/收缩】特效的区别在于，用户无法直接设置收缩图像的起始尺寸、结束尺寸以及收缩所花费的时间。

在为图像添加【挤压】特效后，图像会以指定的加速度缩小直至完全消失。在文档中，选择图像，即可在【标签检查器】面板的【行为】选项卡中，单击【添加行为】按钮 +，执行【效果】|【挤压】命令，如图 9-19 所示。

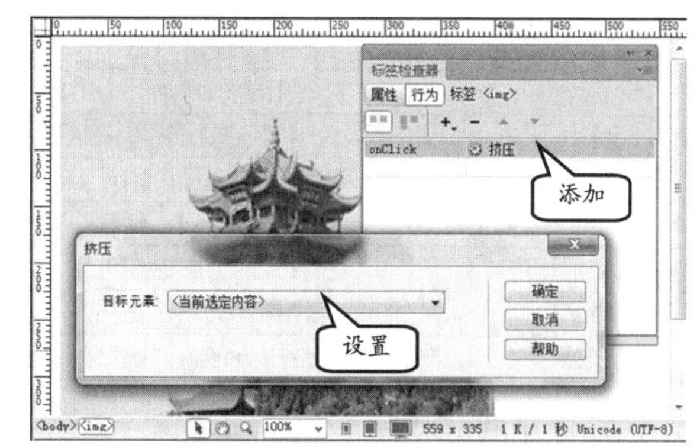

图 9-19 添加挤压效果

通过添加挤压行为，则在文档保存的文件夹中，自动创建 SpryAssets 文件夹，并自动创建 SpryEffects.js 文件。然后，通过浏览器浏览该网页，并单击图片，查看挤压效果，如图 9-20 所示。

4．滑动特效

滑动特效可以控制网页中的图像从上方坠落到下方，或从下方上升到上方。该特效与其他图像行为特效有所区别，滑动的特效不能直接应用于网页的图像，只能应用到带有 ID 属性的<Div>标签对象中。

在文档中，选择< Div >标签对象，为其设置 ID 属性。然后，即可在【标签检查器】面板的【行为】选项卡中，单击【添加行为】按钮，执行【效果】|【滑动】命令。在打开的【滑动】对话框中，用户可以设置滑动的参数内容，如图 9-21 所示。

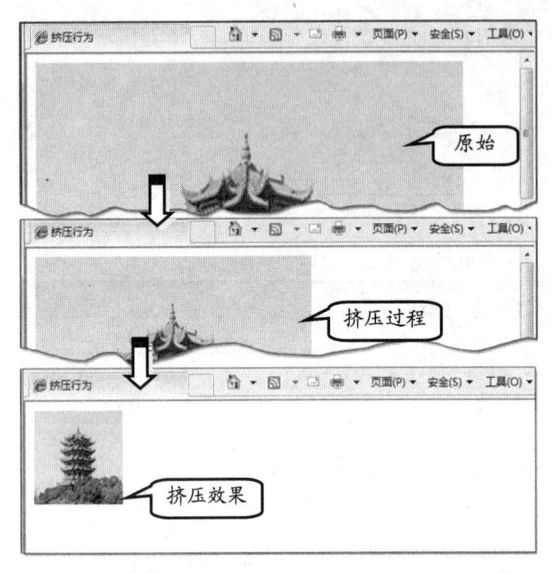

图 9-20 挤压效果

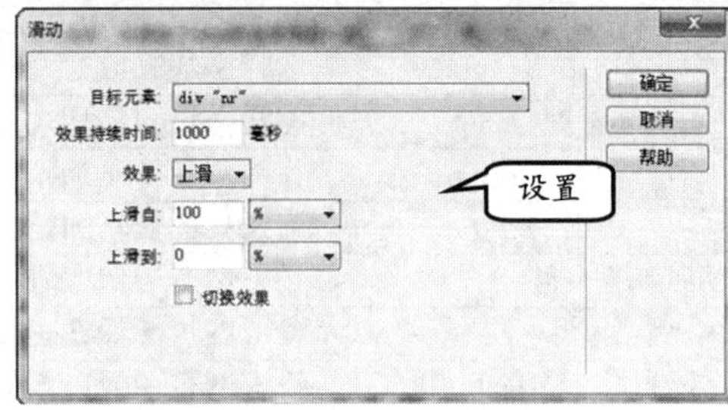

图 9-21 设置滑动参数

在【滑动】对话框中，其设置的属性与【显示/渐隐】对话框中的设置项目类似，如表 9-6 所示。

表 9-6 滑动参数

属　性		作　用
目标元素		选择添加滑动行为的网页图像
效果持续时间		定义网页图像下滑或上滑动画的持续时间，单位为毫秒
效果	下滑	选中该选项，则可为网页图像添加下滑的特效
	上滑	选中该选项，则可为网页图像添加上滑的特效
下滑自/上滑自		设置网页图像在进行下滑或上滑变化时的初始百分比或像素大小
下滑到/上滑到		设置网页图像在进行下滑或上滑变化后的百分比或像素大小
切换效果		选中该选项，则可为图像滑动增加切换效果

5. 显示/渐隐特效

显示/渐隐特效与增大/收缩特效类似，都可以通过相应的对话框进行定制，以实现增加或降低网页图像透明度的动画效果。在文档中，选择网页图像，并在【属性】面板中设置图像的 ID 属性，如图 9-22 所示。

然后，在【标签检查器】面板的【行为】选项卡中，单击【添加行为】按钮，执行【效果】|【显示/渐隐】命令，打开【显示/渐隐】对话框，如图 9-23 所示。

在【显示/渐隐】对话框中，涵盖了设置显示或渐隐的各属性内容，如表 9-7 所示。

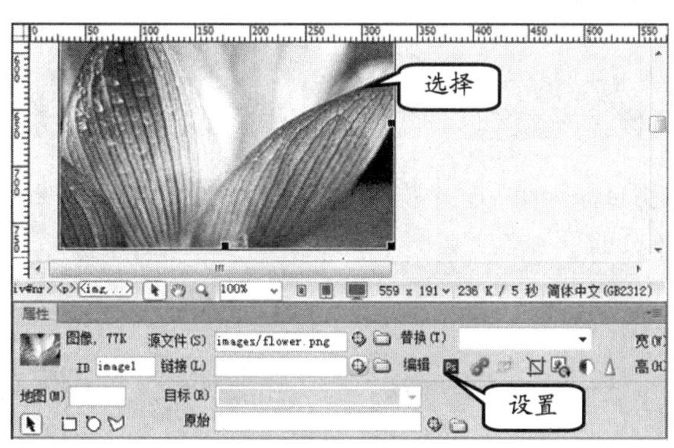

图 9-22　设置图像 ID

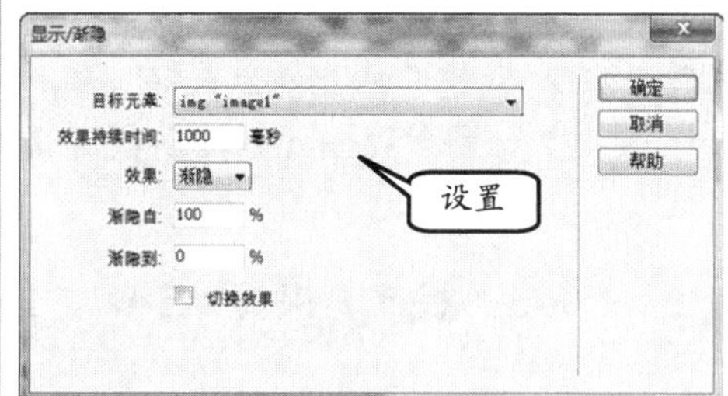

图 9-23　设置参数

表 9-7　显示/渐隐参数含义

属　性		作　用
目标元素		选择添加缩放行为的网页图像
效果持续时间		定义网页图像渐隐动画的持续时间，单位为毫秒
效果	渐隐	为网页图像添加渐隐的特效
	显示	为网页图像添加显示的特效
显示自/渐隐自		设置图像在进行显示或渐隐变化时的初始百分比或像素大小
显示到/渐隐到		设置网页图像在进行显示或渐隐变化后的百分比或像素大小
切换效果		选中该选项，则可为图像的显示/渐隐增加切换效果

在添加行为后，则在网页文件当前的文件夹中，自动创建 SpryAssets 文件夹，并自动创建 SpryEffects.js 文件。

用户在浏览该网页时，通过单击图像，即可看到图像的渐隐效果。渐隐后，图像位置将显示为网页背景颜色，如图 9-24 所示。

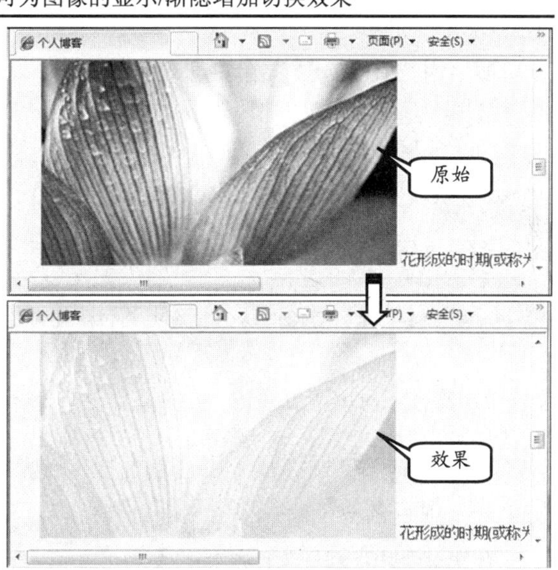

图 9-24　浏览显示/渐隐效果

6. 晃动特效

晃动特效的设置方式与挤压类似，在这类特效中，用户都不需要设置任何相关的属性，直接为图像添加行为即可。

例如，选择网页中的图像，并在【属性】面板中设置图像的 ID 属性。然后，在【标签检查器】面板的【行为】选项卡中，单击【添加行为】按钮 +，执行【效果】|【晃动】命令。打开【晃动】对话框，并选择图像元素即可，如图 9-25 所示。

图 9-25　设置元素特效

9.4 使用 Spry 框架

Spry 框架是 Dreamweaver 内置的一组 JavaScript 脚本库，其可以为网页添加各种面板、选项卡等用户界面元素，从而丰富网页的交互性。

9.4.1 Spry 菜单栏

Spry 菜单栏是一组可导航的菜单按钮，当访问者将鼠标移动到其中的某个按钮上时，将显示相应的子菜单。

1. 创建 Spry 菜单栏

在 Dreamweaver 允许用户插入垂直和水平两种类型的菜单栏。例如，在【插入】面板中选择【Spry】选项卡，并单击【Spry 菜单栏】按钮 Spry 菜单栏。在弹出的【Spry 菜单栏】对话框中，选择“水平”选项，则会添加水平菜单栏，如图 9-26 所示。

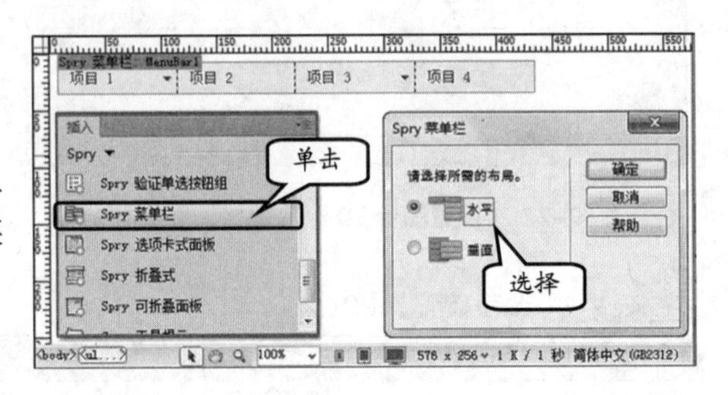

图 9-26 创建水平菜单栏

如果用户在【Spry 菜单栏】对话框中，选择“垂直”选项，则会添加垂直菜单栏，如图 9-27 所示。

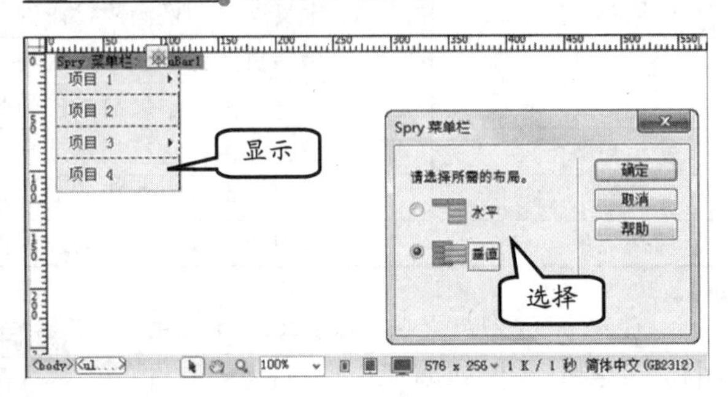

图 9-27 创建垂直菜单栏

提 示

Spry 框架中的每一个构件都与唯一的 CSS 和 JavaScript 文件相关联。CSS 文件中包含设置构件样式所需的全部信息，而 JavaScript 文件则赋予构件功能。当插入构件时，Dreamweaver 会自动将这些文字链接到所要显示的页面，以便构件中包含该页面的功能和样式。

2. 修改 Spry 菜单栏

选择 Spry 菜单栏后，【属性】面板中显示的是默认菜单栏目，并且选择的是主菜单的第一个项目名称。

在主菜单项目区域中，单击【下移项】按钮 ▼ 一次，即可将该项目与第二个项目交换位置，其所包含的子菜单项目也会随之改变。

另外，用户还可以在【属性】面板的右侧修改项目的名称，以及给项目添加链接等，如图 9-28 所示。

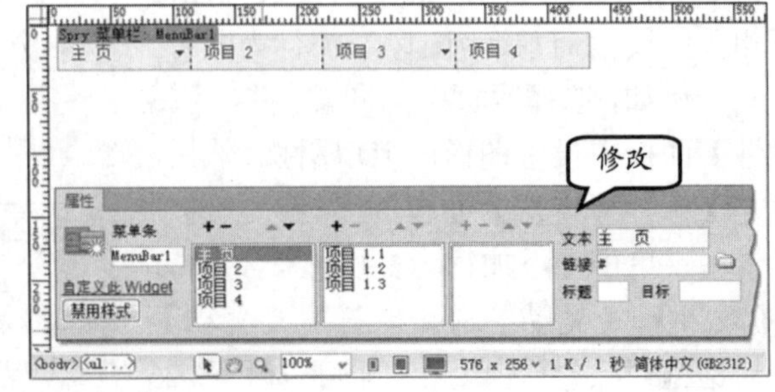

图 9-28 修改菜单栏

3. 添加或删除项目

在 Spry 菜单栏中，默认的主菜单包括 4 个栏目。选择其中任意一个菜单项目名称，单击【添加菜单项】按钮 + ，即可在其下面添加“无标题项目”的菜单栏目，如图 9-29 所示。

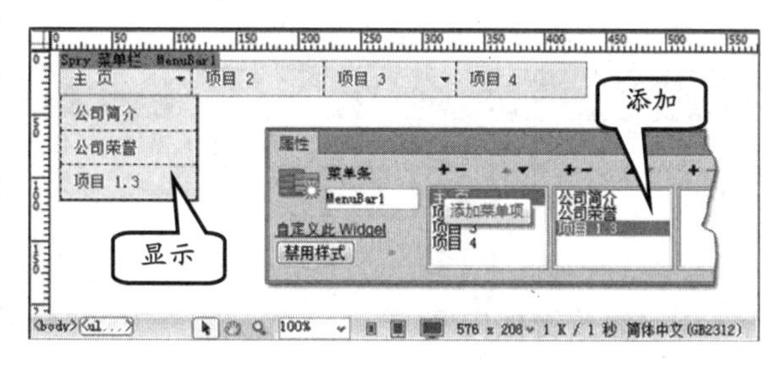

图 9-29 添加菜单栏项目

如果要想删除某个主菜单项目，首先选择该项目名称。然后，单击【删除菜单项】按钮 − ，即可删除该主菜单项目，同时其所包含的所有子菜单项目也随之删除，如图 9-30 所示。

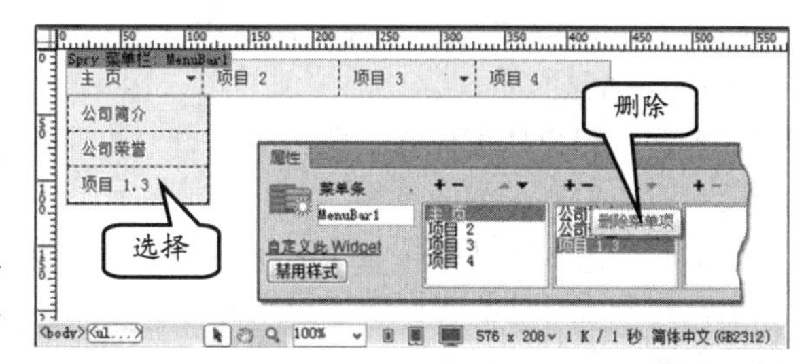

图 9-30 删除菜单项

再次保存文档后，执行【文件】|【在浏览器中预览】|【IExplore】命令，就可以预览默认样式的水平或者垂直布局的 Spry 菜单栏效果。当某个菜单栏目右侧显示有一个小三角图标时，即说明该栏目包含有子菜单。

9.4.2 Spry 选项卡式面板

Spry 选项卡式面板是一组面板，可以单击要访问的选项卡来隐藏或显示选项卡式面板中的内容。

1. 创建选项卡

在【插入】面板中，单击【Spry 选项卡式面板】按钮，即在光标处创建一个 Spry 选项卡式面板，如图 9-31 所示。

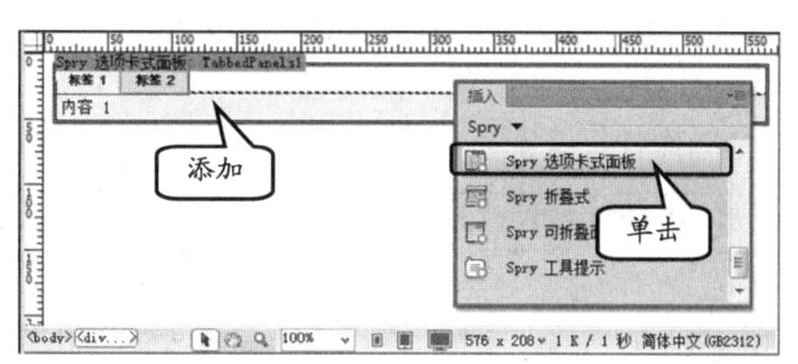

图 9-31 创建选项卡

在默认情况下，Spry 选项卡式面板打开的是“标签 1”选项卡。如果想要更改为其他选项卡，可以在【属性】面板的【默认面板】下拉列表中选择相应的选项卡名称，如图 9-32 所示。

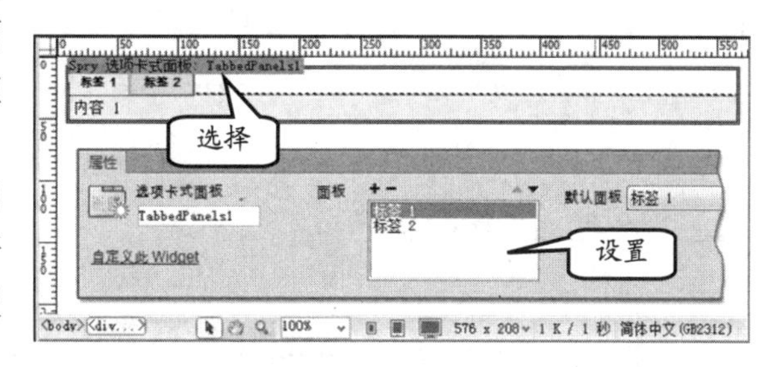

图 9-32 更改默认标签

将光标移动到选项卡上面，单击出现的“小眼睛”图标时，即可打开该选项卡面板。此时，将所单击的面板置于当前活动面板，即在浏览过程中，直接显示的面板。

在 Spry 选项卡式面板的【属性】检查器中，允许用户添加或删除面板，并选择一个面板为默认显示的面板，各功能如表 9-8 所示。

表 9-8　Spry 选项卡式面板的属性

属　性	作　用
选项卡式面板	定义 Spry 选项卡式面板在网页文档中唯一的 ID 标识
面板	显示和设置 Spry 选项卡式面板中的选项卡项目列表
默认面板	定义在网页文档中默认打开的 Spry 选项卡式面板中选项卡项目

2. 修改面板内容

用户可以修改选项卡的名称，如将光标置于“标签 1”中，并输入新内容，如图 9-33 所示。

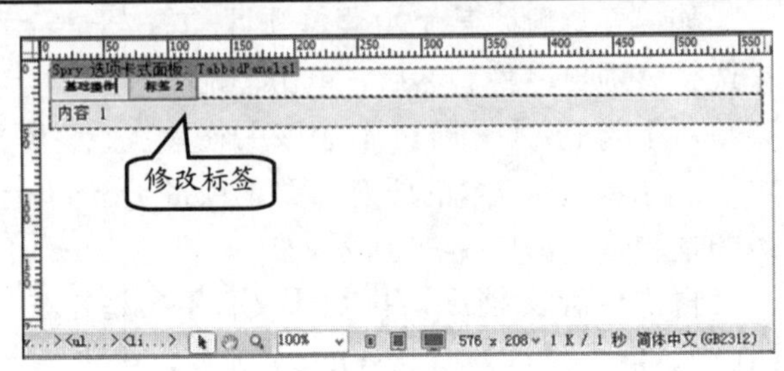

图 9-33　修改标签名称

当然，用户也可以在“内容 1”的面板中添加内容，如图 9-34 所示。

除此之外，用户可以选择面板的选项卡，并在【属性】面板中，设置其参数，如图 9-35 所示。

在【属性】面板中，用户可以设置选项卡的高、宽、Z 轴、背景图像、背景颜色、可见性、溢出等参数。

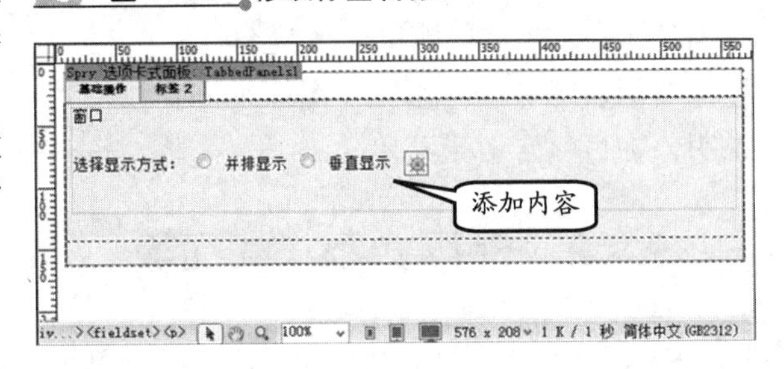

图 9-34　添加面板内容

3. 浏览选项卡效果

通过对选项卡面板的制作，用户可以通过浏览器查看面板效果，如图 9-36 所示。在显示的选项卡面板效果中，用户可以看到当前为“基础操作”选项卡，而单击“高级操作”文本时，将切换到“高级操作”选项卡，并显示面板中的内容。

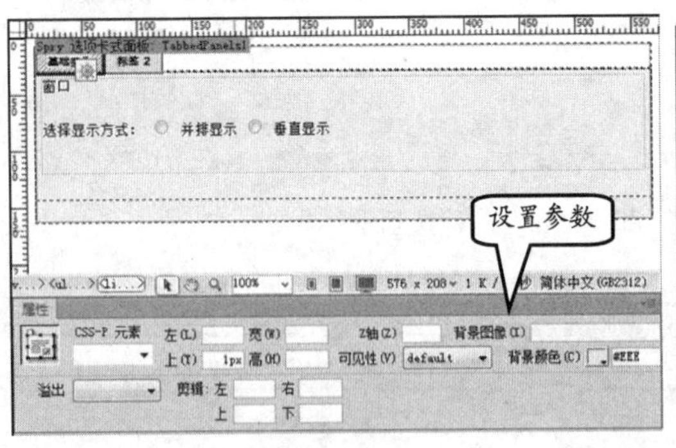

图 9-35　设置面板属性

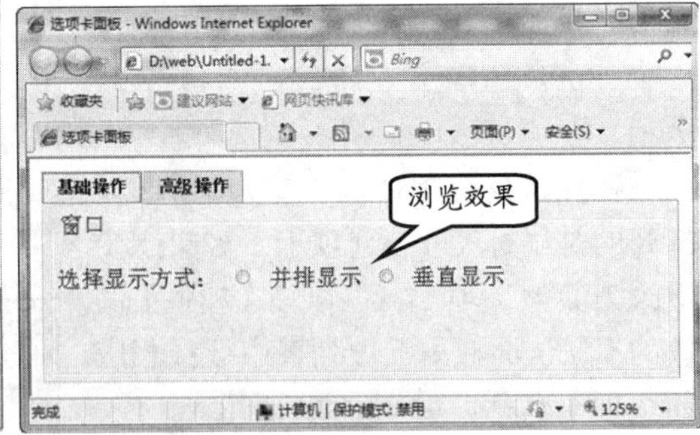

图 9-36　浏览面板效果

9.4.3　Spry 折叠面板

Spry 折叠式是一组可折叠的面板，当单击不同的选项卡时，折叠式面板会相应的展开或收缩操作。

1. 创建折叠面板

要创建 Spry 折叠式面板，在【插入】面板中，单击【Spry 折叠式】按钮即可，如图 9-37 所示。

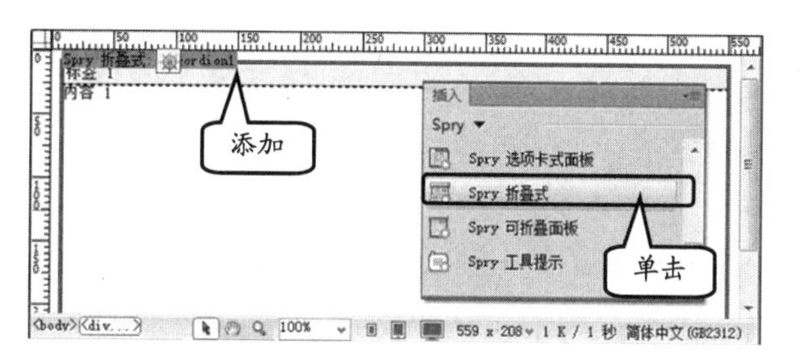

图 9-37　插入折叠式面板

提　示

Spry 折叠式面板与 Spry 选项卡式面板的编辑方法相同，可以在文档中更改选项卡的名称，也可以在【属性】面板中添加和删除选项卡面板，以及调整它们的排列顺序。

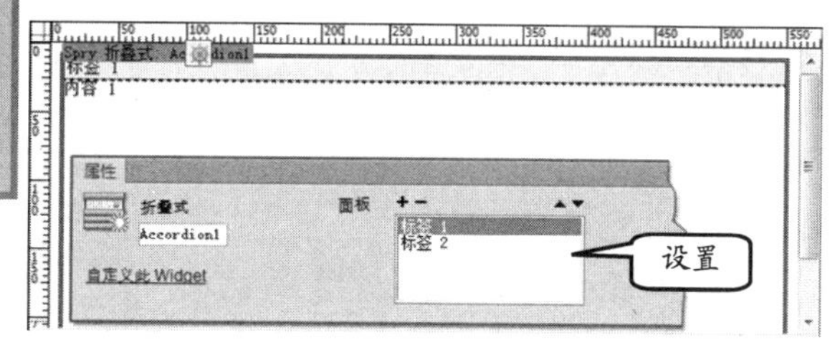

图 9-38　添加/删除折叠面板

选择折叠面板，在【属性】面板中可以调整面板的顺序，以及添加或者删除面板，如图 9-38 所示。

用户也可以在【面板】列表中选择不同的面板名称，来切换面板。这样用户就可以在不同的面板中添加内容。用户可以像在修改选项卡面板一样，来更改折叠面板的名称及内容，如图 9-39 所示。

图 9-39　修改折叠面板

2. Spry 可折叠面板

Spry 可折叠面板是一个面板，单击选项卡名称可以隐藏或者显示选项卡面板中的内容。

在【插入】面板中，单击【Spry 可折叠面板】按钮，即可在光标处创建一个 Spry 可折叠面板，如图 9-40 所示。

图 9-40　插入可折叠面板

Spry 可折叠面板虽然只有一个面板，但还是可以显示或者隐藏选项卡面板中的内容。例如，将鼠标移动到选项卡上面，然后单击右侧出现的“小眼睛”图标，即可切换显示或者隐藏状态，如图 9-41 所示。

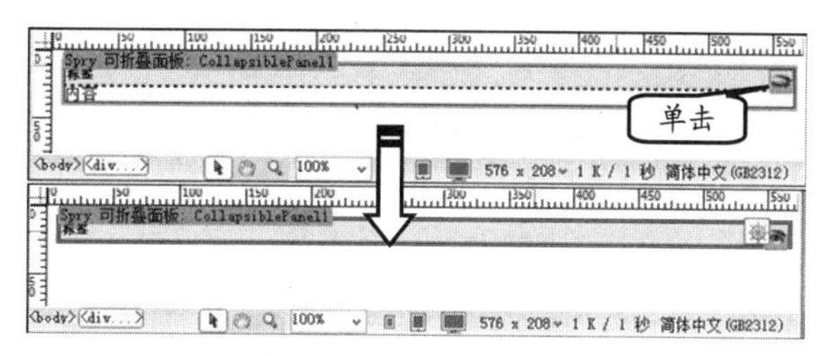

图 9-41　显示/隐藏可折叠面板

在【属性】面板中，还可以设置预览网页时的默认状态，如图 9-42 所示。

选择【默认状态】下拉列表中的【打开】或【已关闭】选项，即可在网页中查看打开或者已经关闭的选项卡面板效果，如图 9-43 所示。

9.4.4 Spry 工具提示

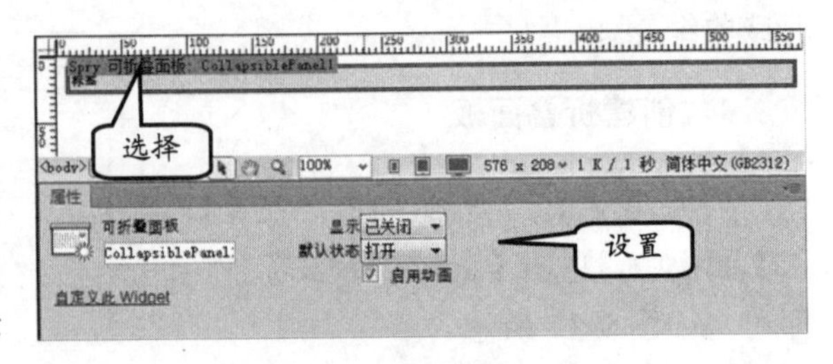

图 9-42 设置可折叠面板默认状态

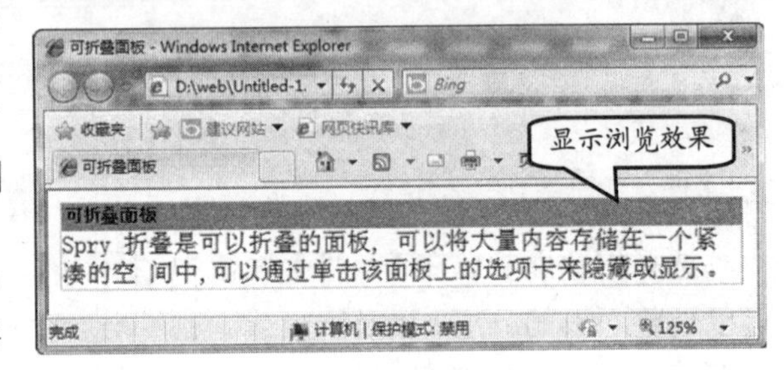

图 9-43 浏览可折叠面板

Spry 工具提示的作用类似操作系统中的工具提示，可在鼠标滑过某个网页对象时显示一段文本内容，并在鼠标从网页对象中滑开时自动隐藏起来。Spry 工具提示可为各种网页对象提供说明信息，因此较为常用。

在网页中选中网页对象，然后即可在【插入】面板中单击【Spry 工具提示】按钮 Spry 工具提示 。

此时，Dreamweaver 会自动为选中的网页对象创建一个< Div >标签，并添加 Spry 工具提示的浮动内容，如图 9-44 所示。

在插入 Spry 工具提示后，用户可选中工具提示的< Div >标签，在【属性】检查器中设置工具提示的属性，如图 9-45 所示。

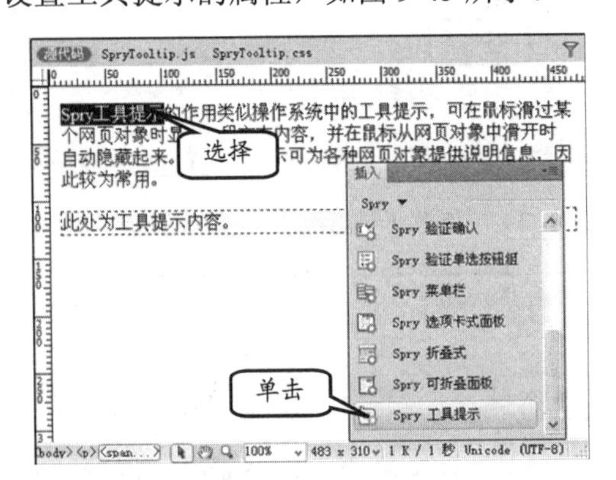

图 9-44 插入 Spry 工具提示

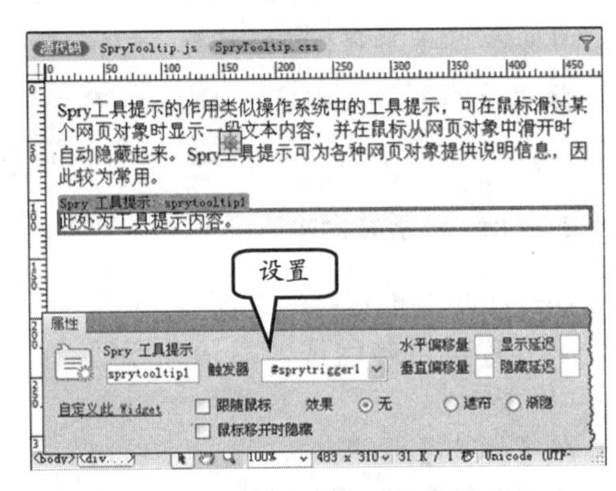

图 9-45 设置 Spry 工具提示属性

Spry 工具提示的属性较多，用户可设置其触发、位置、显示或隐藏的延迟、特效等，如表 9-9 所示。

表 9-9 设置 Spry 工具提示属性

属　性		作　用
Spry 工具提示构件		定义 Spry 工具提示构件在网页文档中唯一的 ID 标识
触发器		定义触发 Spry 工具提示构件的网页标签的 ID 标识
偏移	水平偏移量	定义 Spry 工具提示构件与鼠标光标之间的水平距离，单位为像素
	垂直偏移量	定义 Spry 工具提示构件与鼠标光标之间的垂直距离，单位为像素
延迟时间	显示延迟	定义触发 Spry 工具提示构件后其由隐藏状态到开始显示之间的时间，单位为毫秒
	隐藏延迟	定义解除触发 Spry 工具提示构件后其由显示状态到开始隐藏之间的时间，单位为毫秒

续表

属性		作用
鼠标控制	跟随鼠标	如选中该选项，则当触发 Spry 工具提示构件后，工具提示将一直跟随鼠标光标
	鼠标移开时隐藏	如选中该选项，则浏览器会在鼠标从触发的网页对象上移开时隐藏 Spry 工具提示构件
效果	无	定义 Spry 工具提示构件直接显示，不使用任何特效
	遮帘	定义 Spry 工具提示构件使用从上到小逐线的方式显示，同时使用从下到上逐线的方式隐藏
	渐隐	定义 Spry 工具提示构件使用透明度从大到小的方式显示，同时使用透明度从小到大的方式隐藏

编辑 Spry 工具提示构件的方式与编辑 Spry 折叠面板的方式类似。将鼠标光标置于 Spry 工具提示构件栏内，然后即可修改其中的文本，更新 Spry 工具提示构件的内容。

9.5 课堂练习：制作可验证注册页面

在注册页面中，为提高用户对注册内容的限制，则在提交服务器之前可以对内容进行验证处理。

而验证过程中，一般用户可以通过提交之前的 JavaScript 脚本验证，以及表单对象的焦点验证。因为，在 Dreamweaver 中，处理通过 Spry 制作菜单、折叠面板等内容以外，还包含有表格对象的验证。

本实例就围绕 Spry 表格对象进行验证处理，虽然在章节中没有详细介绍，但操作起来比较简单，如图 9-46 所示。

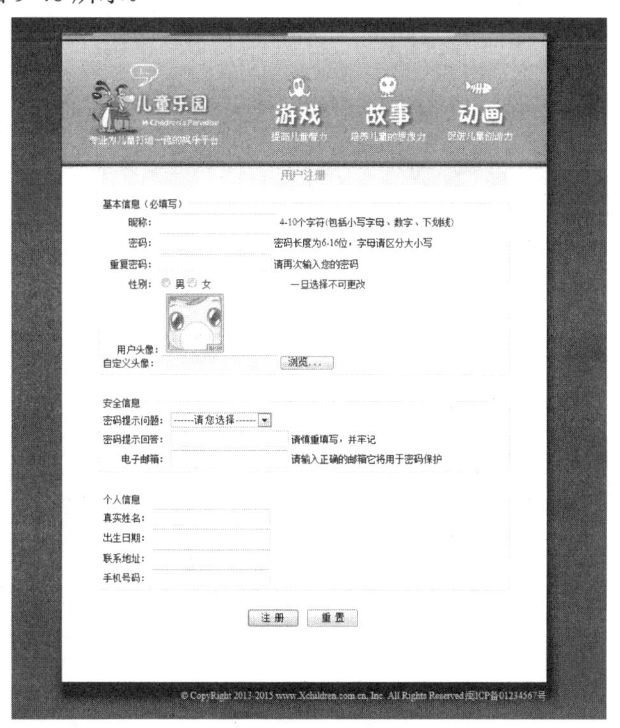

图 9-46 注册页面

操作步骤：

1 打开素材文件，添加表单及表单对像。插入一个 ID 为 register 的层，并定义该层的 CSS 样式，如图 9-47 所示。

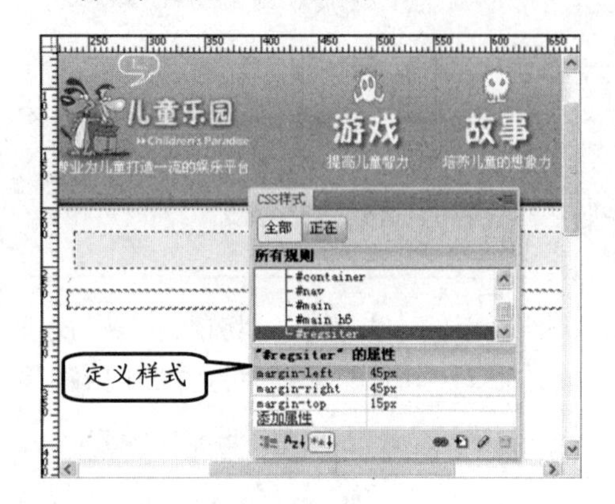

图 9-47 定义样式

2 单击【表单】选项中的【表单】按钮，插入一个表单。最后，单击【字段集】按钮，并在弹出的对话框中输入"基本信息（必填写）"，如图 9-48 所示。

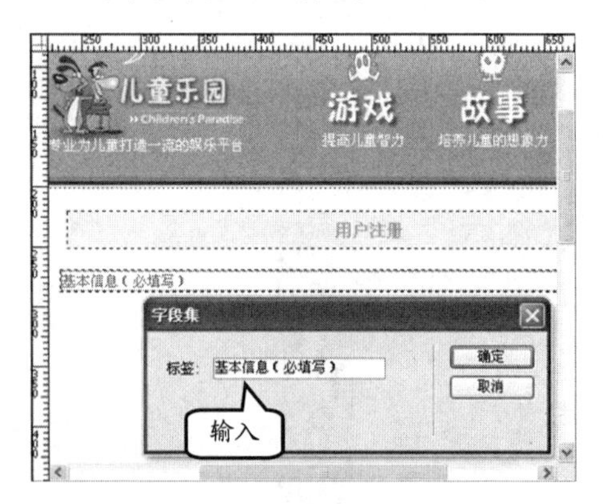

图 9-48 添加字段集

3 将光标放置在文本"基本信息（必填写）"后，按【回车】键后，文本进行换行，并在【CSS 样式】面板中为段落标签定义样式，如图 9-49 所示。

4 单击【表单】选项中的【Spry 验证文本域】按钮，在该字段集中插入一个 Spry 验证文本域，并在【属性】面板中设置【最小字符数】为 4 和【最大字符数】为 10，如图 9-50 所示。

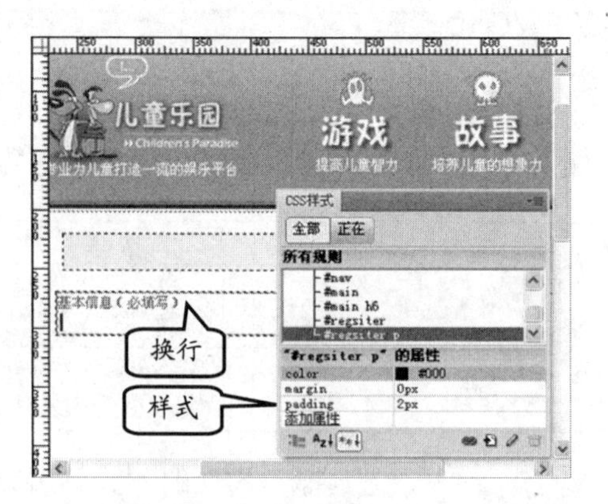

图 9-49 设置样式

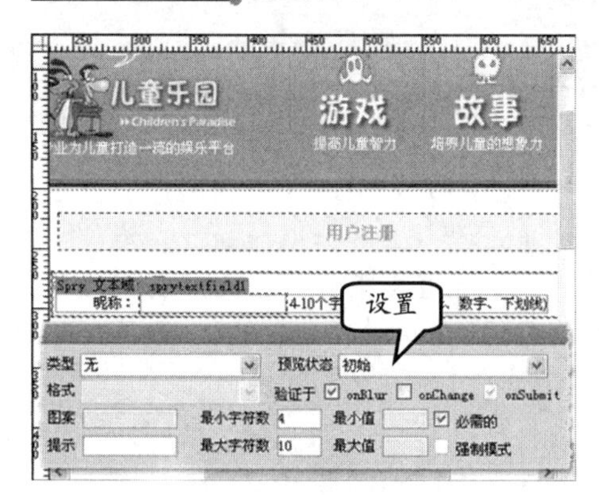

图 9-50 添加验证

5 插入 Spry 验证密码和 Spry 验证确认。在"昵称"下面，插入一个 Spry 验证密码，并在【属性】面板中设置该控件的属性，如图 9-51 所示。

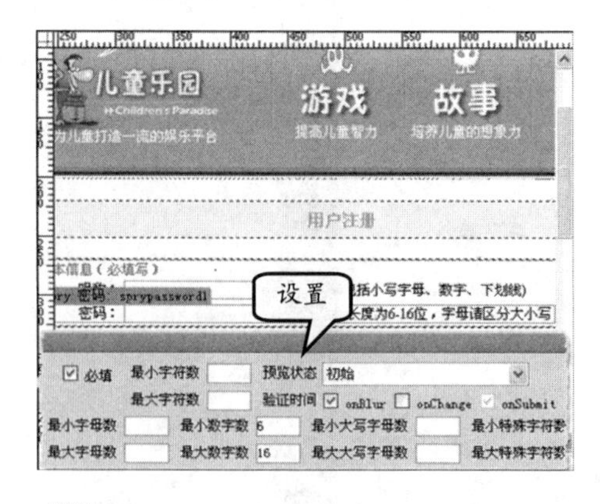

图 9-51 密码验证

6 使用相同的方法，在该 Spry 验证密码控件下面，插入一个 Spry 验证确认控件，并在【属性】面板中设置参数，如图 9-52 所示。

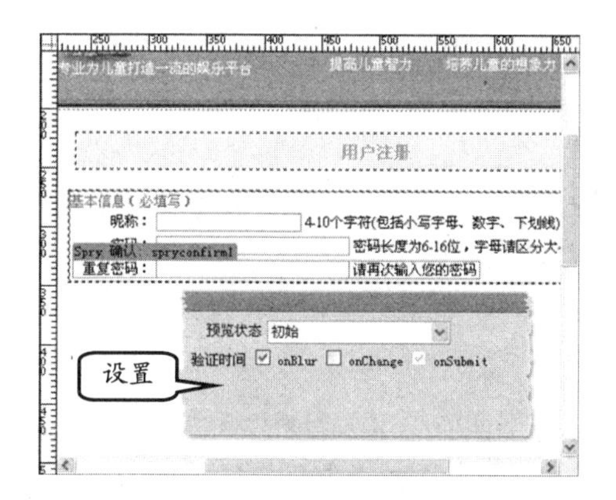

图 9-52 设置重复密码验证

7 添加单选按钮组和文件域。在“重复密码”下面，插入一个 Spry 单选按钮组，并在【属性】面板中设置该按钮组的属性，如图 9-53 所示。

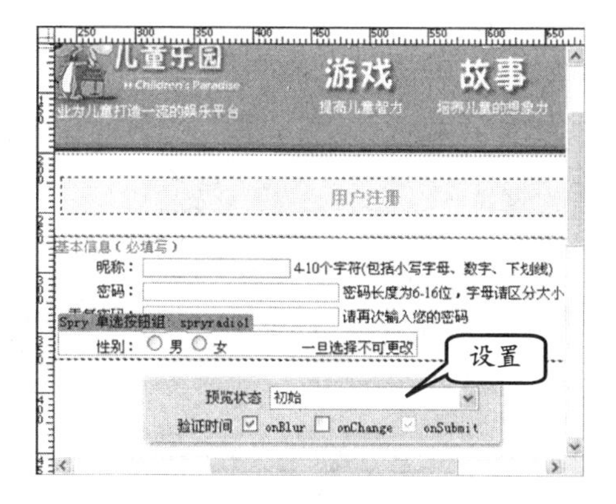

图 9-53 设置按钮组

8 在“性别”下面输入文本内容，并插入头像图像。最后，按【回车】键后，单击【表单】选项中的【文件域】按钮，在表单中插入一个文件域，如图 9-54 所示。

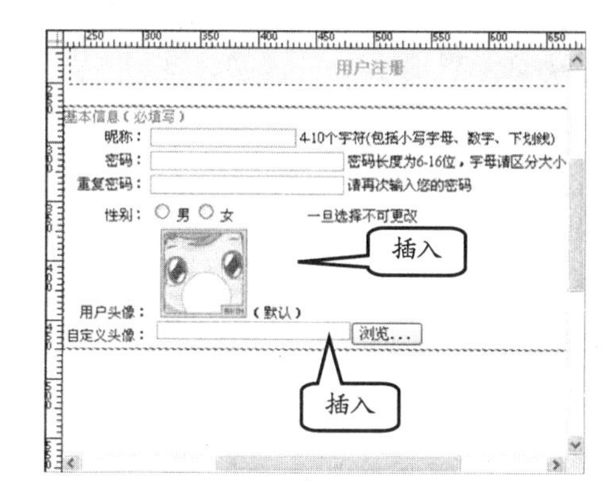

图 9-54 添加文件域

9 添加 Spry 验证选择。使用相同的方法，在“自定义头像”下面插入一个字段集，如图 9-55 所示。

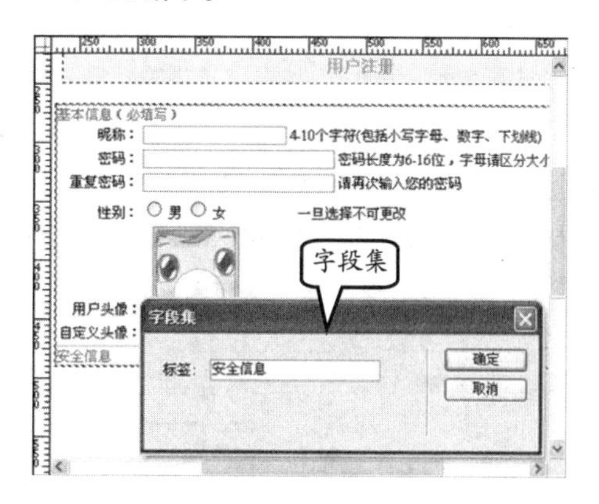

图 9-55 添加字段集

10 在该字段集中插入一个 Spry 验证选择。然后，在【属性】面板中，启用【验证于】选项中的【onBlur】复选框。最后，在【属性】面板中打开【列表值】对话框，并添加项目内容，如图 9-56 所示。

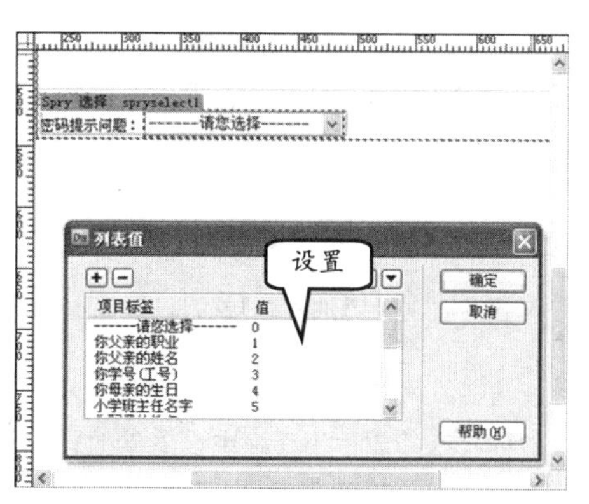

图 9-56 添加列表内容

11 添加两个 Spry 验证文本域，如“密码提示问题”下面依次插入两个 Spry 验证文本域，如图 9-57 所示。

12 选择第 2 个控件，在【属性】面板的【类型】下拉列表中选择“电子邮件地址”选项，如图 9-58 所示。

13 继续添加 Spry 验证文本域。在“电子邮箱”下面插入 1 个字段集，如图 9-59 所示。

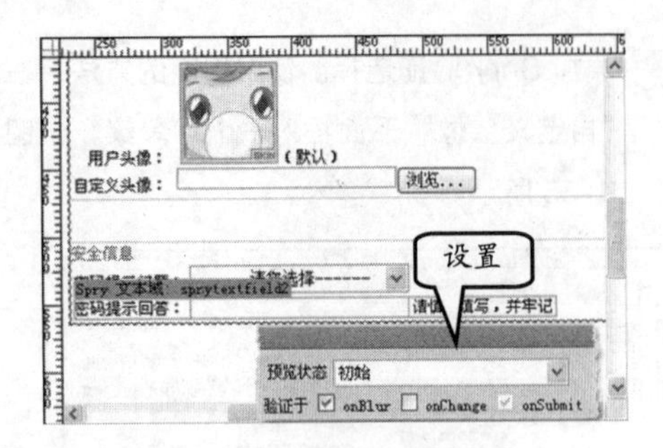

图 9-57 添加密码提示验证

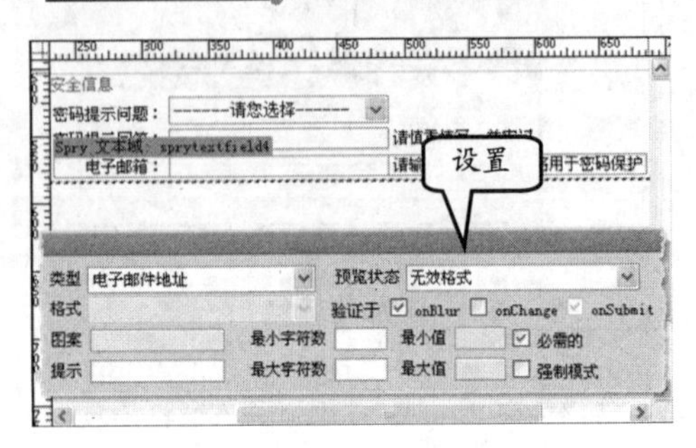

图 9-58 添加电子邮件地址验证

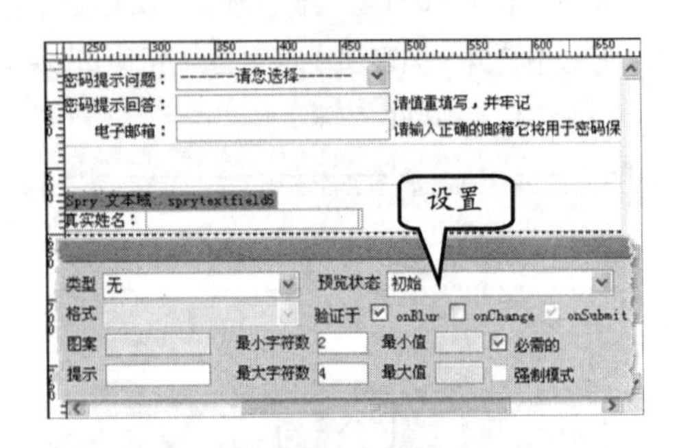

图 9-59 添加文本域验证

14 在该字段集中插入两个 Spry 验证文本域，并依次在【属性】面板中设置参数，如图 9-60 所示。

15 添加文本验证域和按钮。在“出生日期”下面，分别插入两个文本验证域和两个按钮，如图 9-61 所示。

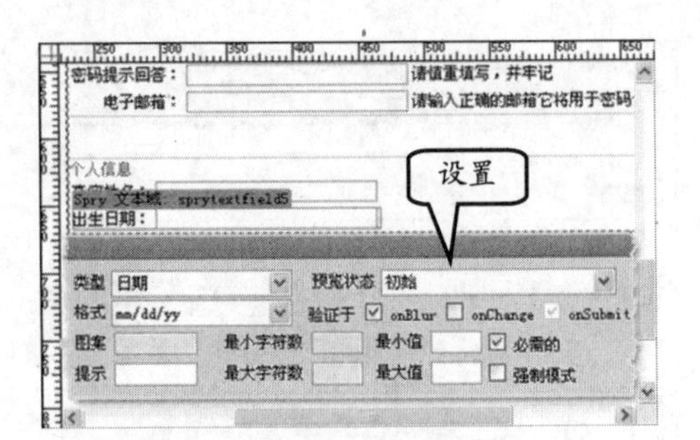

图 9-60 添加日期验证

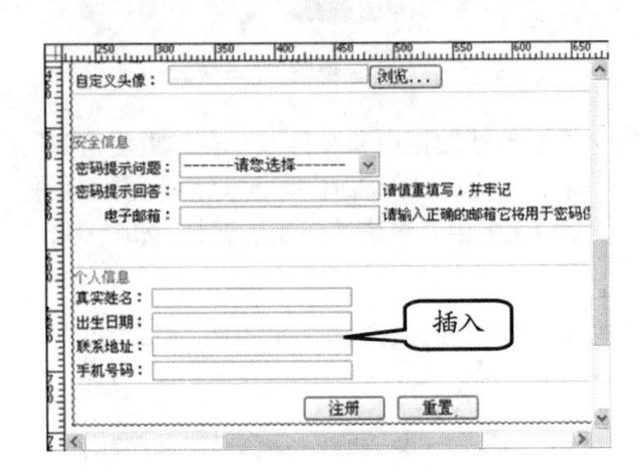

图 9-61 添加文本验证及按钮

16 在 ID 为 main 的层下面，插入一个 ID 为 footer 的层，定义 CSS 样式并输入版权信息，如图 9-62 所示。

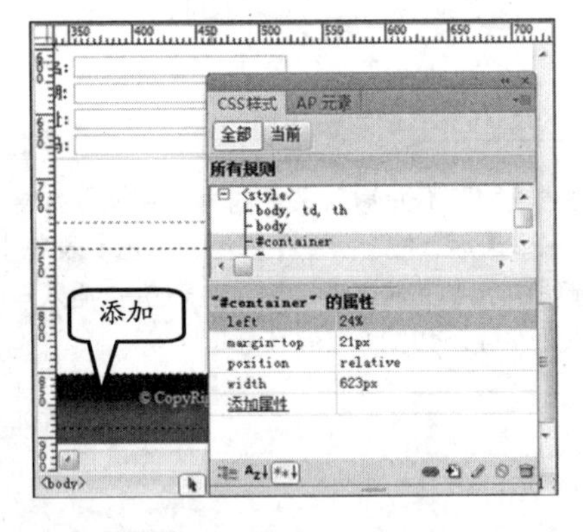

图 9-62 添加页尾内容

9.6 课堂练习：制作后台管理页面

在前面的内容中，已经介绍过通过框架的方式来制作一些后台管理页面，其主要目的更是节约、集聚过多的管理页面。

此外，用户还可以通过选项卡的方式来制作管理页面，也能实现对大量管理或设置页面的集聚分类操作。本练习就通过 Spry 折叠面板来实现管理页面操作，如图 9-63 所示。

图 9-63 管理页面

操作步骤：

1 创建文档并保存，再单击【插入】面板中的【Spry 选项卡式面板】按钮，如图 9-64 所示。

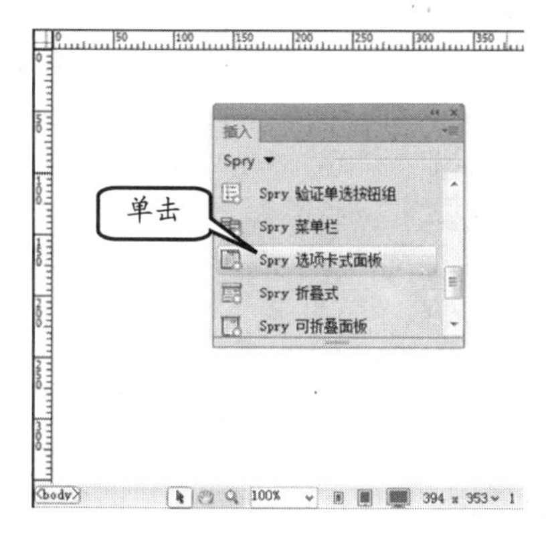

图 9-64 插入面板

2 按 Ctrl+S 组合键，并对插入的面板进行保存操作。此时，弹出【复制相关文件】对话框，并单击【确定】按钮，如图 9-65 所示。

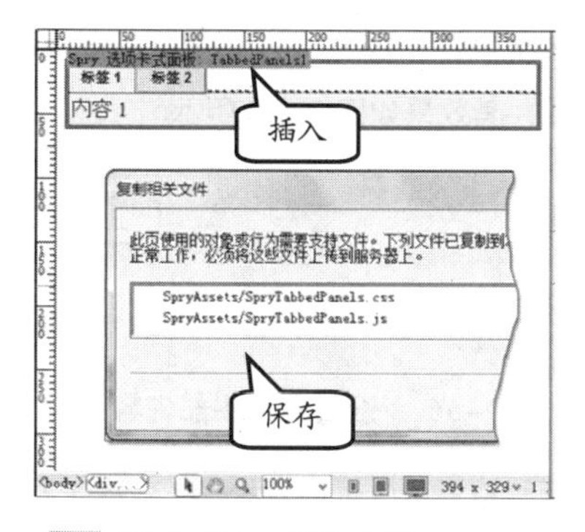

图 9-65 保存文件

3 用户可以在【代码】视图中，插入类为 page 的 Div 层，并包含当前所添加的面板层。然后，再在面板的代码上面，添加网页的导航和页头内容。

```
<div class="page">
  <div class="top"><img src="image
  /flag.png"/><span class="title">
  销售店铺通用后台管理系统</span>
  </div>
  <div class="information"><span
  class="online">目前：在线 1542 人
  </span><span class="link"><ahref
  ="#">访问主页</a>|<a href="#">
  退出系统</a></span></div>
  <div class="icon">
    <ul>
      <li><img src="image/icon1.
      png" /></li>
      <li><img src="image/icon2.
      png" /></li>
      <li><img src="image/icon3.
      png" /></li>
      <li><img src="image/icon4.
      png" /></li>
      <li><img src="image/icon5.
      png" /></li>
      <li><img src="image/icon6.
      png" /></li>
```

```
        <li><img src="image/icon7.
        png" /></li>
      </ul>
    </div>
        <--!>面板代码<-->
  </div>
```

4 在插入面板中，所自动复制的SpryTabbedPanels.css文件中插入对页头和导航的样式代码。

```
body{
    margin:0px;
    padding:0px;
}
.page{
    margin:auto;
    width:730px;
    height:600px;
}
.top{
    width:730px;
    height:81px;
    background-image:url(../ima
ge/top.jpg);
}
.top img{
    margin-left:20px;
    float:left;
}
.top .title{
    float:left;
    margin-left:20px;
    font-family:"隶书";
    font-size:30px;
    text-align:center;
    line-height:2.0em;
    color:#ca910c;
}
.information{
    width:730px;
    height:20px;
    background-color:#9acb3e;
    font:12px "宋体";
    line-height:2em;
}
.information .online{
    margin-left:15px;
    float:left;
    width:150px;
}
.information .link{
    margin-left:425px;
    float:left;
    width:140px;
}
.information .link a{
    padding-left:5px;
    padding-right:5px;
    text-decoration:none;
}
.icon{
    margin:0px;
    padding-top:5px;
    width:730px;
    height:32px;
    background-image:url(../ima
    ge/Navigation.jpg);
}
.icon ul{
    text-align:left;
    margin:0px;
    padding:0px;
    list-style:none;
    vertical-align:bottom;
}
.icon ul li{
    margin-left:55px;
    margin-right:12px;
    display:inline;
    vertical-align:bottom;
}
```

5 通过设计，网页导航和页头的内容已经完成，其效果如图9-66所示。

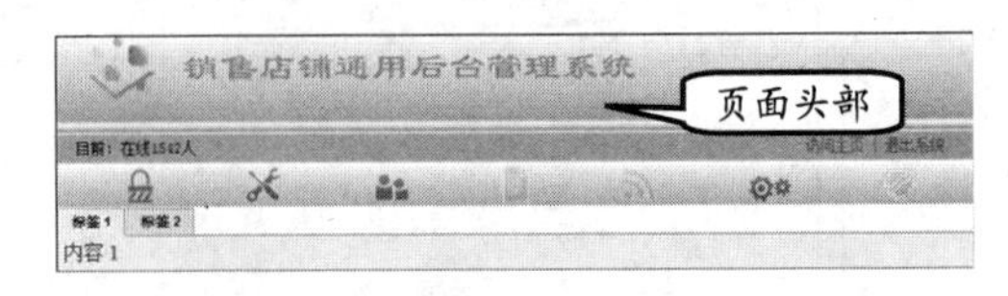

图9-66 设置网页头部内容

6 下面用户可以对折叠面板进行样式设置，如在CSS文件中，添加折叠选项卡的背景图像等内容。代码如下：

```
.TabbedPanels {
    overflow: hidden;
    padding: 0px;
    clear: none;
    width: 730px;
}
.TabbedPanelsTab {
    position: relative;
    float: left;
    padding: 4px 10px;
    font: 12px sans-serif;
    background-color: #DDD;
    list-style: none;
    -moz-user-select: none;
    -khtml-user-select: none;
    cursor: pointer;
    width:80px;
    height:27px;
    text-align:center;
    line-height:2.5em;
    background-image:url(../ima
    ge/bqbj.jpg);
}
.TabbedPanelsTabSelected {
    background-color: #EEE;
    width:110px;
    height:27px;
    text-align:center;
    background-image:url(../ima
ge/bq2.jpg);
}
.TabbedPanelsContentGroup {
    clear: both;
    border-left: solid 1px #CCC;
    border-bottom: solid 1px #CCC;
    border-top: solid 1px #999;
    border-right: solid 1px #999;
    background-color: #EEE;
}
.TabbedPanelsContent {
    overflow: hidden;
    padding: 4px;
    background-color:#FFF;
    border-bottom:#999 solid 1px;
    border-left:#999 solid 1px;
    border-right:#999 solid 1px;
    width:720px;
    height:360px;
}
.VTabbedPanels .TabbedPanelsTab
Group {
    float: left;
    width: 10em;
    height: 20em;
    background-color: #EEE;
    position: relative;
}
```

7 通过对原始折叠面板样式的修改，即可完成折叠面板的美化效果。然后，在 HTML 代码中，修改面板选项卡的名称，以及添加面板内容。

9.7 思考与练习

一、填空题

1．Dreamweaver 提供了__________、__________和 Widget 组件等多种可视化的功能，帮助用户快速实现动态交互效果。

2．Dreamweaver 网页行为是 Adobe 借助__________开发的一组交互特效代码库。

3．__________和__________等两种触发器仅在用户选中网页的<body>标签时可用。

4．状态栏是 Web 浏览器的一种工具栏，其通常位于 Web 浏览器的底部，可显示当前页面的__________、__________和__________等内容。

5．在 Dreamweaver 中，主要包括两种窗口信息行为，即__________和__________。

6．打开浏览器窗口行为的作用是开启一个__________，显示指定__________的__________。

7. Spry 菜单栏是一组可导航的__________，其提供了__________和__________等两个方向的__________，可在有限的网页页面中显示大量可导航的信息。

8. Spry 选项卡式面板可将大量网页内容存放于重合的选项卡中，通过选项按钮分别控制选项卡的__________和__________状态。

9. Spry 工具提示的作用类似操作系统中的工具提示，可在鼠标滑过某个网页对象时显示一段__________，并在鼠标从网页对象中滑开时__________。

二、选择题

1. 在定义网页标签的属性时，可使用以下__________面板。

   A.【标签选择器】面板

   B.【CSS】面板

   C.【AP 元素】面板

   D.【文件】面板

2. Dreamweaver 允许用户为行为添加__________种触发器。

   A. 15 种　　B. 26 种

   C. 21 种　　D. 18 种

3. Dreamweaver 为用户提供了__________种网页行为。

   A. 23 种　　B. 16 种

   C. 18 种　　D. 25 种

4. 以下__________行为可应用到普通的 Div 元素中。

   A. onLoad　　B. onClick

   C. onChange　　D. onSelect

5. 以下__________行为无法应用到普通的 IMG 图像标签上。

   A. 增大/收缩行为

   B. 滑动行为

   C. 晃动行为

   D. 显示/渐隐行为

6. 在制作网页导航条时，可以使用 Spry 中的__________框架。

   A. Spry 菜单栏

   B. Spry 选项卡式面板

   C. Spry 折叠式

   D. Spry 可折叠面板

7. 以下__________框架无法显示大量的文本内容。

   A. Spry 菜单栏

   B. Spry 选项卡式面板

   C. Spry 折叠式

   D. Spry 可折叠面板

三、简答题

1. Dreamweaver 提供了哪些文本信息行为？

2. 在编辑弹出的浏览器窗口中可设置哪些属性？

3. 简述 Spry 折叠式和 Spry 可折叠面板等两种构件的区别。

4. 如何更改 Spry 框架的 CSS 样式？

四、上机练习

1. 修改折叠面板背景颜色

在文档中，选择折叠面板中的面板 Div 层，并单击【属性】检查器中的【CSS 面板】按钮，如图 9-67 所示。

在【CSS 样式】面板中，用户可以单击【添加属性】下拉按钮，并在右侧选择填充的颜色，如图 9-68 所示。

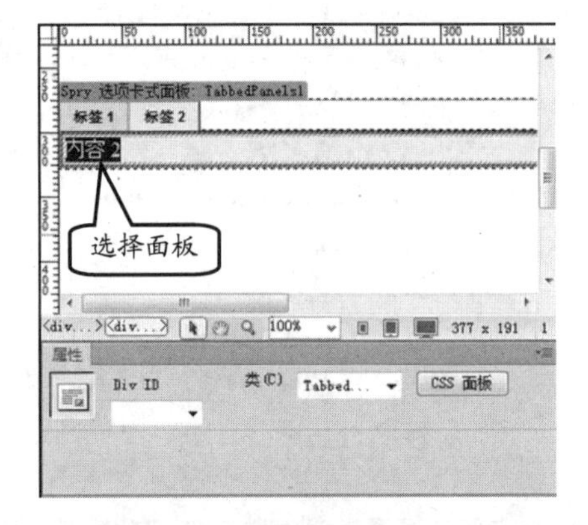

图 9-67　选择面板层

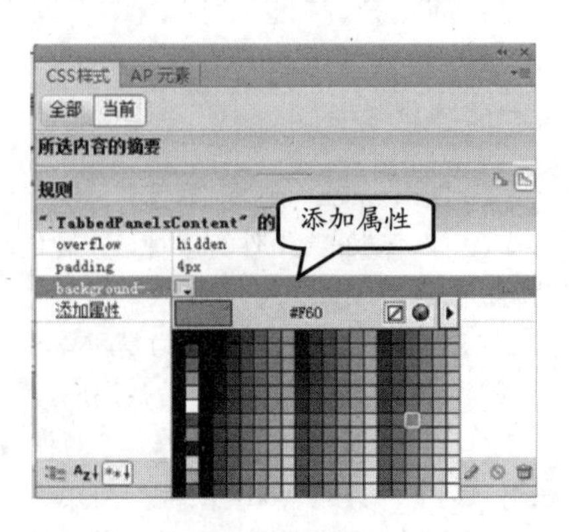

图 9-68　设置颜色

2. 转到 URL

用户可以在行为中添加转到的 URL 地址内容，这样根据用户单击所有选择的对象，即可转到指定的链接页面。例如，选择折叠面板的选项卡，并在【标签检查器】的【行为】选项中，添加【转到 URL】行为，如图 9-69 所示。

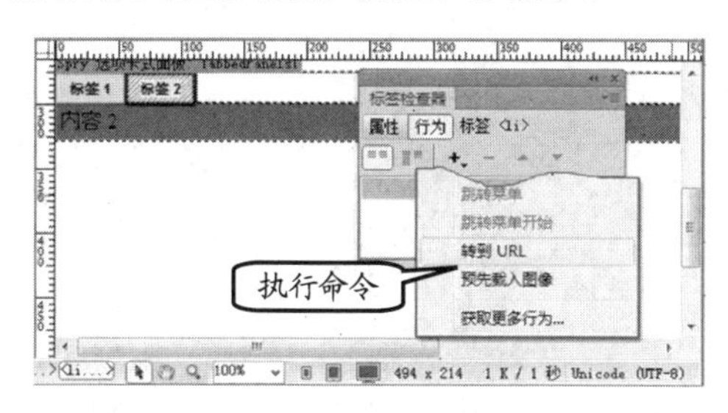

图 9-69 添加行为

在弹出的【转到 URL】对话框中，用户可以输入所链接的地址，并单击【确定】按钮，如图 9-70 所示。

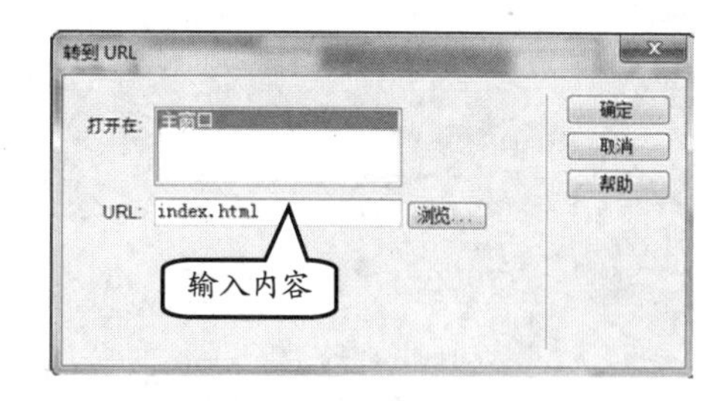

图 9-70 添加 URL 地址

第 10 章

Web 动态开发

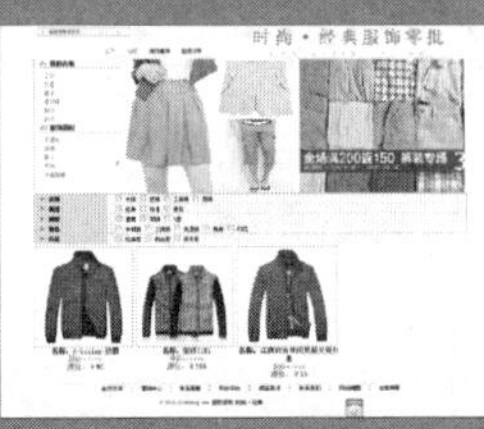

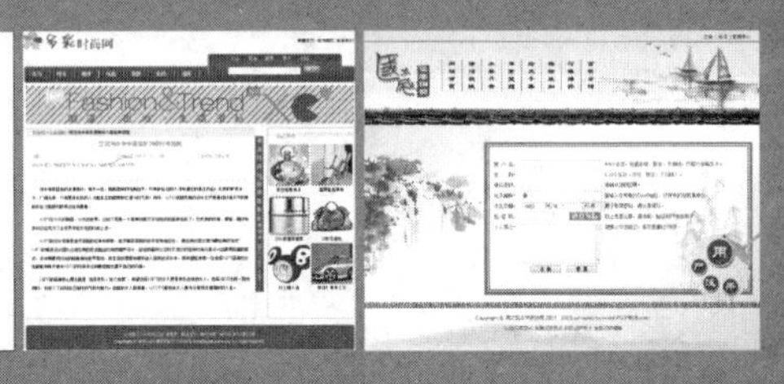

动态网页与静态网页相比，是另外一种网页编程技术。静态网页，随着 html 代码的生成，页面的内容和显示效果就基本上不会发生变化了（除非用户修改页面代码）。而动态网页则不然，页面代码虽然没有变，但是显示的内容却是可以随着时间、环境或者数据库操作的结果而发生改变的。

本章围绕 Dreamweaver 中的动态开发技术，来详细介绍一下 Access 数据库、ODBC 驱动连接、绑定动态数据、定义记录集等。

本章学习要点：

- 创建 Access 数据库
- 连接数据库
- 创建动态页和记录集
- 绑定数据源

10.1 创建 Access 数据库

一般来说，一个真正的、完整的站点是离不开数据库的，因为实际应用中，需要保存的数据很多，而且这些数据之间往往还有关联，利用数据库来管理这些数据，可以很方便地查询和更新。

10.1.1 创建数据库

Access 2010 在创建新数据库过程中，提供了更加方便的功能。单击【开始】按钮，执行【所有程序】|【Microsoft Office】|【Microsoft Access 2010】命令，启用该组件。

在 Microsoft Access 窗口界面中，选择【新建】选项卡中的【空数据库】图标。然后，在【文件名】文本框中输入数据库名称，并单击【浏览】按钮选择保存位置，单击【创建】按钮，如图 10-1 所示。

图 10-1 创建数据库

此时，将弹出【mydata:数据库（Access 2010）】窗口，并在该窗口中自动创建“表 1”数据表，如图 10-2 所示。

窗口中显示所创建数据库的内容，以及一些结构信息。通过学习这些内容，用户可以方便地进行操作，如下所示。

- **数据库名称** 数据库名称是标识用户所打开的数据库。该名称显示在窗口的标题栏上。
- **选项卡** 菜单和工具栏的主要替代工具，提供了 Access 中主要的命令界面。

- **组** 在每个选项卡中，都是通过组将一个任务分解为多个子任务。
- **按钮** 每组中的命令按钮都可执行一项命令或显示一个命令菜单。
- **导航窗格** 在打开数据库或创建新数据库时，数据库对象的名称将显示在导航窗格中。
- **数据表** 数据库中一个非常重要的对象，是其他对象的基础。数据表定义了数据库的结构，也是数据存储的容器。

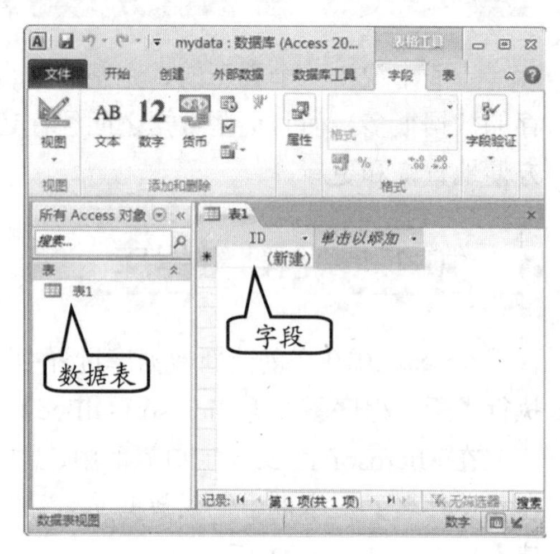

图 10-2 数据库窗口

10.1.2 创建数据表

创建数据表其实就是创建数据的结构。数据表是以行和列的简单形式排序的数据视图。如果在导航窗口中双击某个表，Access 2010 会将该表显示为一个数据表。

1. 数据类型

在创建数据表之前，首先要了解一下数据类型。数据类型描述字段所能接收的数据内容或者输入数据的格式。数据类型介绍如表 10-1 所示。

表 10-1 数据类型

数据类型	含义
文本	字母和数字字符
日期/时间	用于存储日期/时间值
货币	用于存储货币值
自动编号	自动插入的一个唯一的数值。用于生成可用于主键的唯一值
是/否	布尔值
OLE 对象	OLE 对象或其他二进制数据
附件	图片、图像、二进制文件、Office 文件
超链接	超链接。通过 URL 对网页进行单击访问
查阅向导	实际上不是数据类型，而会调用“查阅向导”

2. 创建数据表

用户可以通过【设计】视图创建数据库。在 Access 2010 中右击【表 1】选项卡，在弹出的菜单中执行【设计视图】命令，如图 10-3 所示。然后，在【另存为】对话框中输入数据表名称，如图 10-4 所示。

单击【确定】按钮后，在【字段名称】字段中，输入 AdminName 字段名，如图 10-5 所示。在对应的【数据类型】下拉列表中，选择【文本】选项，如图 10-6 所示。

此时，用户可以在【字段属性】的【常规】选项卡中，将【字段大小】从 255 个字符修改为 10 个字符，如图 10-7 所示。另外，也可以根据用户的需要修改其他选项。

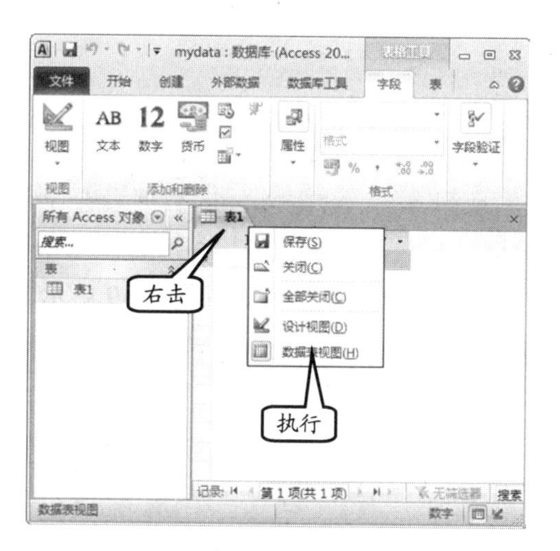

图 10-3　输入数据表名称

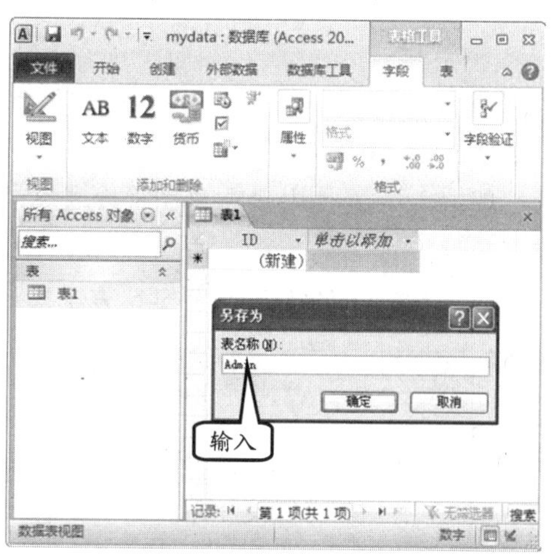

图 10-4　保存数据表

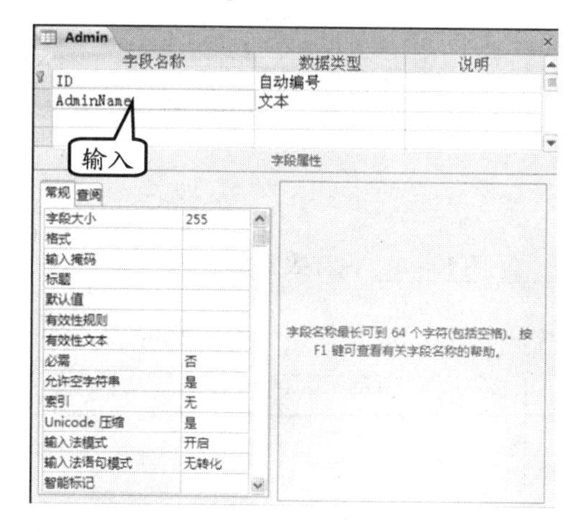

图 10-5　设置字段名

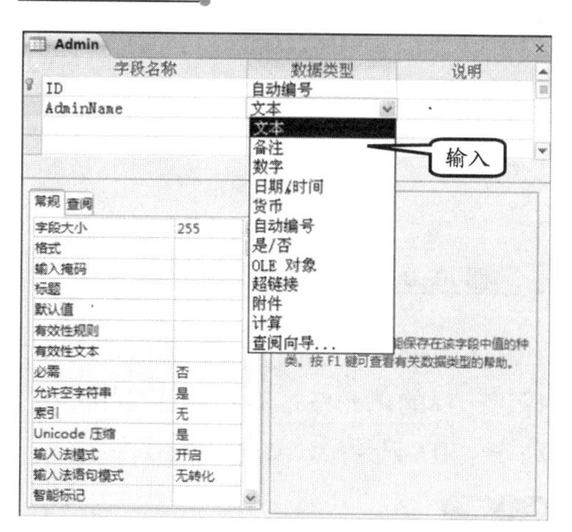

图 10-6　设置数据类型

10.1.3　添加数据

创建数据表后，用户可向该数据表中输入数据。但是，要想准确而又迅速地输入数据，首先需要了解一些有关数据库工作方式的基础知识。在 Access 2010 输入数据时，应注意下列内容。

- ❑ Access 将所有数据存储在一个或多个表中，使用的表数目取决于数据库的设计和复杂程度。
- ❑ 每个表应只接受一种类型的数据。
- ❑ 通常，表中的每个字段只接受一种类型

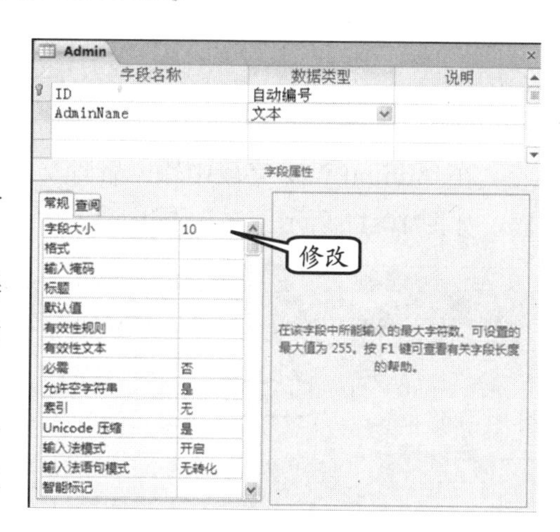

图 10-7　添加其他字段

的数据。

- 除了一些特殊情况外，记录中的字段应该只接受一个值。
- Access 2010 将根据输入的内容为字段推断一种数据类型。

一般输入数据，用户需要切换至【数据表】视图方式。右击 Admin 数据表选项卡，执行【数据表视图】命令，如图 10-8 所示。

然后，在弹出的【必须先保存表】对话框中，单击【是】按钮，如图 10-9 所示。

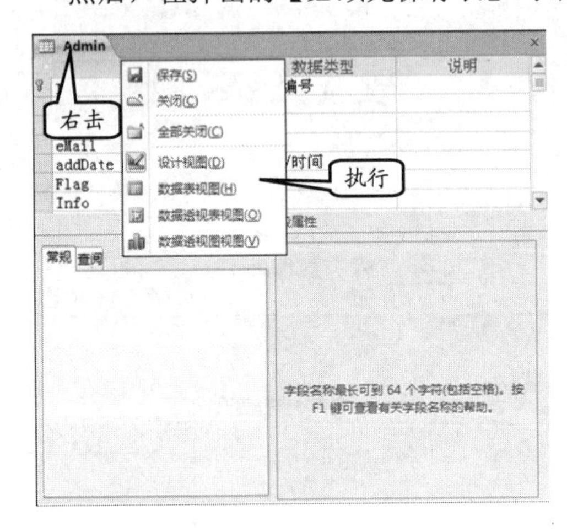

图 10-8 切换视图方式

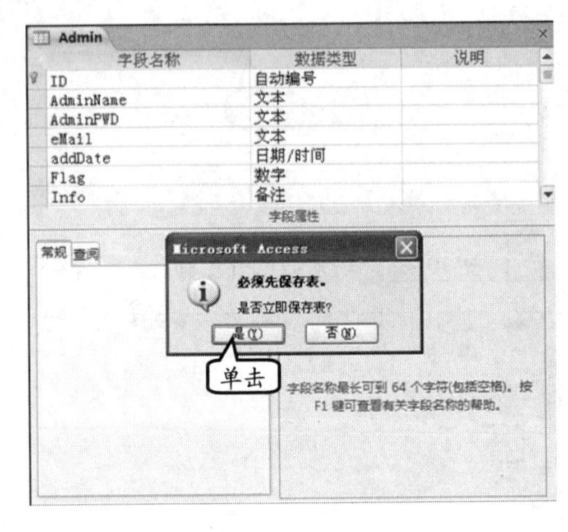

图 10-9 保存数据表

在【数据表】视图中，数据表所有记录为空白内容。然后，在 AdminName 字段中，选择第一行的单元格，输入管理员用户名，将自动产生 ID 记录号，如图 10-10 所示。

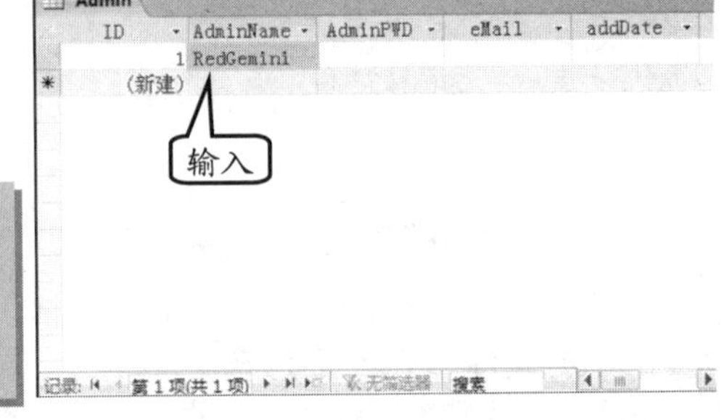

图 10-10 输入字段内容

技　巧

用户在输入数据时，除了通过鼠标直接选择单元格外，还可以通过按键盘上的左、上、下、右 4 个不同方位键←↑↓→，来选择该单元格相邻不同的方位的单元格。

在 AdminPWD 字段中输入管理员登录密码，如图 10-11 所示。在 eMail 字段中输入管理员的电子邮件地址，如图 10-12 所示。

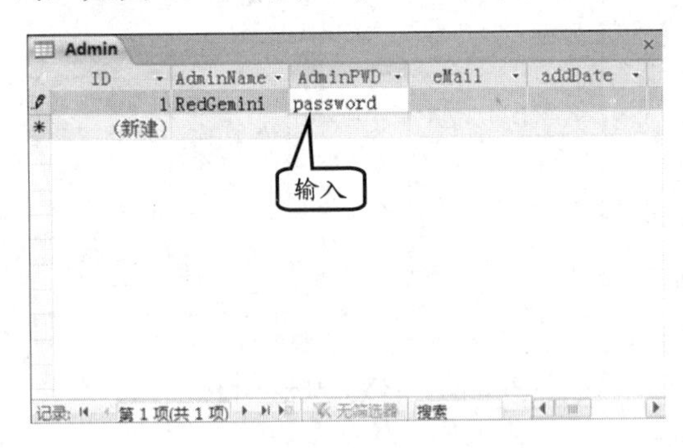

图 10-11 输入密码

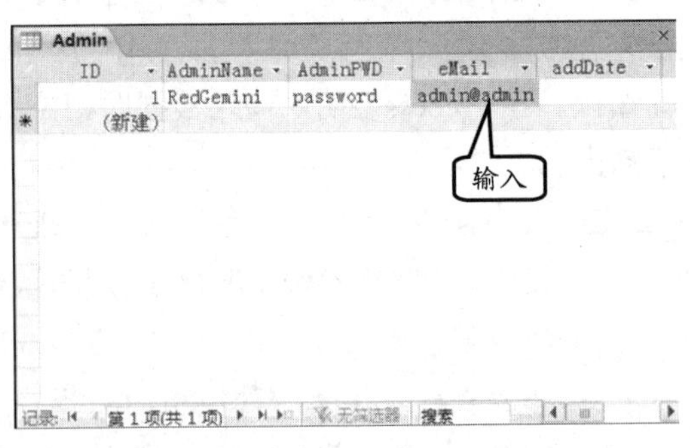

图 10-12 输入电子邮件地址

技 巧

用户可以在【设计】视图中，选择 AdminPWD 字段名，并在【字段属性】的【常规】选项卡中，单击【输入掩码】后面的【浏览】按钮。在弹出的【输入掩码向导】对话框的【输入掩码】列表中，选择【密码】选项，单击【完成】按钮。此时，AdminPWD 字段中的内容，将以*表示。

在 addDate 字段中，单击【日期选取器】按钮，在弹出的窗口中选择添加管理员的日期，如图 10-13 所示。

提 示

在【日期选取器】窗口中，用户可以在显示的年、月内容处，单击【上一月】或者【下一月】按钮，以月为单位切换日期。也可以单击【今日】按钮，选择当前日期。

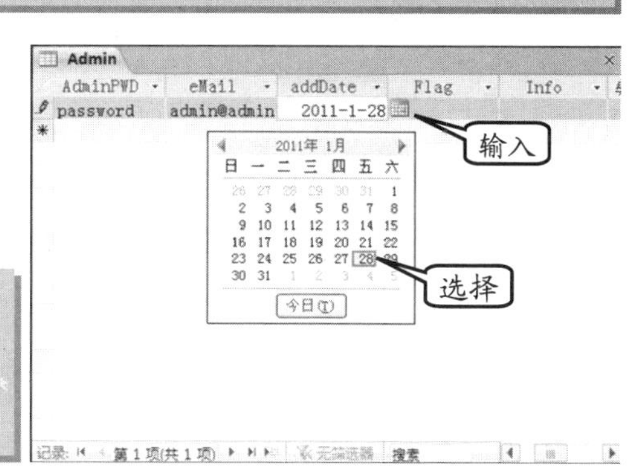

图 10-13 添加日期

在 Flag 字段和 Info 字段中，分别输入管理员的权限标识和详细个人信息，如图 10-14 所示。

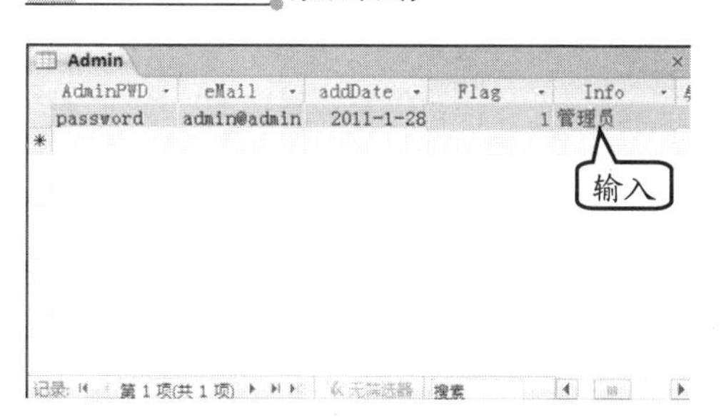

图 10-14 输入权限标识和个人信息

现在用户可以右击 Admin 表选项卡，执行【保存】命令，如图 10-15 所示。或者，单击窗口中的【保存】按钮，对数据表中的数据进行保存。

提 示

用户可以根据实际情况输入多条记录。也可以选择【创建】选项卡，单击【表】组中的【表】或者【表设计】按钮，来创建其他数据表。

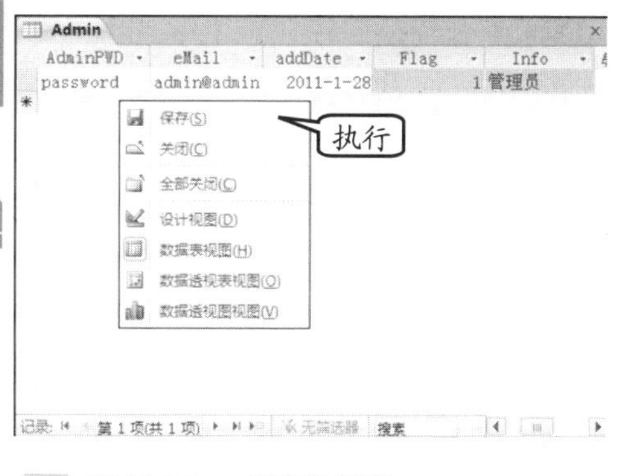

图 10-15 保存数据表

10.2 连接数据库

在数据库与网站之间，进行连接的方式比较多。因为，动态网页开发技术不同，则连接数据库的驱动也不相同。在 Dreamweaver 中，用户可以通过系统中的 DSN 定义 ODBC 驱动，来连接数据库文件。

10.2.1 DSN 简介

DSN 为 ODBC 定义了一个确定的数据库和必须用到的 ODBC 驱动程序。每个 ODBC 驱动程序定义为该驱动程序支持的一个数据库创建 DSN 需要的信息。就是说安装 ODBC 驱动程序以及创建一个数据库之后，必须创建一个 DSN。

一个 DSN 中至少应该包含如下一些内容。

- 关于数据库驱动程序的信息。
- **数据库存放位置** 文件型数据库（如 Access）的存放位置为数据库文件的路径；非文件型数据库（如 SQL Server）的存放位置是指服务器的名称。
- **数据库名称** 在 ODBC 数据源管理器中，所有的 DSN 名称是不能重复的。

一个 DSN 可以定义为以下 3 种类型中的任意一种：

- **用户数据源** 这个数据源对于创建它的计算机来说是局部的，并且只能被创建它的用户使用。
- **系统数据源** 这个数据源属于创建它的计算机并且是属于这台计算机而不是创建它的用户。任何用户只要拥有适当的权限都可以访问这个数据源。
- **文件数据源** 这个数据源对底层的数据库文件来说是确定的。换句话说，这个数据源可以被任何安装了合适的驱动程序的用户使用。

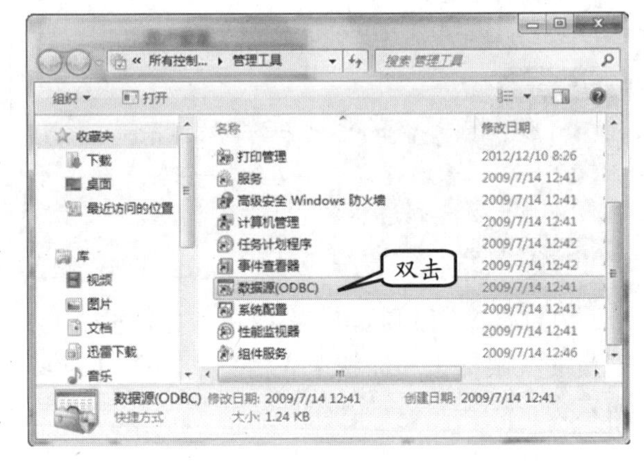

图 10-16 双击【数据源(ODBC)】图标

10.2.2 定义系统 DSN

用户可以在 Windows 7 系统中，打开【控制面板】窗口。并在该窗口中，单击【管理工具】图标，依次打开【管理工具】窗口中的名称。然后，再双击【数据源(ODBC)】图标，如图 10-16 所示。

在弹出的【ODBC 数据源管理器】对话框中，单击【系统 DSN】选项卡，切换至系统 DSN 面板，如图 10-17 所示。

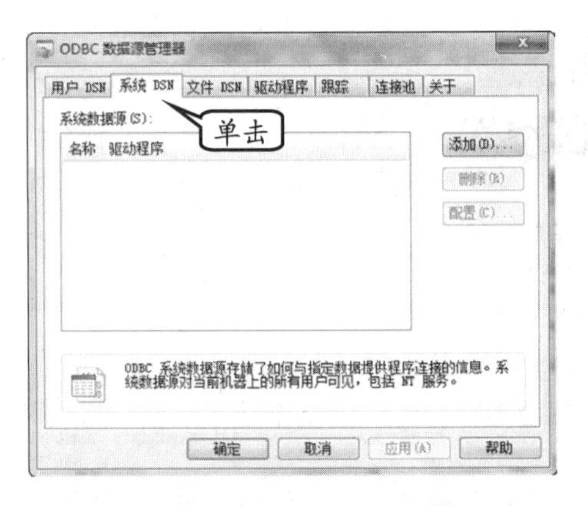

图 10-17 切换至【系统 DSN】选项卡

单击窗口右侧的【添加】按钮，打开【创建新数据源】对话框。然后，在“选择您想为其安装数据源的驱动程序”列表中，选择“Microsoft Access Driver（*.mdb，*.accdb）”选项，并单击【完成】按钮，如图 10-18 所示。

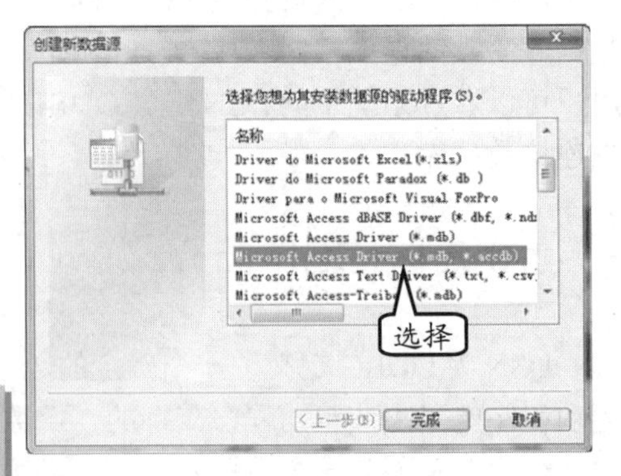

图 10-18 选择驱动程序

提 示

用户在添加驱动时，要根据数据库类型而定。例如，本章介绍的数据为 Office 2010 版本的 Access 数据库内容，所以添加扩展名包含“*.accdb”的驱动。

在【ODBC Microsoft Access 安装】对话框中，输入【数据源名】为 conn。然后，单击【选择】按钮，在弹出的【选择数据库】对话框中，选择数据库文件位置，以及指定的数据库，如图 10-19 所示。

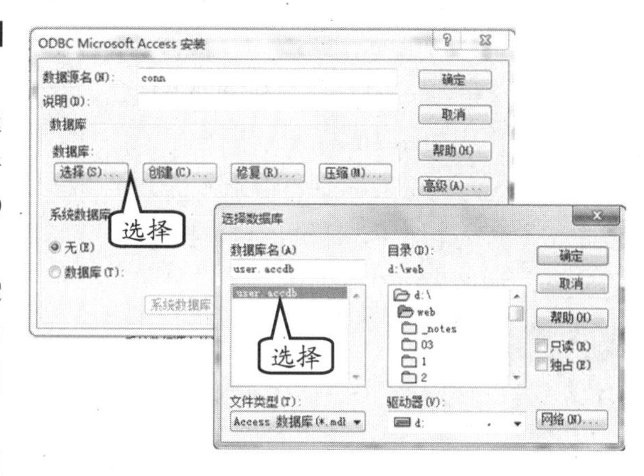

图 10-19 选择数据库

单击【确定】按钮，返回【ODBC Microsoft Access 安装】对话框中，即可查看到所添加的数据库路径，如图 10-20 所示。

单击【确定】按钮，将返回到【ODBC 数据源管理器】对话框中，显示所添加的驱动程序。然后，用户再单击【确定】按钮，即可完成 ODBC 数据源的添加操作，如图 10-21 所示。

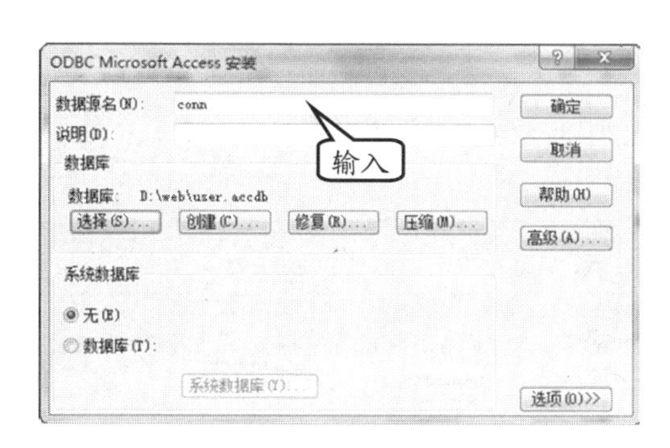

图 10-20 显示所连接数据库

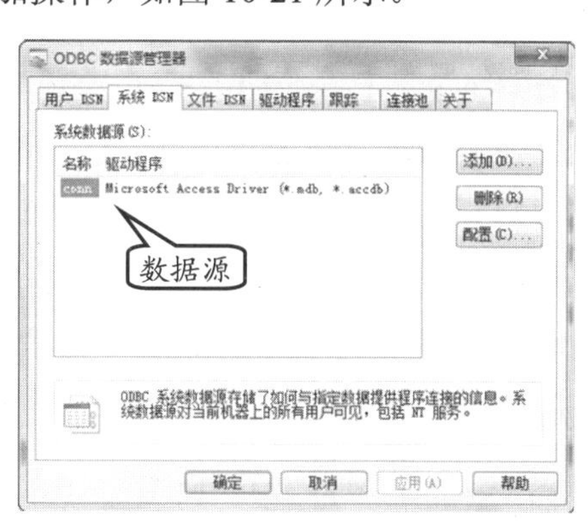

图 10-21 添加系统数据库

10.2.3 添加数据源

在 Dreamweaver 中，执行【窗口】|【数据库】命令，打开【数据库】选项卡，如图 10-22 所示。

然后，在该面板中，单击【添加】按钮+，执行【数据源名称（DSN）】命令，如图 10-23 所示。

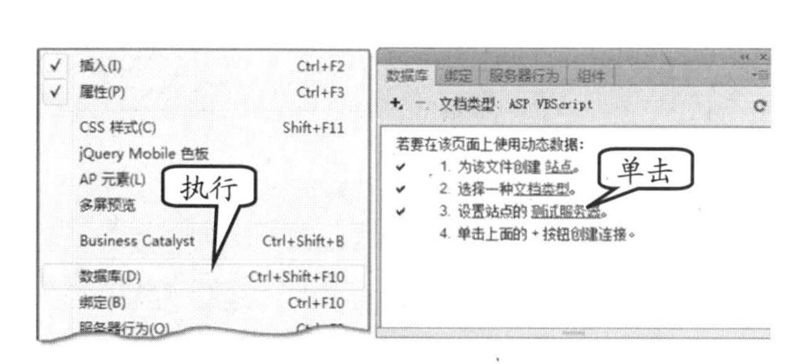

图 10-22 打开【数据库】面板

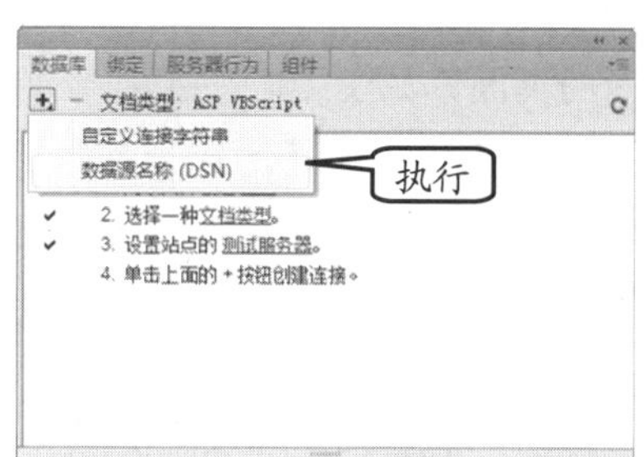

图 10-23 添加数据源名称

在【数据源名称（DSN）】对话框中，输入【连接名称】为 conn；而在【数据源名称（DSN）】中，将显示已经添加的 ODBC 数据源名称，如图 10-24 所示。

图 10-24　输入连接名称

此时，为确保数据库的正确连接，可以单击【测试】按钮，检测连接数据源是否正常，如图 10-25 所示。

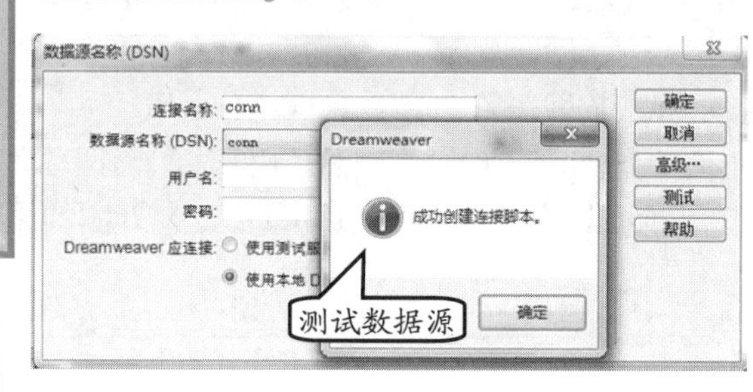

图 10-25　测试数据源

提　示

因为之前已经添加了 ODBC 数据源，所以在【数据源名称（DSN）】后面显示已经添加的数据源内容。

如果之前没有添加 ODBC 数据源，则可以在该对话框中，单击【定义】按钮，进行 ODBC 数据源的添加操作。

最后，单击【确定】按钮，即可连接数据库。此时，单击数据库前面的【展开】按钮，可以查看数据库结构及数据表内容，如图 10-26 所示。

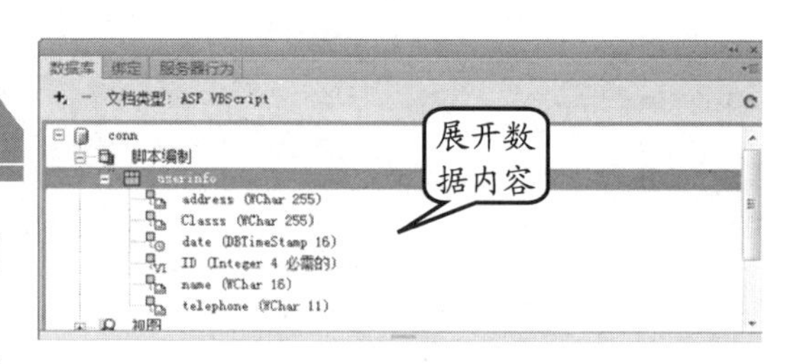

图 10-26　查看数据内容

10.3　创建动态页和记录集

当 Dreamweaver 连接数据源之后，用户即可在该站点中创建动态网页。然后，再通过定义记录集，将记录添加到动态网页中。

10.3.1　创建动态网页

在 Dreamweaver 中，打开【新建文档】对话框，并选择【页面类型】为“ASP VBScript”选项，单击【创建】按钮即可创建新的页面，如图 10-27 所示。

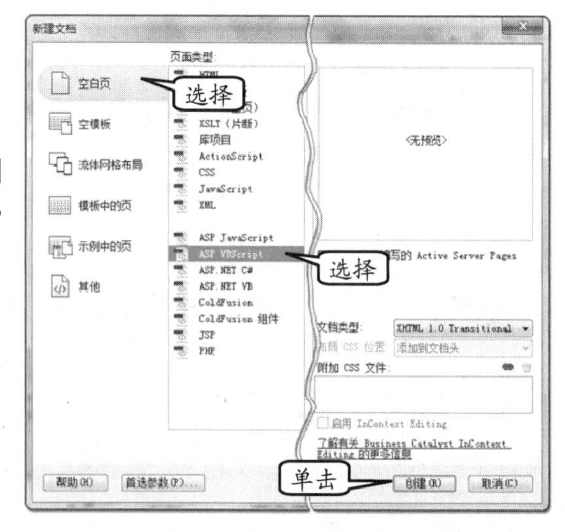

图 10-27　选择动态网页类型

执行【文件】|【另存为】命令。在弹出的【另存为】对话框中，选择文件保存位置；输入【文件名】为“user.asp”单击【保存】按钮，如图 10-28 所示。

此时，已经将当前的文档保存为动态网页文件。然后，用户可以单击【代码】

按钮，并查看当前文档的代码内容。

在【代码】文档中，用户可以看到在代码首行，将添加一行“<%@LANGUAGE="VBSCRIPT" CODEPAGE="936"%>”代码内容，如图 10-29 所示。

提 示

在动态网页设计过程中，与静态网页设计方法及方式几乎相同。只有在需要显示动态数据的位置通过代码方式显示数据即可。

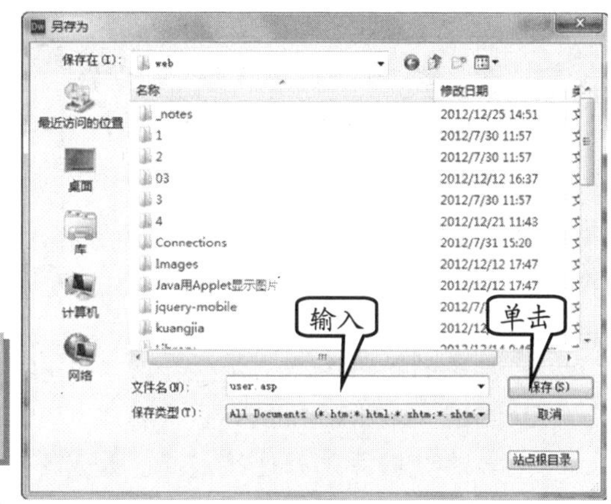

图 10-28 保存网页

用户可以根据设计静态页面的方法，设计动态页面的布局。例如，在文档中，创建一个简单的登录模板，如图 10-30 所示。

提 示

用户通过在动态网页文档中，设置好页面内容之后，则直接通过浏览器是无法浏览的。用户需要配置本地的 IIS 服务器。

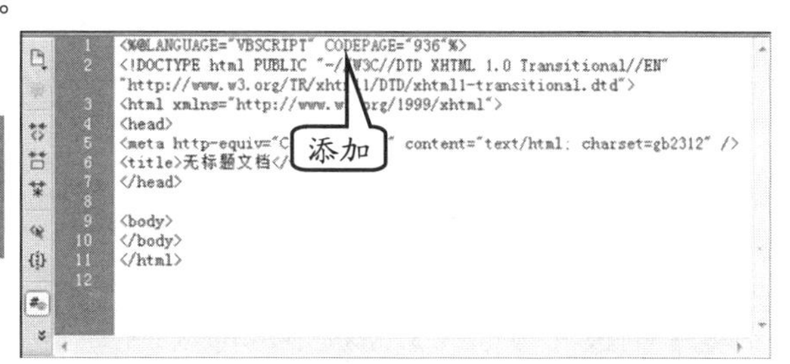

图 10-29 添加代码

通过已经配置好的 IIS 服务器，来浏览动态网页内容，如图 10-31 所示。

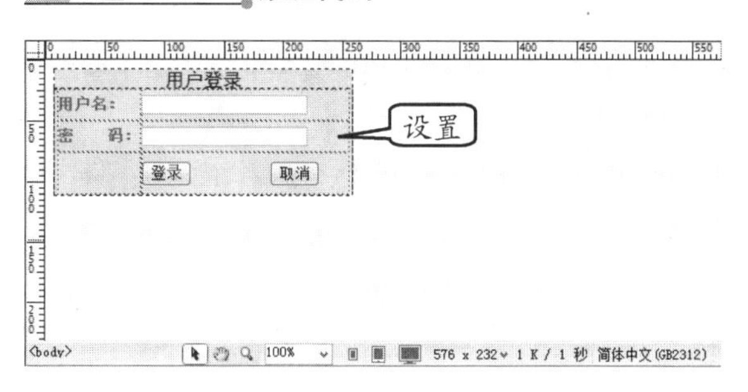

图 10-30 设计网页

10.3.2 定义记录集

选择【绑定】选项卡，并单击【添加】按钮![+]，执行【记录集（查询）】命令。在弹出的【记录集】对话框中，单击【连接】下拉按钮，并选择 conn 选项，即可在窗口中显示数据库中各字段内容，如图 10-32 所示。单击【确定】按钮，即可在【绑定】选项卡中，显示数据库的记录集信息。

图 10-31 浏览动态网页

在【记录集】对话框中，包含了多个设置内容，其详细如下：

- ❑ **名称** 定义该记录集在【绑定】选项卡中显示的名称。
- ❑ **连接** 选择数据源内容。如果没有连接数据源，可以单击【定义】按钮进行创建。
- ❑ **表格** 选择数据源中所需要的数据表。

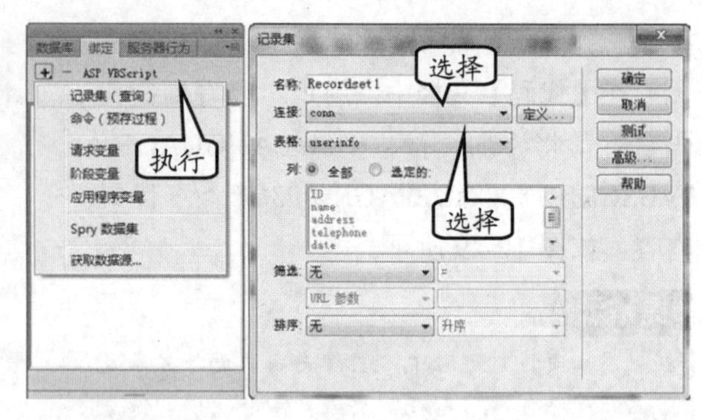

图 10-32　定义记录集

- **列**　在列中显示数据表中字段内容。也可以选择【选定的】单选按钮，指定所需要的字段。默认为【全部】单选按钮。
- **筛选**　可选择数据表中需要筛选的字段名。
- **排序**　可选择数据表中需要排序的字段名。
- **测试**　单击该按钮，可以测试当前数据源是否连接成功。如果能成功，则弹出【测试 SQL 指令】对话框，并显示数据表内容。
- **高级**　将弹出【记录集】对话框的高级内容，如 SQL、参数、数据库项等。

10.4　绑定动态数据

通过网页文档中绑定动态数据，可以实时地将数据库中的数据显示在前台网页中，而无须手动更新。例如，在【绑定】面板和【插入】面板中，可以向动态页面中添加动态数据。

10.4.1　添加单条记录

在页面中，将光标置于要插入记录的位置。然后，在【绑定】面板中，选择 Name 选项，并单击【插入】按钮，即可插入一个绑定数据，如图 10-33 所示。

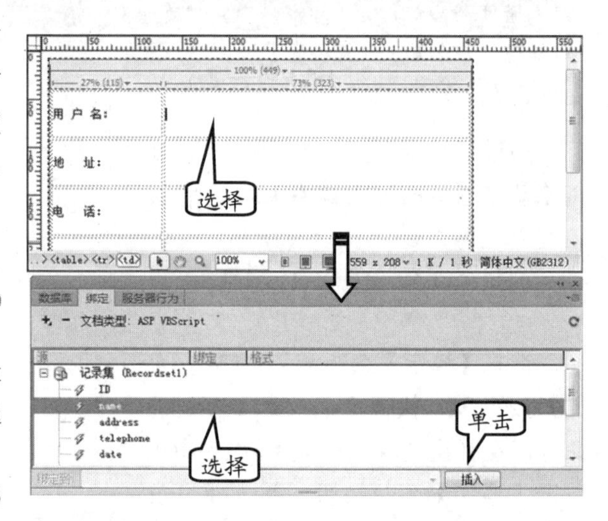

图 10-33　插入记录

使用相同的方法，在其他单元格中分别插入其他字段内容，如图 10-34 所示。

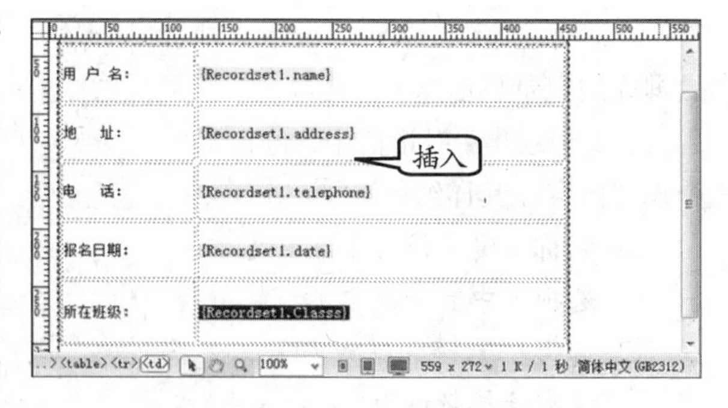

图 10-34　插入其他记录

用户可以保存当前的文档内容，并通过浏览器查看当前所绑定的数据。例如，在浏览的网页中，用户可以查看到数据库中所添加的记录信息，如图 10-35 所示。

此时，说明数据库内容已经与页面中的内容进行绑定成功。用户可以通过网页浏览数据库中的数据信息。

10.4.2 添加动态表格

在网页文档中，用户可以通过创建动态表格将数据动态地显示在网页中。在【插入】面板的【数据】选项卡，单击【动态数据】按钮，执行【动态表格】命令。在弹出的【设置说明】对话框中，单击【记录集】链接，如图 10-36 所示。

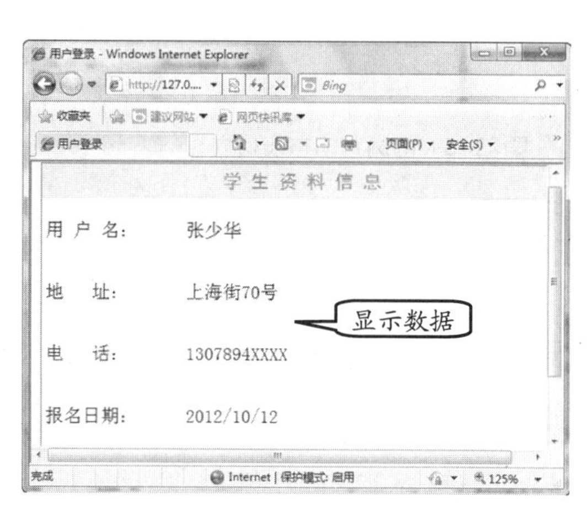

图 10-35 浏览动态网页

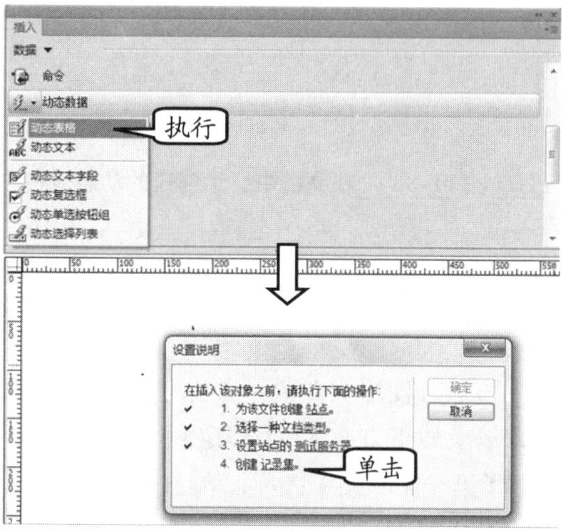

图 10-36 创建记录集

在弹出的【记录集】对话框中，单击【连接】下拉按钮，并选择 conn 选项，即可显示表格、列等内容。

然后，单击【确定】按钮，并在【设置说明】对话框的第 4 项操作前已经显示一个“对号”（√）符号，并单击【确定】按钮。

再在弹出的【动态表格】对话框中，设置添加的记录集，如设置【显示】为 10 条记集；【边框】为 1，单击【确定】按钮，如图 10-37 所示。

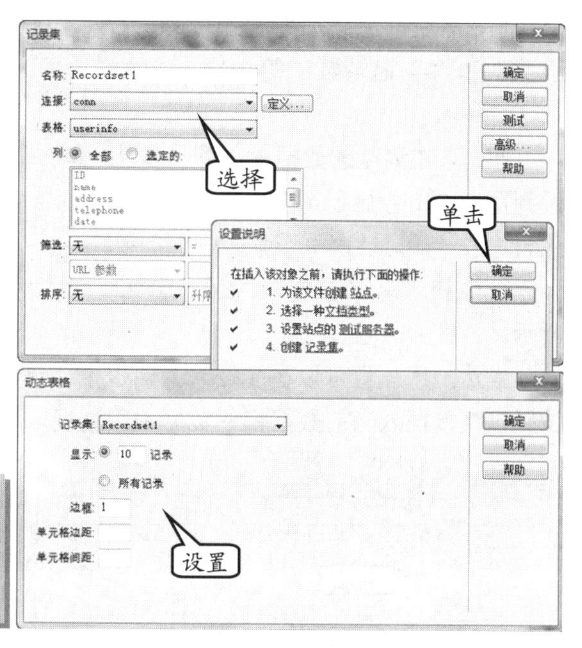

图 10-37 设置动态表格参数

提 示

如果用户已经创建记录集，则不会再弹出【记录集】对话框，并在【设置说明】对话框中，不会显示“4.创建记录集”选项未执行操作的提示。

此时，在网页文档中，将插入一个表格，其中包含有数据表中的字段名和数据，如图 10-38 所示。

然后，按 F12 快捷键预览动态网页，并在该网页中显示数据表中的相关信息，如图

10-39所示。

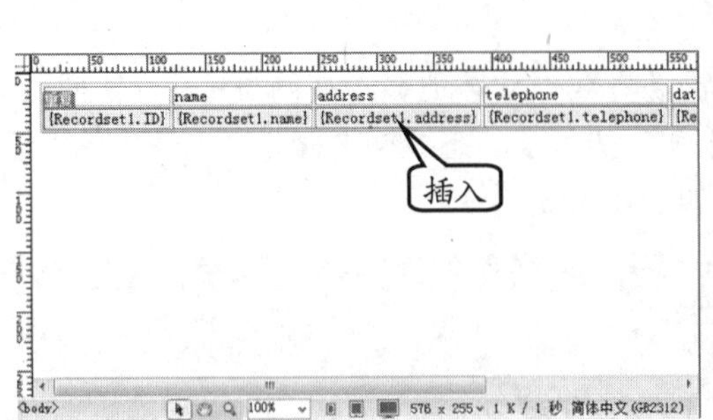

图 10-38 在文档中显示创建的动态表格

图 10-39 浏览动态表格内容

10.4.3 添加记录索引

为了方便用户对显示数据的操作，可以在网页中插入记录索引。例如，将光标置于绑定记录的下方，并在【绑定】面板中，选择【第一个记录】选项，单击【插入】按钮，如图 10-40 所示。

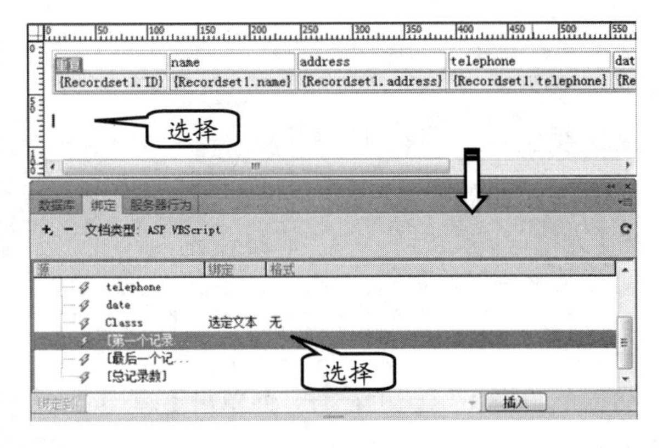

图 10-40 插入第一个记录索引

在文档中，可以看到插入的索引绑定内容，然后分别插入“最后一个记录索引”和“总记录数”等内容，如图 10-41 所示。

此时，在浏览的数据中，用户可以看到在表格下方显示 113 内容，则分别代表“第一条记录索引”、“最后一个记录索引”和“总记录数”，如图 10-42 所示。

当然，用户也可以在【插入】面板中，单击【数据】选项中的【记录集导航状态】按钮，直接插入当前数据集的数据索引情况。

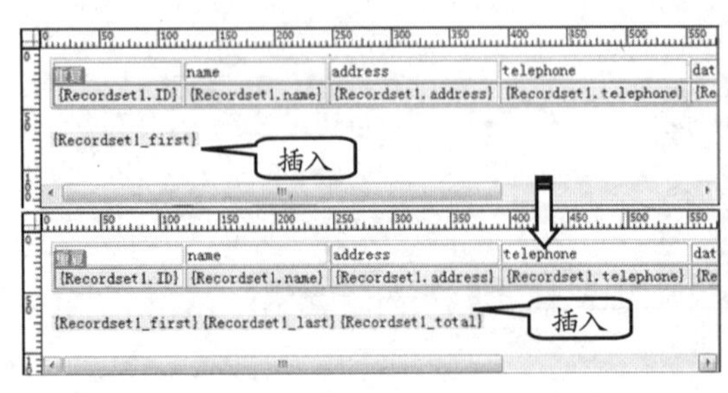

图 10-41 插入其他索引

图 10-42 浏览索引内容

10.5　课堂练习：添加数据源

在前面的内容中，已经介绍过 DSN 和 ODBC 等一些概念。这些内容用于站点与数据库之间的连接，而下面为显示数据库中存储的产品信息，用户可以先来添加数据源内容。

操作步骤：

1 在【管理工具】窗口中，双击【数据源(ODBC)】选项，即可弹出【ODBC 数据源管理器】对话框，如图 10-43 所示。

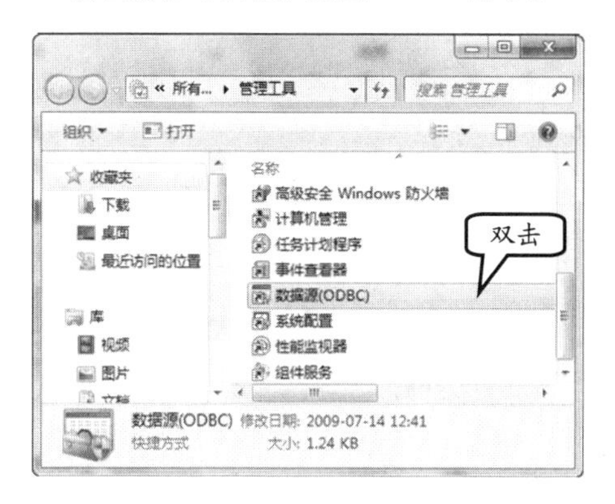

图 10-43　双击选项

2 在【ODBC 数据源管理器】对话框中，选择【系统 DSN】选项，并单击右侧的【添加】按钮，如图 10-44 所示。

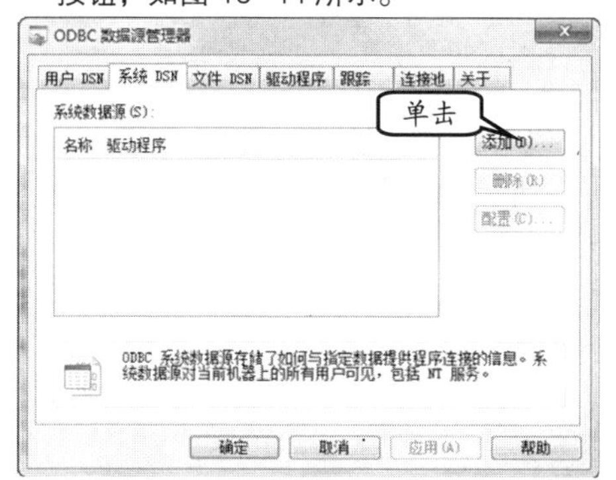

图 10-44　选择【系统 DSN】选项卡

3 在弹出的【创建新数据源】对话框中，选择“Microsoft Access Driver (*.mdb, *.accdb)”选项，单击【完成】按钮，如图 10-45 所示。

4 在弹出的【ODBC Microsoft Access 安装】对话框中，输入【数据源名】为 conn，如图 10-46 所示。

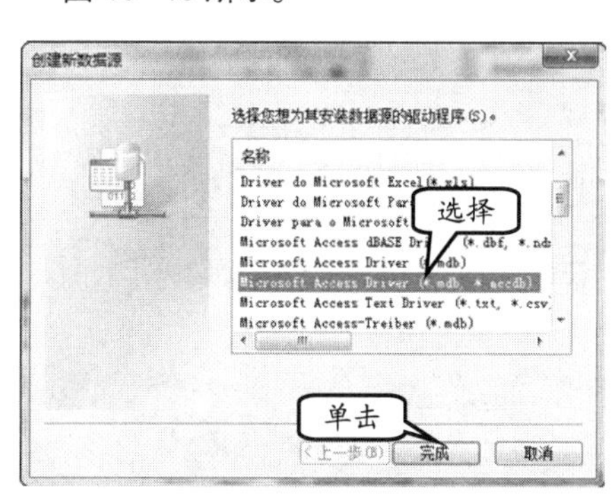

图 10-45　选择驱动程序

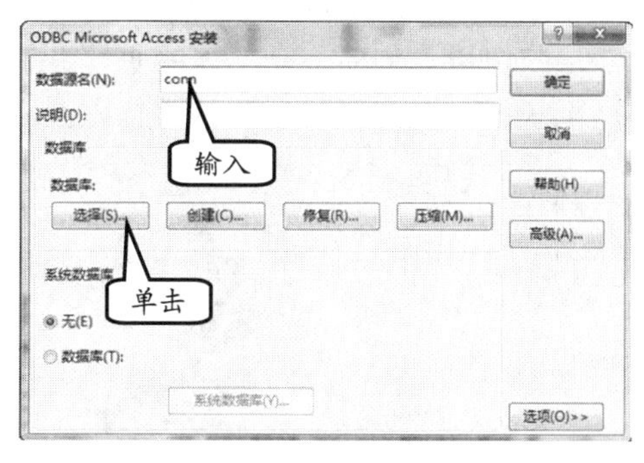

图 10-46　输入数据源名

5 再在【ODBC Microsoft Access 安装】对话框中，单击【选择】按钮，并在弹出的【选择数据库】对话框中，选择数据库，单击【确定】按钮，如图 10-47 所示。

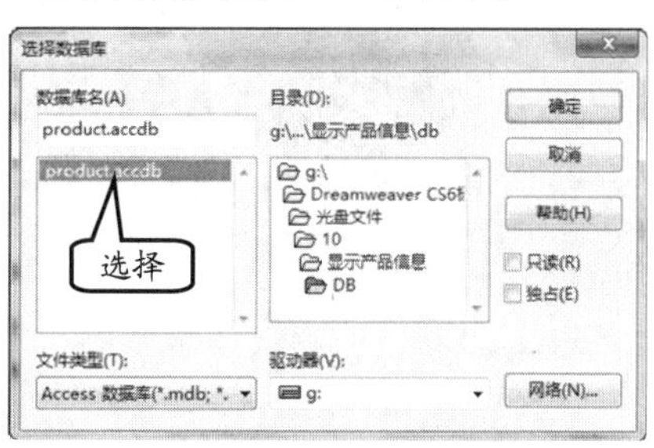

图 10-47　选择数据源

6 返回【ODBC Microsoft Access 安装】对话框，并显示所链接的数据库，单击【确定】按钮，如图 10-48 所示。

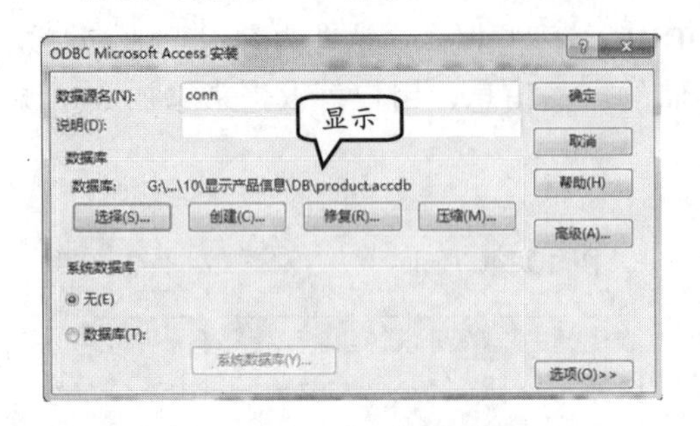

图 10-48 显示连接的数据库

7 在返回到【ODBC 数据源管理器】对话框中，可以从【系统 DSN】选项卡中，看到所添加的系统数据源内容，并单击【确定】按钮，如图 10-49 所示。

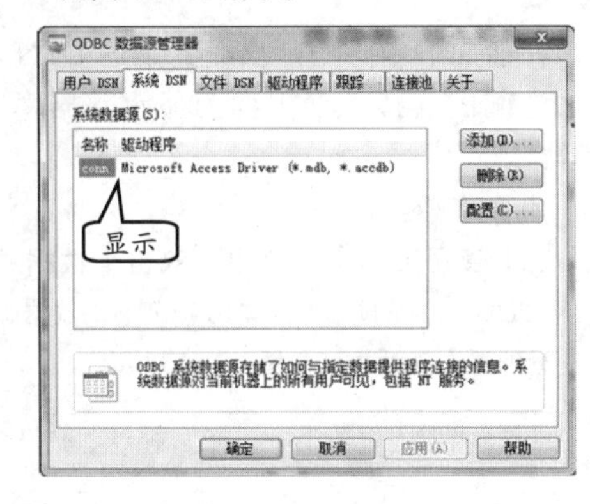

图 10-49 添加数据源

10.6 课堂练习：显示产品信息

通过上述练习已经添加了数据源内容，而接下来开始创建动态网页，并在页面中插入数据库中的信息，以显示数据库内容。

用户可以先创建一个动态网页，并在文档中制作一些页面内容，而预留需要插入数据库记录的位置。然后，在预留位置插入数据源中的记录内容，如图 10-50 所示。

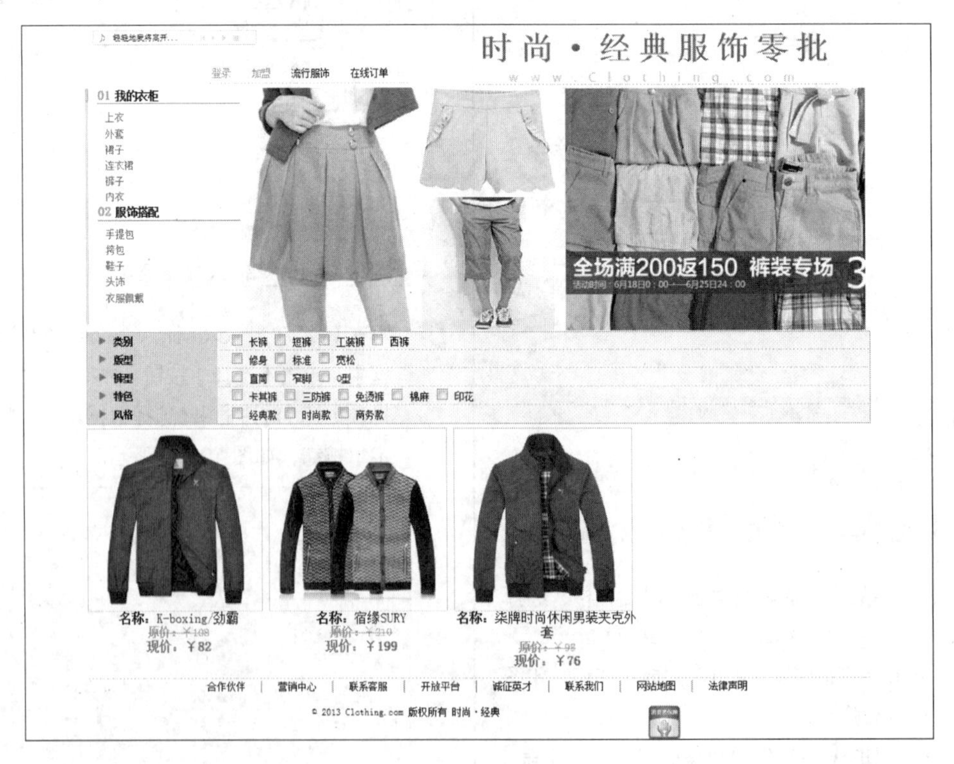

图 10-50 服饰网页

操作步骤：

1 在设计好的文档中，打开【数据库】面板，单击【添加】按钮，执行【数据源名称（DSN）】命令，如图 10-51 所示。

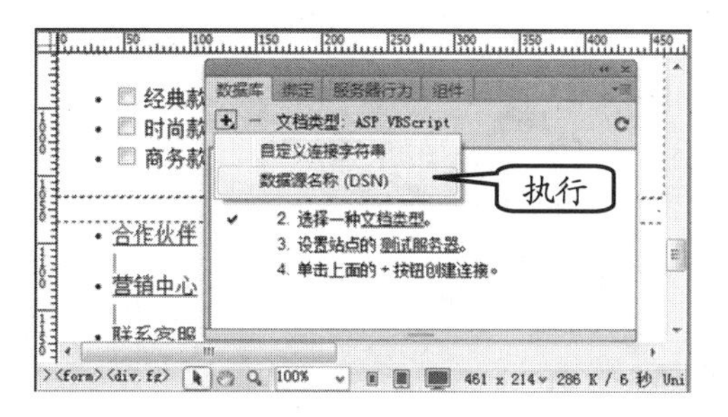

图 10-51 添加数据源

2 在弹出的【数据源名称（DSN）】对话框中，可以输入【连接名称】为 conn。然后，再单击【数据源名称（DSN）】下拉按钮，选择 conn 数据源，并单击【确定】按钮，如图 10-52 所示。

提 示

用户也可以单击【测试】按钮，并测试当前数据源是否有效。

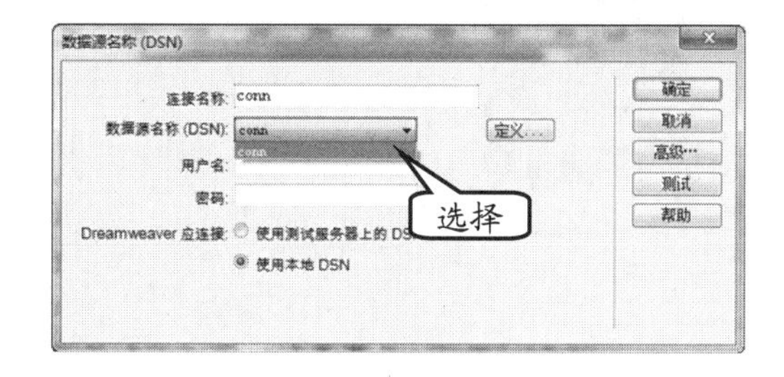

图 10-52 选择数据源项

3 此时，用户可以在【数据库】面板中，查看到所添加的数据源，如图 10-53 所示。

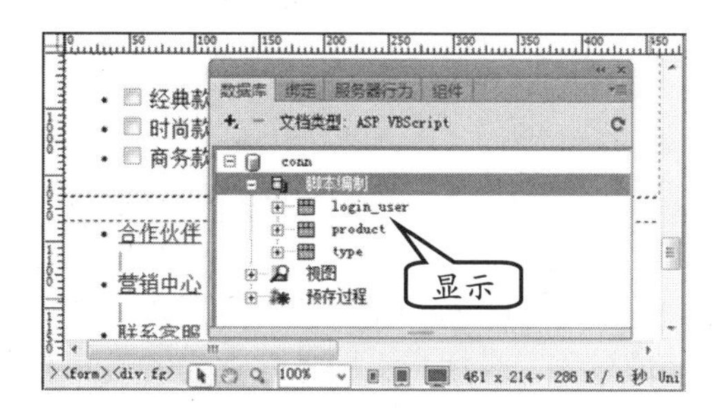

图 10-53 显示数据源中的数据表

4 选择【绑定】面板，并单击【添加】按钮，执行【记录集（查询）】命令，如图 10-54 所示。

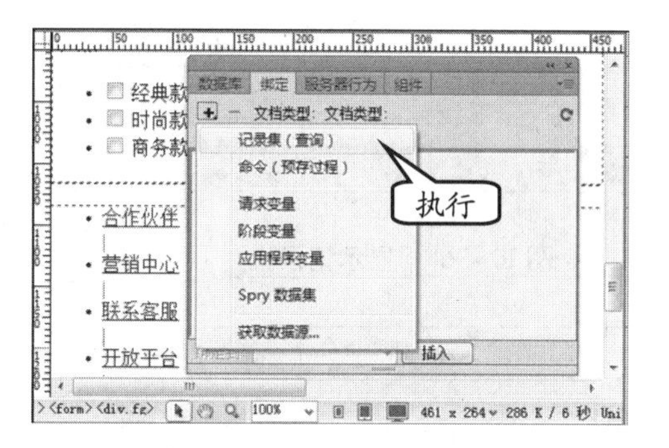

图 10-54 绑定记录集

提 示

对于熟悉 ASP 动态网页开发的用户来说，记录集并不陌生。这个与 ASP 动态网页中通过 Recordset 对象获取的记录集有同等含义。

5 在弹出的【记录集】对话框中，从【连接】下拉列表中，选择 conn 选项；并在【表格】下拉列表中，选择 product 选项，单击【确定】按钮，如图 10-55 所示。

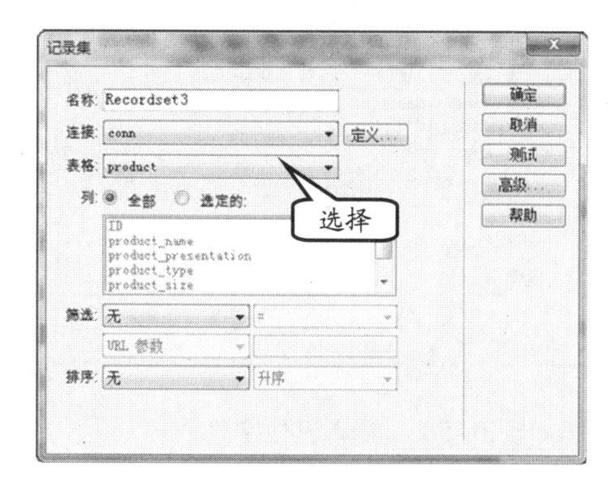

图 10-55 选择数据表

6 在【绑定】面板中，用户可以看到所有记录集内容，即数据表中各个字段内容，如图 10-56 所示。

7 将光标定位于需要插入记录的位置，并选择绑定中的字段，单击【插入】按钮，如图 10-57 所示。

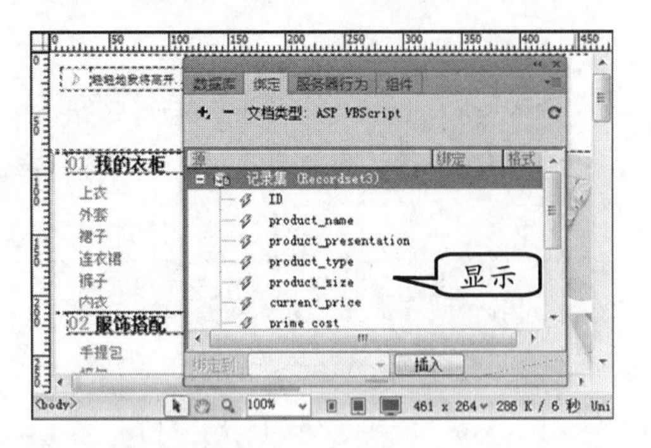

图 10-56 显示记录集

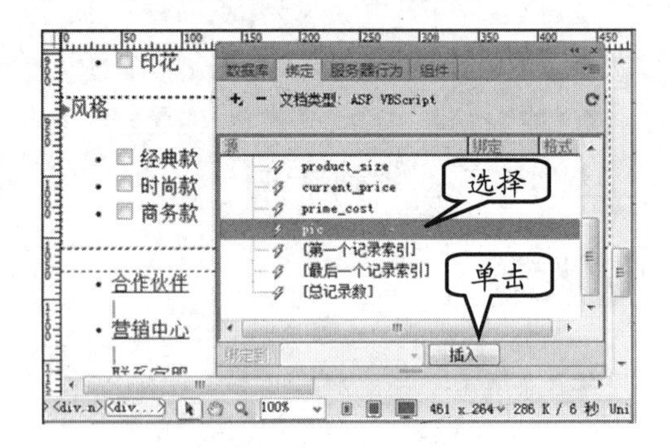

图 10-57 插入字段内容

8 在其他<Div>标签中，插入相关的字段，如图 10-58 所示。

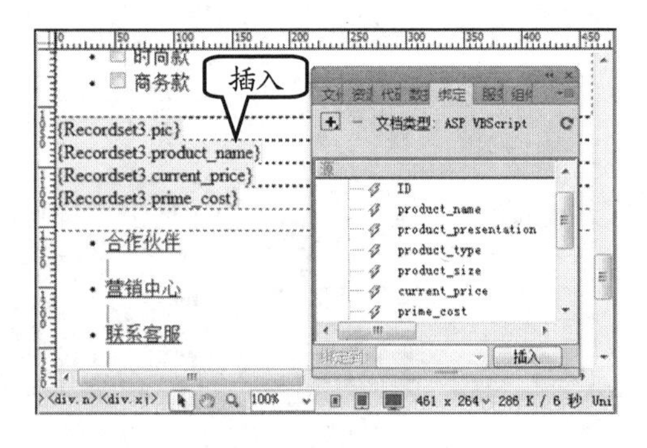

图 10-58 插入其他字段

9 用户可以通过浏览器来查看当前所插入字段中所存储的内容，并在浏览器中显示出来，如图 10-59 所示。

图 10-59 显示插入的字段内容

10 现在用户可以通过 CSS 样式定义所显示内容的样式，如图片显示的位置，以及名称、价格的样式，如图 10-60 所示。

图 10-60 定义样式

11 用户还可以通过 ASP 代码，对数据库中的内容进行循环显示。或者，在文档中插入动态记录集，并显示数据表中所有记录内容。

10.7 课堂练习：制作用户登录页

在制作用户登录页时，需要先创建一个用户名和密码的数据库，然后再将其添加到操作系统 ODBC 数据源中，最后再绑定记录集，通过【登录用户】服务器行为实现用户名的判断，如图 10-61 所示。

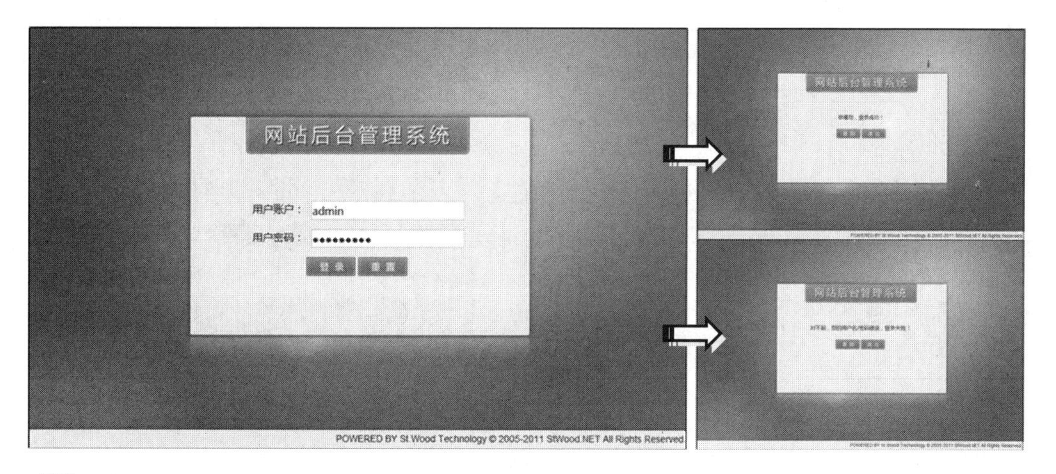

图 10-61 用户登录系统

操作步骤：

1 在 Access 2010 中新建名为 userdata 的数据库文件，设置数据表名称为 userdata，然后分别添加 username 和 password 两个字段，并输入数据，将数据库文档保存在站点的目录中，如图 10-62 所示。

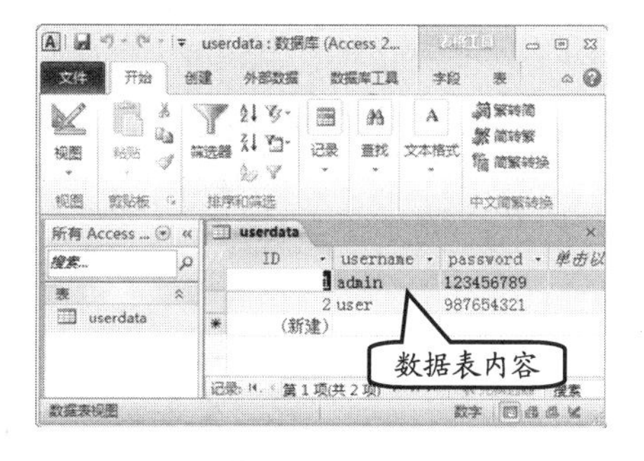

图 10-62 制作数据库文档

2 在【控制面板】中双击【数据源（ODBC）】图标，在弹出的【ODBC 数据源管理器】对话框中选择【系统 DSN】选项卡，单击【添加】按钮，如图 10-63 所示。

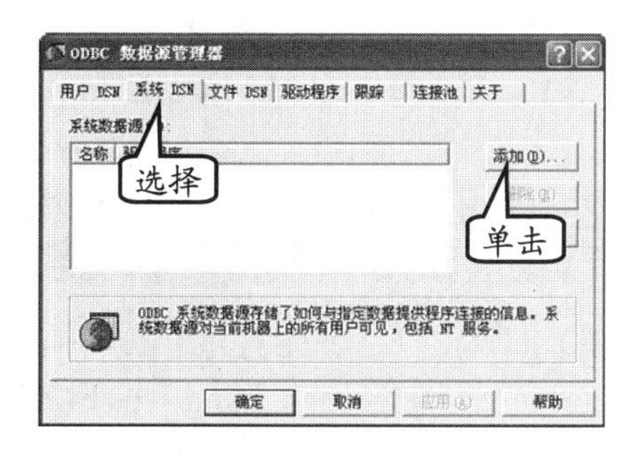

图 10-63 添加数据源

3 在弹出的【创建新数据源】对话框中选择“Microsoft Access Driver（*.mdb，*.accdb）”选项，单击【完成】按钮，如图 10-64 所示。

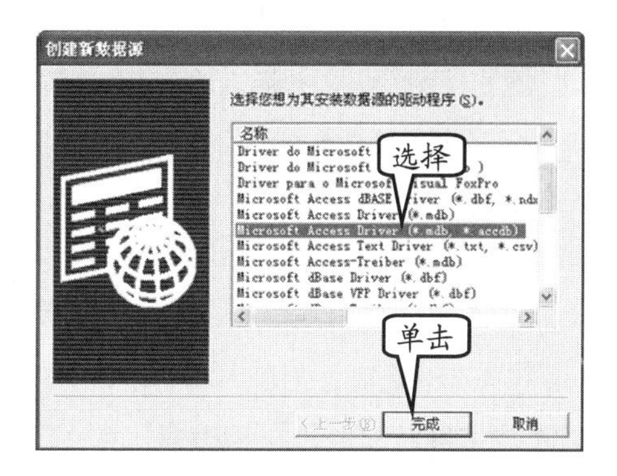

图 10-64 选择数据源驱动

4 在弹出的【ODBC Microsoft Access 安装】对话框中单击【选择】按钮，在弹出的【选择数据库】对话框中选择数据库，单击【确定】返回【ODBC Microsoft Access 安装】对话框，输入【数据源名】，单击【确定】按钮完成数据源的添加，如图 10-65 所示。

5 在 Dreamweaver 中打开名为“login.asp”的素材网页，在【数据库】面板中单击【添加】按钮，执行【数据源名称（DSN）】命令，如图 10-66 所示。

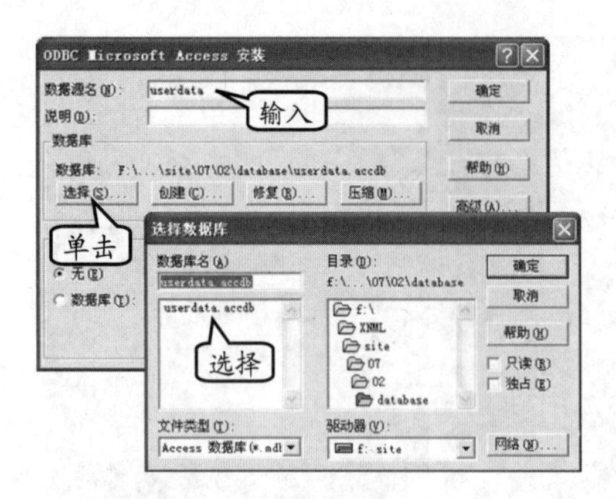

图 10-65　添加数据源

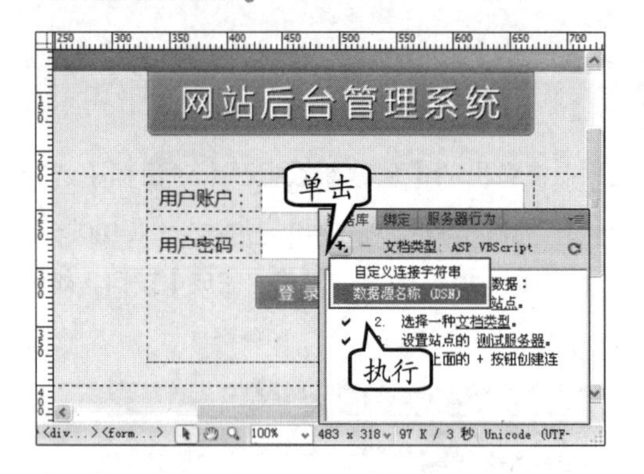

图 10-66　执行【数据源名称（DSN）】命令

6 在弹出的【数据源名称】对话框中输入【数据源名称】，单击【定义】按钮，选择数据源，单击【确定】按钮，如图 10-67 所示。

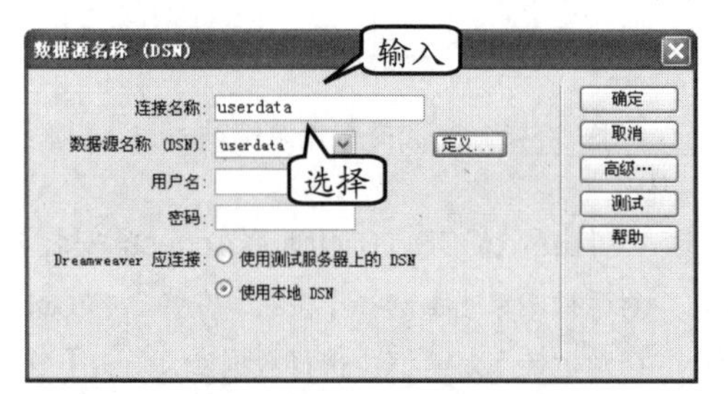

图 10-67　选择数据源

7 在【绑定】面板中单击【添加】按钮，执行【记录集】命令，在弹出的【记录集】对话框中选择【连接】，单击【确定】按钮绑定记录集，如图 10-68 所示。

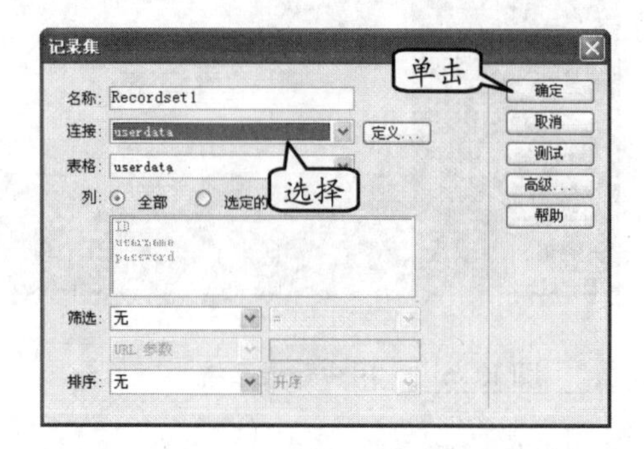

图 10-68　绑定记录集

8 在【服务器行为】面板中单击【添加】按钮，执行【用户身份验证】|【登录用户】命令，在弹出的【登录用户】对话框中设置登录用户的各项属性，并单击【确定】按钮，如图 10-69 所示。

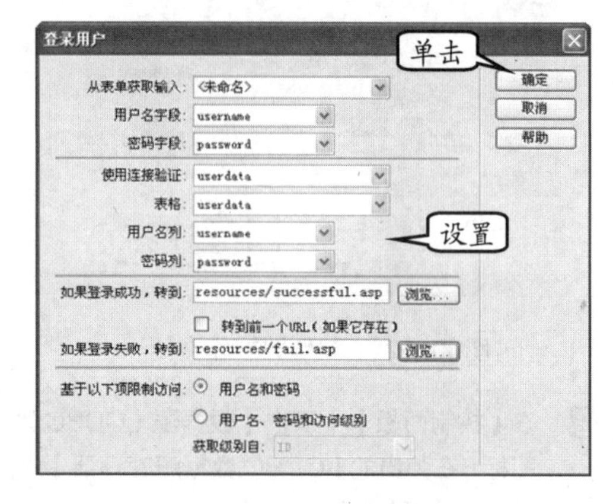

图 10-69　设置登录用户属性

9 保存网页文档，即可在 Web 浏览器中预览文档，输入用户名和密码测试登录系统。

10.8　思考与练习

一、填空题

1. 在 Access 中，如果想要创建一个空白的数据库，则可以选择【新建】选项卡中的【__________】图标，单击【创建】按钮。

2. 通常，表中的每个字段只接受一种__________的数据。

3. 在Access中，文本类型的字段，默认的【字段大小】为__________个字符。

4. 在【ODBC数据源管理器】对话框中，用户通过选择【__________】选项卡来添加DSN。

5. 在【绑定】面板中，通过单击【添加】按钮 ，并执行相应命令，则添加的是__________。

6. 在【__________】面板中，用户查看及编辑服务器行为内容，如插入动态表格、记录集分页等功能。

二、选择题

1. Access数据表中，字段的数据类型不包括__________。

A. 文本　　B. 备注
C. 通用　　D. 日期/时间

2. 关闭Access的方法不正确的是__________。

A. 选择"文件"菜单中的"退出"命令
B. 使用Alt+F4快捷键
C. 使用Alt+F+X快捷键
D. 使用Ctrl+X快捷键

3. 一个数据表的行称作为__________。

A. 字段　　B. 记录
C. 行　　D. 列

4. 在【__________】面板中，用户可以插入【动态文本】内容。

A. 插入　　B. 属性检查器
C. 绑定　　D. 服务器行为

5. 在【__________】面板中，用户可以插入单个字段内容。

A. 绑定　　B. 服务器行为
C. 插入　　D. 属性检查器

三、简答题

1. 如何在数据表中添加数据？
2. 什么是ODBC？
3. 如何添加记录集？
4. 插入动态表格的方法？

四、上机练习

1. 插入动态文本

在文档中，插入动态文本可以根据数据库中存储的数据来改变网页中所显示的内容。例如，首先创建动态网页文档，并进行保存。然后，单击【服务器行为】面板中的【添加】按钮，并执行【动态文本】命令，如图10-70所示。

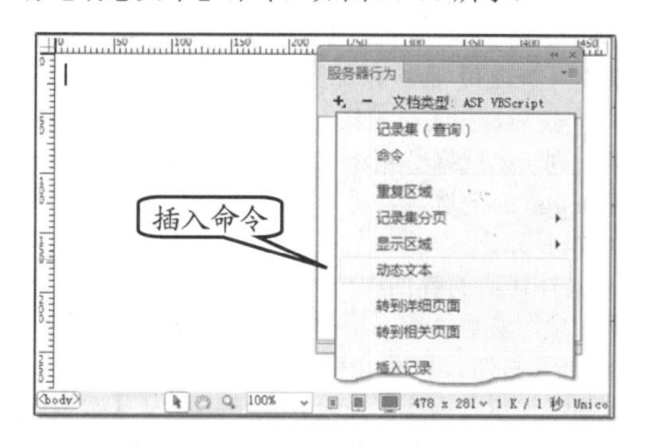

图10-70　插入动态文本

在弹出的【动态文本】对话框中，用户可以从【域】列表中选择字段选项，并单击【确定】按钮，如图10-71所示。

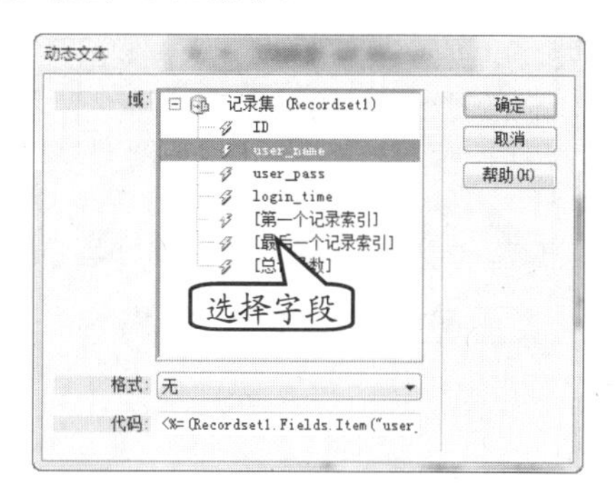

图10-71　插入字段

此时，用户可以在文档中看到所插入的代码块内容，并在【服务器行为】面板中，显示"动态文本(Recordset1. user_name)"内容，如图10-72所示。

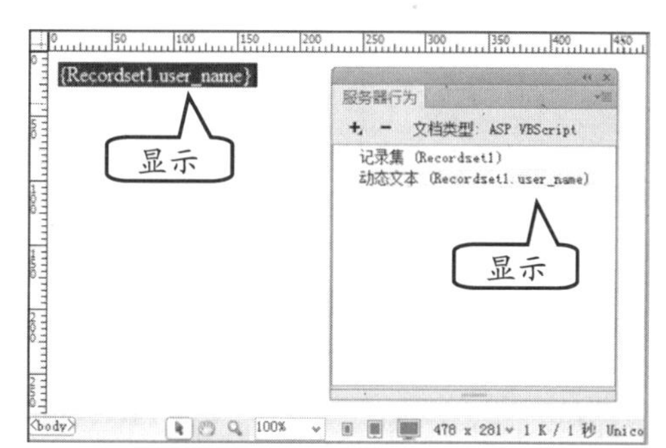

图10-72　显示所插入的内容

2. 添加记录集查询参数

用户在绑定记录集时，可以指定其查询的参数等内容，以更准确地显示查询结果。例如，在【绑定】面板中，单击【添加】按钮，执行【记录集（查询）】命令，如图 10-73 所示。

然后，在【记录集】对话框中，可以从【连接】列表中选择数据源，并在【表格】列表中选择 login_user 选项，再单击【高级】按钮，如图 10-74 所示。

在切换的界面中即可显示 SQL、参数、数据库项等参数内容。用户可以单击【参数】中的【添加】按钮，即可在弹出的【添加参数】对话框中添加参数内容。或者，用户可以从【数据库项】列表中，选择参数字段，如图 10-75 所示。

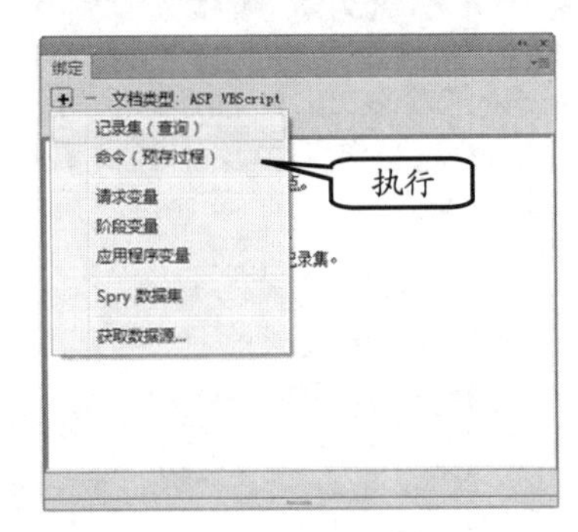

图 10-73 绑定记录集

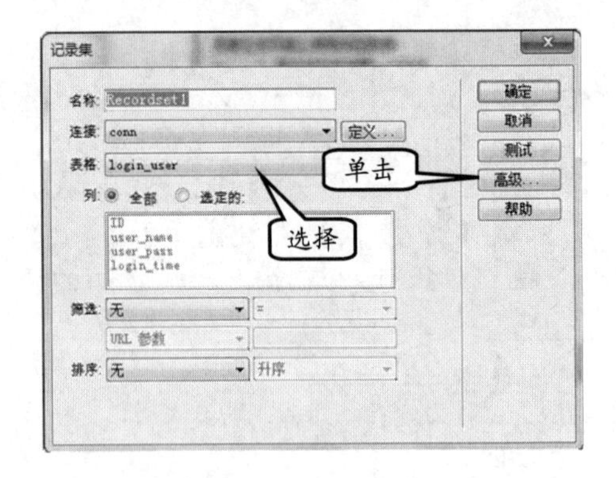

图 10-74 切换高级参数

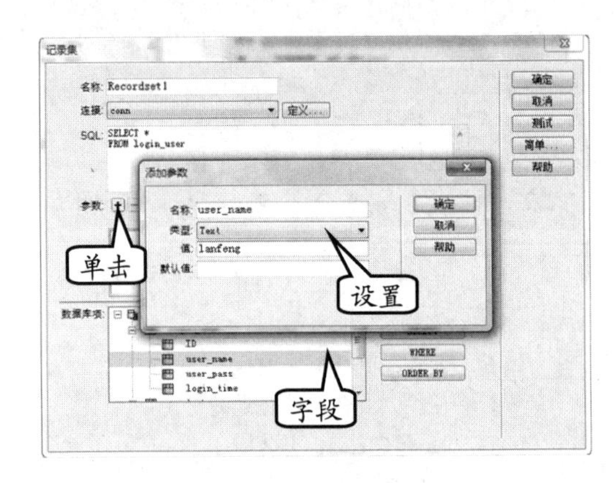

图 10-75 添加查询参数

第 11 章

移动产品页面基础

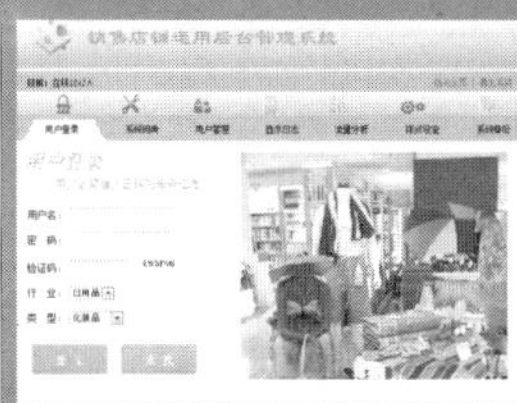

（jQuery Mobile，JQM）已经成为 jQuery 在手机上和平板设备上的版本。jQM 不仅会给主流移动平台带来 jQuery 核心库，而且会发布一个完整统一的 jQuery 移动 UI 框架。

JQM 的目标是在一个统一的 UI（界面）中交付超级 JavaScript 功能，跨最流行的智能手机和平板电脑设备工作。与 jQuery 一样，JQM 是一个在 Internet 上直接托管、免费可用的开源代码基础。

本章主要围绕 JQM 相关技术来详细介绍在 Dreamweaver 中进行网页设计的制作方法。

本章学习要点：

- 了解 jQuery Mobile
- 创建移动设备网页
- 页面基础
- 对话框与页面样式
- 创建工具栏
- 创建网页按钮

11.1 了解 jQuery Mobile

jQuery Mobile 不仅会给主流移动平台带来 jQuery 核心库，而且会发布一个完整统一的 jQuery 移动 UI 框架，支持全球主流的移动平台。

11.1.1 什么是 jQuery Mobile

jQuery Mobile 基于打造一个顶级的 JavaScript 库，在不同的智能手机和平板电脑的 Web 浏览器上，形成统一的用户 UI，如图 11-1 所示。

要达到这个目标最关键的就是通过 jQuery Mobile 解决移动平台的多样性。一直致力于使 jQuery 支持所有的性能足够的和在市场上占有一定份额的移动设备浏览器，所以将手机网页浏览器和桌面浏览器的 jQuery 开发出来具有同等重要的位置。

图 11-1 平板和手机界面

若使设备浏览器能够被广泛地支持，则须应用 jQuery Mobile 的项目的所有页面都必须是干净的系统化的 HTML 页面，并保证良好的兼容性。

在这些设备中解析 CSS 和 JavaScript 过程，jQuery Mobile 应用了渐进增强技术将语义化的页面转化成富媒体的浏览体验。

当然，在可访问性的问题上，如 WAI-ARIA，jQuery Mobile 已经通过框架紧密集成进来，以给屏幕阅读器或者其他辅助设备提供支持。

11.1.2 jQuery Mobile 特性

根据 jQuery Mobile 项目网站，目前 jQuery Mobile 的特性包括如下。

- **jQuery 核心**

与 jQuery 桌面版一致的 jQuery 核心和语法，以及最小的学习曲线。

- **兼容所有主流的移动平台**

如支持目前，比较浏览的移动产品有 iOS、Android、BlackBerry、Palm WebOS、Symbian、Windows Mobile、BaDa、MeeGo 等，以及所有支持 HTML 的移动平台。

- **轻量级版本**

在 jQuery Mobile 中，JavaScript 大小仅为 12 KB；CSS 文件大小也只有 6 KB。

- **标记驱动的配置**

jQuery Mobile 采用完全的标记驱动而不需要 JavaScript 的配置。

- **渐进增强**

通过一个全功能的 HTML 网页和额外的 JavaScript 功能层，提供顶级的在线体验。即使移动浏览器不支持 JavaScript，基于 jQuery Mobile 的移动应用程序仍能正常的使用。

❑ **自动初始化**

通过使用 mobilize( )函数自动初始化页面上的所有 jQuery 部件。

❑ **无障碍**

包括 WAI-ARIA 在内的无障碍功能，以确保页面能在类似于 Voiceover 等语音辅助程序和其他辅助技术下正常使用。

❑ **简单的 API（接口）**

为用户提供鼠标、触摸和光标焦点简单的输入法支持。

❑ **强大的主题化框架**

jQuery Mobile 提供强大的主题化框架和 UI 接口。

11.1.3 如何获取 jQuery Mobile

想在浏览器中正常运行一个 jQuery Mobile 移动应用页面，需要先获取与 jQuery Mobile 相关的插件文件。

1．下载插件文件

要运行 jQuery Mobile 移动应用页面需要包含 3 个文件，分别为：jQuery-1.9.1.min.js（jQuery 主框架插件）、jquery.mobile-1.3.1.min.js（jQuery Mobile 框架插件）和 jQuery.mobile-1.3.1.min.css（框架相配套的 CSS 样式文件）。

例如，登录 jQuery Mobile 官方网站（http://jquerymobile.com），单击导航条中的 Download 链接进入文件下载页面，如图 11-2 所示。在 jQuery Mobile 下载页中，可以下载上述 3 个必需文件。

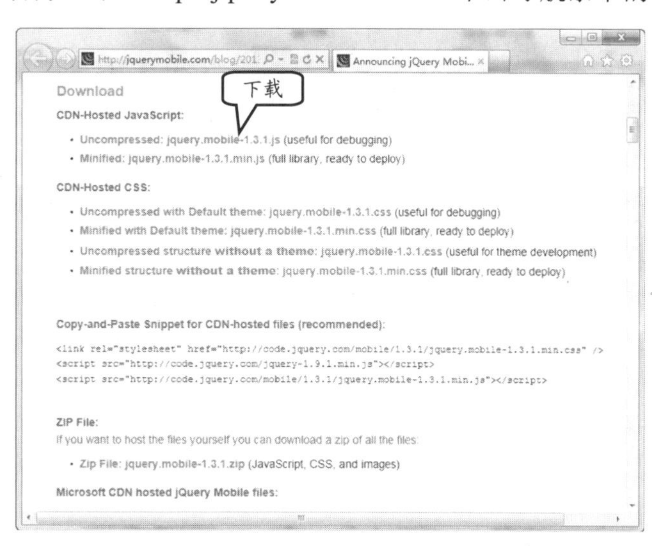

图 11-2　下载支持文件

2．通过 URL 链接文件

除在 jQuery Mobile 下载页下载对应文件外，jQuery Mobile 还提供了 URL 方式从 jQuery CDN 下载插件文件。

CDN（全称是 Content Delivery Network）用于快速下载跨 Internet 常用的文件，只要在页面的<head>元素中加入下列代码，同样可以执行 jQuery Mobile 移动应用页面。加入的代码如下所示：

```
<link rel="stylesheet" href="http://code.jquery.com/mobile/1.3.1/jquery.
mobile-1.3.1.min.css" />
```

```
<script src="http://code.jquery.com/jquery-1.9.1.min.js"></script>
<script  src="http://code.jquery.com/mobile/1.3.1/jquery.mobile-1.3.1.
min.js"></script>
```

通过 URL 加载 jQuery Mobile 插件的方式使版本的更新更加及时，但由于是通过 jQuery CDN 服务器请求的方式进行加载，在执行页面时必须时时保证网络的畅通，否则不能实现 jQuery Mobile 移动页面的效果。

11.2 创建移动设备网页

在 Dreamweaver 中，用户可以通过多种方法来创建手机或者平板电脑页面。而这些页面与变通 Web 页面有所不同。变通页面一般根据显示设置大小来设定，而平板页面已经固定其大小比例。

11.2.1 通过流体网格布局

在【欢迎屏幕】界面中，用户可以单击【新建】列中的【流体网格布局…】选项，如图 11-3 所示。

图 11-3 创建流体网格布局

在弹出的【新建文档】对话框中，选择【移动设备】或者【平板电脑】选项，并单击【创建】按钮，如图 11-4 所示。

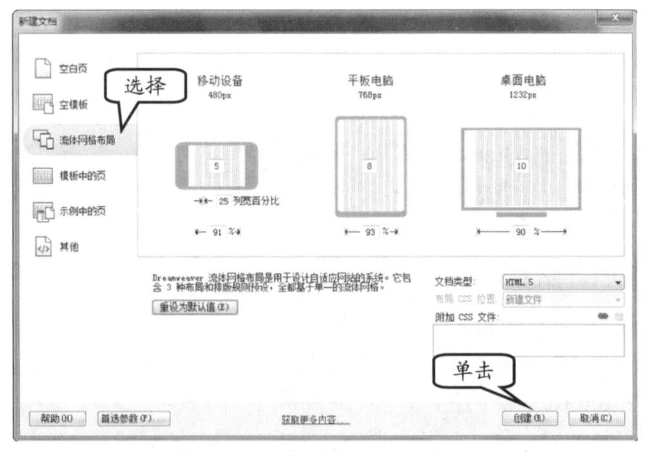

图 11-4 选择设置类型

在弹出的【将样式表文件另存为】对话框中，选择样式表文件保存的位置，并单击【保存】按钮，如图 11-5 所示。

如果想覆盖原文件，可以选择已经存在样式表文件。此时，将创建一个 HTML 5 文档，并且除了创建文档时所创建的样式表文件外，还自动链接 boilerplate.css 和 respond.min.js 文件，如图 11-6 所示。

提 示

boilerplate.css 和 respond.min.js 文件是 Dreamweaver 程序中所随带的文件，并保存在软件所安装的目录。用户可以通过两个文件的链接地址查找到该文件。

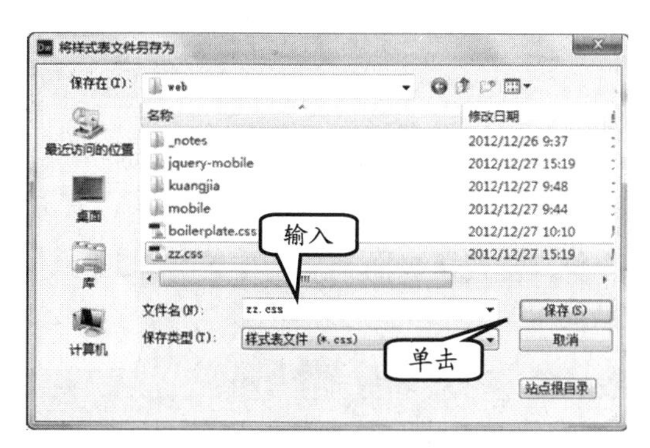

图 11-5 保存文件

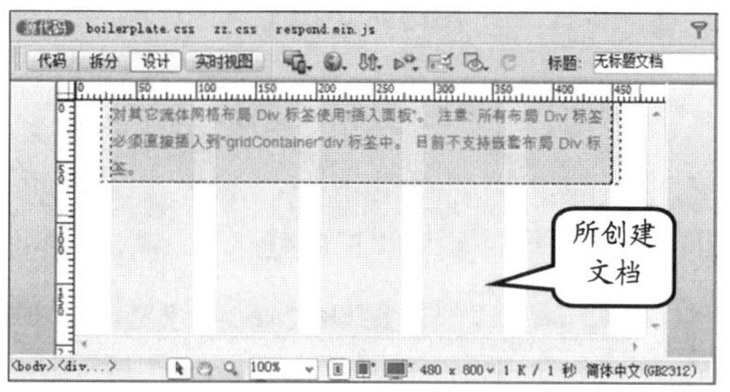

图 11-6 显示所创建的文档

11.2.2 通过示例文件

用户还可以执行【文件】|【新建流体网格布局...】命令，如图 11-7 所示。

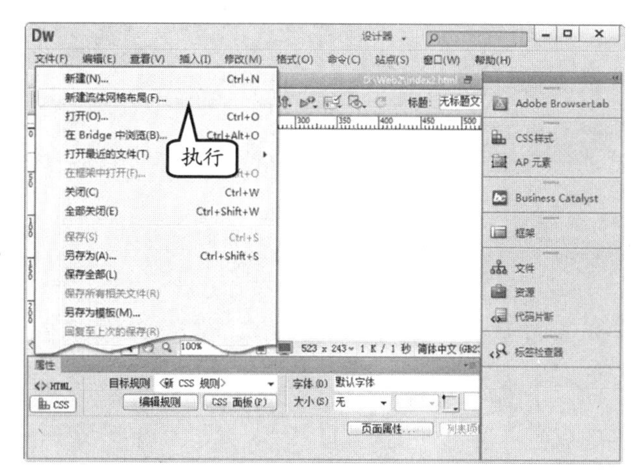

图 11-7 执行命令

在弹出的对话框中，选择【示例中的页】选项，并在【示例文件夹】列表中，选择“Mobile 起始页”选项，再在【示例页】列表中，选择创建的示例页选项，单击【创建】按钮，如图 11-8 所示。

此时，将创建 HTML 5 文档，并显示示例页内容。用户可以修改文档中的内容，如图 11-9 所示。

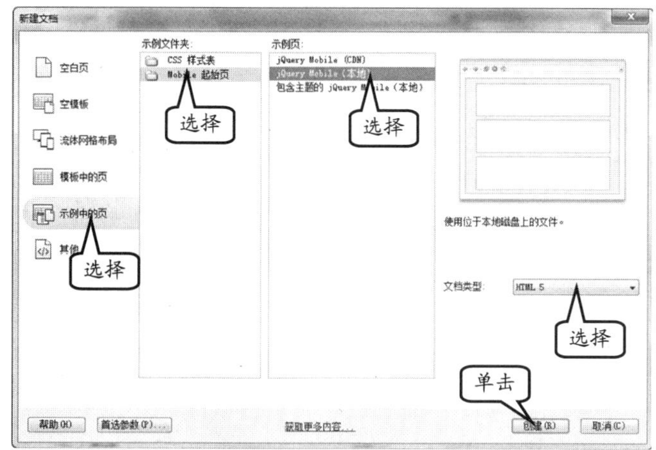

图 11-8 选择示例页

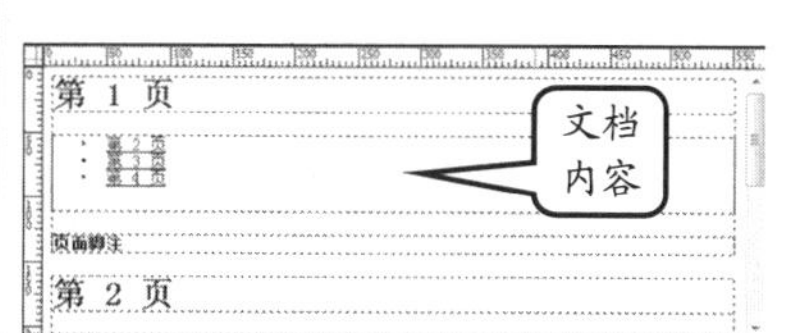

图 11-9 显示创建的文档

11.2.3 通过空白文档

用户也可以通过空白文档创建，如在文档中执行【文件】|【新建文档】命令。在弹出的【新建文档】对话框中，选择【空白页】选项，并在【页面类型】中选择 HTML。设置【文档类型】为“HTML 5”，单击【创建】按钮，如图 11-10 所示。

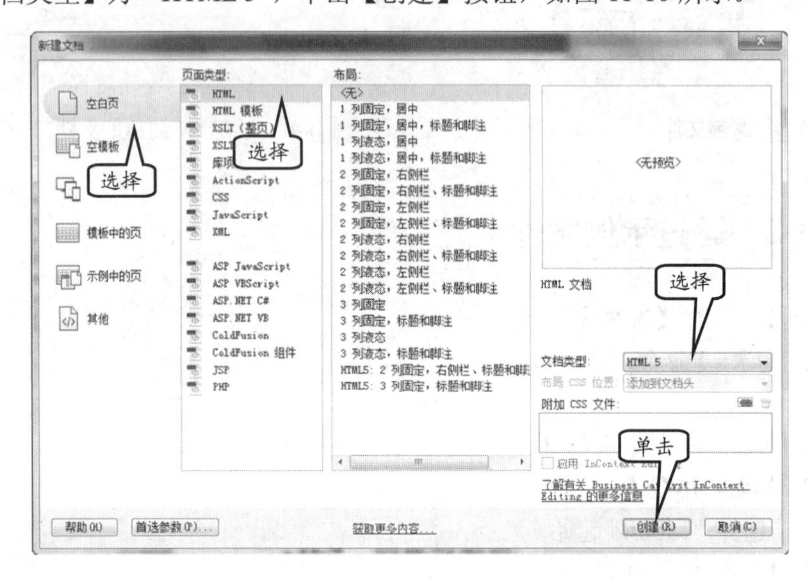

图 11-10 创建空白文档

在创建的文档中，用户可以单击【代码】按钮，并在【代码】视图中查看创建 HTML 5 的代码内容，如图 11-11 所示。

另外，用户还可以在【插入】面板中，选择 jQuery Mobile 选项，如图 11-12 所示。

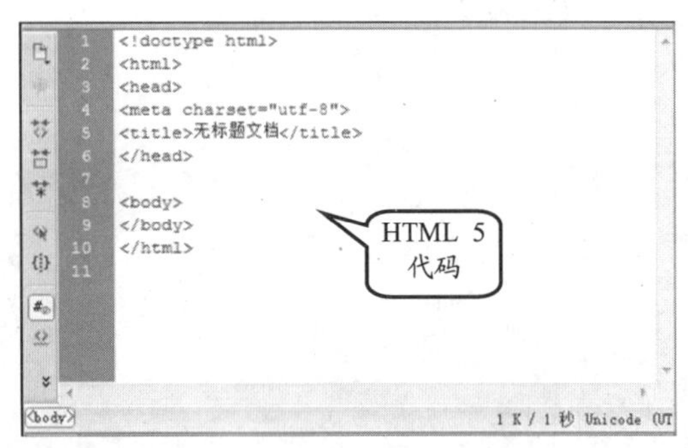

图 11-11 HTML 5 的代码内容

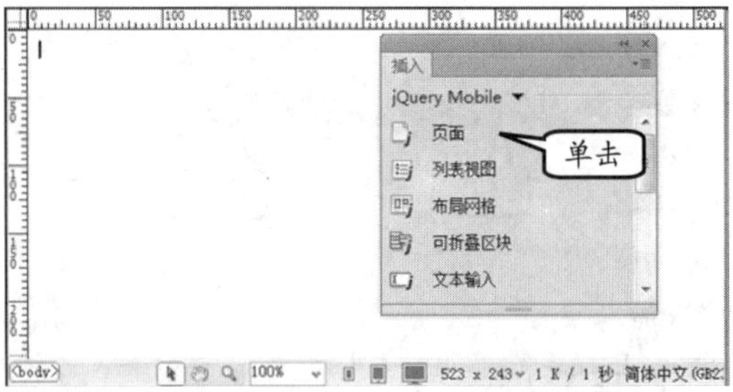

图 11-12 选择 jQuery Mobile 选项

在弹出的【jQuery Mobile 文件】对话框中，用户可以输入 jQuery Mobile 的 UIR 地址，单击【确定】按钮，如图 11-13 所示。

其次，在弹出的【jQuery Mobile 页面】对话框中，将显示页面 ID，以及页面中所包含的选项，如标题和脚注。然后，单击【确定】按钮，即可在文档中生成 jQuery Mobile 页面，如图 11-14 所示。

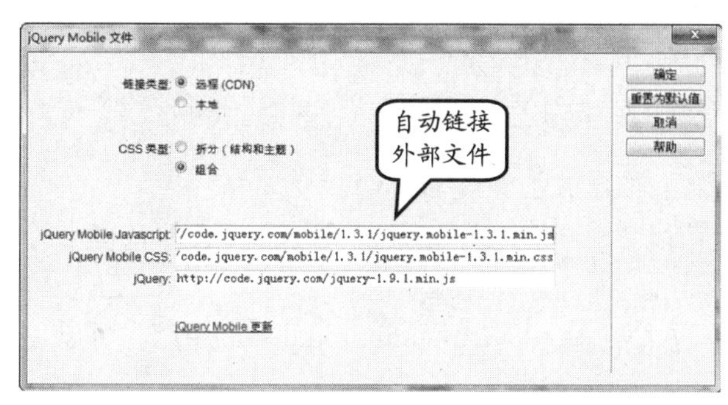

图 11-13 添加链接地址

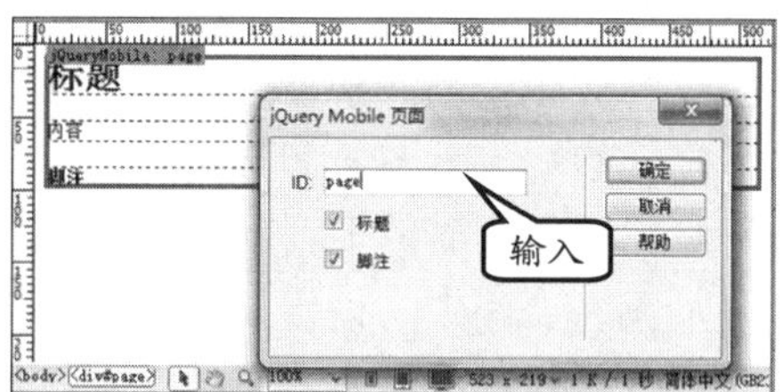

图 11-14 创建页面

11.3 页面基础

在开发移动页面之前，用户也可以先了解一下 HTML 5 版本，对后面学习过程有很大帮助。

当然，用户也可以直接创建 HTML 5 文档，并在<head></head>标签之间，添加 JS 文件和 CSS 文件的链接。

11.3.1 页面结构

在 jQuery Mobile 中，有一个基本的页面框架模型，即在页面中通过将一个<Div>标签的 data-role 属性设置为 page，形成一个容器。

而在这个容器中最直接的子节点就是 data-role 属性为 header、content 和 footer 等 3 个子容器，分别描述“标题”、“内容”和“页脚”等部分，用于容纳不同的页面内容。

```
<div data-role="page">
    <div data-role="header">标题</div>
    <div data-role="content">内容</div>
    <div data-role="footer">页尾</div>
</div>
```

此时，通过 Google Chrome 浏览器来查看网页效果，如图 11-15 所示。

提 示

由于 IE 浏览器对 HTML 5 支持性不是太好，所以在此使用 Google Chrome 浏览器来查看效果。

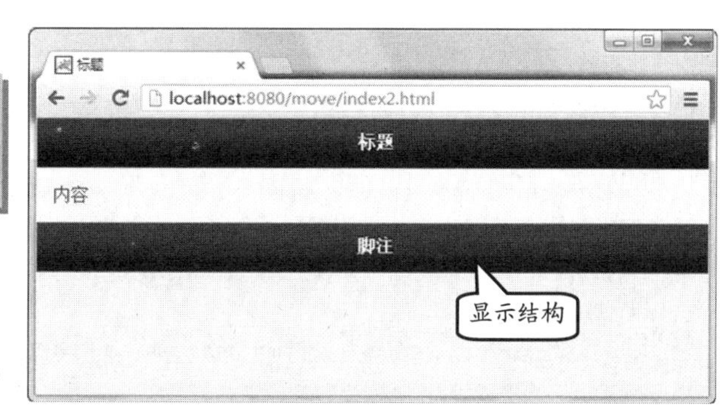

图 11-15 浏览页面结构

11.3.2 页面控制

为了更好地支持 HTML 5 的新增功能与属性，用户可以在<head></head>标签中，添加<meta>

标签的 name 属性，并设置其值为 viewport，再设置 content 属性。代码如下：

```
<meta name="viewport" content="width=device-width,  initial-scale=1" />
```

这行代码的功能是设置移动设备中浏览器缩放的宽度与等级。

通常情况下，移动设备的浏览器默认以“900px”的宽度显示页面，这种宽度会导致屏幕缩小，页面放大，不适合浏览。

如果在页面中，设置 content 属性值为“width=device-width,initial-scale=1”，可以使页面的宽度与移动设备的屏幕宽度相同，更加适合用户浏览。

在 Jquery Mobile 中，一个页面就是一个 data-role 属性被设为 page 的容器，通常为<Div>容器，里面包含了 header、content、footer 三个容器，各自可以容纳普通的<html>元素，表单和自定义的 Jquery Mobile 组件。

页面载入的基本工作流程如下：首先一个页面通过正常的 http 请求到，然后 page 容器被请求，插入到页面的文档对象模型（DOM）当中。所以 DOM 文档中可能同时有多个 page 容器，每一个都可以通过链接到他们的 data-url 被访问到。

当一个 URL 被初始化请求，可能会有一个或多个 page 在相应，而只有第一个被显示。存储多个 page 的好处在于可以使用户预读有可能被访问的静态页面。

11.3.3 多容器页面

在前面已经了解到，将一个<Div>标签的 data-role 属性设置为 page，形成一个容器。

而在文档中，添加两个 data-role 属性为 page 的<Div>标签，将作为两个页面容器。因此，jQuery Mobile 允许包含多个，从而形成多容器页面结构。

容器之间各自独立，拥有唯一的 ID 号属性。页面加载时，以堆栈的方式同时加载。容器访问时，以内部“井号”(#）链接加对应 ID 的方式进行设置。

单击该链接时，jQuery Mobile 将在页面文档寻找对应 ID 号的容器，以动画效果切换至该容器中，实现容器间内容的访问。

例如，在<body></body>标签中，插入下列代码：

```
<div data-role="page">
  <div data-role="header">
    <h1>天气预报</h1>
  </div>
  <div data-role="content">
    <p><a href="#w1">电子产品</a> | <a href="#w2">水果蔬菜</a></p>
  </div>
  <div data-role="footer">
    <h4>2012 稻草屋工作室</h4>
  </div>
</div>
<div data-role="page" id="w1" data-add-back-btn="返回">
  <div data-role="header">
    <h1>电子产品</h1>
  </div>
```

```
    <div data-role="content">
      <ul>
        <li><a href="#">计算机</a></li>
        <li><a href="#">电脑</a></li>
      </ul>
    </div>
    <div data-role="footer">
      <h4>2012 稻草屋工作室</h4>
    </div>
  </div>
  <div data-role="page" id="w2" data-add-back-btn="返回">
    <div data-role="header">
      <h1>水果蔬菜</h1>
    </div>
    <div data-role="content">
      <ul>
        <li>苹果</li>
        <li>香蕉</li>
        <li>白菜</li>
      </ul>
    </div>
    <div data-role="footer">
      <h4>2012 rttop.cn studio</h4>
    </div>
  </div>
```

通过浏览器，可以看到第 1 个容器的内容，并显示两个链接，如图 11-16 所示。

在内容中，分别单击“电子产品”和“水果蔬菜”链接，即可看到两个容器的内容，如图 11-17 所示。

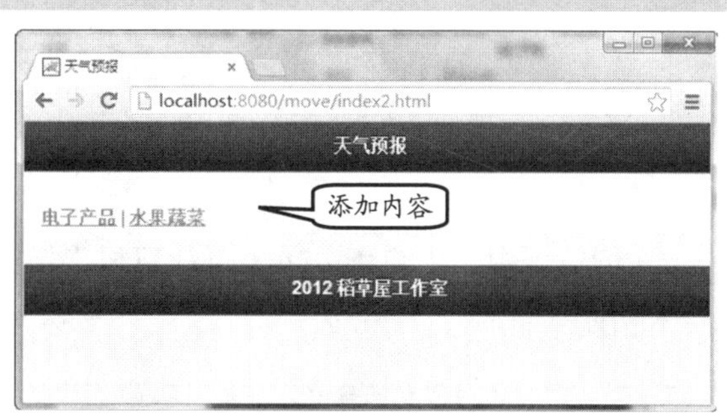

图 11-16　添加多个容器

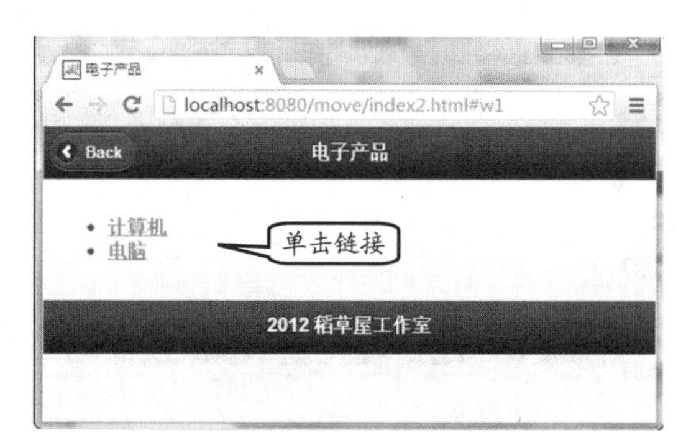

图 11-17　子容器内容

11.3.4 链接外部文件

用户可以采用开发多个页面，并通过外部链接的方式，实现页面相互切换的效果。例如，在“电子产品”窗口中的“计算机”添加外部文件链接。代码如下。

```
<div data-role="content">
    <ul>
      <li><a href="computer.html">计算机</a></li>
      <li><a href="#">电脑</a></li>
    </ul>
</div>
```

然后，再创建一个“computer.html”文件，并在该页面中添加内容。代码如下。

```
<div data-role="page"  data-add-back-btn="true">
    <div data-role="header">
       <h1>计算机信息</h1>
    </div>
    <div data-role="content">
         <p>计算机（Computer）全称：电子计算机......量子计算机等。</p>
    </div>
    <div data-role="footer">
        <h4>2012 稻草屋工作室</h4>
</div>
</div>
```

在浏览器中，用户可以单击“计算机”链接，即可显示“计算机信息”页面，如图 11-18 所示。

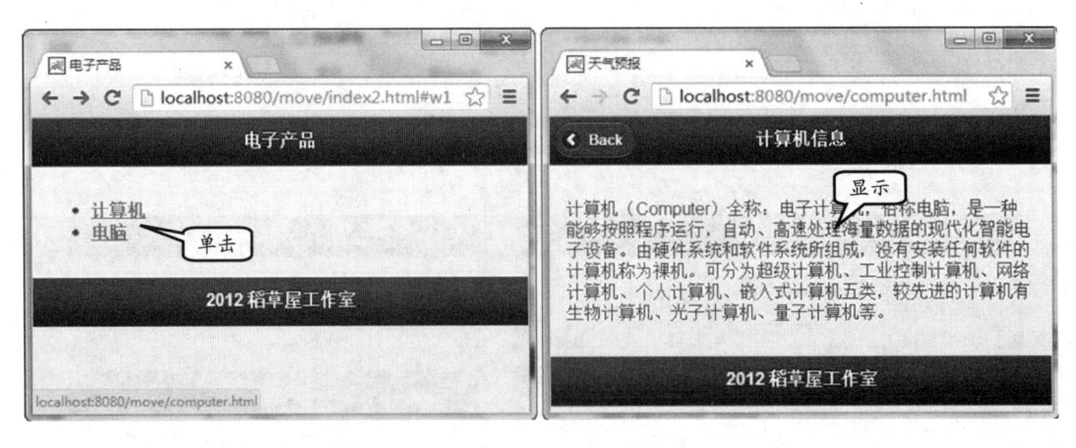

图 11-18 显示外部链接页面

11.3.5 回退链接

在前面的内容中，一直通过在容器中设置 data-add-back-btn 属性为 true，实现后退至上一页效果。

在 jQuery Mobile 页面中，可以添加链接的方式实现回退，如添加<a>标签，并设置 data-rel 属性为 back，即可实现后退至上一页的功能。

例如，在“computer.html”页面的内容下面，添加下列代码。

```
<p><a href="#" data-rel="back">返回上一页</a></p>
```

然后，浏览网页，并单击页面中的“返回上一页”链接，即可返回到“电子产品”容器页面，如图 11-19 所示。

提 示

如果添加了 data-rel="back"属性给某个链接，那对于该链接的任何点击行为，都是后退的行为，会无视链接的 herf，后退到浏览器历史的上一个地址。

提 示

如果用户只是要看到一个翻转的页面转场，而不是真正地回到上一个历史记录的地址，用户可以使用 data-direction="reverse"属性，而不是后退链接。

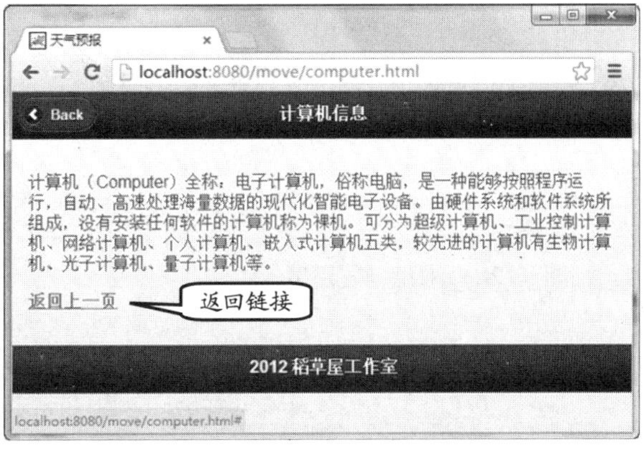

图 11-19 返回链接

11.3.6 页面转场

Jquery Mobile 框架内置多种基于 CSS 的页面转场效果，用户可以添加到任何对象或页面（比如关闭页面、换到新页面、回到上一个页面等）。

默认情况下，Jquery Mobile 应用的是从右到左划入的转场效果给链接添加 data-transition 属性，可以设定自定义的页面转场效果。

例如，在页面中添加链接，并在<a>标签中添加转场效果。

```
<a href="#w1" data-transition=" flow ">返回上一页</a>
```

其中，转场效果分别为 pop（中心向外伸展）、slideup（上滑）、slidedown（滑下）、turn（右翻页）、flip（中间位置旋转）、flow（收缩向左溢出）、slidefade（快速向左移出）、slide（向左移出）、fade（渐隐渐出）、none（无效果）等。

例如，在<a>标签中，设置 data-transition="flow"属性内容，并通过浏览器查看其转场效果，如图 11-20 所示。

另外，如果给链接增加 data-direction="reverse"属性，则强制指定为回退的转场效果。

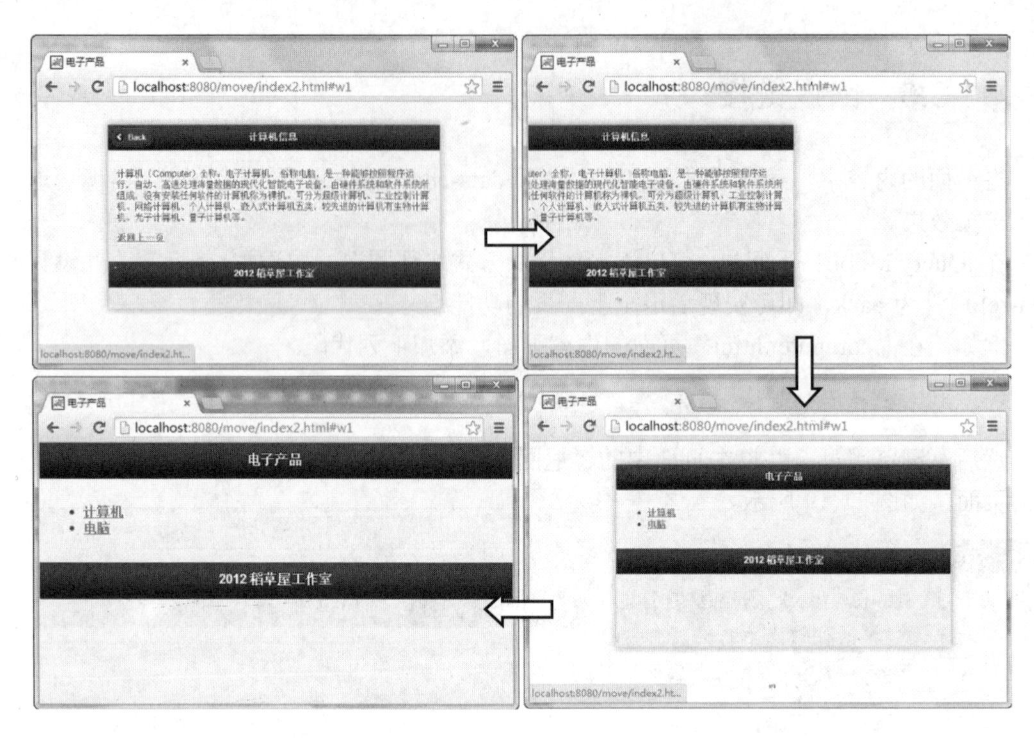

图 11-20　收缩向左溢出

11.4　对话框与页面样式

在 jQuery Mobile 中创建对话框时，只需要在<a>标签中添加 data-rel 属性，并设置为 dialog。

11.4.1　创建对话框

通过给指向页面的链接增加 data-rel="dialog"的属性，可以把任何指向的页面表现为对话框。当应用了对话框的属性之后，qjmobile 框架会给新页面增加圆角，页面周围增加边缘，以及深色的背景，使得对话框浮在页面之上。

例如，创建 margin_box.html 文件，并创建调取对话框的链接面板。代码如下。

```
<body>
<div data-role="page" id="w">
  <div data-role="header">
    <h1>对话框</h1>
  </div>
  <div data-role="content">
   <a href="dialog.html" data-rel="dialog" data-transition="pop">Open
   dialog</a>
  </div>
  <div data-role="footer">
```

```
    <h4>2012 稻草屋工作室</h4>
  </div>
</div>
</body>
</html>
```

因为 jQuery Mobile 里对话框也是一个标准的 page，所以它会以默认的 slide 转场效果打开。而且像其他的页面一样，用户也可以通过给链接添加 data-transition 的属性指定对话框的转场效果。例如，为了让对话框看起来效果更好，可以为属性设置 pop、slideup、flip 三种转场效果。

然后，再创建一个“dialog.html”文件，并用于显示对话框内容。对话框是个单独的页面，jquery mobile 将以 Ajax 方式加载到事件触发的页面，所以页面不需要 Header、content 和 footer 之类的文档结构。代码如下：

```
<meta name="viewport" content="width=device-width,initial-scale=1"
charset="gb2312"/>
<div data-role="dialog" id="aboutPage">
    <div data-role="header" data-theme="b"><h1>对话框</h1></div>
  <div data-role="content" data-theme="c">
    <h1>了解对话框</h1>
    <p> 对话框是个单独的页面……之类的文档结构。</p>
<a href="#" data-role="button" data-rel="back" data-theme="b" id=
"soundgood">返回上一页</a>
<a href="#" data-role="button" data-rel="back" data-theme="c">取消</a>
</div>
</div>
```

用户通过单击链接，查看对话框效果，如图 11-21 所示。

图 11-21 浏览对话框效果

11.4.2 页面样式

jQuery Mobile 内建了一套样式主题系统，用户可以给页面添加丰富的样式。针对每一个页面的组件，都有详细的主题样式文档。用户应选用适合的主题样式。

给 header、content 和 footer 容器增加 data-theme 属性，并设定 a~z 之间任何一套主题样式。而当给页面内容添加 data-theme 属性时，给整个 content 容器 data-role="page" 添加，而不是某个<Div>容器，这样背景也就可以应用到整个页面。

例如，在【代码】视图中，用户可以给 content 容器添加主题样式，如代码<Div data-role="content" data-theme="e">。整体内容代码如下：

```
<body>
<div data-role="page" id="w">
  <div data-role="header">
    <h1>对话框</h1>
  </div>
  <div data-role="content" data-theme="e">
  <h3>黯伤</h3>
   <p>岁月的长河，匆匆而逝的光阴，多少寂寞呈几番黯然的绽放。惊醒的落叶，没有方向的漂
   泊，不知何处是终点。</p>
   <form action="form.php" method="post">
   <label for="foo">您喜欢运动：</label>
   <select name="foo" id="foo" data-role="none">
   <option value="a" >打球</option>
   <option value="b" >跑步</option>
   <option value="c" >游泳</option>
   </select>
   </form>
  </div>
  <div data-role="footer">
    <h4>2012 稻草屋工作室</h4>
  </div>
</div>
```

此时，当用户通过浏览器查看网页效果时，可以看到在 content 容器的内容下面，添加了“米黄色”的背景，如图 11-22 所示。

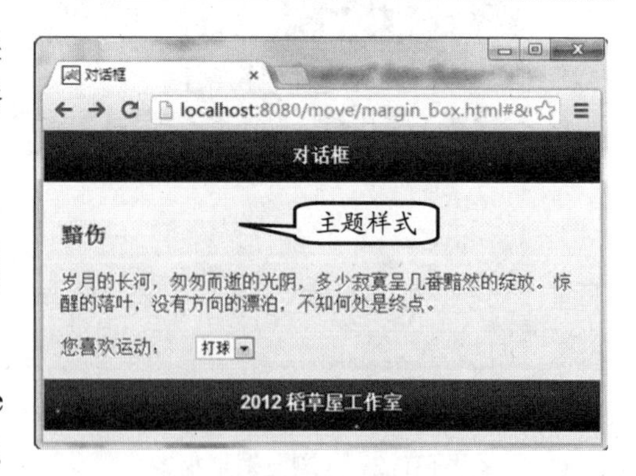

图 11-22 添加容器主题

11.5 创建工具栏

工具栏是指在移动网站和应用中的头部，尾部和内容中的工具条。因此，jQuery Mobile 提供了一套标准的工具和导航栏的工具，可以在绝大多数情况下直接使用。

11.5.1 了解工具栏

在 jQuery Mobile 中，有两种标准的工具栏：头部栏和尾部栏。头部栏的作用为网站

的标题，通常是移动网站页面的第一个元素，一般包括页面的标题文字和最多两个按钮。尾部栏通常是移动网站页面的最后一个元素，在内容和作用上比头部栏更自由一些，但一般也要包含文字和按钮。

在头部栏或尾部栏里放置一个水平的导航栏或选项卡栏的做法是很普遍的，所以Jquery Mobile包含导航栏组件，即把无序列表<ul>标签转化成水平的按钮栏，使用也非常方便。

在页面中设置头部栏和尾部栏的位置定位有几种方法。默认情况下，工具栏的定位的属性为inline。在这种模式下，头部栏和尾部栏通过html自动的文档流放置，保证了它们能在所有的设备上可见，而不需要依靠CSS和JS的定位支持。

固定的定位模式可以使工具栏在页面处于固定的位置，而不需要通过JS设置。工具栏处于它们在页面自然的位置上，就像inline模式一样，但是当它被滚动出屏幕之外时，jQuery Mobile会自动通过动画使滚动条重新出现在屏幕的顶部或底部。

任何时候，触摸屏幕会切换固定定位模式的工具栏的显示：当工具栏消失时，触摸屏幕会让它出现，再触摸则会让它消失。这样用户就可选择在最大化浏览时是否隐藏工具栏。若要给工具栏设置固定的定位模式，则只需给工具栏的容器加data-position="fixed"的属性即可。

全屏的定位模式与固定的定位模式基本相同，但是当它被滚动出屏幕之外时，不会自动重新显示，除非触摸屏幕。这对于图片或视频类有提升代入感的应用是非常有用的，当浏览时用户想全屏都显示内容，而工具栏可以通过触摸屏幕呼出。注意这种模式下工具栏会遮住页面内容，所以最好用在比较特殊的场合。

11.5.2 头部工具栏

头部栏是处于页面顶部的工具栏，通常包含页面标题文字，文字左边或右边可以放置几个可选的按钮用作导航操作。

标题文字一般用<h1>标签，也可以从h1~h6选项其他标题标签。比如说，一个页面内包含了多个page标记的页面，这样可以给主page的标题文字用<h1>标签，次级page的标题文字用<h2>标签。所有的头部默认下在样式上都是相同的，并保持外观的一致性。

```
<div data-role="header">
   <h1>Page Title</h1>
</div>
```

头部栏的主题样式默认情况下为a（黑色），而用户也可以很轻松地设置为其他主题样式。

在标准的头部栏的设置下，标题文字两边各有一个可放置按钮的位置。每一个按钮通常默认为a主题样式。为了节省空间，工具栏里的按钮都是内联按钮，所以按钮的宽度只容纳icon和里面的文字。

例如，头部的按钮是头部栏容器的直接子节点，第一个链接定位于头部栏左边，第二个链接放在右边。在这个例子中，根据两个链接在源代码中的位置，取消在左边，保存在右边。

```
<div data-role="header" data-position="inline">
    <a href="index.html" data-icon="delete">Cancel</a>
    <h1>Edit Contact</h1>
    <a href="index.html" data-icon="check">Save</a>
</div>
```

用户可以在浏览器中，查看在头部所添加的两个按钮，如图 11-23 所示。

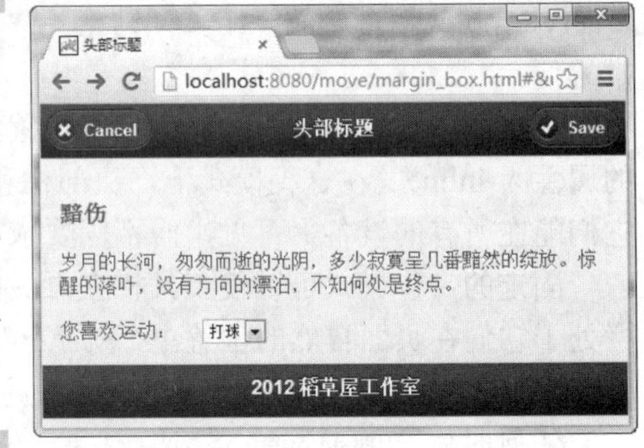

图 11-23 显示头部按钮

按钮会自动应用它们的父容器的主题样式，所以应用了 a 主题样式的头部栏里的按钮也会应用 a 主题样式。用户通过给按钮增加 data-theme 属性并设置，可以使按钮看起来有所区别。

```
<div data-role="header" data-
position="inline">
    <a href="index.html" data-icon="delete">Cancel</a>
    <h1>Edit Contact</h1>
    <a href="index.html" data-icon="check" data-theme="b">Save</a>
</div>
```

通过浏览器，用户可以查看更新主题样式的按钮效果，如图 11-24 所示。

按钮的位置可以通过 class 设置，而不依赖它们在源代码中的顺序。如果用户想把按钮放在右边，则可以通过 ui-btn-right 和 ui-btn-left 两个类进行控制。

例如，把头部栏唯一一个按钮放于右边，首先给头部栏增加 data-backbtn="false"属性，来阻止头部栏自动生成后退按钮的行为，然后给按钮增加 ui-btn-right 的类来控制显示的位置。

```
<div data-role="header" data-position="inline" data-backbtn="false">
<h1>Page Title</h1>
<a href="index.html" data-icon="gear" class="ui-btn-right">Options</a>
</div>
```

通过浏览器，用户可以看到所生成的按钮放置在头部右侧，如图 11-25 所示。

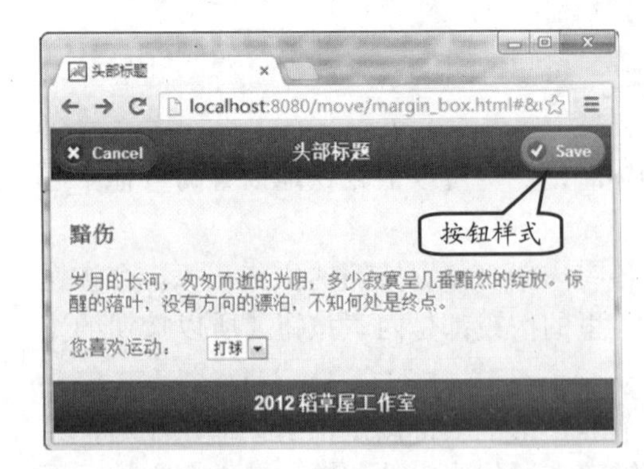

图 11-24 更改按钮样式

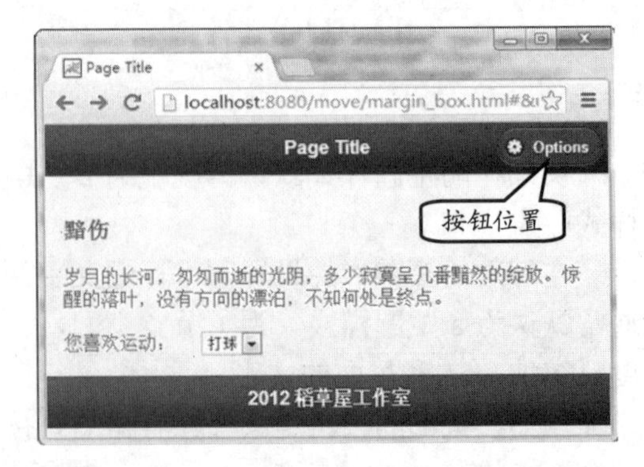

图 11-25 显示按钮

11.5.3 尾部工具栏

尾部栏除了使用的 data-role 的属性与头部栏不同之外，基本的结构与头部栏是相同的。

```
<div data-role="footer">
    <h4>2012 稻草屋工作室</h4>
</div>
```

给尾部栏添加任何有效的按钮标记的元素都会生成按钮。为了节省空间，工具栏里的按钮都是内联按钮，所以按钮的宽度只容纳 icon 和里面的文字。

默认情况下，工具栏内部容纳组件与导航条是不留 padding 的。如果要给工具栏增加 padding，可以通过添加一个 ui-bar 的类。

```
<div data-role="footer" class="ui-bar">
    <a href="index.html" data-role="button" data-icon="delete">Remove</a>
    <a href="index.html" data-role="button" data-icon="plus">Add</a>
    <a href="index.html" data-role="button" data-icon="arrow-u">Up</a>
    <a href="index.html" data-role="button" data-icon="arrow-d">Down</a>
</div>
```

如通过浏览器，可以看到在页尾添加一排按钮，如图 11-26 所示。

提 示

要想把几个按钮打包成一个按钮组，则需要把这些按钮用一个容器包裹，并给该容器增加 data-role="controlgroup"和 data-type="horizontal"属性。

<div data-role="controlgroup" data-type="horizontal">。

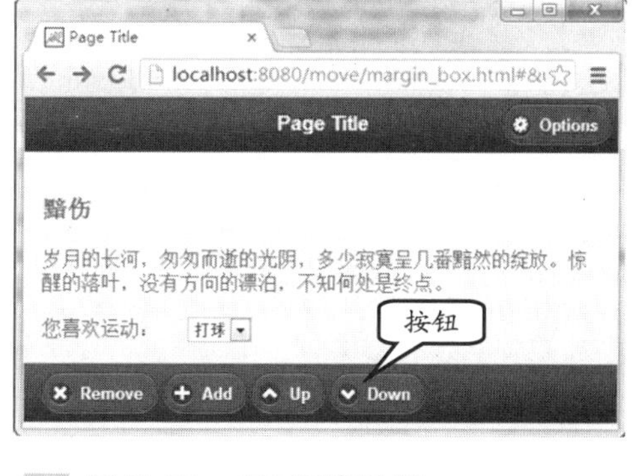

图 11-26 显示尾部按钮

当然，用户也可以在尾部添加其他元素，如添加表单元素。例如，将表单中的 select 元素添加到尾部栏。

```
<div data-role="footer" class="ui-bar" data-role="controlgroup">
<form action="form.php" method="post">
    <label for="foo">您喜欢运动：</label>
    <select name="foo" id="foo" data-role="none">
        <option value="a" >打球</option>
        <option value="b" >跑步</option>
        <option value="c" >游泳</option>
   </select>
</form>
</div>
```

此时，用户通过浏览器，可以查看到在尾部添加的下拉菜单，并且通过单击下拉按钮，显示下拉选项，如图 11-27 所示。

有些情况下用户需要一个尾部栏为全局导航元素，希望页面转场时尾部栏也固定并显示。因此，用户可以给尾部栏添加 data-id 属性，并且在所有关联的页面的尾部栏设定同样的 data-id 的值，就可以使尾部栏在页面转场时也固定并显示。

例如，给当前页面和目标页面的尾部栏添加 id="myfooter" 属性时，jQuery Mobile 会在页面转场动画的时候保持尾部栏固定不变。

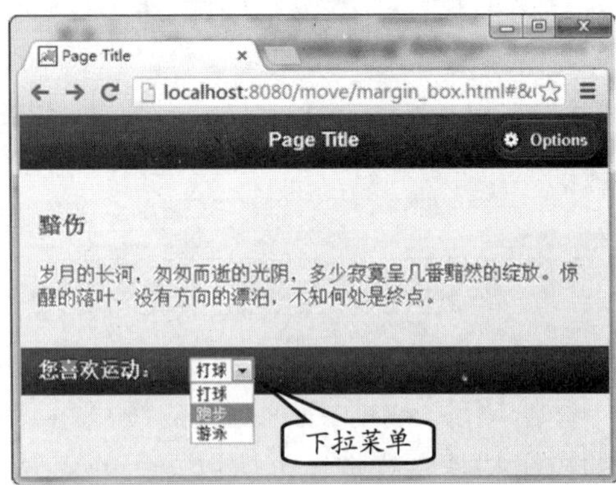

图 11-27　显示下拉菜单

提　示

这个效果只有在头部栏和尾部栏设定为固定的定位模式（data-position="fixed"）时才有用，这样在页面转场时才不被隐藏。

11.5.4　添加导航栏

jQuery Mobile 提供了一个基本的导航栏组件，每一行可以最多放 5 个按钮，通常在顶部或者尾部。

导航栏的代码为一个<ul>标签列表，被一个容器包裹，这个容器需要有 data-role="navbar"属性。要设定某一个链接为活动（selected）状态，给链接增加 class="ui-btn-active"即可。另外，给尾部栏设置了一个导航栏，把 one 项设置为活动状态。

```
<div data-role="footer">
    <div data-role="navbar">
        <ul>
            <li><a href="a.html" class="ui-btn-active">One</a></li>
            <li><a href="b.html">Two</a></li>
        </ul>
</div><!-- /navbar -->
</div><!-- /footer -->
```

导航栏内每项的宽度都被设定为相同的，所以按钮的宽度为浏览器宽度的 1/2，如图 11-28 所示。新增加一项的话，每项的宽度自动匹配为 1/3，以此类推。如果导航栏多于 5 项，则导航栏自动表现为多行。

另外，用户还可以在头部增加一个导航栏，并且保留头部栏的页面标题和按钮。只需要把导航栏容器放进头部栏容器内。

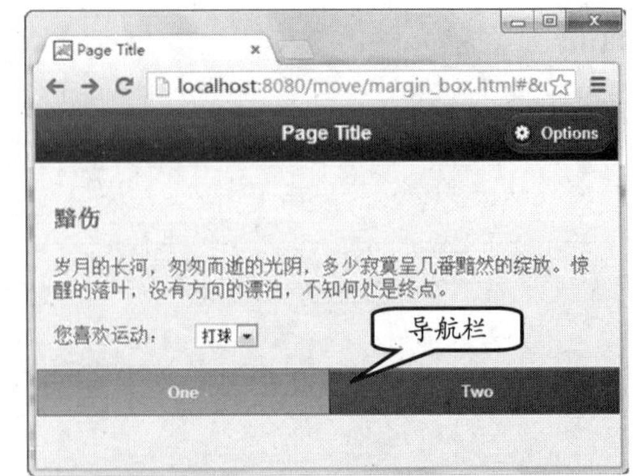

图 11-28　显示导航栏

```
<div data-role="header">
  <h1>图书大全</h1>
  <div data-role="navbar">
    <ul>
      <li><a href="a.html" class="ui-btn-active">One</a></li>
      <li><a href="b.html">Two</a></li>
      <li><a href="b.html">Three</a></li>
    </ul>
  </div>
  <!-- /navbar -->
  <a href="index.html" data-icon="back">返回</a> <a href="index.html"
  data-icon="gear" class="ui-btn-right">设置</a>
  </div>
```

通过浏览器，用户可以查看在头部下面所添加的导航栏效果，如图 11-29 所示。

给导航栏的列表项链接增加 data-icon 属性，可以给链接设置一个标准的移动网站的图标。给列表项链接增加 data-iconpos="top"属性，可以给链接的图标设置位置在文字上方。

用户可以把任何喜欢的第三方的 icon 组库加入自己的项目中，只需要在 CSS 中自定义 icon 的地址和位置。下面一个实例为导航栏添加一些图标按钮，如图 11-30 所示。

图 11-29　添加头部导航

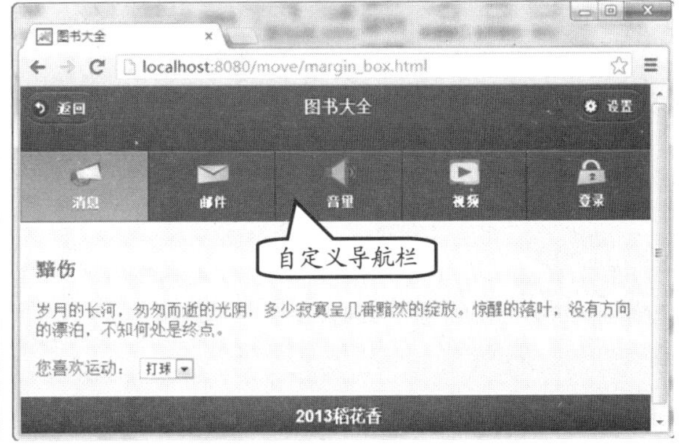

图 11-30　制作导航栏

11.6　创建网页按钮

按钮是 jQuery Mobile 的核心组件，在其他的组件中也广泛应用。在网页中，按钮一般为链接或者表单中的提交作用。

11.6.1　创建按钮

在 page 容器中，可以通过给链接加 data-role="button"属性，将链接样式化为按钮。代码如下。

```
<div data-role="page">
  <div data-role="content"> <a href="index.html" data-role="button">这是按钮</a> </div>
</div>
```

通过浏览器，用户可以查看到链接通过 CSS 样式所制作的按钮，如图 11-31 所示。

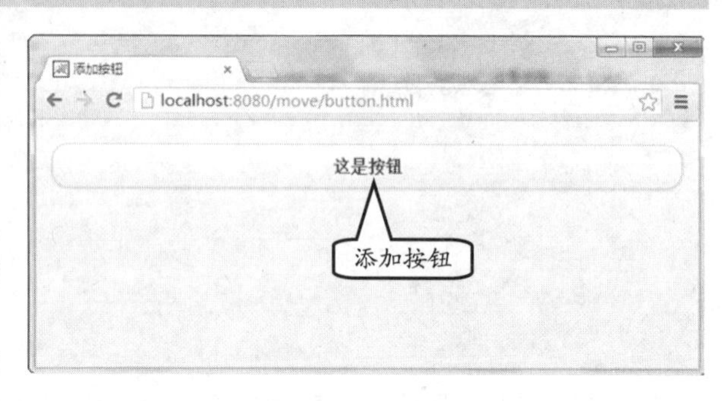

图 11-31 显示按钮

11.6.2 显示按钮图标

jQuery Mobile 框架包含了一组最常用的移动应用程序所需的图标，并自动在图标后添加一个半透明的黑圈以确保在任何背景色下图片都能够清晰显示。例如，下列代码为按钮添加一个图标。

```
<div data-role="page">
    <div data-role="content"> <a href="index.html" data-role="button"
    data-icon="delete">删除</a> </div>
</div>
```

通过浏览可以看到，按钮左侧有一个黑圈显示。并在黑圈中，应有一个图标，如图 11-32 所示。

提 示

添加 jQuery Mobile 的 images 文件，否则按钮图标无法显示。

图 11-32 删除按钮

11.6.3 按钮组

把一组按钮放进一个单独的容器内，使它们看起来像一个独立的导航部件。此时，用户需要给该容器添加 data-role="controlgroup"属性。代码如下。

```
<div data-role="page" data-theme="e">
  <div data-role="content">
  <div data-role="controlgroup">
  <a href="index.html" data-role="button" data-icon="arrow-d">Yes</a>
  <a href="index.html" data-role="button">No</a>
  <a href="index.html" data-role="button">Maybe</a></div>
  </div>
</div>
```

通过浏览器来查看当前按钮组效果，如图 11-33 所示。

data-icon 属性被用来创建一些按钮图标，这样通过文字和图片均可明白按钮的作用。而在该属性中，用户可以设置的参数如表 11-1 所示。

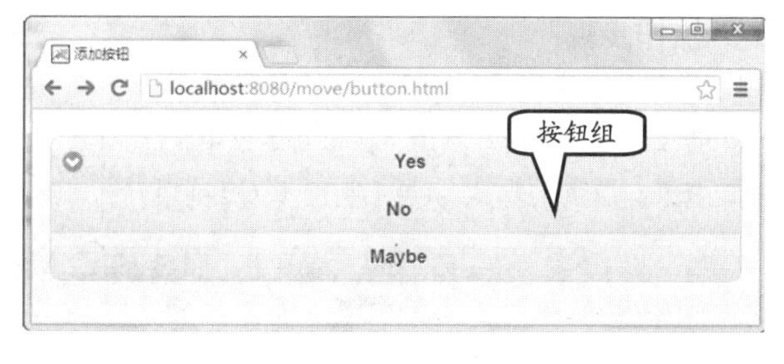

图 11-33 显示按钮组

表 11-1 data-icon 属性的参数含义

属性值	图标名称	属性值	图标名称
arrow-l	左箭头	arrow-r	右箭头
arrow-u	上箭头	arrow-d	下箭头
delete	删除	Plus	添加
minus	减少	Check	检查
gear	齿轮	Forward	前进
Back	后退	Grid	网格
Star	五角	Alert	警告
info	信息	home	首页
Search	搜索		

11.7 课堂练习：制作新闻快报

目前，网络中的新闻类型的网页内容铺天盖地的到处可见。而通过 jQuery Mobile 技术，也可以制作移动设备中新闻类型的网页，如图 11-34 所示。

图 11-34 新闻类型网页

操作步骤：

1 执行【文件】|【新建】命令，并弹出【新建文档】对话框。然后，在该对话框中，选择【空白页】选项，并在【页面类型】列中，选择 HTML 选项。最后，在【文档类型】列表中，选择 HTML 5 选项，单击【创建】按钮，如图 11-35 所示。

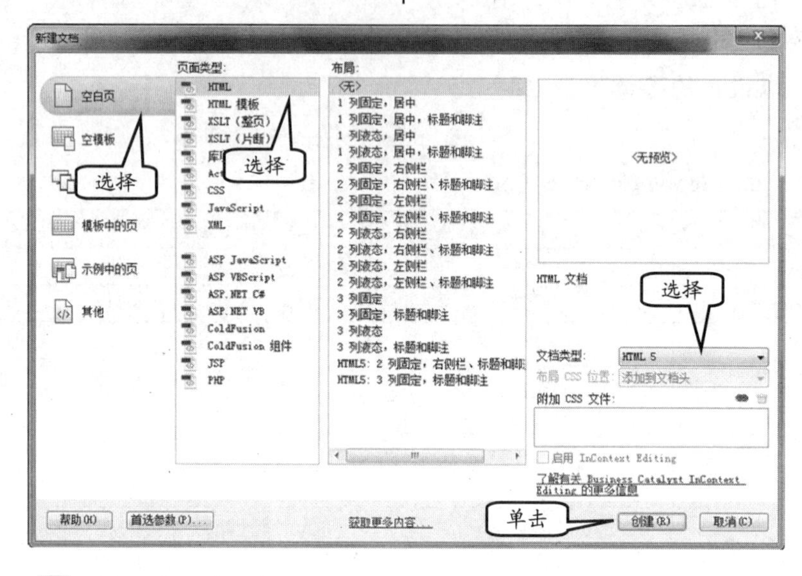

图 11-35 新建文档

2 在文档的【代码】视图中，用户可以修改标题名称，以及添加 CSS 和 JS 外部文件，如图 11-36 所示。

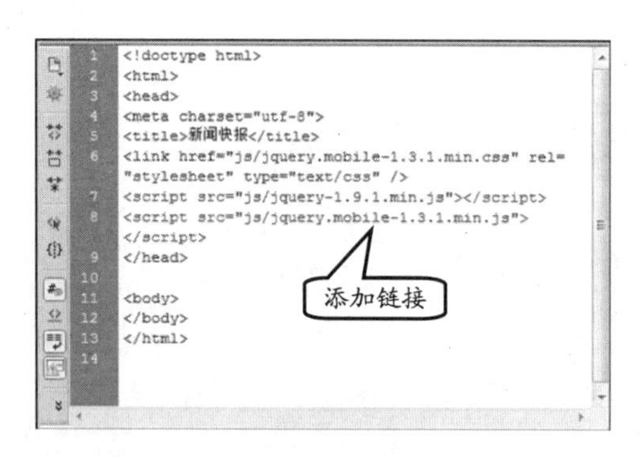

图 11-36 载入外部文件

3 在 <body></body> 标签内，分别添加 header、content 和 footer 结构，如图 11-37 所示。

4 在 header 结构的<Div>标签中，分别添加左、右按钮，以及标题名称，如图 11-38 所示。

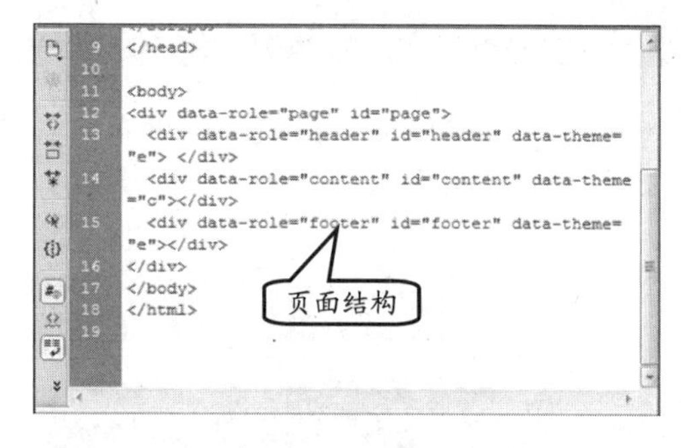

图 11-37 添加页面结构

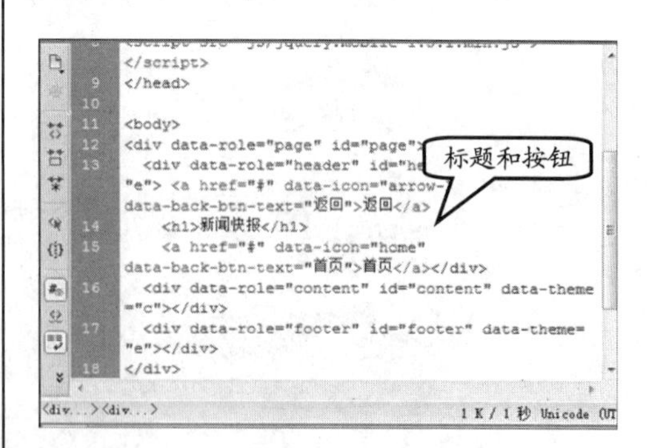

图 11-38 添加按钮链接

5 在 footer 结构的<Div>标签中，添加版尾信息，如“<h1>2013©稻花香</h1>”内容，如图 11-39 所示。

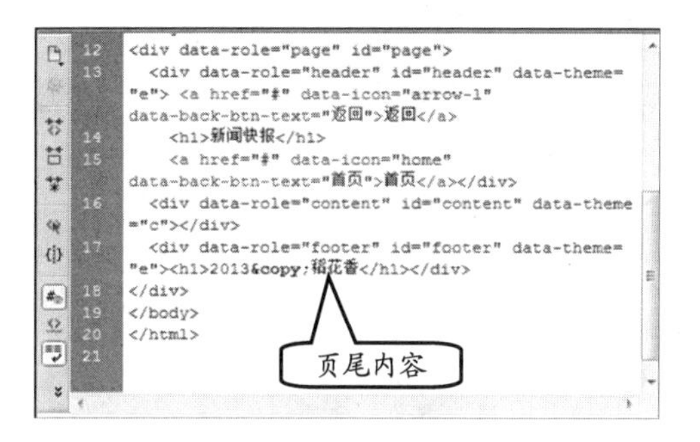

图 11-39 添加版尾信息

6 现在用户可以通过浏览器查看已经制作的结构内容，并显示标题和版尾信息，如图 11-40 所示。

图 11-40 添加页面结构

7 在 content 结构的<Div>标签中，若要显示多行新闻内容，则可以通过列表方式来显示。因此，用户可以在该结构中，添加<ul><li></li></ul>标签内容，如图 11-41 所示。

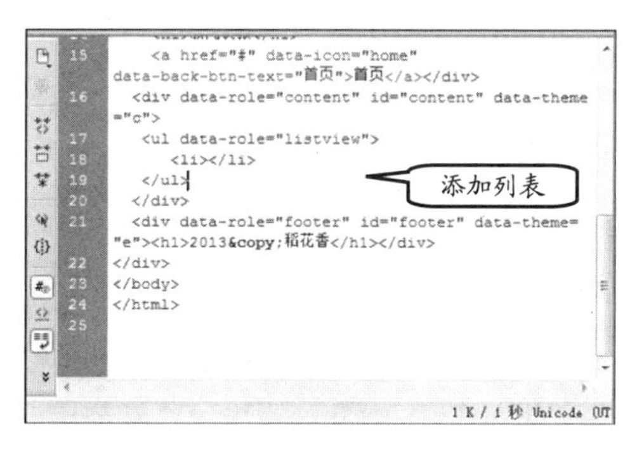

图 11-41 添加列表标签

8 在<li></li>标签内，添加新闻的图片、标题和内容简介等信息，如图 11-42 所示。

```
<ul data-role="listview">
  <li>
  <div class="img"><img src="images/116345699_11n.JPG" width="100" height="80" /></div>
      <div class="content_text">
        <h5><a href="#">女大学生将2年学费用于网购 不忍见家人从13楼坠亡</a></h5>
        <span>在常亚x生前的最后一天，她的手机里有3个未接电话。6月17日上午，常亚x的父亲常树x接到弟媳刘欣x的电话。刘欣x说，去年11月，常亚x曾联系她和丈夫借钱。</span></div>
  </li>
</ul>
</div>
<div data-role="footer" id="footer" data-theme=
```

添加新闻

图 11-42 添加新闻内容

9 用户也可以在“jquery.mobile-1.3.1.min.css”文件中，对列表中的图片和文本内容进行样式设定。代码如下所示。

```
ul li{
    height:80px;
    }
.img{
    float:left;
    margin-right:15px;
    border:#CCC 1px solid;
}
ul li .content_text{
    font-family:"宋体";
    font-size:12px;
    font-weight:100;
    color:#999;
}
ul li .content_text h5 a{
    text-decoration:none;
    font-size:14px;
    }
```

10 用户可以通过添加<li></li>标签，以及在标签中的新闻内容来增加新闻信息，如图 11-43 所示。

```
    <br/>
    <li>
      <div class="img"><img src="images/124160270_11n.jpg" width="100" height="80" /></div>
        <div class="content_text">
          <h5><a href="#">大学生花10万自制飞机</a></h5>
          <span>12月26日,10万元自制飞机成功试飞。轻型飞机是一架真正的飞机,飞行高度可以达到3600多米。</span></div>
    </li><br/>
    <li>
      <div class="img"><img src="images/fm55.jpg" width="100" height="80"/></div>
        <div class="content_text">
```

添加新闻

图 11-43 添加新闻内容

11.8　课堂练习：制作订餐页面

在现实生活中，通过网络购物已经是不足为奇的事，用户可以随时随地通过网络选购自己喜欢的物品。

而通过学习 jQuery Mobile 技术之后，用户也可以开发手机预定餐饮网页。这样便可以更方便地使用订购餐饮服务，如图 11-44 所示。

图 11-44　订餐页面

操作步骤：

1 创建 HTML 5 文件，并在<title></title>标签中，修改网页的名称，以及添加 CSS 和 JS 外部文件。

```
<title>订餐</title>
<meta name="viewport" content=
"width=500" />
<link href="js/jquery.mobile-1.
3.1.min.css"   rel="stylesheet"
type="text/css">
<script   src="js/jquery-1.9.1.
min.js" type="text/javascript">
</script>
<script src="js/jquery.mobile-1.
3.1.min.js"type="text/javascript
"> </script>
```

2 在<body></body>标签中，可以添加网页的结构内容，如 header、content 和 footer

等<Div>标签。

```
<div class="ui-bar-b" id="home"
data-role="page">
<div data-role="header"></div>
<div data-role="content"></div>
<div data-role="footer"></div>
</div>
```

3 在 header 结构的<Div>标签中，用户可以添加标题和副标题内容，如标题输入在<h1>标签中。

```
<div data-role="header">
    <h1>鑫兴订餐</h1>
    <p>你想要吃什么？</p>
</div>
```

4 在 footer 结构的<Div>标签中，用户可以添加版尾信息，如“<h4>2013©稻草屋工作屋</h4>”。

```
<div data-role="footer">
    <h4>2013&copy;稻草屋工作屋
    </h4>
</div>
```

5 在 content 结构的<Div>标签中，用户可以通过<ul><li></li></ul>列表标签添加菜品内容，如单个列表中包含有菜的图片、名称，以及菜的主要配料等内容。

```
<ul data-role="listview" data-
inset="true">
      <li><a href="#" data-
      transition ="slidedown">
      <img src="images/a1.jpg"
      width="160" height="85">
      <h5>西式早餐</h5><p>主要搭
      配：薯条、咖啡、酥脆鸡肉、水果等
      </p></a>
      </li>
</ul>
```

6 用户可以在列表标签中，依次再添加其他菜品的内容。即可在 content 结构的<Div>标签中，完成多种订餐食物内容。

```
<div data-role="content">
    <ul data-role="listview" data-
    inset="true">
      <li><a href="#" data-
      transition="slidedown">
      <img src="images/a1.jpg"
      width="160" height="85">
      <h5>西式早餐</h5><p>主要搭
      配：薯条、咖啡、酥脆鸡肉、水果等
      </p></a></li>
      <li><a href="#"><img src=
      "images/a2.jpg" width="160"
      height="85"><h5>脆皮虾蛋卷
      </h5><p>主要配菜：鲜虾、鸡蛋皮、
      香芹菜等</p></a></li>
      <li><a href="#"><img src=
      "images/a3.jpg" width="160"
      height="85"><h5>红烧带鱼
      </h5><p>主要配菜：带鱼、米饭等
      </p></a></li>
      <li><a href="#"><img src=
      "images/a4.jpg" width="160"
      height="85"><h5>干煸四川腊肉
      </h5>
      <p>主要配菜：腊肉、大葱、青椒、
      红辣椒等</p>
      </a></li>
      <li><a href="#"><img src=
      "images/a5.jpg" width="160"
      height="85"><h5>素菜三鲜
      </h5><p>主要配菜：西红柿、烧茄
      子、西蓝花等</p></a></li>
      <li><a href="#"><img src=
      "images/a6.jpg" width="160"
      height="85"><h5>凉拌三丝
      </h5><p>主要配菜：土豆丝、胡萝
      卜丝、蘑菇等</p></a></li>
    </ul>
</div>
```

7 至此，用户已经完成了订餐页面制作，即可通过浏览器或者移动设备查看该网页的浏览效果。

11.9 思考与练习

一、填空题

1．jQuery Mobile 基于打造一个顶级的 JavaScript 库，在不同的__________和__________的 Web 浏览器上，形成统一的用户 UI。

2．用户要运行 jQuery Mobile 移动应用页面需要包含__________个文件。

3．在 jQuery Mobile 移动应用中，包含 jQuery-1.9.1.min.js（jQuery 主框架插件）、__________和 jQuery.mobile-1.3.1.min.css（框架相配套的 CSS 样式文件）。

4．在 jQuery Mobile 中，有一个基本的页面框架模型，即在页面中通过将一个<Div>标签的 data-role 属性设置为__________，形成一个容器。

5．在 page 容器中，包含 3 个子节点容器，即 header、__________和 footer 等。

6．通过给指向页面的链接增加的__________属性，可以把任何指向的页面表现为对话框。

二、选择题

1．在页网控制中，如果希望网页根据移动设备屏幕大小来适量的显示，则需要设置 content 属性值为__________。

A．content="width=device-width,initial-scale=1"

B．content="width=device-width"

C．content="initial-scale=1"

D．content="width=900px,initial-scale=1"

2．容器访问时，以内部__________链接加对应 ID 的方式进行设置。

A．"问号"（?）

B．？+ID 方式

C．"井号"（#）

D．#+ID 方式

3．如果在<Div data-role="header"></Div>标签中，只添加"<a href="#" data-icon="home" data-back-btn-text="首页">首页</a>"代码，则按钮显示在标题__________位置。

A．左侧

B．右侧

C．两侧都有

D．以上说法都不对

4．在页面中添加导航栏时，如果需要设置某个按钮为默认按钮，则需要在<Div>标签设置 class 属性值是__________。

A．class="ui-btn "

B．class="ui-btn-active"

C．class="active"

D．class="btn-active"

5．用户需要添加一组按钮时，则可以在<Div>标签内添加__________属性。

A．data-add-back-btn="true"

B．data-role="button"

C．data-back-btn-theme="b"

D．data-role="controlgroup"

三、简答题

1．什么是页面结构？

2．在页面中，包含多少种页面转场特效？

3．如何创建对话框？

4．描述在尾部添加导航栏的方法？

四、上机练习

1．添加滑下效果

用户可以在页面之间跳转时，添加一些特殊的特效。例如，添加从上至下的滑下特效，非常类似于拉屏一样的效果。

此时，用户可以在<a>标签中，添加 data-transition 属性，并设置其值为 slidedown，如图 11-45 所示。

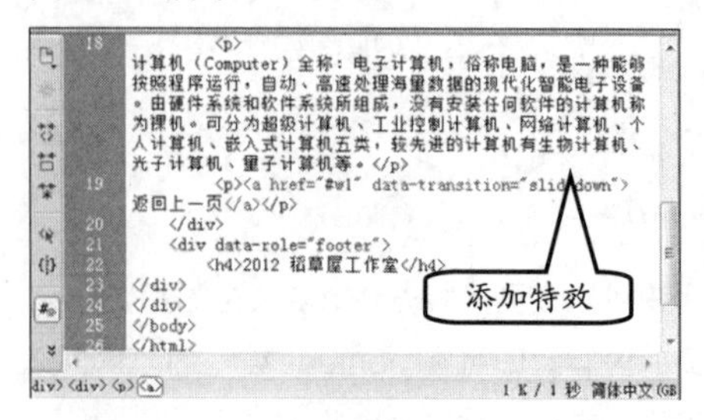

图 11-45 添加特效

2. 在尾部添加按钮

用户在尾部除了添加版权信息外，还可以添加一些按钮。例如，在尾部栏中，添加“提交”和“注销”按钮。

例如，在 footer 的<Div>容器中，添加“<a href="#" data-role="button" data-icon="submit" >提 交 </a><a href="#" data-role="button" data-icon="delete">注销</a>”代码，如图 11-46 所示。

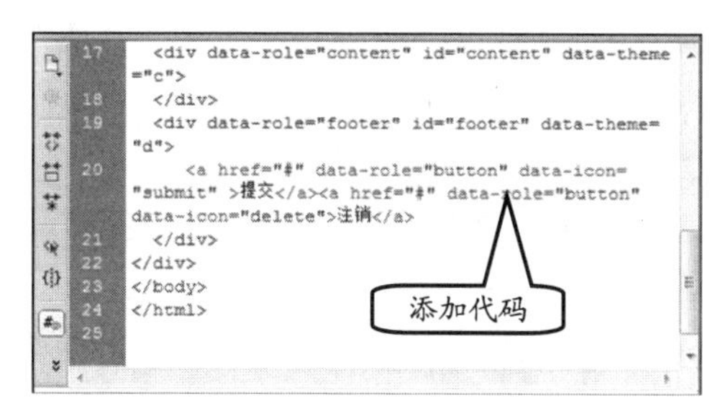

图 11-46 添加代码

然后，通过浏览器可以查看当前尾部按钮信息，如图 11-47 所示。

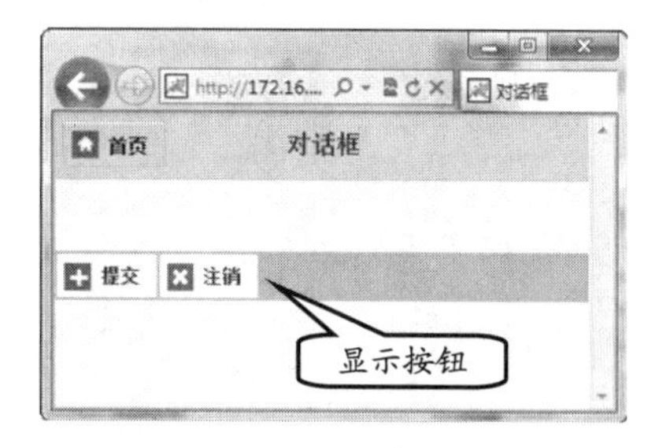

图 11-47 查看效果

第 12 章 移动产品页面交互

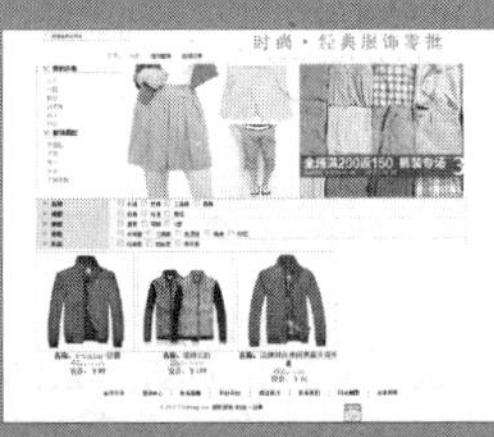

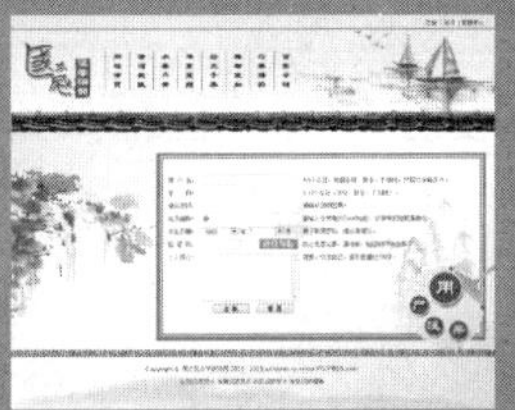

通过前面的章节中，已经对移动产品页面的组成，以及页面中按钮的设计，都有了一个全新的认识。

但是，在页面中，并非只是一些按钮、导航栏、标题栏、尾部栏，就可完成页面内容设计的。除此之外，用户还可以对页面内容进行必要的格式化样式，以及添加提交信息所需要的表单元素等。

本章主要介绍 jQuery Mobile 对页面中内容的布局、列表应用，以及进行交互的表单制作等。

本章学习要点：

- 内容布局
- 添加表单元素
- 添加列表内容

12.1 内容格式化

在 jQuery Mobile 页面的内容是完全开放的，但是 jQuery Mobile 框架提供了一些有用的工具及组件，比如可折叠的面板、多列网格布局等，方便地为移动设备格式化页面内容。

12.1.1 网格布局

因为屏幕通常都比较窄，所以使用多栏布局的方法在移动设备上不是推荐的方法。但是总有时候你会想要把一些小的元素并排放置（比如按钮或导航标签）。

jQuery Mobile 框架提供了一种简单的方法构建基于 CSS 的分栏布局，叫做 ui-grid。jQuery Mobile 提供了两种预设的配置布局：两列布局（class 含有 ui-grid-a）和三列布局（class 含有 ui-grid-b）。网格是 100%宽的，不可见（没有背景或边框），也没有 padding 和 margin，所以它们不会影响内部元素的样式。

1. 两栏布局

要构建两栏的布局，先构建一个父容器，添加一个 class 名字为：ui-grid-a 内部设置两个子容器，分别给第一个子容器添加 class：ui-block-a，第二个子容器添加 class：ui-block-b。其代码如下。

```
<div class="ui-grid-a">
<div class="ui-block-a"><strong>I'm Block A</strong> and text inside will
wrap</div>
<div class="ui-block-b"><strong>I'm Block B</strong> and text inside will
wrap</div>
</div><!-- /grid-a -->
```

然后，通过浏览器，可以查看这两栏布局的实际效果，如图 12-1 所示。

图 12-1　两栏布局

在下面的区块中，用户可以添加两个 class，并添加 ui-bar 的 class 给默认的 bar padding，并添加 ui-bar-e 的 class 应用背景渐变以及工具栏的主题 e 的字体样式。然后在每个网格的标签内增加 style="height:100px"的属性来设置高度。其代码如下。

```
<div class="ui-grid-a">
  <div class="ui-block-a">
    <div class="ui-bar-e" style="height:100px"><strong>I'm Block
    A</strong> and text inside will wrap</div>
  </div>
```

```
    <div class="ui-block-b">
      <div class="ui-bar-e" style="height:100px"><strong>I'm Block
      B</strong> and text inside will wrap</div>
    </div>
  </div>
  <!-- /grid-a -->
```

然后，用户可以通过浏览器来查看两个区块的效果，如图 12-2 所示。

2. 三栏布局

另一种布局的方式是三栏布局，给父容器添加 class="ui-grid-c"。然后，分别给 3 个子容器添加 class="ui-block-a"、class="ui-block-b"、class="ui-block-c"类内容。其代码如下。

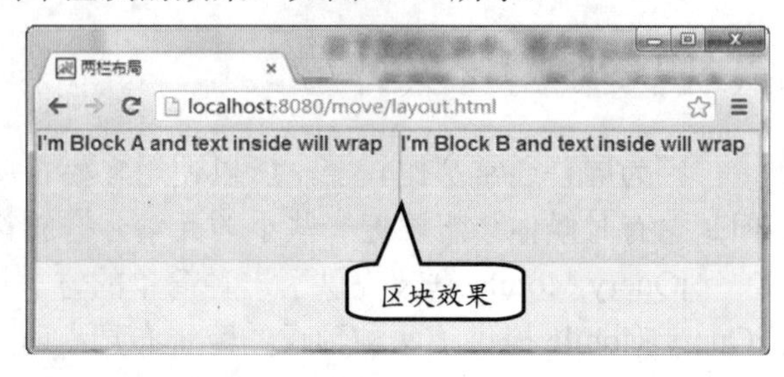

图 12-2　区块效果

```
  <div class="ui-grid-b">
      <div class="ui-block-a">Block A</div>
      <div class="ui-block-b">Block B</div>
      <div class="ui-block-c">Block C</div>
  </div><!-- /grid-a -->
```

通过浏览器，用户可以看到成 3 个 33%的分栏布局，如图 12-3 所示。

3. 多行的网格布局

网格化布局也适用于多栏布局的方式，如用户指定了一列布局的父容器，里面有 9 个子容器，则会包裹为 3 行，每行 3 个。

然后，用户可以给每行的第一个容器设置为 class="ui-block-a"来清除浮动。这样 9 个子容器的 class 应为：class="ui-block-(a,b,c,a,b,c,a,b,c)"重复。其代码如下。

图 12-3　3 栏布局

```
  <div class="ui-grid-c">
      <div class="ui-block-a"><div class="ui-bar-e" style="height:80px">A
      </div></div>
      <div class="ui-block-b"><div class="ui-bar-e" style="height:80px">B
      </div></div>
      <div class="ui-block-c"><div class="ui-bar-e" style="height:80px">C
      </div></div>
      <div class="ui-block-a"><div class="ui-bar-e" style="height:80px">A
      </div></div>
      <div class="ui-block-b"><div class="ui-bar-e" style="height:80px">B
      </div></div>
```

```
    <div class="ui-block-c"><div class="ui-bar-e" style="height:80px">C
    </div></div>
    <div class="ui-block-a"><div class="ui-bar-e" style="height:80px">A
    </div></div>
    <div class="ui-block-b"><div class="ui-bar-e" style="height:80px">B
    </div></div>
    <div class="ui-block-c"><div class="ui-bar-e" style="height:80px">C
    </div></div>
</div><!-- /grid-c -->
```

通过浏览器，用户可以看到9格式布局效果，如图12-4所示。

12.1.2 可折叠内容

要创建一个可折叠的区块，首先创建一个容器，然后给容器添加data-role="collapsible"属性。

在创建的容器内，直接添加标题（h1~h6标签）子节点，jQuery Mobile会将之表现为可单击的按钮，并在左侧添加一个“加号”（+）按钮，表示是可以展开的标签。

在头部后面用户可以添加任何想要折叠的html标记。框架会自动把这些标记包裹在一个容器里用以折叠或显示。代码如下。

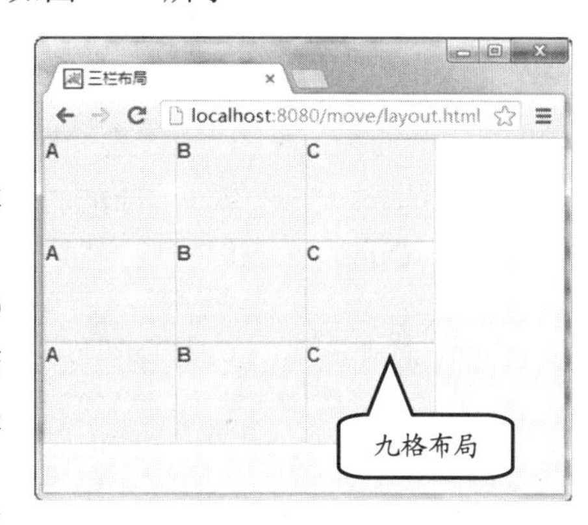

图12-4 9格式布局效果

```
<div data-role="collapsible">
    <h3>I'm a header</h3>
    <p>I'm the collapsible content. By default I'm open and displayed on
    the page, but you can click the header to hide me.</p>
</div>
```

通过浏览器，用户可以查看到折叠面板的效果，并单击标题显示面板内容，如图12-5所示。

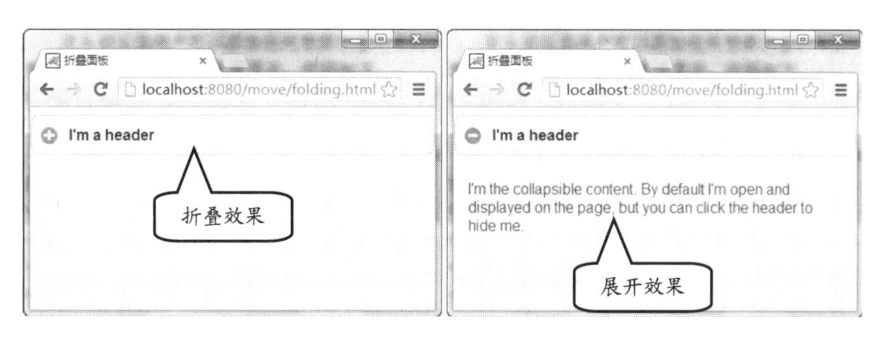

图12-5 折叠效果

如果默认情况下，可折叠容器是展开的。那么，用户可以通过给折叠的容器添加data-collapsed="true"的属性，设置折叠容器默认为收缩状态。

```
<div data-role="collapsible" data-collapsed="true">
```

可折叠的内容采用了精简的样式，用户仅仅在内容和标题间添加了一些 margin，标题则采用它所在容器的默认主题。

提 示

用户也可以在折叠容器中，再添加其他折叠容器，以实现多个折叠容器嵌套效果。

另外，通过给父容器添加 data-role="collapsible-set"属性，然后给每一个子容器添加 data-role="collapsible"属性，可以让容器展开时，其他容器被折叠的效果，类似手风琴组件。

12.2 添加表单元素

所有的表单元素都是由标准的<html>标签元素控制的，能够更吸引人并且容易使用。在不支持 jQuery Mobile 的浏览器下仍然是可用的，因为它们都是基于<html>标签元素。

12.2.1 了解表单

jQuery Mobile 提供了一套完整的，适合触摸操作的表单元素，它们都是基于原生的<html>标签元素，所有的表单都应该被包裹在一个<form>标签内。这个标签用户应该指定好 action 和 method 属性用来控制与服务器传送数据的方法。

```
<form action="form.php" method="post"> ... </form>
```

在 jQuery Mobile 中组织表单时，多数创建 post 和 get 的表单传递方式均要遵守默认的规定。但是，form 的 id 属性不仅需要在该页面内唯一，也需要在整个网站的所有页面中是唯一的。

这是因为 jQuery Mobile 的单页面内，导航的机制使得多个不同 page 容器可以同时在 DOM 中出现，所以用户必须给表单使用不同的 id 属性，以保证在每个 DOM 中的表单的 ID 都是不同的。

默认情况下，jQuery Mobile 会自动把原有的表单元素增强为适合触摸操作的组件。这是它通过标签名寻找表单元素，然后对它们执行 jQuery Mobile 插件的方法，并在内部实现。例如，select 元素被找到后，通过用 selectmenu 插件进行初始化，而一个属性为 type="checkbox"的 input 元素会被 checkboxradio 插件来增强。

初始化完毕后，用户可以使用它们的 jQuery UI 的组件的方法，通过程序进一步使用或设定它们的增强功能。

如果用户需要某表单元素不被 Jquery Mobile 处理，只需要给这个元素增加 data-role="none" 属性。其代码如下。

```
<label for="foo">
    <select name="foo" id="foo" data-role="none">
    <option value="a" >A</option>
    <option value="b" >B</option>
```

```
        <option value="c" >C</option>
    </select>
```

在 jQuery Mobile 中，所有的表单元素都被设计成弹性宽度以适应不同移动设备的屏幕宽度。在 jQuery Mobile 中内建的一个优化就是根据屏幕宽度的不同，<label>标签和表单元素的宽度是不同的。如果屏幕宽度相对窄（小于 480px），<label>标签会被样式化为块级元素，使它们能够置于表单元素上方，以节省水平空间。如果屏幕较宽，则<label>标签和表单元素会被样式化为两列的网格布局的一行中，并充分利用页面的空间。

一般情况下，建议把表单内的每一个<label>标签或者表单元素用 Div 或 fieldset 容器包裹，然后增加 data-role="fieldcontain"属性，以改善标签和表单元素在宽屏设备中的样式。jQuery Mobile 会自动在容器底部添加一条细边框作为分隔线，使得<label>标签或表单元素对在快速扫视时看起来对齐。

12.2.2 文本输入框

文本输入框和文本输入域，使用标准的<html>标签，并且在<input>标签中添加 type="text"属性。

1. 文本输入框

用户要把<label>标签的 for 属性设为 input 的 id 值，使它们能够在语义上相关联，并且放置到 Div 容器中，再设定 data-role="fieldcontain"属性。其代码如下。

```
<form action="#" method="post" name="user">
    <div data-role="fieldcontain">
        <label for="name">用户名:</label>
        <input type="text" name="name" id="name" value=""  />
    </div>
</form>
```

用户可以打开浏览器，并浏览该文档中所添加的“文本输入”元素的效果，如图 12-6 所示。

图 12-6　输入文本框

2. 密码输入框

如果用户在<input>标签中，设置 type="password"属性，可以设置为密码框。但是，用户需要将<label>标签中的 for 属性设为 input 的 id 值，使它们能够在语义上相关联，并且放置于 Div 容器中，并设定 data-role="fieldcontain"属性。其代码如下。

```
<div data-role="fieldcontain">
    <label for="PW">密    码: </label>
    <input name="PW" type="password" id="PW" value=""/>
```

```
</div>
```

用户可以在原有的代码中，添加上述代码。此时，用户通过浏览器可以查看“密码”文本框的效果，如图 12-7 所示。

在 jQuery Mobile 中，用户还可以使用 HTML 5 的输入框类型，如 email、tel、number 等 type 属性。jQuery Mobile 会把某些类型的输入框降级为普通的文字输入框。用户也可以在页面的插件选项里设置，把需要的 input 类型降级为普通的文字输入框。

图 12-7 设置“密码”文本框

3. 文本域输入框

对于多行输入，可以使用 textarea 类型参数。jQuery Mobile 框架会自动加大文本域的高度以防止出现在移动设备中很难使用的滚动条的出现。

```
<div data-role="fieldcontain">
    <label for="proposal">对网站建议：</label>
    <textarea cols="40" rows="8" name="textarea" id="proposal"></textarea>
</div>
```

用户可以通过浏览器查看到文本域输入框的右下角与普通的文本输入框有所不同，如图 12-8 所示。

而当用户在文本域输入框中输入内容的过程中，文本框将根据内容自动调整其高度，如图 12-9 所示。

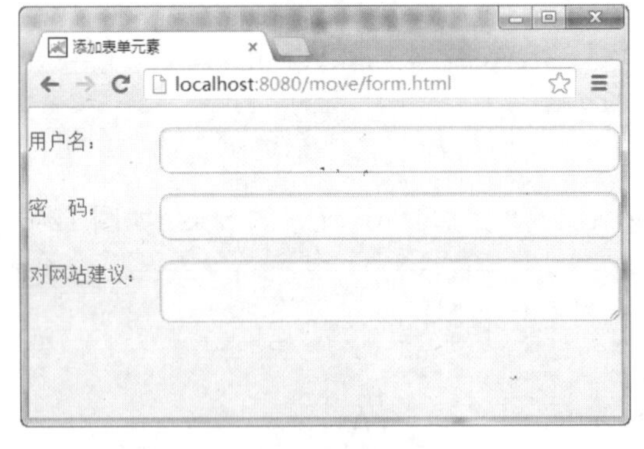

图 12-8 文本域输入框

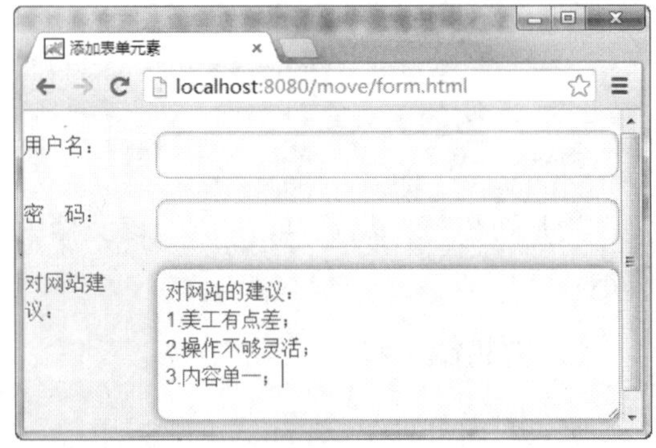

图 12-9 输入内容

12.2.3 搜索输入框

搜索输入框是一个新兴的<html>标签元素，外观为圆角，当用户输入文字后右边会出现一个叉的图标，若单击，则会清除输入的内容。例如，在<input>标签中，添加 type="search"属性来定义搜索框。

同时，需要用户注意，将<label>标签的 for 属性设为<input>标签的 id 值，使它们能够在语义上相关联，并且放置于 Div 容器，并设置 data-role="fieldcontain"属性。其代码如下。

```
<form action="#" method="post" name="user">
    <div data-role="fieldcontain">
        <label for="search">输入搜索内容：</label>
        <input type="search" name="password" id="search" value="" />
    </div>
</form>
```

用户可以通过浏览器查看直接生成的搜索文本框，如图 12-10 所示。然后，在该搜索框中输入内容后，即可在文本框后面显示一个【删除】按钮图标，如图 12-11 所示。

图 12-10 搜索输入框

图 12-11 输入搜索内容

12.2.4 滑动条

当用户在<input>标签中，设置一个新的 HTML 5 属性为 type="range"时，可以给页面添加滑动条组件。

当然，用户也可以指定滑动条的 value 值（当前值），以及 min 和 max 属性的值配置滑动条。jQuery Mobile 会解析这些属性来配置滑动条。

而当滑动滑动条时，<input>标签会随之更新数值，反之亦然，使用户能够很简单地在表单里提交数值。其代码如下。

```
<div data-role="fieldcontain">
    <label for="slider">选择当前温度：</label>
    <input type="range" name="slider" id="slider" value="0" min="0" max=
    "100"  />
</div>
```

在浏览器中，可以看到已经生成一个滑动条，并在左侧显示一个 0 文本框，如图 12-12 所示。而当用户拖动滑动条中的滑块时，则左侧文本框中的数字将发生变化，如图 12-13 所示。

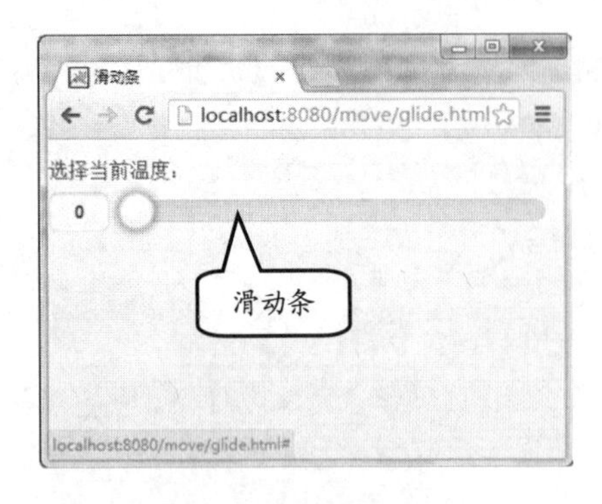

图 12-12　显示滑动条

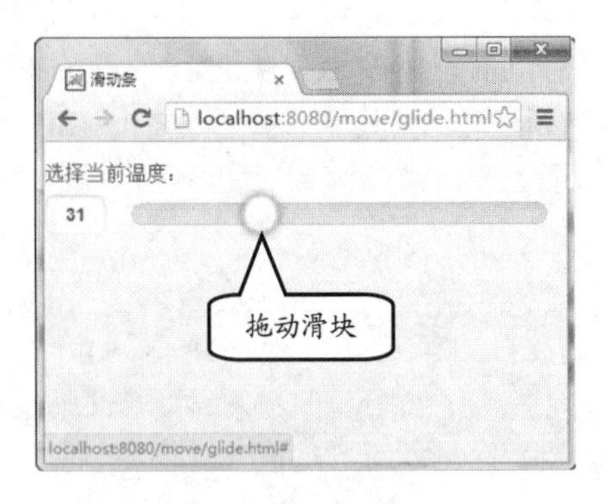

图 12-13　拖动滑块

12.2.5　开关元素

开关在移动设备上是一个常用的界面元素，用来表示切换用的开/关或者输入true/false 类型的数据。用户可以像滑动框一样拖动开关，或者单击开关任意一半进行操作。

创建一个只有两个选项的选择菜单，就可以构造一个开关了。第一个选项会被样式化为“开”状态，第二个选项会被样式化为“关”状态，所以用户要注意代码书写顺序。

另外，在制作开关时，也要将<label>标签的 for 属性设为<input>标签的 id 值，使它们能够在语义上相关联，并且放置 Div 容器中，并设置 data-role="fieldcontain"属性。

```
<div data-role="fieldcontain">
    <label for="slider">打开 WLAN 功能：</label>
    <select name="slider" id="slider" data-role="slider">
        <option value="off">关</option>
        <option value="on">开</option>
    </select>
</div>
```

图 12-14　开关按钮

用户可以通过浏览器查看开关的实际效果，如图 12-14 所示。

如果用户想通过 JS 手动控制开关，务必调用 refresh 方法刷新样式，代码如下。

```
var myswitch = $("select#bar");
myswitch[0].selectedIndex = 1;
myswitch .slider("refresh");
```

提　示

用户还可以对其他的表单元素进行刷新操作。

❑ 复选按钮

```
$("input[type='checkbox']").attr("checked",true).checkboxradio("refresh");
```

❑ 单选按钮组

```
$("input[type='radio']").attr("checked",true).checkboxradio("refresh");
```

❑ 选择列表

```
var myselect = $("select#foo");
myselect[0].selectedIndex = 3;
myselect.selectmenu("refresh");
```

❑ 滑动条

```
$("input[type=range]").val(60).slider("refresh");。
```

12.2.6 单选按钮组

单选按钮组和复选按钮组都是用标准的<html>代码写的，但是都被样式化得更容易操作。用户所看见的控件其实是覆盖在<input>标签上的<label>元素，所以如果图片没有正确加载，仍然可以正常使用控件。

在大多数浏览器里，单击<label>会自动触发在<input>标签上的单击操作，但是不得不为部分不支持该特性的移动浏览器人工去触发该单击。在桌面程序里，键盘和屏幕阅读器也可以使用这些控件。

要创建一组单选按钮，为<input>标签添加 type="radio"属性和相应的<label>标签即可。

```
<div data-role="fieldcontain">
    <fieldset data-role="controlgroup">
    <legend>下列选项是正确的：</legend>
        <input type="radio" name="radio" id="radio1" class="custom" />
        <label for="radio1">早晨喝一杯白开水，有益健康。</label>
        <input type="radio" name="radio" id="radio2" class="custom" />
        <label for="radio2">早晨喝一杯牛奶，有益健康。</label>
    </fieldset>
</div>
```

通过浏览器，用户可以查看当前单选按钮效果，如图 12-15 所示。如果用户单击某一个选项时，则文本前面将显示被选中状态，如图 12-16 所示。

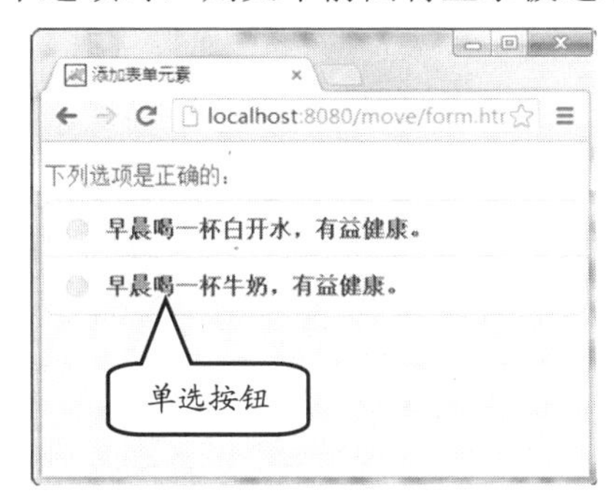

图 12-15 单选按钮

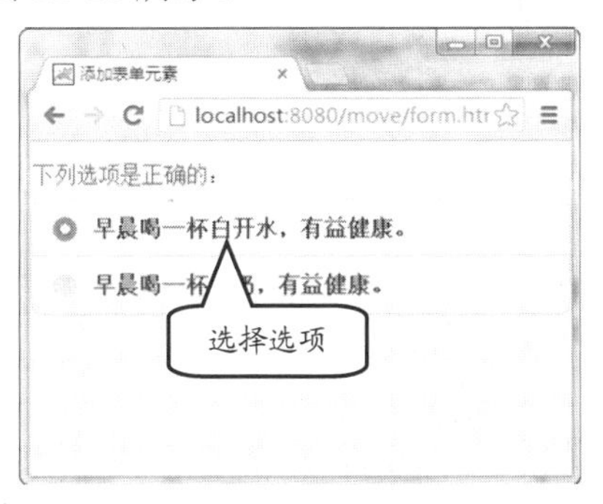

图 12-16 选中选项

如果用户希望在浏览时，默认某个选项组中单选按钮为选中状态，则可以在<input>标签中添加 checked="true"属性。

```
<div data-role="fieldcontain">
    <fieldset data-role="controlgroup">
    <legend>下列选项是正确的：</legend>
        <input type="radio" name="radio" id="radio1" class="custom"
        checked="true" />
        <label for="radio1">早晨喝一杯白开水，有益健康。</label>
        <input type="radio" name="radio" id="radio2" class="custom" />
        <label for="radio2">早晨喝一杯牛奶，有益健康。</label>
    </fieldset>
</div>
```

单选按钮组也可用作水平按钮组，可以同时选择多个按钮。例如，对访问者进行“喜欢的主食”进行调查。只需要在<fieldset>标签中添加 data-type="horizontal"属性即可。

```
<fieldset data-role="controlgroup" data-type="horizontal" data-role=
"fieldcontain">
```

jQuery Mobile 会自动将标签浮动，并排放置，并隐藏按钮前的 icon，并给左右两边的按钮增加圆角，如图 12-17 所示。

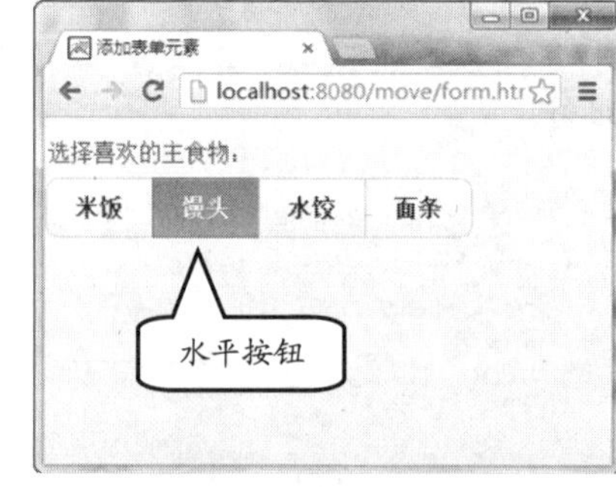

图 12-17　水平单选按钮

12.2.7　复选框组

复选框用来提供一组选项，可以选中不止一个选项。传统的桌面程序的单选按钮组没有对触摸输入的方式进行优化，所以在 jQuery Mobile 中，<label>标签也被样式化为复选按钮，使按钮更长，容易单击。并添加了自定义的一组图标来增强视觉反馈。

要创建一组复选框，为<input>标签中添加 type="checkbox"属性和相应的<label>标签即可。因为复选按钮使用<label>标签元素放置选框后面，用来显示文本内容。因此，用户可以在复选按钮组的使用 fieldset 容器中，添加一个<legend>标签元素，用来表示该问题的标题。

```
<div data-role="fieldcontain">
    <fieldset data-role="controlgroup">
        <legend>选择喜欢的主食物：</legend>
        <input type="checkbox" name="checkbox" id="checkbox1" class=
        "custom" checked="true"/>
        <label for="checkbox1">米饭</label>
        <input type="checkbox" name="checkbox" id="checkbox2" class=
        "custom" />
        <label for="checkbox2">馒头</label>
        <input type="checkbox" name="checkbox" id="checkbox3" class=
```

```
            "custom" />
            <label for="checkbox3">水饺</label>
            <input type="checkbox" name="checkbox" id="checkbox4" class=
            "custom" />
            <label for="checkbox4">面条</label>
        </fieldset>
    </div>
```

通过浏览器，用户可以看到在文本前面显示一个方框，如图 12-18 所示。而当用户选择选项时，则在方框中显示一个“对号”（√）图标，如图 12-19 所示。

同单选按钮组一样，用户可以制作成水平复选框组，并在<fieldset>标签中，添加 data-type="horizontal" 和 data-role="fieldcontain"属性，如图 12-20 所示。

图 12-18　显示复选框组

图 12-19　选择复选项

图 12-20　水平复选组

提　示

用户可以从浏览器效果上看水平单选按钮组和水平复选框组。在显示效果上，它们并没有太大的区别。但是，在操作上，对于水平单选按钮组只能选择一个按钮；而水平复选框组则可以选择多个按钮选项。

12.2.8　选择菜单

选择菜单摒弃了原有的<select>标签元素的样式，原有的<select>标签元素被隐藏，并被一个由 jQuery Mobile 框架自定义样式的按钮和菜单替代。

当被单击时，手机自带的原有的菜单选择器会打开。菜单内某个值被选中后，自定义地选择按钮的值，并更新为所选择的选项。

要添加这样的选择菜单组件，可以使用标准的<select>标签元素和位于其内的一组<option>标签元素。

```
    <div data-role="fieldcontain">
```

```
    <label for="select-choice-1" class="select">请选择今天星期几：</label>
    <select name="select-choice-1" id="select-choice-1">
        <option value="1">星期一</option>
        <option value="2">星期二</option>
        <option value="3">星期三</option>
        <option value="4">星期四</option>
        <option value="5">星期五</option>
        <option value="6">星期六</option>
        <option value="7">星期天</option>
    </select>
</div>
```

用户可以通过浏览器查看当前选择菜单的效果，并通过单击当前选项名称，选择其他选项，如图 12-21 所示。

提 示

用户通过手机访问菜单选项，若用户点击该选项，则弹出一个选项列表对话框，并显示所有选项；若选择某个选项，则选项后面的“圆圈”将被填充颜色。

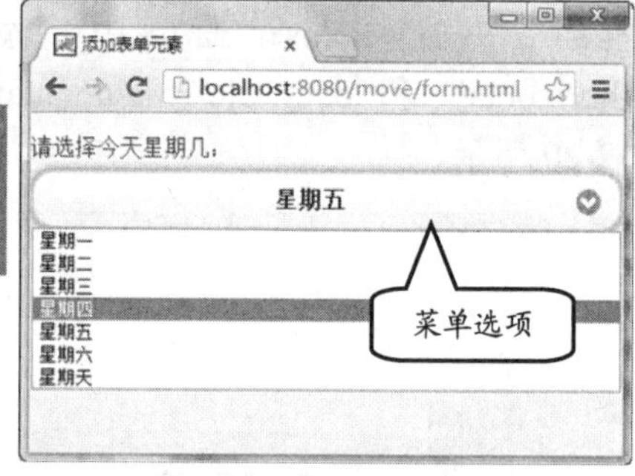

图 12-21 菜单选项

12.2.9 日期拾取器

用户也可在界面中添加日期拾取器插件。这个插件并不包含在 jQuery Mobile 默认库当中，用户需要自己手动包含到当前文件。

例如，用户可以在<input>标签元素中添加 type="date"属性，即可生成输入日期的文本框。

```
<div data-role="fieldcontain">
    <label for="date">选择当前日期：</label>
    <input type="date" name="date" id="date" value="" />
</div>
```

通过浏览该代码，用户可以看到在输入框中，将显示“年-月-日”的内容，并单击该输入后面的下拉箭头，即可弹出日期拾取器，如图 12-22 所示。

提 示

如果用户通过手机浏览时，则在手机浏览器中，将只显示一个输入框。而当用户点击该输入框时，弹出“设置日期”面板，并通过微调按钮选择当前日期。

图 12-22 选择日期

12.2.10 表单提交

jQuery Mobile 会自动通过 Ajax 处理表单的提

交，并在表单页面和结果页面之间创建一个平滑的转场效果。

用户需要在<form>标签元素上正确设定 action 和 method 属性，保证表单的提交。如果没有指定，提交方法默认为 get，action 默认为当前页的相对路径（通过$.mobile.path.get()方法取得）。

表单也可以像链接一样指定转场效果的属性，比如 data-transition="pop" 和 data-direction="reverse"。

如果不希望通过 Ajax 提交表单，可以在全局事件禁用 Ajax 或给<form>标签设定 data-ajax="false"属性。目标（target）属性也可以在<form>标签上设置，表单提交时默认为浏览器的打开规则。而与链接不同，rel 属性不可以在 form 上设置。

12.2.11 表单插件应用

在 jQuery Mobile 对表单控件进行自定义增强之后，用户依然可以通过插件的方法手动地控制它们的许多属性。控制表单的插件方法如下。

1. 选择菜单（Select menus）

- **Open** 打开一个选择菜单。

$('select').selectmenu('open');

- **close** 关闭一个选择菜单。

$('select').selectmenu('close');

- **refresh**

更新自定义菜单来体现原生元素的值。如果自定义菜单的选项数目和原生的 select 元素 option 的数目不一样，它将会重建该自定义菜单。同样，如果你传递一个 true 参数，则可以强制执行该重建。

```
//刷新选择菜单吗?
$('select').selectmenu('refresh');
//刷新选择菜单的值并重建菜单
$('select').selectmenu('refresh', true);
```

- **Enable** 启用该选择菜单。

$('select').selectmenu('enable');

- **Disable** 禁用该选择菜单。

$('select').selectmenu('disable');

2. 文本框（Textinput）

- **Enable** 启用文本域。

$('input').textinput('enable');

- **Disable** 禁用文本域。

$('textarea').textinput('disable');

3. 单选复选框（checkboxradio）

- **Enable** 启用单选复选框。

$('input').checkboxradio('enable');

- **Disable** 禁用单选复选框。

$('input').checkboxradio('disable');

- **Refresh** 刷新单选复选框的值。

$('input').checkboxradio('refresh');

4. 滑动条（slider）

- **Enable** 启用滑动。

$('input').slider('enable');

- **Disable** 禁用滑动。

$('input').slider('disable');

- **Refresh** 刷新滑动条的。

$('input').slider('refresh');

5. 表单按钮（Form buttons）

- **Enable** 启用按钮。

$('input').button('enable');

- **Disable** 禁用按钮。

$('input').button('disable');

jQuery Mobile 在应用了增强效果之后，会把几种 HTML 5 输入框类型降级为 type=text 或者 type=number 的输入框类型。例如，type=range 的输入框被增强成为一个滑动条，类型被设置为数字，而 type=search 的输入框在添加了一些针对搜索输入文字的样式后，会降级为 type=text 输入框。

页面插件包含一组<input>标签的类型，这些<input>标签类型可以设置为 true，这意味着它们会降级成 type=text 输入框。或者 false，意味着不处理或者一个字符串如 "number"，意为将它们转化为该类型。

12.2.12 表单主题样式

在前面的页面中，已经了解到 jQuery Mobile 内建了一套样式主题系统，就是为页面和表单添加样式时有丰富的选择。

默认情况下，所有的表单元素都会应用与父容器相同的主题样式，并且表单元素融合进它们的布局中。如果用户要给表单元素单独地应用 data-theme 属性，则可以指定它的主题样式，使它在布局中凸现出来。

```
<div data-role="page"  data-theme="e">
  <div data-role="header" data-theme="b"><h1>添加用户信息</h1></div>
  <div data-role="content">
    <form action="#" method="post" name="user">
      <div data-role="fieldcontain">
        <label for="name">用户名:</label>
```

```
      <input type="text" name="name" id="name" value=""  />
    </div>
    <div data-role="fieldcontain">
      <label for="slider">性别：</label>
      <select name="slider" id="slider" data-role="slider">
        <option value="off">男</option>
        <option value="on">女</option>
      </select>
    </div>
    <div data-role="fieldcontain">
      <label for="slider">年龄：</label>
      <input type="range" name="slider" id="slider" value="0" min="0"
      max="130"  />
    </div>
    <div data-role="fieldcontain">
      <fieldset data-role="controlgroup" data-type="horizontal" data-role
      ="fieldcontain">
      <legend>选择空闲时间：</legend>
      <input type="radio" name="radio" id="radio1" class="custom"
      checked="true" />
      <label for="radio1">上午</label>
      <input type="radio" name="radio" id="radio2" class="custom" />
      <label for="radio2">中午</label>
      <input type="radio" name="radio" id="radio3" class="custom" />
      <label for="radio3">晚上</label>
      </fieldset>
    </div>
    <div data-role="fieldcontain">
      <label for="select-choice-1" class="select">请选择学历：</label>
      <select name="select-choice-1" id="select-choice-1">
        <option value="1">小学</option>
        <option value="2">中学</option>
        <option value="3">高中</option>
        <option value="4">大专</option>
        <option value="5">本科</option>
        <option value="6">研究生</option>
        <option value="7">博士</option>
      </select>
    </div>
  </form>
 </div>
 <div data-role="footer" data-theme="b">
   <h4>2013 稻草屋工作室</h4>
 </div>
</div>
```

用户通过浏览该页面内容，可以看到在不同的页面结构中，所添加的主题样式不同，则显示的效果也不同，如图 12-23 所示。

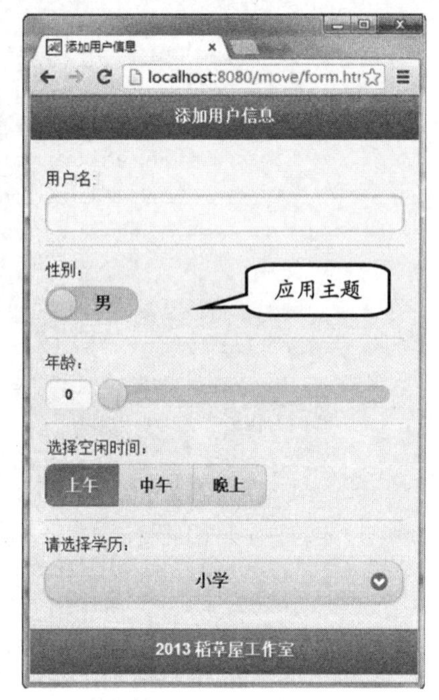

图 12-23 主题样式

12.3 添加列表内容

列表用来展示数据、导航、结果列表，以及数据条目，所以 jQuery Mobile 提供了多种的列表类型以适应大多数的设计模式。

12.3.1 带链接的列表

列表的代码为一个含 data-role="listview" 属性，即无序列表。jQuery Mobile 会把所有必要的样式（列表项右出现一个向右箭头，并使列表与屏幕同宽等）应用在列表上，使其成为易于触摸的控件。

当用户点击列表项时，jQuery Mobile 会触发该列表项里的第一个链接，通过 Ajax 请求链接的 URL 地址，在 DOM 中创建一个新的页面并产生页面转场效果。

```
<ul data-role="listview">
    <li><a href="index.html">Acura</a></li>
    <li><a href="index.html">Audi</a></li>
</ul>
```

用户通过浏览器，可以查看到所显示的两个类似于按钮的选项。但是，列表与按钮之间的区别在于，列表的图标显示在文本后面，而按钮图标显示在文本前面，如图 12-24 所示。

图 12-24 显示列表

12.3.2 嵌套列表

一般用户可以在<ul>和<ol>标签中，添加<li>标签。但是，用户还可以在<li>标签中，嵌套子<ul>、<ol>标签，实现嵌套列表效果。

当一个拥有子列表的列表项被点击时，jQuery Mobile 框架会生成一个新的列表页面充满屏幕，并自动生成一个为父列表项名称为标题的头部，以及一个子列表。

这个动态生成的嵌套的列表默认的主题样式为 b（蓝色），用于区别父列表与子列表之间的区别。列表可以嵌套多层，jQuery Mobile 会自动处理这些链接和页面。

```
<ul data-role="listview">
    <li>水果类
```

```
        <ul>
            <li><a href="index.html">苹果</a></li>
            <li><a href="index.html">香蕉</a></li>
        </ul>
    </li>
    <li>蔬菜类
        <ul>
            <li><a href="index.html">西红柿</a></li>
            <li><a href="index.html">黄瓜</a></li>
        </ul>
    </li>
</ul>
```

此时，用户可以在浏览器中，点击列表中的选项，并显示子列表内容，如图 12-25 所示。

图 12-25 查看子列表

12.3.3 列表编号

通过有序列表<ol>标签，可以创建数字排序的列表，用来表现顺序序列，如搜索结果、电影排行榜等。当增强效果应用到列表时，jQuery Mobile 优先使用 CSS 的方式给列表添加编号，当浏览器不支持这种方式时，框架会采用 JavaScript 将编号写入列表中。

```
<ol data-role="listview">
    <li><a href="index.html">个人计算机</a></li>
    <li><a href="index.html">笔记本电脑</a></li>
    <li><a href="index.html">平板电脑</a></li>
    <li><a href="index.html">智能手机</a></li>
</ol>
```

用户通过浏览器，可以查看在列表中，各文本之前所添加的编号，如图 12-26 所示。

图 12-26 列表编号

12.3.4 只读列表

列表也可以用来展示没有交互的条目，通常会是一个内嵌的列表。通过有序或者无序列表都可以创建只读列表，即列表项内没有链接即可。jQuery Mobile 默认将只读列表的主题样式设为 c，即白色无渐变色，并把字号设为比可点击的列表项的小，以节省空间。

```
<ul data-role="listview" data-inset="true">
    <li>个人计算机</li>
    <li>平板电脑</li>
    <li>智能手机</li>
    <li>笔记本电脑</li>
</ul>
```

通过浏览器，用户可以看到在只读列表中，不显示列表的图标内容，如图 12-27 所示。

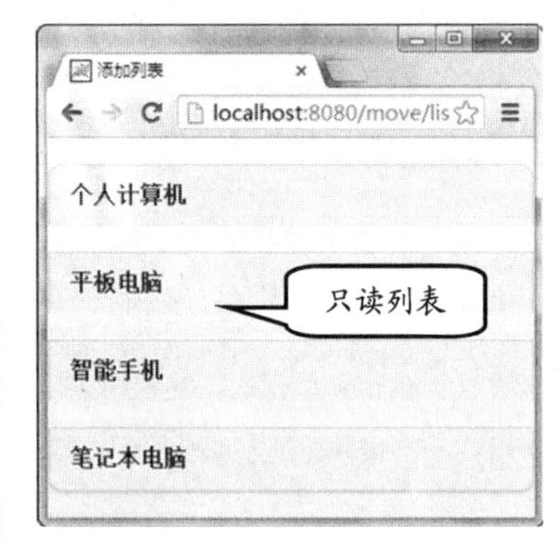

图 12-27 只读列表

12.3.5 拆分的按钮列表

有时每个列表项会有多于一个的操作，这时拆分按钮用来提供两个独立的可点击的部分：列表项本身和列表项右边的小图标。

要创建这种拆分按钮，在<li>标签中插入第二个链接即可，框架会创建一个竖直的分割线，并把链接样式化为一个只有图标（icon）的按钮，可以设置 title 属性以保证可访问性。

用户可以通过指定 data-split-icon 属性，来设置位于右边的分隔项的图标，而分隔项的主题样式可以通过 data-split-theme 属性来设置。

```
<ul data-role="listview" data-split-icon="gear" data-split-theme="d">
    <li><img src="images/sPic1.jpg" width="100" height="68"/>
        <h6><a href="index.html">Broken Bells</a></h6>
        <p>Broken Bells</p>
        <a href="lists-split-purchase.html" data-rel="dialog" data-
        transition ="slideup">Purchase album</a></li>
    <li><img src="images/bPic4.jpg" width="100" height="76" />
        <h6><a href="index.html">Warning</a></h6>
        <p>Hot Chip</p>
        <a href="lists-split-purchase.html" data-rel="dialog" data-
        transition="slideup">Purchase album</a></li>
</ul>
```

在浏览器中，用户可以看到在列表中所添加的图像和链接文本内容，如图 12-28

所示。

图 12-28 列表中显示图像和链接

12.3.6 分割列表项

列表项也可以转化为列表分割项，用来组织列表，使列表项成组。给任意列表项添加 data-role="list-Divider" 属性即可。默认情况下，列表项的主题样式为 b（浅灰），但给列表（<ul>或<ol>标签）添加 data-Dividertheme 属性，可以设置列表分割项的主题样式。

```
<ul data-role="listview">
    <li data-role="list-divider">水果</li>
    <li><a href="index.html">苹果</a></li>
    <li><a href="index.html">香蕉</a></li>
    <li><a href="index.html">橘子</a></li>
    <li data-role="list-divider">蔬菜</li>
    <li><a href="index.html">豆角</a></li>
    <li><a href="index.html">茄子</a></li>
</ul>
```

通过浏览器，可以看到在网页中被分为两项内容，如"水果"和"蔬菜"。而在不同的列表项中，包含若干内容，如图 12-29 所示。

图 12-29 列表分割项

12.3.7 搜索过滤框

jQuery Mobile 提供了一种非常方便的方式通过在客户端进行的搜索机制过滤列表。要使一个列表可过滤，只需为列表设置 data-filter="true" 属性即可。

框架会在列表上方增加一个搜索框，当用户在搜索输入框中输入时，jQuery Mobile 会自动过滤掉不含输入字符的列表项。

搜索输入框，默认的字符为"Filter items..."。通过设置 mobileinit 事件的绑定程序或者给$.mobile.listview.prototype.options.filterPlaceholder 选项设置一个字符串，或者给列表设置 data-filter-placeholder 属性，可以设置搜索输入框的默认字符。

```
<ul data-role="listview" data-filter="true" >
    <li><a href="index.html">计算机</a></li>
```

```
    <li><a href="index.html">苹果</a></li>
    <li><a href="index.html">蜜桃</a></li>
    <li><a href="index.html">黄瓜</a></li>
</ul>
```

通过浏览器，可以看到列表上方显示一个搜索框，如图 12-30 所示。然后，当用户在搜索框中输入“计”字，则在搜索框下位只显示“计算机”列表项内容，如图 12-31 所示。

图 12-30 显示过滤框列表

图 12-31 过滤列表项

12.3.8 文本格式和计数气泡

jQuery Mobile 支持通过 HTML 语义化的标签来显示列表项中所需常见的文本格式（比如标题/描述，二级信息，计数等）。

- 将数字用一个元素包裹，并添加 ui-li-count 的 class 放置于列表项内，可以给列表项右侧增加一个计数气泡;
- 若要添加有层次关系的文本，则可以使用标题来强调，并用段落文本来减少强调;
- 补充信息（比如日期）可以通过包裹在 class="ui-li-aside"的容器中来添加到列表项的右侧。

通过下列的代码，用户可以看到文本和气泡显示效果，代码如下。

```
<ul data-role="listview">
    <li data-role="list-divider">Friday, October 8, 2010 <span class=
    "ui-li-count">2</span></li>
    <li>
        <h3><a href="index.html">Stephen Weber</a></h3>
        <p><strong>You've been invited to a meeting at Filament Group in
        Boston, MA</strong></p>
        <p>Hey Stephen, if you're available at 10am tomorrow, we've got a
        meeting with the Jquery team.</p>
        <p class="ui-li-aside"><strong>6:24</strong>PM</p>
    </li>
    <li>
```

```
        <h3><a href="index.html">Jquery Team</a></h3>
        <p><strong>Boston Conference Planning</strong></p>
        <p>In preparation for the upcoming conference in Boston, we need
        to start gathering a list of sponsors and speakers.</p>
        <p class="ui-li-aside"><strong>9:18</strong>AM</p>
    </li>
</ul>
```

通过对上述代码的运行，在浏览器中可以看到实现文本和气泡的效果，如图12-32 所示。

如果用户单独在列表项中只显示气泡效果，则在文档中可以输入以下代码。

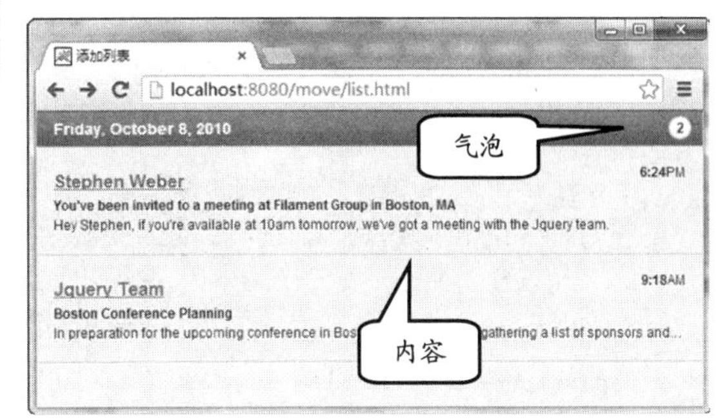

图 12-32　显示文本和气泡效果

```
<ul data-role="listview">
    <li><a href="index.html">Inbox</a> <span class="ui-li-count">12</span>
    </li>
    <li><a href="index.html">Outbox</a> <span class="ui-li-count">0</span>
    </li>
</ul>
```

通过运行上述代码，在浏览器中可以看到列表项的气泡中显示的统计结果，如图 12-33 所示。

图 12-33　显示气泡效果

12.3.9　列表项的缩略图与图标

要在列表项左侧添加缩略图，只需在列表项中添加一幅图片作为第一个子元素即可。jQuery Mobile 会自动缩放图片为大小 80px 的正方形，而要使用标准 16×16 的图标作为缩略图的话，为图片元素添加 ui-li-icon class 属性即可。

```
<div data-role="content">
    <ul data-role="listview">
        <li> <img src="images/bPic1.jpg"/>
            <h3><a href="index.html">海豚</a></h3>
            <p>海里的动物</p>
        </li>
        <li> <img src="images/bPic4.jpg"/>
            <h3><a href="index.html">松柏</a></h3>
            <p>雪中的风景</p>
        </li>
```

```
        </ul>
    </div>
```

通过浏览器，用户可以看到文本方式的列表内容，如图 12-34 所示。

图 12-34 文本列表

另外，用户还可以将前边的图像设置为该列表项的图标（icon）图像，其代码如下。

```
    <ul data-role="listview">
        <li><img src="images/bPic4.jpg"
        alt="France" class="ui-li-icon">
        <a href="index.html">France</a>
        <span class="ui-li-count">4</span></li>
        <li><img src="images/bPic3.jpg" alt="Germany" class="ui-li-icon"><a
href="index.html">Germany</a> <span class="ui-li-count">4</span></li>
    </ul>
```

通过浏览器，可以看到在文本之前的图像已经变成非常小的图标图像，如图 12-35 所示。

提 示

如果用户给列表项添加了列表项，需要调用 refresh()方法将列表的样式更新并且将添加进的列表项生成嵌套列表。例如：通过“$('ul').listview('refresh');”命令实现更新操作。

图 12-35 图标图像

12.4 课堂练习：制作问卷调查页

当一个研究者想通过社会调查来研究一个现象时，可以用问卷调查收集数据，也可以用访谈或其他方式收集数据。问卷调查是以书面提出问题的方式来搜集资料的一种研究方法。

问卷调查假定研究者已经确定所要问的问题。这些问题被打印在问卷上，编制成书面的问题表格或者以网络的形式，交由调查对象填写或者选择，然后收回整理分析，从而得出结论，如图 12-36 所示。

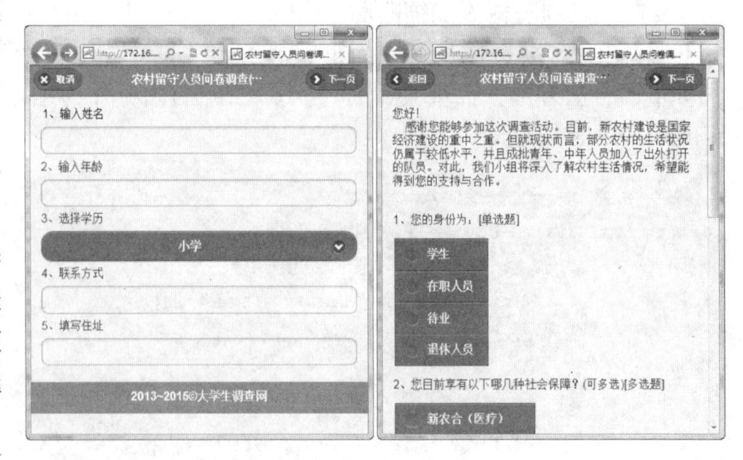

图 12-36 调查页面

操作步骤：

1 执行【文件】|【新建】命令，并弹出【新建文档】对话框。然后，在该对话框中，选择【空白页】选项，并在【页面类型】列中，选择 HTML 选项。最后，在【文档类型】列表中选择 HTML 5 选项，单击【创建】按钮，如图 12-37 所示。

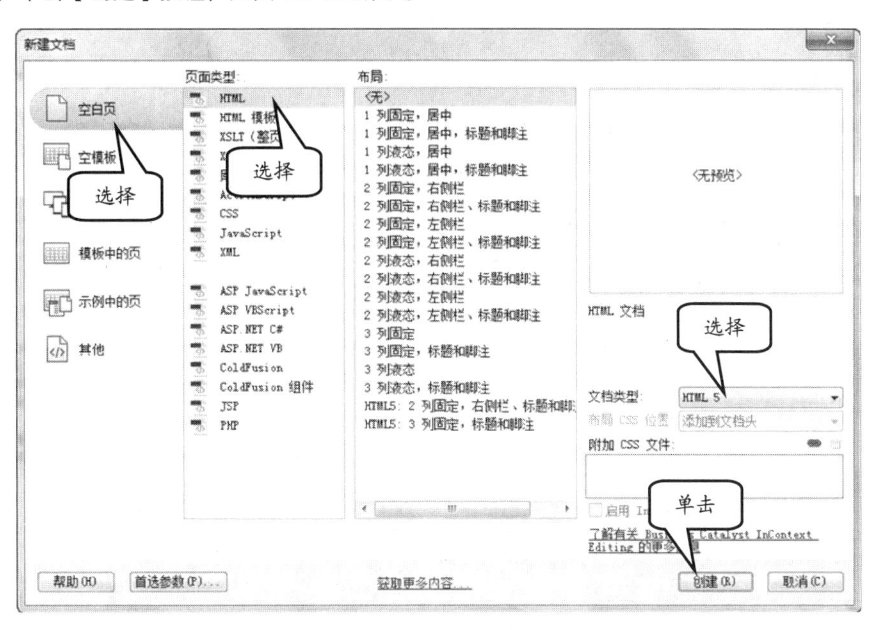

图 12-37 创建 HTML 5 文档

2 在<head></head>标签中，添加<meta>标签，并设置随屏幕大小显示等属性。然后，再修改标题名称，并添加 JS 和 CSS 外部文件。

```
<meta name="viewport" content="width=device-width,  initial-scale=1" />
<title>问卷调查</title>
<link href="js/jquery.mobile-1.3.1.min.css" rel="stylesheet" type=
"text/css" />
<script src="js/jquery-1.9.1.min.js"></script>
<script src="js/jquery.mobile-1.3.1.min.js"></script>
```

3 在<body></body>标签中，添加页面结构，并在标题栏中插入按钮，代码如下所示。

```
<div data-role="page" id="page" data-theme="b">
  <div data-role="header" data-theme="b">
  <a data-icon="delete" onClick="javascript:window.close()">取消</a>
    <h1>农村留守人员问卷调查(个人信息)</h1>
     <a data-icon="arrow-r" href="#dc1" data-prefetch="true" onClick="">
     下一页</a>
  </div>
<div data-role="content"></div>
  <div data-role="footer" data-theme="b">
    <h4>2013~2015&copy;大学生调查网</h4>
  </div>
```

```
</div>
```

4 在 content 子容器中，用户可以添加收集调查对象的一些基本信息，则更有助于调查内容针对不同对象的分析。其代码如下。

```
<form action="#" enctype="application/x-www-form-urlencoded" method=
"post">
<fieldset>
  <fieldset>
    <legend>
      <label for="name">1、输入姓名</label>
      </legend>
  </fieldset>
</fieldset>
<input type="text" name="name" size="20"/>
  <label for="name">2、输入年龄</label><input type="text" name="name"/>
  <label>3、选择学历</label>
  <label for="xl"></label>
  <select name="xl" id="xl">
    <option value="1">小学</option>
    <option value="2">初中</option>
    <option value="3">高中</option>
    <option value="4">大专</option>
    <option value="5">本科</option>
    <option value="6">硕士</option>
    <option value="7">博士</option>
  </select>
    <label for="tel">4、联系方式</label><input type="tel" name="tel"/>
   <label for="address">5、填写住址</label><input type="text" name=
   "address"/>
</form>
```

5 而用户可以在其他页面中添加调查项。这样，从内容上便可清晰地看出调查对象信息和调查内容的区别。例如，在头部中添加有“下一页”链接，并链接单独的页面，如 page 容器 ID 为“dc1”。

```
<div data-role="page" id="dc1" data-theme="b">
  <div data-role="header" data-theme="b">
  <a  data-rel="back" data-icon="arrow-l">返回</a>
     <h1>农村留守人员问卷调查（调查内容）</h1>
     <a data-icon="arrow-r">下一页</a>
  </div>
  <div data-role="content">
  <div class="ui-title"> 您好！<br/>
    感谢您能够参加这次调查活动。目前，新农村建设是国家经济建
设的重中之重。但就现状而言，部分农村的生活状况仍属于较低水平，并且成批青年、中年人员
加入了出外打开的队员。对此，我们小组将深入了解农村生活情况，希望能得到您的支持与合作。
```

```
</div>
<div><form action="#" enctype="application/x-www-form-urlencoded" method=
"post">
  <br/>
  <p>
    <label>1、您的身份为：[单选题]</label>
      <div data-role="fieldcontain">
        <fieldset data-role="controlgroup">
      <legend>
      <input type="radio" name="radio1" id="radio1_0" value="" />
      <label for="radio1_0">学生</label>
      <input type="radio" name="radio1" id="radio1_1" value="" />
      <label for="radio1_1">在职人员</label>
      <input type="radio" name="radio1" id="radio1_2" value="" />
      <label for="radio1_2">待业</label>
      <input type="radio" name="radio1" id="radio1_3" value="" />
      <label for="radio1_3">退休人员</label>
      </legend>
    </fieldset>
  </div></p>
  <p>2、您目前享有以下哪几种社会保障？(可多选)[多选题] <div data-role=
  "fieldcontain">
    <fieldset data-role="controlgroup">
      <legend>
      <input type="checkbox" name="checkbox1" id="checkbox1_0" class=
      "custom" value="" />
      <label for="checkbox1_0">新农合（医疗）</label>
      <input type="checkbox" name="checkbox1" id="checkbox1_1" class=
      "custom" value="" />
      <label for="checkbox1_1">城市居民医疗保险</label>
      <input type="checkbox" name="checkbox1" id="checkbox1_2" class=
      "custom" value="" />
      <label for="checkbox1_2">新农保（养老）</label>
      <input type="checkbox" name="checkbox1" id="checkbox1_3" class=
      "custom" value="" />
      <label for="checkbox1_3">城市居民养老保障</label>
      <input type="checkbox" name="checkbox1" id="checkbox1_4" class=
      "custom" value="" />
      <label for="checkbox1_4">老年保障</label>
      <input type="checkbox" name="checkbox1" id="checkbox1_5" class=
      "custom" value="" />
      <label for="checkbox1_5">养老（助残券）</label>
      <input type="checkbox" name="checkbox1" id="checkbox1_6" class=
      "custom" value="" />
```

```
        <label for="checkbox1_6">低保</label>
        <input type="checkbox" name="checkbox1" id="checkbox1_7" class=
        "custom" value="" />
        <label for="checkbox1_7">无</label>
        </legend>
        </fieldset>
    </div>
    </p>
     <p><div data-role="fieldcontain">
      <fieldset data-role="controlgroup">
        <legend>3、您认为造成农村留守儿童无法得到良好教育的根本原因是[多选题]</legend>
        <legend>
        <input type="checkbox" name="checkbox2" id="checkbox2_0" class=
        "custom" value="" />
        <label for="checkbox2_0">长辈不够重视</label>
        <input type="checkbox" name="checkbox2" id="checkbox2_1" class=
        "custom" value="" />
        <label for="checkbox2_1">教育资源短缺</label>
        <input type="checkbox" name="checkbox2" id="checkbox2_2" class=
        "custom" value="" />
        <label for="checkbox2_2">家庭经济因素</label>
        <input type="checkbox" name="checkbox2" id="checkbox2_3" class=
        "custom" value="" />
        <label for="checkbox2_3">环境因素</label>
        <input type="checkbox" name="checkbox2" id="checkbox2_4" class=
        "custom" value="" />
        <label for="checkbox2_4">其他</label>
        <input type="text" name="textinput" id="textinput" value="" size=
        "10px" /></legend>
        </fieldset>
    </div></p>
    <input type="submit" value="提交"/>
  </form></div>
    </div>
    <div data-role="footer" data-theme="b">
      <h4>2013~2015&copy;大学生调查网</h4>
    </div>
  </div>
```

12.5 课堂练习：制作按钮列表

在 jQuery Mobile 中，用户也可以制作分栏效果。通过分栏效果，可以将内容分割成多列显示。而通过多行多列显示可以实现一个矩形效果，如在不同的区别中添加一个图片，即可将多个小图汇集成一幅完整的图形，如图 12-38 所示。

图 12-38　图像按钮

操作步骤：

1　执行【文件】|【新建】命令，并弹出【新建文档】对话框。然后，在该对话框中，选择【空白页】选项，并在【页面类型】列中，选择 HTML 选项。最后，在【文档类型】列表中，选择 HTML 5 选项，单击【创建】按钮，如图 12-39 所示。

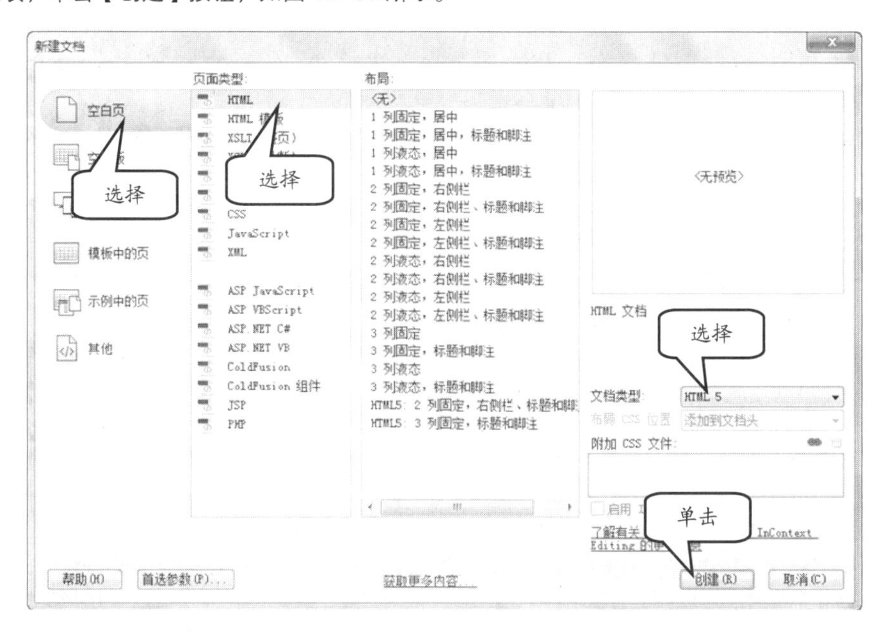

图 12-39　创建 HTML 5 文档

2 在<head></head>标签中，添加<meta>标签，并设置随屏幕大小显示等属性。然后，再修改标题名称，并添加 JS 和 CSS 外部文件。

```
<meta name="viewport" content="width=device-width,  initial-scale=1" />
<title>按钮列表</title>
<link href="js/jquery.mobile-1.3.1.min.css" rel="stylesheet" type="text
/css" />
<script src="js/jquery-1.9.1.min.js"></script>
<script src="js/jquery.mobile-1.3.1.min.js"></script>
```

3 在<body></body>标签中，添加页面结构，并在标题栏中插入按钮。代码如下所示。

```
<div data-role="page" id="page" data-theme="b">
    <div data-role="header" data-theme="b">
        <a data-icon="delete" onClick="javascript:window.close()">关闭</a>
            <h1>制作按钮列表</h1>
        <a data-icon="arrow-r" href="#" data-prefetch="true" onClick="">
        重新载入</a>
    </div>
    <div data-role="content"></div><!-- /grid-c -->
    <div data-role="footer" data-theme="b">
        <h4>2013~2015&copy;按钮列表</h4>
    </div>
</div>
```

4 在 content 子容器中，用户可以添加分栏，以及不同<Div>标签中显示的图像内容。代码如下所示。

```
<div class="ui-grid-d">
    <div class="ui-block-a"><div class="img"><a href="#"><img src="image
    /t1.png"/></a></div></div>
    <div class="ui-block-b"><div class="img"><a href="#"><img src="image
    /t2.png"/></a></div></div>
    <div class="ui-block-c"><div class="img"><a href="#"><img src="image
    /t3.png"/></a></div></div>
     <div class="ui-block-d"><div class="img"><a href="#"><img src="image
     /t4.png"/></a></div></div>
    <div class="ui-block-e"><div class="img"><a href="#"><img src="image
    /t5.png"/></a></div></div>
    <div class="ui-block-a"><div class="img"><a href="#"><img src="image
    /t6.png"/></a></div></div>
    <div class="ui-block-b"><div class="img"><a href="#"><img src="image
    /t7.png"/></a></div></div>
    <div class="ui-block-c"><div class="img"><a href="#"><img src="image
    /t8.png"/></a></div></div>
    <div class="ui-block-d"><div class="img"><a href="#"><img src="image
    /t9.png"/></a></div></div>
    <div class="ui-block-e"><div class="img"><a href="#"><img src="image
```

```
    /t10.png"/></a></div></div>
    <div class="ui-block-a"><div class="img"><a href="#"><img src="image
    /t11.png"/></a></div></div>
    <div class="ui-block-b"><div class="img"><a href="#"><img src="image
    /t12.png"/></a></div></div>
    <div class="ui-block-c"><div class="img"><a href="#"><img src="image
    /t13.png"/></a></div></div>
    <div class="ui-block-d"><div class="img"><a href="#"><img src="image
    /t14.png"/></a></div></div>
<div class="ui-block-e"> <div class="img"><a href="#"><img src="image
/t15.png"/></a></div>
</div>
```

5 保存文件，并通过浏览器查看图像效果。

12.6 思考与练习

一、填空题

1. 在 jQuery Mobile 框架中，提供了一种简单的方法来构建基于 CSS 的分栏布局，叫做__________。

2. 如果要创建一个可折叠的区块，需要在创建的<Div>容器中，添加__________属性。

3. 在 jQuery Mobile 中组织表单时，多数创建__________和 get 的表单传递方式，并且要遵守默认的规定。

4. 列表的代码为一个含 data-role="listview" 属性，即__________。

5. 在拆分按钮列表中，用户可以指定__________属性，来设置位于右边的分隔项的图标。

6. 在客户端进行的搜索机制，通过列表可以起到一个过滤的作用。而用户需要在一个列表中，设置__________属性即可。

二、选择题

1. 在表单中，需要进行多行输入内容时，则可以使用__________类型参数。

   A. text
   B. textarea
   C. version
   D. char

2. 搜索输入框是一个新兴的<html>标签元素，外观为圆角。在<input>标签中，添加__________属性来定义搜索框。

   A. type="seek"
   B. type=" grabble "
   C. type="search"
   D. type=" hunt "

3. 刷新选择菜单的值并重建菜单的方法是__________。

   A. $('select').selectmenu('refresh', true);
   B. $('select').selectmenu('enable');
   C. $('select').selectmenu('refresh');
   D. $('select').selectmenu('disable');

4. 禁用选择菜单的脚本代码是__________。

   A. $('select').selectmenu('refresh', true);
   B. $('select').selectmenu('enable');
   C. $('select').selectmenu('refresh');
   D. $('select').selectmenu('disable');

5. 通过有序列表__________标签，可以创建数字排序的列表，用来表现顺序序列。

   A. <ol>
   B. <li>
   C. <ul>
   D. <dl>

6. 补充信息（比如日期）可以通过包裹在__________容器中来添加到列表项的右侧。

   A. class=" bubble "
   B. class="ui-li-qside"
   C. class="ui-li-bubble "
   D. class="ui-li-aside"

三、简答题

1．描述什么是网格布局。
2．如何添加滑动条？
3．如何在列表中进行嵌套？
4．如何添加气泡？

四、上机练习

1．通过【插入】面板添加外部链接文件

用户除了在文档的【代码】视图中，链接外部的 CSS 文件和 JS 文件。用户还可以在【插入】面板中添加这些文件，如在【插入】面板的【jQuery Mobile】选项中，单击【页面】选项，如图 12-40 所示。

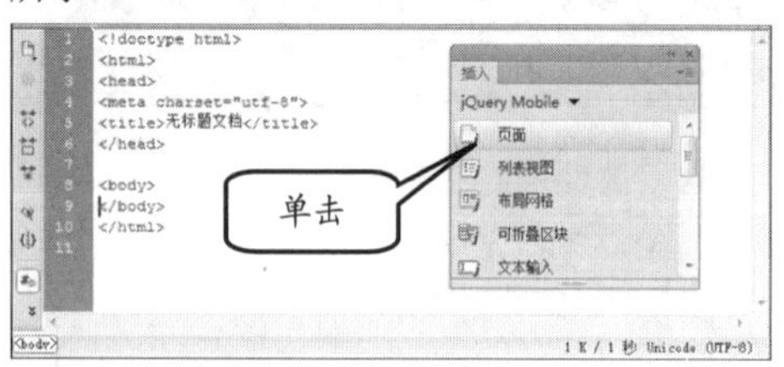

图 12-40　插入页面

在弹出的【jQuery Mobile 文件】对话框中，单击【jQuery 库源】后面的【浏览】按钮，并选择外部文件所存放的位置，如图 12-41 所示。

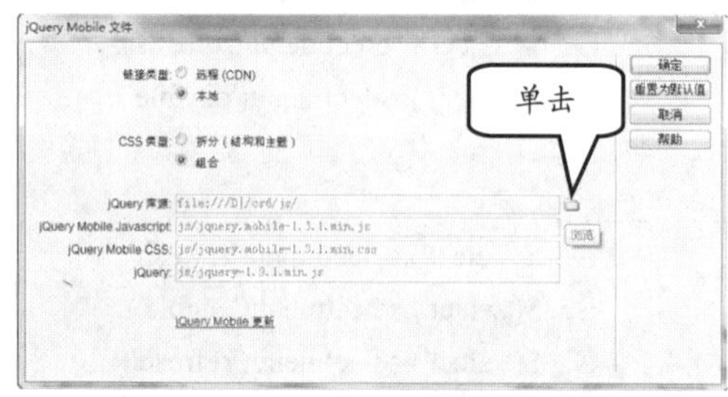

图 12-41　选择外部文件

单击【确定】按钮，即可弹出【jQuery Mobile 页面】对话框，并单击【确定】按钮，如图 12-42 所示。

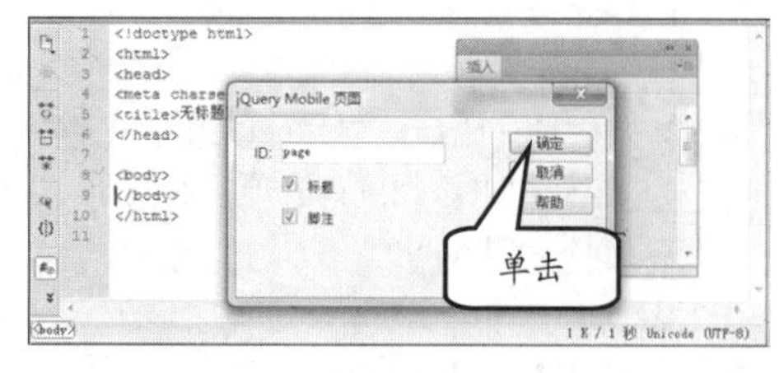

图 12-42　创建页面

此时，在文档的【代码】视图中，可以看到所插入的外部链接文件，以及页面结构的容器内容，如图 12-43 所示。

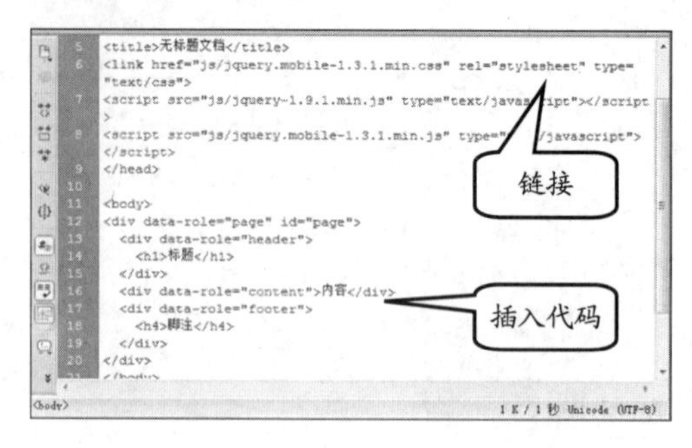

图 12-43　链接外部文件和页面结构

2．制作登录页面

用户也可以像在普通网页中一样，来制作移动设备的登录页面。例如，在【插入】面板中，单击【表单】选项，在 content 容器中添加表单，如图 12-44 所示。

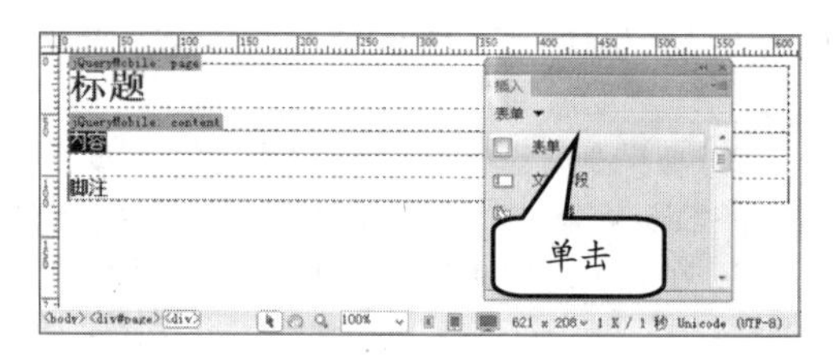

图 12-44　添加表单

然后，在表单的【属性】检查器中，设置表单的参数，如【动作】、【编码类型】和【表单 ID】等参数，如图 12-45 所示。

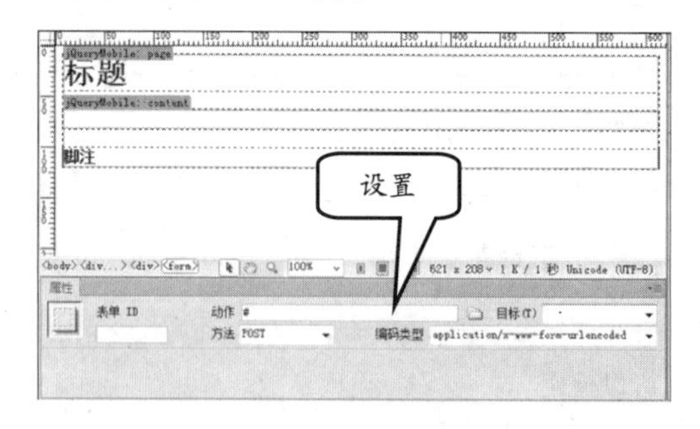

图 12-45　设置表单参数

此时，在【插入】面板中，选择 jQuery Mobile 选项，并单击【文本输入】选项，如图 12-46 所示。

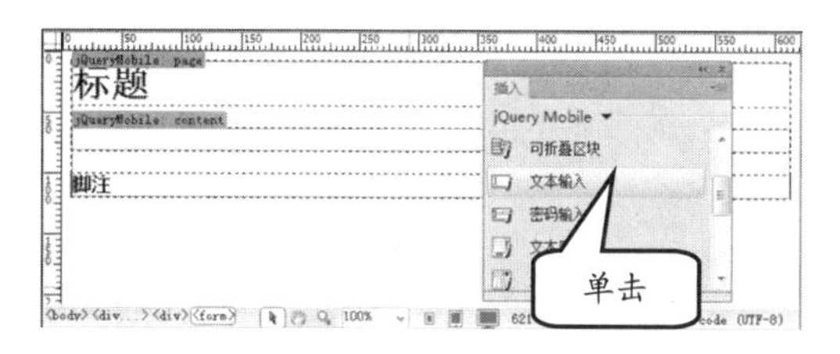

图 12-46　插入【文本输入】内容

在表单中，将插入“文本输入:”文本和文本输入框。然后，用户可以选择文本输入框前面的文本内容，并修改为“用户名”，如图 12-47 所示。

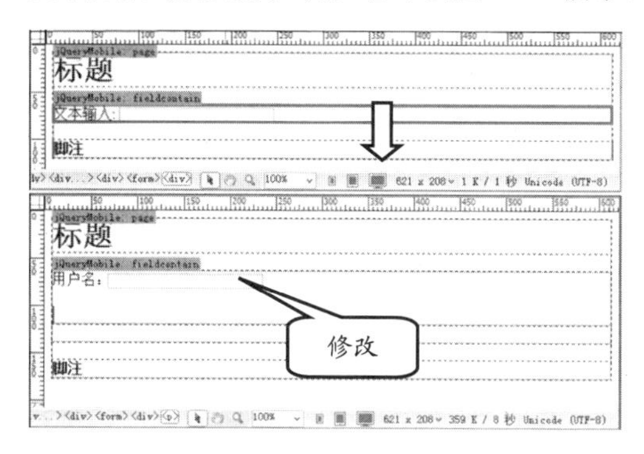

图 12-47　插入文本输入框

再将光标放置【文本输入框】后面，按【回车】键另起一行，并单击【密码输入】按钮，如图 12-48 所示。

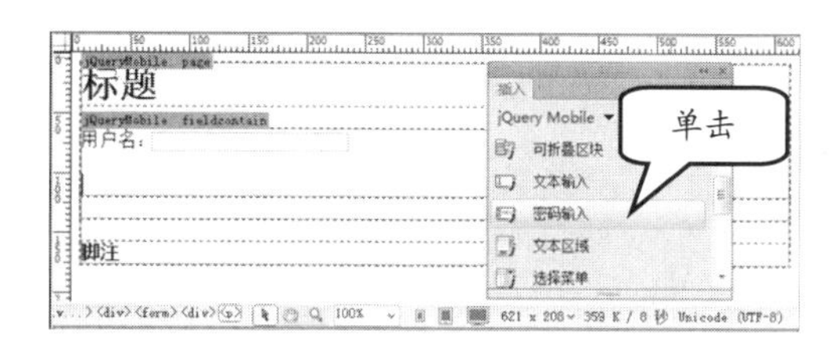

图 12-48　插入密码框

在“用户名”下面添加【密码】文本输入框，并修改名称为“密码”，如图 12-49 所示。

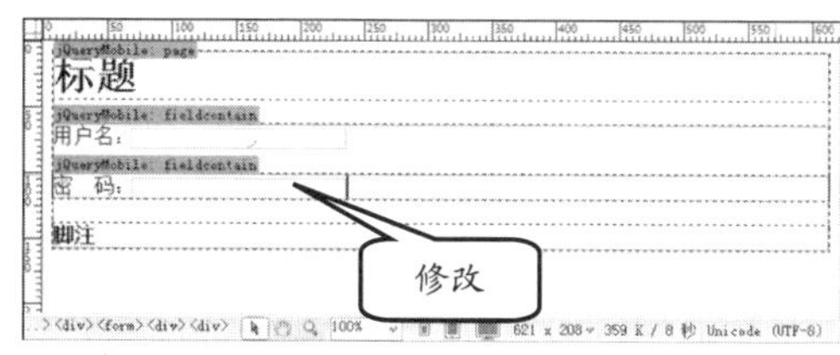

图 12-49　修改文本名称

在【插入】面板中，再单击【按钮】选项，如图 12-50 所示。

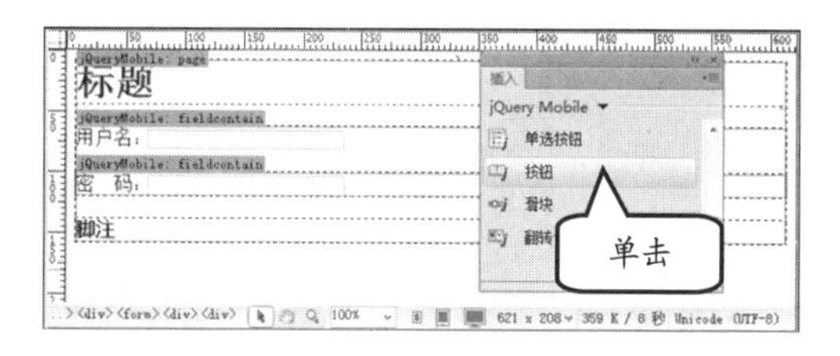

图 12-50　插入按钮

在弹出的【jQuery Mobile 按钮】对话框中，用户可以从【按钮】列表中选择按钮的数量，以及设置【布局】参数和【图标】参数，如图 12-51 所示。

图 12-51　设置按钮参数

然后，再修改当前所添加按钮的文本名称，如分别修改为“提交”和“重置”，如图 12-52 所示。

图 12-52　修改按钮名称

最后，用户可以修改标题和尾部信息，并在浏览器中查看网页的登录效果，如图 12-53 所示。

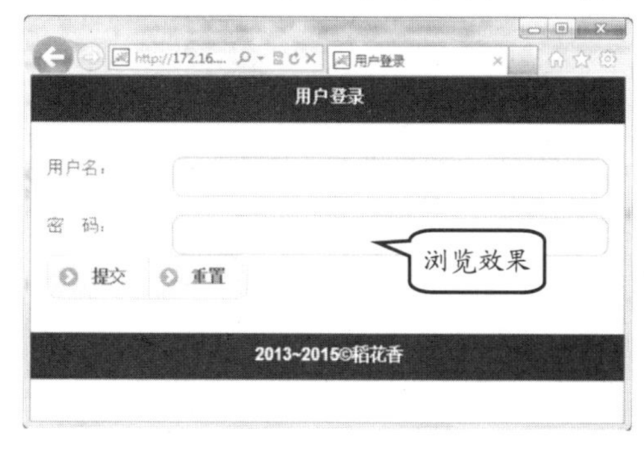

图 12-53　浏览网页